R.A.Haefer

Kryo-Vakuumtechnik

Grundlagen und Anwendungen

Mit 162 Abbildungen

Springer-Verlag Berlin Heidelberg GmbH 1981

DR. RENÉ A. HAEFER

Forschungszentrum für Elektronenmikroskopie
der Technischen Universität Graz;
vormals Leiter der Konzerngruppe Physikalische Grundlagen
der Gebrüder Sulzer AG, Winterthur

CIP-Kurztitelaufnahme der Deutschen Bibliothek
Haefer, René A.: Kryo-Vakuumtechnik:
Grundlagen u. Anwendungen/R. A. Haefer
Berlin, Heidelberg, New York: Springer, 1981

ISBN 978-3-540-10167-3   ISBN 978-3-642-49985-2 (eBook)
DOI 10.1007/978-3-642-49985-2

Vorwort

Der Kryo-Vakuumtechnik, der Vakuumerzeugung durch Anwendung tiefer Temperaturen, wurde bisher in den vakuumtechnischen Lehrbüchern ein nur bescheidener Raum zugemessen. In den letzten Jahren haben aber die Bedeutung des Kryopumpens und der Stoff dieses Gebietes so stark zugenommen, daß eine eigene, von der konventionellen Vakuumtechnik losgelöste Darstellung erwünscht schien. Die vorliegende Monographie über die physikalischen Grundlagen, die praktischen Ausführungsformen und Anwendungen der Kryo-Vakuumtechnik entstand im Zusammenhang mit einer langjährigen Tätigkeit des Verfassers auf diesem Spezialgebiet in Industrie und Forschung.

Bekanntlich wächst der Bedarf an Hochvakuumpumpen ständig, einmal als Folge neuer Anwendungsgebiete, zum anderen wegen der bei vielen Vakuumverfahren erhobenen Forderungen nach einer saubereren, von Kohlenwasserstoffen freien Restgasatmosphäre, einem niedrigen Enddruck und - mit Rücksicht auf eine möglichst kurze Pumpzeit - einem hohen spezifischen (auf die Pumpeneintrittsfläche bezogenen) Saugvermögen. In diesen Eigenschaften sind Kryopumpen allen konventionellen Hochvakuumpumpen überlegen.

Die Ausführungsformen der Kryopumpen bieten eine reiche Auswahl: Sie stehen zur Verfügung sowohl als mit flüssigem Helium gekühlte Kühlfallen (Bad-Kryopumpen) als auch als Kryopanel, die kontinuierlich durch einen Heliumstrom, regenerative Refrigeratoren oder Refrigeratoren mit Joule-Thomson-Ventilen oder Expansionsejektoren gekühlt werden. Trotz aller Unterschiede dieser Kühlmethoden besteht eine große Flexibilität hinsichtlich der konstruktiven Gestaltung der pumpenden Kryofläche, die stets an den zu evakuierenden Raum angepaßt werden kann. Auf diese Weise kann das volle Saugvermögen dort wirksam werden, wo es gebraucht wird - selbst an schwer zugänglichen Stellen einer Apparatur.

Die Entwicklungen der letzten Jahre haben zu betriebssicheren Refrigerator-Kryopumpen geführt, welche die völlige Automatisierung des Pumpsystems gestatten, in ihren Investitions- und Betriebskosten für Saugvermögen von etwa $10 \, \text{m}^3 \text{s}^{-1}$ konven-

tionellen Pumpen nicht nachstehen und in der Vakuum-Verfahrenstechnik in zunehmendem Maße eingesetzt werden. Saugvermögen größer als $100\,m^3s^{-1}$, wie sie in
Großanlagen für die Raumsimulation und die Kernfusion benötigt werden, können
wirtschaftlich nur durch Kryopumpen erzeugt werden. Aus diesen Fakten folgt, daß
Kryopumpen eine dominierende Bedeutung in der Vakuumtechnik zukommt.

Um bei einer gegebenen Anwendung des Kryopumpens entscheiden zu können, welche Kühlmethode am günstigsten ist und welche kryotechnischen Meßmethoden und
Hilfsmittel einzusetzen sind, muß der Vakuumspezialist entsprechende Kenntnisse
der Kryotechnik besitzen. Andererseits braucht der Tieftemperaturspezialist detaillierte Kenntnisse der physikalischen Grundlagen der Vakuumtechnik, der Gas-
strömungen und der Druckmessung in Behältern mit großen Kryoflächen, ferner der
verschiedenen Mechanismen des Kryopumpens und der Berechnung der Kryopumpen, um die Kälteanlage für einen gegebenen Anwendungsfall optimal bemessen zu
können. Dieses wechselseitige Verstehen durch entsprechende physikalische und
technische Informationen sowie zahlreiche Anwendungsbeispiele zu fördern, ist das
besondere Anliegen des Buches.

Der Inhalt des Buches gliedert sich dementsprechend wie folgt: Kapitel 1 gibt einen Überblick über das gesamte Gebiet und wichtige Problemstellungen. Im Kapitel
2 werden die vakuumtechnischen Grundlagen behandelt, vor allem die Gasströmun-
gen und die Problematik der Druckmessung in nicht-isothermen Vakuumbehältern
sowohl im molekularen als auch im Kontinuum-Bereich. Die folgenden Kapitel sind
den einzelnen Mechanismen des Kryopumpens gewidmet, und zwar der Kondensation reiner Gase (Kap. 3), der Kryosorption an Gaskondensaten (Kap. 4), der Kryosorption an porösen Festkörpern (Kap. 5), der Mischkondensation und dem Kryotrapping (Kap. 6) und der Kryogetterung in der Titan-Sublimationspumpe (Kap. 7).
Im Kapitel 8 wird die Berechnung aller Kenngrößen der Kryopumpen dargestellt,
und im Kapitel 9 ihre praktischen Ausführungsformen; in diesen beiden Kapiteln kommen auch die kryotechnischen Grundlagen sowie die Kühl- und Meßmethoden zur
Sprache. Im abschließenden Kapitel 10 werden Anwendungen auf den folgenden Gebieten diskutiert: Weltraumforschung, Teilchenstrahlsysteme, Plasmaphysik und
thermonukleare Fusion, Vakuum-Verfahrenstechnik, Grenzflächenphysik und Oberflächenanalyse, Kryo-Elektrotechnik und Helium II-Kühlsysteme. Für die Praxis
wichtige vakuum- und kryotechnische Daten sind in einem Anhang in Tabellen zusammengefaßt; hier wurden, ebenso wie im vorangehenden, nur SI-Einheiten benutzt.
Ein ausführliches Literaturverzeichnis beschließt die Darstellung.

Mein besonderer Dank gilt Herrn Prof. Dr. F.X. Eder für das stete Interesse am
Fortgang der Arbeit, die kritische Durchsicht des Manuskriptes und viele wertvolle
Hinweise. Herrn Prof. Dr. G. Klipping und seinen Mitarbeitern am Fritz-Haber-

Institut der Max-Planck-Gesellschaft in Berlin-Dahlem danke ich für viele nützliche Informationen und anregende Diskussionen. Den Kollegen in vielen Forschungszentren und Industriefirmen, die mir Testdaten und Abbildungen zur Verfügung gestellt haben, möchte ich auch an dieser Stelle meinen herzlichen Dank aussprechen. Dem Verlag danke ich für die sorgfältige Ausstattung des Buches und dafür, daß er auf die von mir geäußerten Wünsche bereitwillig einging.

Graz, November 1980   R. A. Haefer
Forschungszentrum
für Elektronenmikroskopie

Inhaltsverzeichnis

Tabellenanhang

Häufig gebrauchte Formelzeichen und Maßeinheiten

Benennung	Formelzeichen	Maßeinheit
Fläche	A	m^2
Gleichgewichtsdruck-Konstante	B	–
Leitwert	C	$m^3 s^{-1}$
mittl. Netto-Adsorptionsenergie	D	$J\,mol^{-1}$
Energie	E	J
emittierte Teilchenstromdichte	E	$m^{-2} s^{-1}$
Flächenbedarf eines Teilchens	F	m^2
Enthalpiedifferenz	ΔH	$J\,mol^{-1}$
Teilchenstromdichte	I	$m^{-2} s^{-1}$
Knudsen-Zahl	K	–
Länge	L	m
Molmasse	M	$kg\,kmol^{-1}$
Avogadro-Konstante	$N_A = 6{,}02252 \cdot 10^{26}\,kmol^{-1}$	
Teichenstrom	$\dot{N}$	s^{-1}
Gasstrom, p$\dot{V}$-Produkt, Saugleistung	Q	$Pa\,m^3 s^{-1}$ *
Gasmenge, pV-Produkt	$\overline{Q}$	$Pa\,m^3$ *
Wärmestrom, Kälteleistung	$\dot{Q}$	W
Gaskonstante	$R = 8{,}3143\,J\,K^{-1} mol^{-1}$	
Reynolds-Zahl	Re	–
Saugvermögen	S	$m^3 s^{-1}$
Temperatur	T	K
Volumen	V	m^3
Volumenstrom	$\dot{V}$	$m^3 s^{-1}$
Leistung	$\dot{W}$	W
Rückkehrzahl	Z	–
Belegungsgrad	a	mol/mol
Akkomodationskoeffizient	a	–
Einfangwahrscheinlichkeit	c	–
Schichtdicke	d	m
Emissionsgrad f. Wärmestrahlung	e	–
Enthalpie	h	$J\,kg^{-1}$
Boltzmann-Konstante	$k = 1{,}38054 \cdot 10^{-23}\,J\,K^{-1}$	
Verdampfungsenthalpie	l_v	$J\,kg^{-1}$
mittl. freie Weglänge	l	m
Masse	m	kg
Massenstrom	$\dot{m}$	$kg\,s^{-1}$

Benennung	Formelzeichen	Maßeinheit
Teilchenanzahldichte	n	m^{-3}
Druck	p	$1\,Pa = 0,01\,mbar$
Enddruck	p_u	Pa
bestenfalls erreichbarer Enddruck	p_e	Pa
Zeit	t	s
Transmissionskoeffizient für Wärmestrahlung	t_p	–
Adsorptionskapazität	v	$Pa\,m^3\,kg^{-1}$*
thermische Geschwindigkeit	$\bar{v}$	$m\,s^{-1}$
Durchtrittswahrscheinlichkeit	w	–
Pumpwahrscheinlichkeit	w_p	–
Stickingkoeffizient	α	–
Kondensationskoeffizient	α_c	–
Kristallitgröße	δ	m
relative Empfindlichkeit von Ionisationsvakuummetern	ε	–
Viskositätskoeffizient	η	$kg\,m^{-1}s^{-1}$
Adiabatenkoeffizient	$\varkappa = c_p/c_v$	–
Wärmeleitfähigkeit	λ	$W\,m^{-1}K^{-1}$
Dichte	ρ	$kg\,m^{-3}$
Stefan-Boltzmann-Konstante	$\sigma = 5,6697 \cdot 10^{-8}\,W\,m^{-2}K^{-4}$	
Verweilzeit	τ	s

* Die Einheiten $Pa\,m^3$ und $Pa\,m^3\,s^{-1}$ sind gemäß Tabelle A.2 auf Gas von 20 °C anzuwenden. Der Hinweis "bei 20 °C" wird jedoch - allgemeinem Brauch folgend - meistens unterdrückt. Umrechnungen in andere Einheiten, s. Tabellen A.1 und A.2.

1 Einführung und Übersicht

1.1 Beziehungen zwischen Kryotechnik und Vakuumtechnik

Die Kryo-Vakuumtechnik handelt von der Vakuumerzeugung durch Anwendung tiefer
Temperaturen, einem Gebiet, in dem die wechselseitigen Beziehungen zwischen
Kryotechnik und Vakuumtechnik von fundamentaler Bedeutung sind. Diese Beziehungen beruhen in erster Linie auf der Wechselwirkung zwischen Gasen und festen
oder flüssigen Oberflächen. So kondensieren bei hinreichend tiefer Temperatur alle
Gase außer Helium in fester Form und haben einen entsprechend niedrigen Dampfdruck. Das Kryopumpen ist unter jeweils entsprechenden Bedingungen eine hinsichtlich Gasart und Druckbereich universelle Methode der Vakuumerzeugung. Zum anderen ist Vakuum unerläßlich zur Erzeugung und Aufrechterhaltung tiefer Temperaturen. Die thermische Isolation durch Vakuum, die Senkung der Temperatur von
Kältemittelbädern durch Abpumpen und die Kühlung nach dem Verdampferprinzip
sind Beispiele hierfür. Auch diese Vorgänge gehören zur Kryo-Vakuumtechnik, weil
sie zugleich Mittel zur Erzeugung und Aufrechterhaltung eines Vakuums sind.

Ist die Kryopumpe als Mittel zum kontinuierlichen Vakuumpumpen auch relativ neu-
en Datums, so lassen sich doch die ihr zugrunde liegenden Ideen weit zurück ver-
folgen. Schon 1874 haben Tait und Dewar [1.1] die mit sinkender Temperatur zu-
nehmende Adsorption von Gasen an Aktivkohle als Mittel zur Vakuumerzeugung
empfohlen. Und 24 Jahre später hat Dewar [1.2], nachdem ihm die Verflüssigung
von Wasserstoff bei 20,4 K gelungen war, diese Methode in seinen Vorratsgefäßen
für die neue Kryoflüssigkeit angewandt. Später machte von diesen Ergebnissen
Kamerlingh Onnes [9.84] Gebrauch, dem es 1908 mit der Verflüssigung von Helium bei 4,2 K gelang, den Temperaturbereich zu tieferen Werten hin wesentlich zu
erweitern.

Die Erfindung der Diffusionspumpe (Gaede 1913, Langmuir 1917, Volmer 1918)
führte in der Folge zur Beobachtung, daß mit flüssiger Luft oder flüssigem Stickstoff (LN_2: 77,3 K) gekühlte Fallen bzw. Baffle das Vakuum durch Ausfrieren un-
erwünschter Dämpfe verbessern. Die Rückströmung des Treibmittels (Hg und spä-

ter Öl) konnte durch Verbesserungen der Diffusionspumpen und der Baffle beträchtlich reduziert werden, so daß diese Kombination 30 Jahre lang eine dominierende
Position in der Vakuumerzeugung behauptete und auch heute noch benutzt wird. Dennoch - kein Mittel wurde gefunden, die Kontamination der Vakuumkammer durch
rückströmende Öldämpfe zu verhindern.

Das Kryopumpen der in Vakuumapparaturen üblicherweise anwesenden Gase
N_2, O_2,.. erfordert, wie Dewar bereits demonstrierte und Grassmann [1.3] in
Erinnerung rief, tiefere Temperaturen als 77 K, und zwar die Temperatur des
flüssigen Wasserstoffes (LH_2 : 20,4 K) oder, besser noch, die des flüssigen Helium (LHe : 4,2 K). Doch erst die Weltraumprojekte gaben den Anlaß, daß Chuan
und Bailey [1.4; 1.5] in den USA und Lasarev et al. [1.6] in der USSR im Jahre
1957 die ersten Kryopumpen mit $T \leqslant 20\,K$ bauten. Für die seither gebauten Raum-
simulationskammern erwiesen sich in der Tat Kryopumpen als die beste Lösung,
extrem große Saugvermögen von 10^3 bis 10^4 $m^3 s^{-1}$ zu erzeugen. Dieser ersten
großtechnischen Anwendung des Kryopumpens kam der Umstand entgegen, daß die
Kammern ohnehin eine 80 K-Kaltwand besitzen, durch die der Weltraum in seiner
Eigenschaft als Strahlungssenke simuliert wird. Man hatte im wesentlichen nur
durch Helium von $T \leqslant 20\,K$ gekühlte Kryoflächen mit dieser Kaltwand zu kombinie-
ren.

Mit der Anwendung großflächiger Kryopumpen sowie dem Bedarf an kryogenen
Treibstoffen für die Raumfahrt entwickelten sich auch die Methoden der Produktion
und Handhabung von Kryoflüssigkeiten in großem Maßstab. Zum anderen benötigte
die Weltraumforschung zur Kühlung der empfindlichen, rauscharmen Verstärker
für die Telekommunikation kleine und zuverlässige Refrigeratoren.

1.2 Kühlsysteme für Kryopumpen

Diese Aufgabenstellung führte zur Erfindung neuer Kühlkreisläufe mit regenerativem
Wärmeaustausch: Der Gifford-McMahon-Prozeß [1.7] und der zweistufige Stirling-
Philips-Prozeß [1.8] wurden entwickelt, und entsprechende Refrigeratoren serienmäßig gebaut. Da man mit diesen Refrigeratoren heute Kälte ebenso leicht, war-
tungsfrei und zuverlässig erzeugen kann wie Vakuum mit Rotationspumpen, sind
sie auch für Kryopumpen vorzüglich geeignet. Der Temperaturbereich ist nach unten auf etwa 12 K begrenzt, und die Kälteleistungen liegen zwischen 1 und einigen
10 W bei 20 K.

Größere Kälteleistungen erzeugt man mit Gaskältekreisläufen, die eine Expansionsmaschine enthalten (Brayton-Prozeß), und tiefere Temperaturen mit Helium-Ver-
flüssigern, die eine Joule-Thomson- oder eine Ejektor-Stufe besitzen. Die Fort-

schritte der letzten 20 Jahre führten auch hier zu Anlagen großer Zuverlässigkeit, die für Kälteleistungen zwischen 10^2 und 10^4 W bei 20 K bzw. für Verflüssigungsraten zwischen 5 und 1000 dm^3 LHe/h erhältlich sind (1,38 dm^3 LHe/h $\hat{=}$ 1 W bei 4,2 K). Die meisten He-Verflüssiger können auch als Refrigeratoren mit geschlossenem Kreislauf bei Temperaturen oberhalb 4,2 K betrieben werden oder auch, nach Hinzufügen eines Unterdruckkreises, bei Temperaturen unterhalb 4,2 K [1.9 - 1.12] (s. Abschn.9.3).

Bei der Kühlung nach dem Verdampferprinzip nach Klipping [1.13] dient der LHe-Vorrat in einem Dewar-Gefäß als Kältequelle. Alle notwendigen Komponenten und die Handhabung des Verfahrens sind heute so weit entwickelt, daß praktisch jede Kälteleistung bei einer beliebigen Temperatur zwischen 2,5 und 293 K im Dauerbetrieb aufrechterhalten werden kann (s. Abschn.9.2).

1.3 Mechanismen des Kryopumpens

Gasteilchen, die auf eine hinreichend tief gekühlte Fläche auftreffen, verlieren hier soviel kinetische Energie, daß sie - je nach den Bedingungen - durch Kondensation, Kryosorption, Kryotrapping oder Kryogetterung gebunden werden.

Bei der Kondensation reiner Gase handelt es sich um eine Wechselwirkung zwischen den auftreffenden und den arteigenen Teilchen auf der (vorbelegten) Kryofläche (s. Kap.3). Die Bindung kommt durch van der Waals-Kräfte zustande. Der Kondensationskoeffizient ist bei genügend tiefer Temperatur und großer Übersättigung nahezu gleich 1 für alle Gase [3.6]. Daher ist mit einer nicht-abgeschirmten Kryofläche das maximal mögliche spezifische Saugvermögen $S/A = \bar{v}/4$ ($= 118$ m^{3}s^{-1}m^{-2} für N$_2$ bei $p < 0,1$ Pa*) realisierbar. Auch eine durch ein Baffle abgeschirmte Kryofläche hat ein höheres spezifisches Saugvermögen als jede andere Pumpe. Die zur Kondensation erforderliche Temperatur ist durch die Dampfdruckkurven der Gase gegeben: Die Temperatur T = 20 K reicht aus, um den Dampfdruck aller Gase - Neon, Wasserstoff und Helium ausgenommen - auf Werte unterhalb 10^{-9} Pa zu erniedrigen. Will man diesen Dampfdruck auch im Fall der drei schwer kondensierbaren Gase unterschreiten, so ist T $\simeq$ 6 K für Ne, T $\simeq$ 2,5 K für H$_2$ und T $\simeq$ 0,3 K für He anzuwenden. Bei T = 20 K arbeitet eine Kondensationspumpe also selektiv hinsichtlich der Gasart. Speziell bei der Kondensation von Wasserstoff, der in allen Ultrahochvakuum (UHV)-Systemen als praktisch einzige Restgaskomponente auftritt, genügt es jedoch nicht allein, die Temperatur auf 2,5 K zu senken. Nach Benvenuti et al. [9.7] hat man außerdem die thermische Belastung der Kondensationsfläche durch eine geeignete Abschirmung hinreichend niedrig zu halten.

---

* 1 Pa = 10^{-2} mbar.

Durch <u>Kryosorption</u> (und Kryotrapping) können die schwerkondensierbaren Komponenten H_2, Ne, He bei höheren als den genannten Temperaturen gepumpt werden. Die Kryosorption ist eine physikalische Adsorption, die ebenfalls auf van der Waals-Kräften beruht. Da aber die Bindungsenergie zwischen den Gas- und den Adsorbensteilchen erheblich größer ist als die der Gasteilchen untereinander, ist der Druck im Adsorptionsgleichgewicht weit niedriger als der entsprechende Sättigungsdampfdruck, so daß Gasteilchen auch im untersättigten Zustand gebunden werden. Durch Kryosorption können He bei $T \leqslant 4,2\,K$, H_2 bei $T \leqslant 20\,K$ und N_2 bei $T \leqslant 77\,K$ gepumpt werden. Der erreichbare Gleichgewichtsdruck ist durch die jeweilige Adsorptionsisotherme gegeben. Als Adsorbentien zum Pumpen von H_2, Ne und He bei niedrigen Drücken eignen sich:

- Gaskondensate (z.B. CO_2), die in der Kryopumpe erzeugt werden und deren Kristallitflächen das Adsorbens bilden [4.49; 4.50] (s. Kap.4); und
- poröse Festkörper, wie Aktivkohle oder Molekularsiebe, die, an ein Kryopanel gebunden, als Sorptionsstufe dienen [5.9; 5.10] (s. Kap.5).

In loser Schüttung werden Molekularsiebe aber auch im Kontinuumbereich verwendet, und zwar in der Adsorptionspumpe bei 77 K zum Vorevakuieren von Behältern.

Die <u>Kryotrapping</u> - Methode besteht darin, das an sich nichtkondensierbare Gas (z.B. H_2 von 10^{-4} Pa, Kryofläche 4,2 K) durch Einlassen eines kondensierbaren Gases (z.B. Ar) unter Bildung eines $(Ar - H_2)$-Mischkondensats niederzuschlagen [6.12 - 6.16] (s. Kap.6). Von den insgesamt gebundenen (H_2-)Teilchen wird nur ein gewisser Teil an den Kristallitflächen adsorbiert und der Rest inkorporiert, so daß der H_2-Gleichgewichtsdruck bei gegebenem Teilchenzahlverhältnis (n_{H_2}/n_{Ar}) bedeutend niedriger ist als im Fall reiner Kryosorption [6.16]. Auch das Kryotrapping beruht auf van der Waals-Kräften.

Bei der <u>Kryogetterung</u> an Metallfilmen werden chemisch aktive Gase durch Chemisorption, Bildung chemischer Verbindungen und Diffusion ins Innere des Films aufgenommen (s. Kap.7). Die wichtigste Pumpe dieses Typs ist die Titan-Sublimationspumpe mit einer 80 K-Getterfläche [7.31], die in unserem Zusammenhang wegen ihres hohen spezifischen Saugvermögens für Wasserstoff von besonderem Interesse ist.

<u>1.4 Typen und Eigenschaften von Kryopumpen</u>

Als Kryopumpen schlechthin werden wir, allgemeinem Brauch folgend, nur die drei auf der Bindung durch van der Waals-Kräfte beruhenden Pumpentypen, einzeln oder in Kombination, bezeichnen. Ihrem Arbeitsdruck entsprechend unterscheidet man Kryopumpen

- für den Kontinuumbereich, wie die Adsorptionspumpe bei 77 K, und
- für den molekularen Strömungsbereich, in dem man im allgemeinen Kondensationspumpen verwendet, denen eine Sorptionsstufe und/oder eine Kryotrapping-stufe nachgeschaltet sein kann.

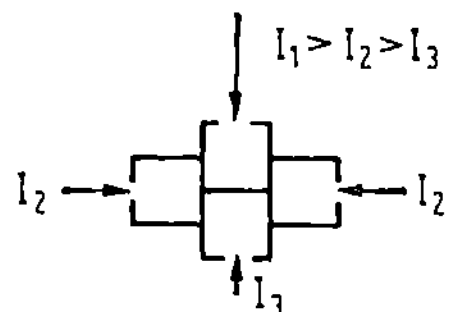

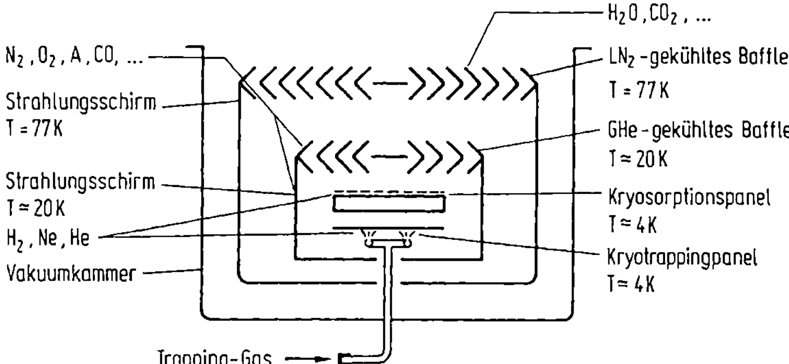

Abb.1.1. Schema einer Kryopumpe, bestehend aus Stufen für Kondensation, Kryosorption und Kryotrapping. Die Pfeile der Teilchenstromdichte I veranschaulichen den anisotropen Zustand des Gases über der pumpenden Fläche

Abbildung 1.1 zeigt ein Schema einer solchen Pumpenkombination. Um die thermische Belastung der Kryofläche gering zu halten, schirmt man sie durch 80 K-Flächen ab. Das 80 K-Baffle ist geschwärzt, damit es möglichst wenig der auftreffenden 300 K-Strahlung hindurchläßt, während die übrigen Abschirmflächen sowie die Kondensationsfläche poliert sind. Zum Sorptionspanel und zur Kryotrappingfläche gelangen nur Teilchen, die durch Kondensation nicht fixiert wurden. Wenn das Sorptionspanel gesättigt ist, wird es durch Erwärmen regeneriert.

Nach der Art der Kühlung unterscheidet man: Badkryopumpen, Verdampfer-Kryopumpen und Refrigerator-Kryopumpen (s. Abschn.9.1 bis 9.3). Bad- und Verdampfer-Kryopumpen werden mit flüssigen Kältemitteln gekühlt, und zwar die Abschirmung mit LN$_2$ und die Kryofläche mit flüssigem bzw. verdampfendem Helium. Obgleich flüssiger Wasserstoff eine viel höhere Verdampfungsenthalpie als LHe besitzt, wird er wegen des durch die Explosionsgefahr bedingten höheren Aufwandes nur in Ausnahmefällen verwendet.

Bei Refrigerator-Kryopumpen mit einem Saugvermögen zwischen 1 und einigen $10\,m^3s^{-1}$ wird die Kälte auf den beiden Temperaturniveaus: 10 bis 20 K bzw. 80 bis 100 K – durch einen zweistufigen Refrigerator vom Typ Gifford-McMahon oder Stirling-Philips erzeugt. Wenn man eine zusätzliche LN_2-Kühlung des Baffles anwendet, kann die Kryopumpe bei gegebenem Refrigerator auf ein höheres Saugvermögen ausgelegt werden.

Um höhere Saugvermögen ($\gtrsim 100\,m^3s^{-1}$) zu erzielen, verwendet man einen Gaskältekreislauf (Brayton-Prozeß), wenn die Temperatur der Kryofläche $T > 4,2\,K$ ist, oder einen Flüssigkeitskältekreislauf (Claude-Prozeß), wenn $T \leqslant 4,2\,K$ ist. Die erforderliche Kälteleistung bei dieser Temperatur beträgt etwa 0,1 W pro $1\,m^3s^{-1}$ Saugvermögen. Zur Kühlung des Baffles und der Abschirmflächen dient LN_2, der einem Vorratstank oder einem LN_2-Verflüssiger entnommen wird.

Kryopumpen zeichnen sich durch eine Reihe bemerkenswerter Eigenschaften aus:
• Hinsichtlich der Gestalt der Kryopumpen besteht im Prinzip keine Beschränkung. Sie werden gebaut als: in die Kammer eingetauchte, an die Kammer anflanschbare oder die Kammerwand bedeckende großflächige Strukturen.
• Extrem hohe Saugvermögen ($> 100\,m^3s^{-1}$) können wirtschaftlich nur durch Kryopumpen realisiert werden.
• Das spezifische (auf die Pumpeneintrittsfläche bezogene) Saugvermögen der Kryopumpen ist größer als das aller konventionellen Pumpen.
• An schwer zugänglichen Stellen einer Apparatur kann ein hohes Saugvermögen nur durch Kryopumpen realisiert werden.
• Kryopumpen liefern ein völlig sauberes Vakuum, da sie keine Verunreinigungen an das Vakuumsystem abgeben.
• Die erreichbaren Drücke können unterhalb der Meßgrenze, d.h. unterhalb $10^{-12}\,Pa$ liegen.
• Hinsichtlich der Betriebssicherheit stehen sie konventionellen Pumpen nicht nach.

Speziell Refrigerator-Kryopumpen von $T \triangleq 15\,K$ besitzen außerdem die folgenden für verfahrenstechnische Anwendungen wichtigen Eigenschaften:
• Das Saugvermögen S der Kondensationsstufe für Luft und das der Sorptionsstufe für Wasserstoff sind annähernd gleich groß. Auch Neon und Helium werden durch Kryosorption gepumpt.
• Für $S > 10\,m^3s^{-1}$ sind die Investitions- sowie die Betriebskosten kleiner als die konventioneller Pumpen.
• Refrigerator-Kryopumpen ermöglichen die völlige Automatisierung des Vakuumsystems und damit die Einführung integraler Prozeßsteuerungen.

1.5 Gasströmungen in Behältern mit großflächigen Kryopumpen

Bei der Berechnung von Kryopumpen sowie bei Fragen der Meßtechnik ist zu beachten, daß das Strömungsgesetz der konventionellen Vakuumtechnik [1.14 - 1.17] für die Abhängigkeit des Gasstromes Q von den Größen: Saugvermögen S, Druck p und Strömungsleitwert C - bei niedrigen Drücken ($< 0,1\,Pa$) nur unter der Voraussetzung des "großen" Behälters gilt, d.h. eines Behälters, dessen Oberfläche groß gegen die Pumpeneintrittsfläche ist. Es gilt nicht, wenn man im Interesse eines großen Saugvermögens großflächige Kryopumpen verwendet. In diesem Fall sind die Eigenschaften des strömenden Gases stark anisotrop [1.18], wie es in Abb.1.1 durch die die Teilchenstromdichte I kennzeichnenden Pfeile schematisch dargestellt ist. Wegen der Anisotropie ist die Angabe von Drücken problematisch [2.22], und es ist zweckmäßig, das Ionisationsvakuummeter nicht, wie sonst üblich, als eingetauchtes System, sondern in Form des von Moore [1.19] eingeführten Konverters zu benutzen. Die Konverteranzeige $\overset{*}{p}_c$, die der Teilchenstromdichte I an der Konverteröffnung proportional ist, hängt von der jeweiligen Konfiguration der Vakuumkammer sowie der Position und Orientierung des Konverters ab. Berechnet man für verschiedene in der Praxis auftretende Konfigurationen das Strömungsgesetz $Q = Q(\overset{*}{p}_c, S, C_m, \ldots)$, so zeigt sich nach [1.20] (s. Abschn.2.3):

• Es gibt Konverterpositionen, in denen das gemessene Saugvermögen $S_{mes} = Q/\overset{*}{p}_c$ gleich dem tatsächlichen Saugvermögen S ist, wie man es auch im "großen" Behälter messen würde. Diese Positionen (und die entsprechende Orientierung) sind für die Meßtechnik von Bedeutung, weil sie die experimentelle Bestimmung von S in situ ermöglichen.

• Für die Drosselung des Saugvermögens durch ein Bauelement ist ein gegenüber C modifizierter Leitwert C_m maßgebend, der durch C und die Durchtrittswahrscheinlichkeit w für Teilchen darstellbar ist. Dieser Sachverhalt ist für die Berechnung des Saugvermögens von Kryopumpenstrukturen von Bedeutung.

1.6 Einige Anwendungen

Aufgrund ihrer besonderen Eigenschaften stellen Kryopumpen bei vielen Anwendungen die optimale technische Lösung dar; hierfür einige Beispiele:

In der Raumsimulation fordert man ein extrem großes Saugvermögen von 10^2 bis $10^4\,m^3s^{-1}$ für die leicht kondensierbaren Bestandteile der Luft. Man wählt großflächige Refrigerator-Kryopumpen von etwa 15 K und beseitigt die schwer kondensierbaren Komponenten durch konventionelle Pumpen [1.18; 10.3] (s. Abschn.10.1).

In der Vakuum-Verfahrenstechnik, etwa der Fertigung dünner Schichten für elektronische Bauelemente, fordert man im Interesse einer kurzen Auspumpzeit ein hohes spezifisches Saugvermögen für Luft und H_2O-Dampf; ferner wegen der H_2-Abgabe beim Aufdampfen ein etwa ebenso großes Saugvermögen für H_2. Im Fall einer automatisierten Anlage wählt man zweckmäßig eine Refrigerator-Kryopumpe von 15 K mit einer Sorptionsstufe [9.30]; doch sind auch Bad-Kryopumpen mit Sorptionsstufe im Gebrauch [9.11] (s. Abschn. 10.4).

Soll in einer UHV-Anlage ein besonders sauberes Vakuum bzw. ein extrem niedriger Druck erzielt werden, so wählt man zweckmäßig Kryopumpen von $T \leqslant 4,2\,K$. Beispiele hierfür liegen vor bei Teilchen-Speicherringen [10.50], Molekularstrahlsystemen [10.62] und Apparaturen zum Studium von Grenzflächenvorgängen [10.12] (s. Abschn. 10.2).

Eine Kryopumpe in der Form eines Kondensationsschildes an einer schwer zugänglichen Stelle verwendet man im Elektronenmikroskop [9.14; 10.55 - 10.57], um das Objekt vor Kontamination aus der Umgebung zu schützen, sowie im Massenspektrometer [10.58 - 10.61], um unerwünschte Teilchen von der Ionenquelle fernzuhalten (s. Abschn. 10.2.4).

Für Fusionsmaschinen vom Typ Tokamak, deren Entwicklung jetzt weltweit vorangetrieben wird, fordert man außer einer extrem sauberen Restgasatmosphäre ($\leqslant 10^{-8}\,Pa$) ein extrem hohes Saugvermögen ($10^4\,m^3s^{-1}$) für Wasserstoff, seine Isotope und - in einer späteren Phase - auch für Helium. Nach den hierzu vorliegenden Studien [9.8; 10.81; 10.82] ist die Kryopumpe auch für diese Probleme die technisch sinnvollste Lösung - und dies um so mehr, als sie sich gut in den Rahmen der anderen hier angewandten Tieftemperaturverfahren (Rückgewinnung und Reinigung der Prozeßgase durch Tieftemperaturdestillation, Kühlung der supraleitenden Magnete) einordnet (s. Abschn. 10.3).

Diskussionen des Kryopumpens und seiner Anwendungen liegen bisher in den bekannten Lehrbüchern der Vakuumtechnik [1.14 - 1.18] sowie in den Review-Artikeln [1.21 - 1.30] vor, und Darstellungen der kryotechnischen Grundlagen in den Büchern [1.9 - 1.12].

2 Gasströmungen im Vakuum

<u>2.1 Einteilung in Strömungsbereiche</u>

In einem in Ruhe befindlichen Gas sind alle Teilchen (Atome, Moleküle) in einer
dauernden ungeordneten Bewegung, der thermischen Molekularbewegung. Die auf
die Wand aufprallenden und von dort zurückgeworfenen Teilchen erzeugen den Gasdruck p. Die phänomenologischen Eigenschaften des ruhenden Gases, wie Druck p,
Dichte ρ, Temperatur T, spezifische Wärmekapazitäten c_p, c_v etc. lassen sich
quantitativ beschreiben, wenn die Verteilungsfunktion der Teilchengeschwindigkei-
ten bekannt ist; für das ruhende ideale Gas ist diese die Maxwell-Verteilung. Beim
Modell des idealen Gases werden die Teilchen als Punktmassen betrachtet, die aufeinander keine Kräfte ausüben und lediglich elastische Stöße gegen die Behälterwand ausführen. Verfeinerungen dieses Modells (endlicher Wirkungsquerschnitt,
Wechselwirkungskräfte zwischen den Teilchen etc.) werden durch Zusatzannahmen
berücksichtigt, die zu entsprechenden Molekülmodellen führen [2.1; 2.2].

Wird der thermischen Molekularbewegung, etwa durch einen im Behälter erzeugten
Druckunterschied, eine Bewegung in einer Vorzugsrichtung überlagert, so strömt
das Gas in diese Richtung; die Maxwell-Verteilung ist dann gestört. Je nach den
vorgegebenen Bedingungen (Druck p, geometrische Abmessungen, Strömungsgeschwindigkeit u, Viskositätskoeffizient η) treten unterschiedliche Strömungsarten
auf. Zur Einteilung in Strömungsbereiche dient u.a. die Knudsen-Zahl $K = \bar{l}/d$, die
als das Verhältnis: mittlere freie Weglänge $\bar{l}$ zu einer für das System charakteristischen Abmessung d (z.B. Durchmesser des Behälters, des Rohres oder der
Blende) definiert ist (Tabelle 2.1).

Die mittlere freie Weglänge - definiert durch die Strecke $\bar{l}$, die ein Teilchen im
Mittel zwischen zwei Zusammenstößen mit anderen Teilchen zurücklegt - ist um so
größer, je kleiner sowohl die Teilchenanzahldichte n als auch der gaskinetische
Wirkungsquerschnitt $\sigma = \pi \delta^2$ ist, wobei δ den Teilchendurchmesser bedeutet:

$$\bar{l} = (\sqrt{2}\,\sigma n)^{-1} = \frac{kT}{\sqrt{2}\,\sigma p} \quad . \tag{2.1}$$

Tabelle 2.1. Strömungsbereiche

Strömung	Knudsen-Zahl $K = \bar{l}/d$	Reynolds-Zahl $Re = ud\rho/\eta$	$p\,d^{a}$ Pa m = mbar cm	Druck p^{b}		
				Pa	mbar	
molekular	> 1		< 0,007	< 10^{-1}	< 10^{-3}	
Übergang	$10^{-2}\ldots 1$		$0,007\ldots 0,7$			Knudsen-Strömung
laminar	< 10^{-2}	< 2300	> 0,7	> 10	> 10^{-1}	Kontinuum-Strömung
turbulent		> 2300				

[a] Für N_2 und T = 300 K   [b] Für d = 7 cm

Die Tabelle 2.2 zeigt einige $\bar{l}p$-Werte, die aus dem Viskositätskoeffizienten $\eta = \eta(T)$ mit Hilfe der Enskog-Gleichung $\eta = m_0 \bar{v}\,\bar{l}p/2kT$ berechnet sind; sie nehmen mit sinkendem T ab, und zwar stärker als proportional, weil σ bei Temperaturerniedrigung wächst. Die Größe $\bar{l}$ ist für alle Transportvorgänge in Gasen und damit für alle Vakuumprozesse von grundlegender Bedeutung. Da bei p = 0,1 Pa = 10^{-3} mbar und T = 300 K $\bar{l} \simeq 0,1$ m, also von der Größenordnung der Abmessungen d üblicher Vakuumsysteme ist, definiert dieser Druck die Grenze zwischen Fein- und Hochvakuum.

Tabelle 2.2. $\bar{l}p$-Werte in mm Pa (= 10^{-3} cm mbar) für verschiedene Gase bei verschiedenen Temperaturen

K	^{3}He	^{4}He	H_2	N_2	O_2	Luft	A	CO_2	H_2O
300	18,4	19,4	12,5	6,7	7,1	6,8	6,7	4,4	4,5
80	4,2	4,4	2,6	1,1	1,2	1,1			
20	0,93	0,89	0,39						
4	0,19	0,12							

Im hochverdünnten Gas ($K = \bar{l}/d \gg 1$) stehen die Teilchen praktisch nur mit der Wand und nicht untereinander in Wechselwirkung. Daher ist die kinetische Theorie des idealen Gases die Grundlage der Molekularströmung. Zwei Fälle sind hier zu unterscheiden:

1. Die Kryofläche sowie die Eintrittsfläche eingebauter Strömungswiderstände (Baffle etc.) sind klein gegen die Oberfläche des Behälters. Dann ist in diesem "großen" Behälter die Maxwell-Verteilung nur unwesentlich gestört, und es gelten die Gesetze der konventionellen Vakuumtechnik; sie werden zusammen mit meßtechnischen Fragen, wie der Druckmessung mit verschiedenen Ionisationsvakuummeter-Anordnungen in Abschn. 2.2 behandelt.

2. Die Kryofläche ist im Interesse eines hohen Saugvermögens in ihrer Größe mit der Behälteroberfläche vergleichbar. Dann ist die Maxwell-Verteilung stark gestört, und die Gesetze der konventionellen Vakuumtechnik sind nicht anwendbar. Das jeweils gültige Strömungsgesetz $Q = Q(S, \overset{*}{p}_i, C, \ldots)$ hängt dann sowohl von den geometrischen Daten der vorgegebenen Konfiguration: Behälter - Gasquelle - Baffle - Kryofläche als auch von der jeweiligen Anordnung des Ionisationsvakuummeters ab. Beispiele werden in Abschn. 2.3 diskutiert.

Im Bereich des Grobvakuums ($\bar{l}/d \ll 1$; $1\,\text{mbar}\,(= 100\,\text{Pa}) < p < 1\,\text{bar}\,(= 10^5\,\text{Pa})$) ist die Zahl der Stöße eines Teilchens gegen seinesgleichen groß gegen die Zahl seiner Wandstöße. Für die Kontinuumströmung gelten die Gesetze der Gasdynamik, in denen die Wechselwirkung der Teilchen, von speziellen Fällen (kurze Blende) abgesehen, durch den Viskositätskoeffizienten η zum Ausdruck kommt. Diese Gesetzmäßigkeiten werden, soweit sie für die Kryopumpe von Belang sind, in Abschn. 2.4 kurz rekapituliert.

2.2 Molekularströmungen im "großen" Behälter mit kleinflächiger Kryopumpe

2.2.1 Einige vakuumtechnische Begriffe

<u>Mittelwerte der Teilchengeschwindigkeiten.</u> Aus der Maxwell-Verteilung leiten sich die folgenden Mittelwerte her:

Mittlere oder thermische Geschwindigkeit

$$\langle v \rangle \equiv \bar{v} = \left(\frac{8kT}{\pi m_0} \right)^{1/2} = 145,51 \left(\frac{T}{M} \right)^{1/2} \quad [\text{m s}^{-1}] \, , \tag{2.2}$$

$M = m_0 N_A$ Molmasse in kg kmol^{-1}, $N_A = 6,022 \cdot 10^{26}\,\text{kmol}^{-1}$;
Wurzel aus dem mittleren Geschwindigkeitsquadrat

$$\langle v^2 \rangle^{1/2} = \left(\frac{3kT}{m_0} \right)^{1/2} = 158,0 \left(\frac{T}{M} \right)^{1/2} \quad [\text{m s}^{-1}] \, , \tag{2.3}$$

mittlere x-Komponente der Geschwindigkeit

$$\langle v_x \rangle = \frac{\bar{v}}{4} = \left(\frac{kT}{2\pi m_0} \right)^{1/2} = \left(\frac{RT}{2\pi M} \right)^{1/2} = 36,88 \left(\frac{T}{M} \right)^{1/2} \quad [\text{m s}^{-1}] \, . \tag{2.4}$$

Wegen der Isotropie der Maxwell-Verteilung ist der Wert $\bar{v}/4$ gleich der mittleren Normalkomponente der Geschwindigkeit bezüglich irgend einer Referenzfläche. Die Größe $\bar{v}/4$ ist daher gleich dem flächenbezogenen Volumenstrom $\dot{V}/A$, der eine Referenzfläche durchsetzt, oder gleich dem maximalen flächenbezogenen Saugvermögen S/A einer (idealen) Pumpe für das jeweilige Gas bei der Temperatur T (Tabelle 2.3).

Tabelle 2.3. Mittlere Normalkomponente der Geschwindigkeit $\bar{v}/4$ in $m\,s^{-1}$, oder maximales flächenbezogenes Saugvermögen S/A in $m^3(m^2 s)^{-1}$ für verschiedene Gase und Dämpfe

K	H_2	^{3}He	^{4}He	Ne	N_2	O_2	Ar	H_2O	CO_2
293	438,6	358,6	311,2	138,6	117,7	110,1	98,52	146,7	93,88
80	229,2	187,4	162,6	72,43	61,48	57,52	51,48	76,63	49,06
20	114,6	93,68	81,32	36,22	30,74	28,76	25,74	38,32	24,52
4	51,24	41,90	36,37	16,20	13,75	12,86	11,51	17,14	10,97

Thermische Zustandsgleichung. Der von den Teilchen auf die Behälterwand ausgeübte Druck beträgt $p = n m_0 \langle v^2 \rangle /3$, woraus mit (2.3) die thermische Zustandsgleichung des idealen Gases folgt:

$$p = nkT = \frac{N}{V}\,kT = \frac{m}{M}\,\frac{RT}{V} = n_m\,\frac{RT}{V} = \frac{RT}{V_m}\ , \qquad (2.5)$$

wobei N die Zahl der im Volumen V eingeschlossenen Teilchen,

$\quad$ $m = N m_0$ die Masse der N Teilchen von der Masse m_0,

$\quad$ $n = N/V$ die Teilchenanzahldichte,

$\quad$ $n_m = N/N_A = m/M$ die Zahl der im Volumen V eingeschlossenen Kilomole,

$\quad$ $V_m = V/n_m$ das molare Volumen und

$\quad$ $R = k N_A = 8,314 \cdot 10^3\,J\,K^{-1}\,kmol^{-1}$ die Gaskonstante bedeuten.

Enthält das Volumen V verschiedene Arten von Teilchen mit den Teilchenanzahldichten n_i, so ist der Gesamtdruck

$$p = \sum_i n_i kT = \sum_i p_i \qquad (2.6)$$

gleich der Summe der Partialdrücke p_i der Komponenten.

Teilchenstromdichte I. Die Zahl der pro Zeit- und Flächeneinheit auf eine Fläche treffenden Teilchen, die Inzidenz oder Teilchenstromdichte I, beträgt

$$I = n\bar{v}/4 = n(kT/2\pi m_0)^{1/2} = p(2\pi m_0 kT)^{-1/2}\ , \qquad (2.7)$$

$$I = 2,635 \cdot 10^{24}\,p_{Pa}(MT)^{-1/2}\ [m^{-2}s^{-1}]\ .$$

Wiederbedeckungszeit τ_1. Die Zeit τ_1 zur Bildung einer Monoschicht auf einer ursprünglich gasfreien Oberfläche beträgt

$$\tau_1 = \sigma_m (\alpha I)^{-1} \ , \qquad\qquad (2.8)$$

wobei α der Stickingkoeffizient (Haftwahrscheinlichkeit) und σ_m die Teilchenzahl pro Quadratmeter Monoschicht sind. Um Grenzflächen während der Untersuchung von Verunreinigungen praktisch frei zu halten, muß $p < 10^{-7}$ Pa sein.

Das Teilchenzahlenverhältnis N_{ads}/N_{Vol}. Das Zahlenverhältnis N_{ads}/N_{Vol} der Teilchen, die an der Behälteroberfläche A beim Bedeckungsgrad Θ (= Zahl der adsorbierten Teilchen zu Teilchenzahl der Monoschicht) adsorbiert sind, zu denen im Volumen V beim Druck p beträgt

$$\frac{N_{ads}}{N_{Vol}} = \frac{A\,\Theta\,\sigma_m}{n\,V} = \frac{A\,\Theta\,\sigma_m\,kT}{V\,p} \ . \qquad\qquad (2.9)$$

Bei $p < 10^{-1}$ Pa kommen praktisch alle Teilchen, die in die Pumpe eintreten, von der Oberfläche des Behälters, wenn diese mit einer Monoschicht bedeckt ist.

Die Tabelle 2.4 enthält Zahlenwerte zu den Ausdrücken (2.1), (2.5), (2.7) und (2.9).

Tabelle 2.4. Vakuumbereiche und charakteristische Daten

Vakuumbereiche			Ultrahochvakuum	Hochvakuum		Fein-vakuum	Grobvakuum	
Druck	p	Pa	10^{-10}	10^{-7}	10^{-4}	10^{-1}	10^{2}	10^{5}
		mbar	10^{-12}	10^{-9}	10^{-6}	10^{-3}	10^{0}	10^{3}
Teilchenan-zahldichte	n	m^{-3}	$2,47 \cdot 10^{10}$		$2,47 \cdot 10^{16}$		$2,47 \cdot 10^{22}$	
Teilchen-stromdichte	I	$m^{-2}s^{-1}$	$2,98 \cdot 10^{12}$		$2,98 \cdot 10^{18}$		$2,98 \cdot 10^{24}$	
mittl. freie Weglänge	$\bar{l}$	m	$6,7 \cdot 10^{7}$		$6,7 \cdot 10^{1}$		$6,7 \cdot 10^{-5}$	
Wiederbe-deckungszeit	τ_1	s	$2,1 \cdot 10^{6}$		$2,1 \cdot 10^{0}$		$2,1 \cdot 10^{-6}$	
N_{ads}/N_{Vol}	N_a/N_V	–	$1,4 \cdot 10^{9}$		$1,4 \cdot 10^{3}$		$1,4 \cdot 10^{-3}$	

N_2, $T = 293$ K, $\bar{v} = 470{,}8$ m s^{-1}, $\sigma_{mono} = 6{,}1 \cdot 10^{18}$ m^{-2}, $\alpha = 1$, $\Theta = 1$, $V = 1$ m^3, $A = 6$ m^2.

<u>Das Kosinus-Gesetz</u> besagt erstens: In einem ruhenden Gas ist die Zahl der pro Quadratmeter und Sekunde auf eine Fläche aus einer bestimmten Richtung einfallenden Teilchen dem Kosinus des Einfallswinkels proportional; und zweitens: Die Zahl der pro Quadratmeter und Sekunde von einer festen Oberfläche in eine bestimmte Richtung fortfliegenden Teilchen ist dem Kosinus des Ausfallswinkels proportional.

Die erste Aussage ist ein Charakteristikum der Maxwell-Verteilung. - Die zweite Aussage bedeutet, daß die Streuung der Teilchen an einer technischen Oberfläche diffus und unabhängig von der Richtung ist, aus der sie einfielen. Im Polardiagramm wird die Verteilung der gestreuten Teilchen durch eine Kugel dargestellt. Dies wurde experimentell durch die Streuung von Molekularstrahlen an technischen Oberflächen weitgehend bestätigt [2.3; 2.4]. Merkliche Abweichungen fand man bei streifendem Einfall und niedrigen Targettemperaturen, z.B. bei einem auf ein $15\,K$-Kupfertarget gerichteten Argonstrahl; hier genügte eine Erhöhung der Targettemperatur auf $36\,K$, um das Kosinus-Gesetz wiederherzustellen [2.5].

<u>Knudsen-Effekt.</u> Befindet sich ruhendes Gas in zwei Räumen 1 und 2 unterschiedlicher Temperatur, die durch eine Blendenöffnung verbunden sind, deren Radius r klein gegen $\bar{l}$ und deren Fläche klein gegen die Behälteroberflächen ist, dann sind wegen der Teilchenerhaltung die Teilchenstromdichten I_1, I_2 an der Blende in beiden Richtungen einander gleich. Nach (2.7) stellt sich dann ein dem Temperaturverhältnis T_1/T_2 entsprechendes Verhältnis der Drücke p_1, p_2 sowie der Teilchenanzahldichten n_1, n_2 ein:

$$\frac{p_1}{p_2} = \left(\frac{T_1}{T_2}\right)^{1/2} \quad , \quad \frac{n_1}{n_2} = \left(\frac{T_2}{T_1}\right)^{1/2} \qquad \text{für} \quad r \ll \bar{l} \ . \tag{2.10}$$

Dieser von Knudsen [2.6] gefundene thermomolekulare Effekt wurde bis in den UHV-Bereich hinein verifiziert [2.7]. Wird jedoch die Blende durch eine Rohrleitung ersetzt, so ist aus offenbar noch ungeklärter Ursache p_1/p_2 für $T_1 > T_2$ kleiner, als nach (2.10) zu erwarten wäre. Dies ist einer der Gründe dafür, daß Ionisationsvakuummeter unter nicht-isothermen Bedingungen möglichst nicht über Rohre, sondern über Blenden anzuschließen sind.

Bei höheren Drücken ($\bar{l} \ll r$) herrscht in beiden Räumen der gleiche Druck, also:

$$p_1 = p_2 \ , \qquad n_1 T_1 = n_2 T_2 \qquad \text{für} \quad r \gg \bar{l} \ . \tag{2.11}$$

Folgerung: Bei Dampfdruck- und Gasthermometern kann zur Berechnung von T der bei Raumtemperatur gemessene Druck unmittelbar verwendet werden, wenn der Radius der von der Meßstelle zum Druckmesser führenden Kapillare $r \gg \bar{l}$ ist. - Das Übergangsgebiet $\bar{l} \simeq r$ hat Liang [2.8] untersucht.

Wichtige Anwendungen des Knudsen-Effektes treten im Zusammenhang mit dem Ionisationsvakuummeter auf.

2.2.2 Die verschiedenen Anordnungen von Ionisationsvakuummetern

Bekanntlich kennzeichnet man das Vakuum durch die Angabe eines Druckes. Die Anzeige des im Hoch- und Ultrahochvakuum fast ausschließlich verwendeten Ionisationsvakuummeters ist aber nicht dem Druck p, sondern der Teilchenanzahldichte n proportional. Unter den Bedingungen der Eichung: Maxwell-Verteilung, $T_n = 293\,K$, N_2 (oder Ar) als Eichgas, absolutes Vakuummeter (McLeod) als Eichinstrument stimmt die Anzeige des Ionisationsvakuummeters $\overset{*}{p}$ mit dem Druck $p = nkT_n = \overset{*}{p}$ überein. Wird die Kalibrierung mit einem anderen Eichgas wiederholt, für das die relative Empfindlichkeit ε

$$\varepsilon = \frac{\text{Anzeige mit Füllgas}}{\text{Anzeige mit Eichgas}} \quad \text{für} \quad p = const \text{ und } T_n = 293\,K \qquad (2.12)$$

beträgt, so ist die Anzeige $\overset{*}{p}$ beim Druck p des Füllgases: $\overset{*}{p} = \varepsilon p = \varepsilon nkT_n$. Die Tabelle 2.5 zeigt ε-Werte für einige Gase und Dämpfe; weitere Werte findet man in [2.9 – 2.14].

Tabelle 2.5. Relative Empfindlichkeit ε von Ionisationsvakuummetern mit Glühkathode, bezogen auf N_2 [2.9]

Gas	Ar	CH_4	CO	CO_2	D_2	H_2	H_2O	He	Hg	Kr	Luft	Ne	N_2	O_2
ε	1,3	1,4	1,1	1,4	0,35	0,39 ÷ 0,46	1,1	0,18	3,6	1,9	1,0	0,30	1,0	1,0

Drei Anordnungen von Ionisationsvakuummetern wendet man an:
- Die außen angesetzte Vakuummeterröhre mit der Anzeige $\overset{*}{p}_n$,
- die eingetauchte Vakuummeterröhre mit der Anzeige $\overset{*}{p}$,
- die in einen Konverter eingebaute Vakuummeterröhre mit der Anzeige $\overset{*}{p}_c$.

Soll der Druck in einem großen Behälter der Temperatur T_1 gemessen werden, an den eine Kryopumpe der Temperatur T_2 angeschlossen ist, so lautet die Frage: Wie hängen die Größen: Ansaugdruck p, bestenfalls erreichbarer Enddruck $p_e = p_e(T_1, T_2)$ und Sättigungsdampfdruck des Kondensats $p_s = p_s(T_2)$ – mit den jeweils am Instrument abgelesenen Werten $\overset{*}{p}_i$ zusammen. Die Antwort geben die in Abb. 2.1 zusammengestellten Formeln [2.112], zu deren Erläuterung wir der Reihe nach die drei Vakuummeteranordnungen betrachten werden. Dabei ist vorausgesetzt, daß Meßröhren mit fadenförmigem Ionenkollektor wie etwa die Bayard-Alpert-Röhre verwendet werden, weil bei ihnen die Teilchen (im Gegensatz zu Röhren

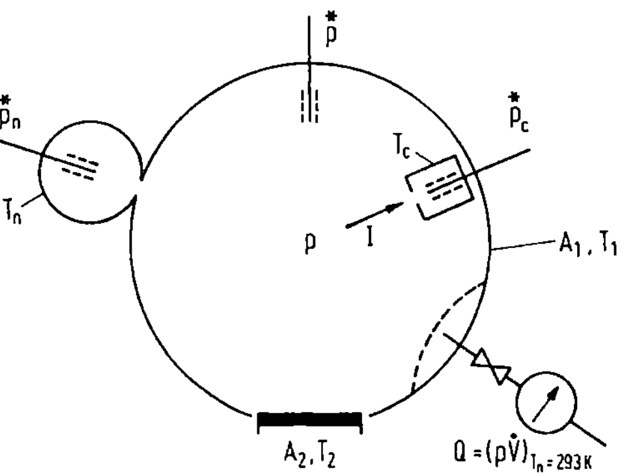

Ionisations-vakuummeter	Anzeige bei $Q \neq 0$	$Q = 0$	Druck in der Meßröhre	Ansaugdruck im Behälter p	Enddruck p_e	Sättigungs-dampfdruck p_s	Saugvermögen $S/(1 - p_e/p)$	Teilchenstromdichte I
außen ange-setzte Röhre	$\overset{*}{p}_n$	$\overset{*}{p}_{on}$	$\overset{*}{p}_n/\varepsilon$	$\dfrac{\overset{*}{p}_n}{\varepsilon}\left(\dfrac{T_1}{T_n}\right)^{1/2}$	$\dfrac{\overset{*}{p}_{on}}{\varepsilon}\left(\dfrac{T_1}{T_n}\right)^{1/2}$	$\dfrac{\overset{*}{p}_{on}}{\varepsilon}\left(\dfrac{T_2}{T_n}\right)^{1/2}$	$\dfrac{\varepsilon Q}{\overset{*}{p}_n - \overset{*}{p}_{on}}\left(\dfrac{T_1}{T_n}\right)^{1/2}$	$\dfrac{\overset{*}{p}_n}{\varepsilon(2\pi mkT_n)^{1/2}}$
eingetauchte Röhre	$\overset{*}{p}$	$\overset{*}{p}_o$	$\dfrac{\overset{*}{p}\,T_1}{\varepsilon\,T_n}$	$\dfrac{\overset{*}{p}\,T_1}{\varepsilon\,T_n}$	$\dfrac{\overset{*}{p}_o\,T_1}{\varepsilon\,T_n}$	$\dfrac{\overset{*}{p}_o(T_1T_2)^{1/2}}{\varepsilon\,T_n}$	$\dfrac{\varepsilon Q}{\overset{*}{p} - \overset{*}{p}_o}$	$\dfrac{\overset{*}{p}(T_1/T_n)^{1/2}}{\varepsilon(2\pi mkT_n)^{1/2}}$
Konverter	$\overset{*}{p}_c$	$\overset{*}{p}_{oc}$	$\dfrac{\overset{*}{p}_c\,T_c}{\varepsilon\,T_n}$	$\dfrac{\overset{*}{p}_c(T_1T_c)^{1/2}}{\varepsilon\,T_n}$	$\dfrac{\overset{*}{p}_{oc}(T_1T_c)^{1/2}}{\varepsilon\,T_n}$	$\dfrac{\overset{*}{p}_{oc}(T_2T_c)^{1/2}}{\varepsilon\,T_n}$	$\dfrac{\varepsilon Q}{\overset{*}{p}_c - \overset{*}{p}_{oc}}\left(\dfrac{T_1}{T_c}\right)^{1/2}$	$\dfrac{\overset{*}{p}_c(T_c/T_n)^{1/2}}{\varepsilon(2\pi mkT_n)^{1/2}}$

<u>Abb.2.1.</u> Formeln zur Bestimmung der Größen: Ansaugdruck p, bestenfalls erreichbarer Enddruck p_e, Dampfdruck $p_s(T_2)$ und Saugvermögen S aus den Anzeigen $\overset{*}{p}_i$ der drei Vakuummeteranordnungen im "großen" Behälter [2.112].

mit zylindrischem Ionenkollektor) mit definierter Geschwindigkeit in die Ionisierungszone einfallen [2.15]. Der Einfluß der Gasabgabe der Wände, der ggf. durch
einen entsprechenden Gasstrom Q leicht zu berücksichtigen wäre, wurde vernachlässigt. Wenn man von den Ausdrücken für p_s und p_e absieht, gelten die Formeln
in Abb.2.1 auch für den Fall aller anderen Typen von Hochvakuumpumpen.

Außen angesetzte Vakuummeterröhre (p_n^*). Die Meßröhre ist mit dem Behälter über
eine Blende verbunden, und ihr Gehäuse befindet sich auf Raumtemperatur, für die
der Einfachheit halber $T_n = 293\,K$ gesetzt werde. Nach (2.10) steht der Druck in
der Meßröhre p_n^*/ε zum Ansaugdruck p im Verhältnis $(T_n/T_1)^{1/2}$. Entsprechendes
gilt für den Enddruck p_e, aus dem sich $p_s = p_e(T_2/T_1)^{1/2}$ ergibt. Es gelten die Formeln der ersten Reihe in Abb.2.1.

Eingetauchte Vakuummeterröhre (p^*). Beim Ansaugdruck p beträgt die Teilchenanzahldichte $n = p/kT_1$, so daß die Meßröhre $p^* = \varepsilon p T_n/T_1$ anzeigt. Es gelten die Formeln der zweiten Reihe in Abb.2.1.

Konverter mit Vakuummeterröhre (p_c^*). Der von Moore [1.19] eingeführte Konverter besitzt einen Kasten mit einer gegen seine Oberfläche kleinen Blendenöffnung;
die in diese einfallenden Teilchen setzen sich mit der Kastenwand der Temperatur
T_c ins thermodynamische Gleichgewicht und erzeugen hier den Druck p_c, der mit
einem Ionisationsvakuummeter gemessen wird und dessen Wert aus der Teilchenbilanz

$$I = n_c \bar{v}_c/4 = (2\pi m_0 kT_c)^{-1/2} p_c \qquad\qquad (2.13)$$

folgt. Dem Druck p_c entspricht die Teilchenanzahldichte $n_c = p_c/kT_c = p_c^*/(\varepsilon kT_n)$,
woraus sich mit (2.10) $p = p_c^*(T_cT_1)^{1/2}/(\varepsilon T_n)$ ergibt. Es gelten die Formeln der
dritten Reihe der Abb.2.1. Ist $T_c = T_1$, so verhält sich der Konverter wie die eingetauchte Röhre, und ist $T_c = T_n$, so verhält er sich wie die außen angesetzte Röhre.

Einwandfreie Ergebnisse werden nur erzielt, wenn die Teilchen mit einer der Kasten-
temperatur T_c entsprechenden Geschwindigkeit in die Ionisierungszone des Meßsy-
stems einfallen. Dies ist nach Kleber [2.15] nur bei einem Meßsystem mit fadenförmigem Ionenkollektor, der Bayard-Alpert-Röhre etwa, der Fall (Abb.2.2). Hier
kann man die Temperatur T_2 des Flansches als repräsentativ für T_c annehmen und
findet dann bei der Eichung des Konverters gegen die außen angesetzte Meßröhre,
daß die zu erwartende Beziehung $p_c^*/p_n^* = (T_n/T_c)^{1/2}$ mit $T_c = T_2$ im Bereich
$250\,K < T_c < 350\,K$ und für $p < 10^{-2}$ Pa gut erfüllt ist.

Befindet sich der Konverter in der Nähe von Kryoflächen, die seine Temperatur beeinflussen, ist es zweckmäßig, seine Temperatur auf einen konstanten Wert zu re-

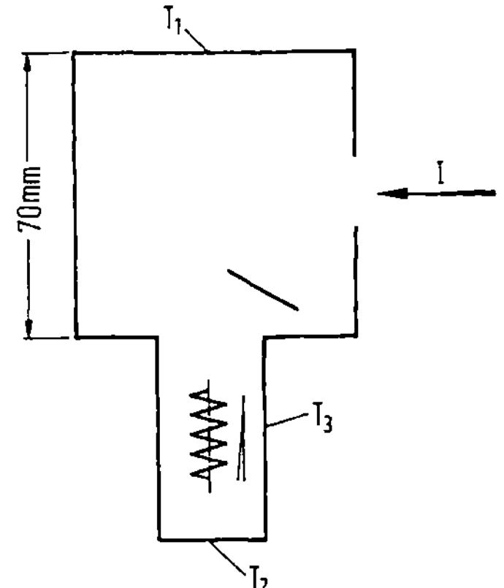

T_1	T_2	T_3	$\overset{*}{p}_c / \overset{*}{p}_n$	
	K		theoret. $(T_n/T_2)^{1/2}$	experim.
203	243	248	1,111	1,11
355	355	377	0,919	0,92

Abb.2.2. Konverter nach Kleber [2.15]. Verteilung der Temperatur (T_1, T_2, T_3) und Ergebnis der Eichung ($\overset{*}{p}_c / \overset{*}{p}_n$) für den Fall der Bayard-Alpert-Röhre IE 36

geln, etwa auf $T_c = T_n$. Daher besitzt der Konverter nach Abb.2.2 (hier nicht eingezeichnete) Heizspiralen, die auf das Gehäuse aus rostfreiem Stahl aufgelötet sind.

Die Bedeutung des Konverters für die Meßtechnik beruht darauf, daß die einfallenden Teilchen keine Maxwell-Verteilung zu besitzen brauchen; ihre Verteilung wird, wie immer sie beim Einfall sein mag, in eine der Konvertertemperatur T_c entsprechende Maxwell-Verteilung konvertiert. Kalibriert wird der Konverter in einer Apparatur mit isotroper Teilchenstromdichte I (Abb.2.1); angewendet wird er zum Ausmessen von molekularen Strömungsfeldern mit anisotroper Teilchenstromdichte $I = I(\varphi)$ (Abb.2.14) sowie zur Bestimmung des Saugvermögens S in Kammern mit großflächigen Kryopumpen (Abb.2.15 bis 2.17) [1.20]. Die Konverteranzeige $\overset{*}{p}_c$ ist ein durch (2.13) definierter Äquivalentdruck.

2.2.3 Saugleistung Q, Saugvermögen S

Die Saugleistung Q ist ein Gasstrom, ein Gasmengendurchfluß also, bei dem die geförderte Gasmenge durch das Produkt $p\dot{V}$ bei der Normtemperatur $T_n = 293\,\text{K}$ gemessen wird:

$$Q = (p\dot{V})_{T_n} = \dot{N}kT_n \quad \text{in } \text{Pa}\,\text{m}^3\text{s}^{-1} \text{ bei } T_n = 293\,\text{K} \ , \qquad (2.14)$$

wobei $\dot{N}$ der Strom der gepumpten Teilchen ist. Das Saugvermögen S einer Pumpe ist gleich dem Volumenstrom $\dot{V}$ des geförderten Gases der Temperatur T beim Ansaugdruck $p : S = \dot{V}_{T,p}$. Daher ist wegen (2.4), (2.5) und (2.7) das Saugvermögen einer Hochvakuum- oder Ultrahochvakuumpumpe

$$S = w_p A_p \bar{v}/4 = w_p A_p I/n = \dot{N}kT/p = \dot{N}/n \quad \text{in } \text{m}^3\text{s}^{-1} \ , \qquad (2.15)$$

wobei A_p die Pumpeneintrittsfläche und w_p die Pumpwahrscheinlichkeit bedeuten. Das Saugvermögen S hängt (wegen $\bar{v}$ und w_p) von der Art und der Temperatur des gepumpten Gases ab. Die beiden letzten Terme in (2.15) setzen S zum Strom $\dot{N}$ der gepumpten Teilchen

$$\dot{N} = w_p A_p I \qquad\qquad (2.16)$$

in Beziehung. Aus (2.14) und (2.15) folgt der Zusammenhang

$$S = \frac{Q}{nkT_n} = \frac{QT/T_n}{p} \qquad\qquad (2.17)$$

zwischen S und Q. Der Faktor T/T_n neben Q rührt daher, daß Q auf T_n und S auf T bezogen ist. (Dieser Faktor wird vielfach durch die Annahme $T = T_n$ unterdrückt.)

Bei theoretischen Überlegungen bevorzugt man den auf der Teilchenstrom-Vorstellung beruhenden Ausdruck (2.15) für S, während der Ausdruck (2.17) als Grundlage zur experimentellen Bestimmung von S dient.

2.2.4 Zur Messung von Q und S

Gasströme Q bestimmt man:
- Nach (2.14) durch Messen des Volumenstromes $\dot{V}$ mittels Gasuhr oder Bürette bei gegebenem $p \simeq 1$ bar. Ist die Gastemperatur $T_x \neq T_n$, so gilt $\dot{V}_n = \dot{V}_x T_n/T_x$.
- Nach dem Poiseuille-Gesetz Gl.(2.61) durch Messen der Drücke p_1, p_2 an den Enden der Kapillare, über die das Gas eingelassen wird.
- Durch Messen des Druckabfalls an einem porösen Stopfen, über den das Gas eingelassen wird. Wenn die Poren des Stopfens (aus z.B. Si-Karbid) hinreichend fein sind, ist die Strömung selbst bei $\Delta p \simeq 1$ bar noch molekular, und der Leitwert C daher konstant. Es gilt $Q = C\Delta p$.
- Nach (2.17) durch Messen von p bei gegebenem S.
- Durch Messen der Druckdifferenz $p_1 - p_2$ an einer Blendenöffnung im Hochvakuum: $Q = C(p_1 - p_2)$.

Speziell die beiden letzten Methoden verwendet man zur Messung der Gasabgaberate Q_g von Materialien im Vakuum.

Das Saugvermögen S bestimmt man im allgemeinen durch Messen von Q und p (constant pressure method), und zwar insbesondere
- im großen Testdom: In einer Anordnung nach dem Schema Abb.2.1 wird bei gegebenem Q der Ansaugdruck p bestimmt;

- nach der <u>PNEUROP-Methode</u> [2.16]: Bei dieser durch die Arbeiten [2.17; 2.18]
  begründeten Methode verwendet man einen Testdom nach Abb.2.3. Hinweise zum
  Gaseinlaßsystem findet man in [2.19; 2.20].
- Weitere Methoden, bei denen S in der Anlage selbst, also ohne einen speziellen
  Testbehälter, bestimmt wird, werden in den Arbeiten [2.21 - 2.23] sowie später
  im Zusammenhang mit den Abb.2.15 bis 2.20 diskutiert.

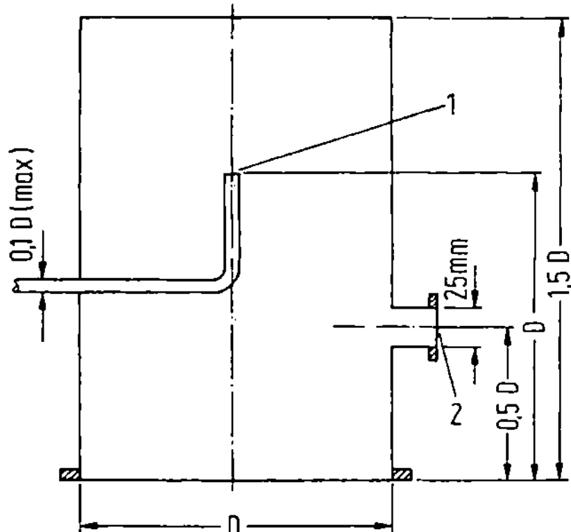

Abb.2.3. Testdom für die PNEUROP-
Methode zur Bestimmung des Saugvermögens einer Pumpe vom Druchmesser D
[2.16]. 1 Gaseinlaß, 2 Anschluß für das
Vakuummeter

2.2.5 Pumpwahrscheinlichkeit w_p, bestenfalls erreichbarer Enddruck p_e

Da jeder Pumpvorgang von einem gegenläufigen Vorgang begleitet ist, läßt sich die
Größe

$$w_p = \alpha(1 - \gamma) \qquad\qquad (2.18)$$

in zwei Faktoren aufspalten: α ist der Stickingkoeffizient oder die Haftwahrscheinlichkeit, d.h. das Verhältnis der Zahl der an der Kryofläche fixierten Teilchen zu
der der auftreffenden. Für den speziellen Fall der Kondensation wird α gleich dem
Kondensationskoeffizienten α_c. Der Faktor γ bedeutet die Desorptionswahrschein-
lichkeit bzw., im speziellen Fall der Kondensation, die Wiederverdampfungswahrscheinlichkeit.

Dies soll am Beispiel der nicht-abgeschirmten Kondensationskryopumpe (Index k)
im großen Behälter (Index g) erläutert werden. Der Einfluß der Gasabgabe der
Wand auf den Druck sei vernachlässigbar klein, so daß der bestmögliche Enddruck
p_e erreicht wird. Von den auf A_k pro Quadratmeter und Sekunde auftreffenden Teilchen I_g wird der Bruchteil

$$I_c = \alpha_c I_g = \alpha_c n_g \bar{v}_g/4 = \alpha_c p_g (2\pi m_0 k T_g)^{-1/2} \qquad\qquad (2.19a)$$

kondensiert. Andererseits emittiert die Kondensatschicht $E_k = E_v + I_r$ Teilchen pro Quadratmeter und Sekunde, wobei

$$E_v = \alpha_v n_k \bar{v}_k / 4 = \alpha_v p_s (2\pi m_0 k T_k)^{-1/2} \qquad (2.19b)$$

die Stromdichte der Teilchen ist, die sich mit A_k ins thermische Gleichgewicht setzten und dann verdampfen, α_v der Verdampfungskoeffizient und $p_s(T_k)$ der Sättigungsdampfdruck des Kondensats sind. Die Größe

$$I_r = (1 - \alpha_c)I_g$$

ist die Stromdichte der an A_k effektiv reflektierten Teilchen; sie umfaßt die Teilchen [3.3], die

- unmittelbar, d.h. innerhalb einiger Gitterschwingungen ($\simeq 10^{-12}$ s) reflektiert werden, und jene, die
- zunächst fixiert werden und dann nach der mittleren Verweilzeit

$$\tau = \tau_0 \exp(E_d / R T_k) \ , \qquad (2.20)$$

die um viele Größenordnungen größer als 10^{-12} s ist, desorbieren; dabei ist E_d die Desorptionsenergie, $\tau_0 \simeq 10^{-13}$ s und $1 - \alpha_c$ der effektive Reflexionskoeffizient.

Die Stromdichte der Emission beträgt dann

$$E_k = (1 - \alpha_c)I_g + E_v = I_g - (I_c - E_v) \ , \qquad (2.21a)$$

so daß die effektive Kondensationsrate

$$\dot{N} = A_k I_{eff} = A_k(I_c - E_v) \qquad (2.21b)$$

durch die Differenz "kondensierte minus verdampfende Teilchen" gegeben ist. Setzt man $\dot{N}$ unter Beachtung von (2.19a, b) in (2.15) ein, so erhält man

$$S = \alpha_c \left(1 - \frac{E_v}{I_c} \right) A_k \frac{\bar{v}_g}{4} = \alpha_c \left(1 - \frac{p_s}{p_g} \frac{\alpha_v}{\alpha_c} \left(\frac{T_g}{T_k} \right)^{1/2} \right) A_k \frac{\bar{v}_g}{4} \ . \qquad (2.22)$$

Der Enddruck p_e ist gleich dem Druck p_g, bei dem $S = 0$ bzw. $I_c = E_v$ ist:

$$p_e = \frac{\alpha_v}{\alpha_c} p_s \left(\frac{T_g}{T_k} \right)^{1/2} \ . \qquad (2.23)$$

Die Pumpwahrscheinlichkeit w_p beträgt nach (2.15), (2.22) und (2.23)

$$w_p = \alpha_c (1 - p_e/p_g) \; , \tag{2.24a}$$

und die Wiederverdampfungswahrscheinlichkeit

$$\gamma = p_e/p_g = E_v/I_c = E_v/(\alpha_c I_g) \; . \tag{2.24b}$$

Für die Kryosorption und die Kryogetterung bestehen trotz ihrer andersartigen Mechanismen zu (2.22) bis (2.24) analoge Beziehungen.

2.2.6 Strömungsleitwerte C verschiedener Bauelemente

2.2.6.1 Strömungsleitwert C und Durchtrittswahrscheinlichkeit w

Wird ein Bauelement (Baffle, Blende, Rohr) zwischen Pumpe und Vakuumkammer eingesetzt, so sinkt das Saugvermögen S_1 in der Kammer gegenüber dem Wert S_2 über der Pumpe. Man charakterisiert das Bauelement durch den reziproken Strömungswiderstand, den Leitwert

$$C = \frac{QT/T_n}{p_1 - p_2} = \frac{\dot{N}}{n_1 - n_2} \; , \qquad \mathrm{m^3 s^{-1}} \tag{2.25}$$

und erhält aus der Kontinuitätsgleichung $QT/T_n = S_1 p_1 = S_2 p_2$ die folgende Relation zwischen S_1 und S_2:

$$\frac{1}{S_1} = \frac{1}{S_2} + \frac{1}{C} \; . \tag{2.26}$$

Zur Anwendung dieser Gleichungen ist zu bemerken, daß die Drücke p_1, p_2 nur erklärt sind für den Fall, daß zu beiden Seiten des Bauelements praktisch Maxwell-Verteilung herrscht, was durch hinreichend große Behälter realisiert wird. Diese Bedingung wird insbesondere bei der experimentellen Bestimmung von C beachtet [2.24].

Bei theoretischen Überlegungen charakterisiert man den Leitwert C durch die Durchtrittswahrscheinlichkeit w_{12}: Sie ist die Wahrscheinlichkeit dafür, daß auf die Eintrittsfläche A_1 des Bauelements mit Maxwell-Verteilung einfallende Teilchen die Austrittsfläche A_2 passieren. Der Anteil $1 - w_{12}$ der auftreffenden Teilchen wird zurückgestreut und verläßt das Bauelement durch A_1. Der Teilchenstrom in Richtung $1 \rightarrow 2$ ist $A_1 I_1 w_{12}$, und jener in Gegenrichtung, falls auch in dem an A_2 grenzenden Raum Maxwell-Verteilung herrscht, $A_2 I_2 w_{21}$. Der Nettostrom $\dot{N} = A_1 I_1 w_{12} - A_2 I_2 w_{21}$ ist Null, wenn $I_1 = I_2$ ist. Daher ist

$$A_1 w_{12} = A_2 w_{21} \; , \tag{2.27a}$$

und wegen (2.7) und (2.25)

$$C = A_1 w_{12} \bar{v}/4 = A_2 w_{21} \bar{v}/4 \ . \tag{2.27b}$$

Ist $A_1 = A_2$, dann ist $w_{12} = w_{21} = w$, also

$$C = A w \bar{v}/4 \ . \tag{2.28}$$

Der Leitwert C hängt sowohl von Struktur und Abmessungen des Bauelements als auch von der Art und der Temperatur des Gases ab. Der Leitwert einer dünnen Blende der Öffnung A in einer gegenüber dieser großen Wand A_1 ist eine besonders einfache Anwendung von (2.28):

$$C = A \bar{v}/4 \ . \tag{2.29}$$

Ist A nicht klein gegen A_1, so gilt der Ausdruck für C_a in Abb.2.12c.

Zur Berechnung von w gibt es drei Methoden, die sämtlich auf der Theorie der Molekularströmungen beruhen:

1. Die von Clausing [2.25] begründete analytische Methode: Sie liefert w als analytischen Ausdruck, ist aber wegen der mathematischen Schwierigkeiten nur auf Rohre gleichförmigen Querschnitts anwendbar.

2. Die Monte Carlo-Methode [2.26]: Sie ist auf beliebige Strukturen anwendbar und besteht darin, mit dem Computer eine große Anzahl (etwa 10^4) von Flugbahnen der Teilchen zu simulieren, die mit Maxwell-Verteilung auf A_1 einfallen. Der auf die Gesamtzahl der Flugbahnen bezogene Anteil der Fälle, in denen die Teilchen A_2 passieren, ist gleich w.

3. Das Theorem (2.34) über die Durchtrittswahrscheinlichkeit w_{1n} für hintereinander geschaltete Bauelemente bekannter w_i-Werte. Diese Methode wird später in Abschn.2.2.6.4 erläutert.

2.2.6.2 Durchtrittswahrscheinlichkeit w für verschiedene Bauelemente

Nach Methode 1 oder 2 berechnete Werte w liegen als Funktion ihrer wesentlichen Abmessungen für die folgenden Bauelemente vor:

- Rohre von kreisförmigem Querschnitt (Abb.2.4): Die von Clausing [2.25] berechneten Werte $w = w(L/R)$ hat später Davis [2.26] mit der Monte Carlo-Methode innerhalb enger Grenzen verifiziert. Wegen ihrer Bedeutung für die Meßtechnik sind in Tabelle 2.6 die von de Marcus [2.27] neu berechneten w-Werte wiedergegeben. Berman [2.28] und Steckelmacher et al. [2.103] haben Näherungsformeln für diesen Fall angegeben.

- 90°-Rohrkrümmer (Abb.2.4): Der w-Wert ist mit guter Näherung gleich dem eines Rohres von gleichem Durchmesser 2R und der mittleren Länge $L = A + B$ [2.26].

Tabelle 2.6. Durchtrittswahrscheinlichkeit w für Rohre von kreisförmigem
            Querschnitt (Clausing-Faktor) in Abhängigkeit von L/R, berech-
            net von de Marcus [2.27]

L/R	w	L/R	w	L/R	w	L/R	w
0	1,00000	1,0	0,67198	2,0	0,51423	4,0	0,35658
0,1	0,95240	1,1	0,65143	2,2	0,49185	5,0	0,31053
0,2	0,90922	1,2	0,63223	2,4	0,47150	6,0	0,27547
0,3	0,86993	1,3	0,61425	2,6	0,45289	7,0	0,24776
0,4	0,83408	1,4	0,59736	2,8	0,43581	8,0	0,22530
0,5	0,80127	1,5	0,58148	3,0	0,42006	9,0	0,20669
0,6	0,77115	1,6	0,56651	3,2	0,40548	10,0	0,19099
0,7	0,74341	1,7	0,55236	3,4	0,39195	20,0	0,10938
0,8	0,71779	1,8	0,53898	3,6	0,37935		
0,9	0,69404	1,9	0,52628	3,8	0,36759		

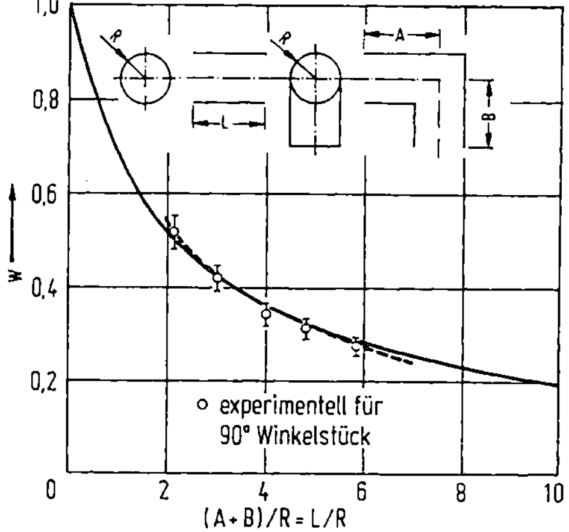

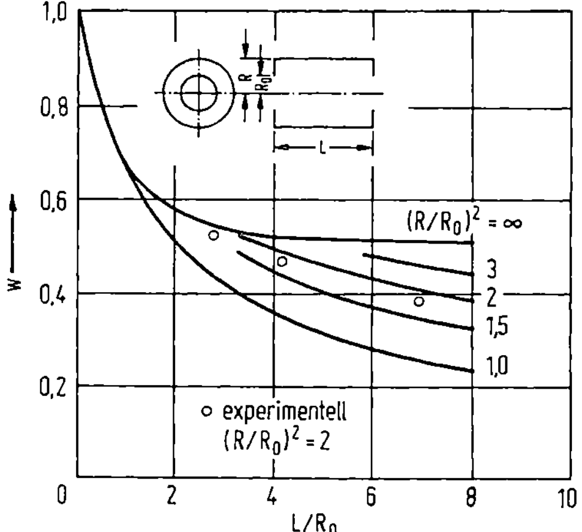

Abb.2.4. Durchtrittswahrscheinlichkeit
w für ein gerades Rohr [2.25] (ausgezogene Kurve) und für ein 90°-Winkelstück
[2.24; 2.26] (gestrichelte Kurve).

Abb.2.5. Durchtrittswahrscheinlichkeit
w für einen Kreiszylinder mit je einer
Blende an den Endflächen [2.24].

- Verschiedene Blendenanordnungen [2.24]: Abb.2.5 bis 2.7.

- Streifenbaffle (Abb.2.8) und Chevronbaffle (Abb.2.9) [2.24].

Für eine Reihe weiterer Bauelemente findet man die w-Werte in [2.32 - 2.34; 2.104].

2.2.6.3 Transmission eines Baffles für Wärmestrahlung

Für die thermische Belastung der Kryofläche durch die aus der Vakuumkammer kom-
mende 300 K-Strahlung ist die Transmission des Baffles für gestreute Photonen maß-

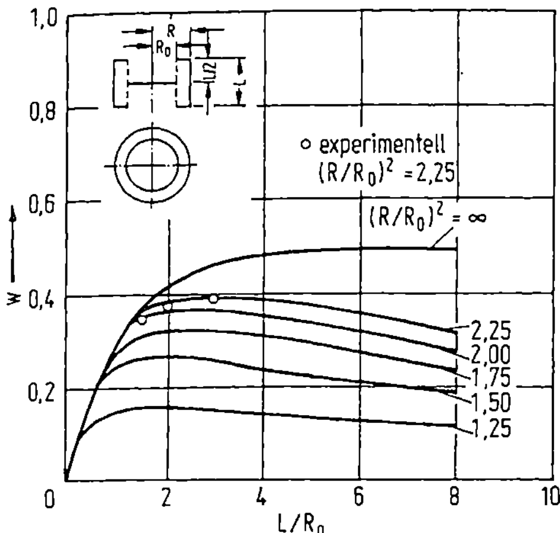

Abb.2.6. Durchtrittswahrscheinlichkeit w für ein symmetrisches Plattenbaffle [2.24].

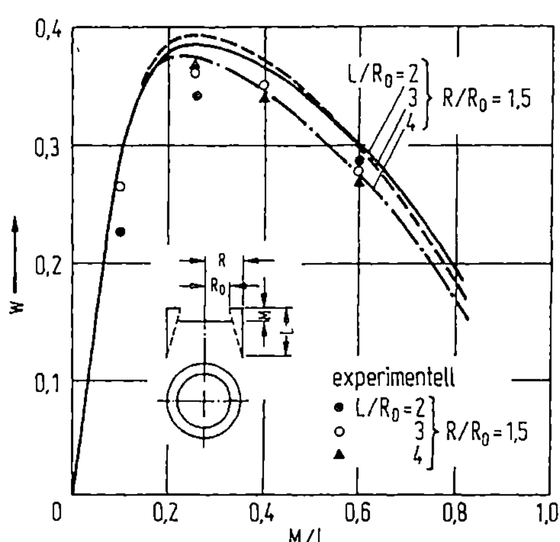

Abb.2.7. Durchtrittswahrscheinlichkeit w für ein unsymmetrisches Plattenbaffle [2.24]

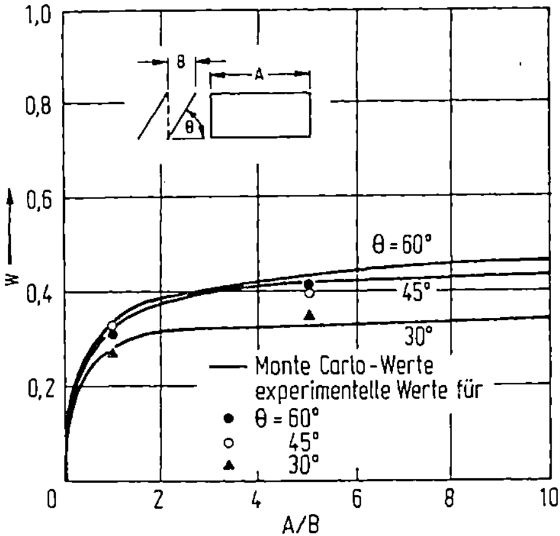

Abb.2.8. Durchtrittswahrscheinlichkeit w für ein Streifenbaffle [2.24]

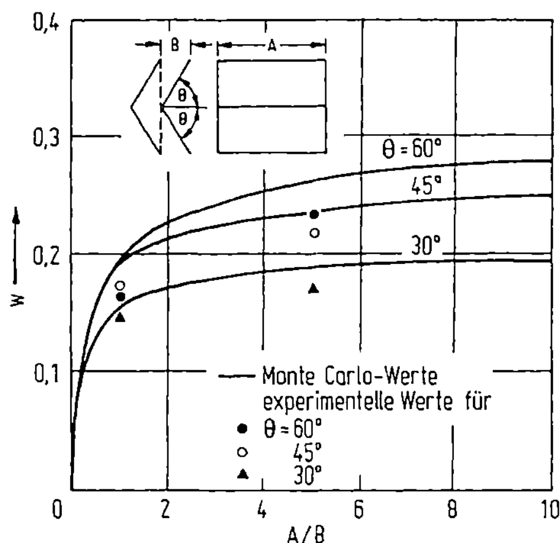

Abb.2.9. Durchtrittswahrscheinlichkeit für Chevronbaffle [2.24]

gebend. Von der Leistung $\dot{Q}$ der auf das Baffle einfallenden Wärmestrahlung wird der Bruchteil

$$\dot{Q}_s = e\, t_p\, \dot{Q} \tag{2.30}$$

von der Kryofläche absorbiert, wenn diese den Emissionsgrad e besitzt. Der Transmissionskoeffizient t_p, der von der Bauweise des Baffles und vom Absorptionsgrad a seiner Oberfläche für Wärmestrahlung abhängt, kann ebenfalls nach der Monte Carlo-Methode berechnet werden.

Am Beispiel des Chevronbaffles nach Abb.2.10 haben Benvenuti et al. [2.35] den Zusammenhang zwischen den Größen t_p und w untersucht, und zwar auch für den Fall, daß sich die Baffleflächen um die relative Distanz b überlappen; im einzelnen ergab sich:

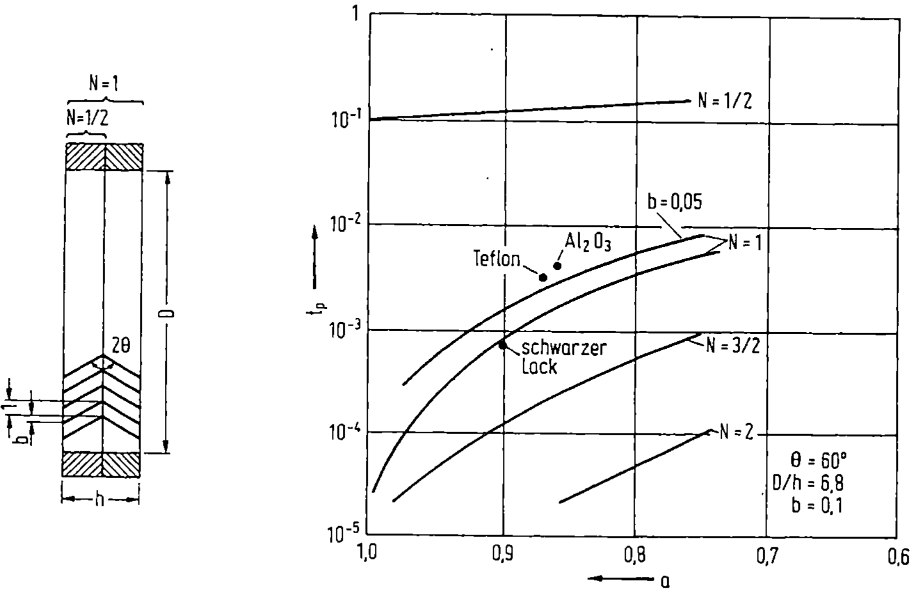

Abb.2.10. Transmissionskoeffizient t_p für Wärmestrahlung bei einem Chevronbaffle, dessen Flächen die Überlappung b und das Absorptionsvermögen a besitzen [2.35]

- Wird der Winkel 2θ zwischen den Baffleflächen variiert, so zeigt w bei 2θ = 120° ein ausgeprägtes Maximum (vgl. Abb.2.9), während t_p in nur geringem Maße von diesem Winkel abhängt.
- Mit wachsender Überlappung b nehmen sowohl w als auch t_p ab.
- Der Wert t_p sinkt mit wachsendem a und mit zunehmender Zahl N der Baffleeinheiten.
- Für N = 1, D/h = 6,8 und 2θ = 120° erhält man die folgenden Werte:

Überlappung	Durchtrittswahrscheinlichkeit	Transmissionskoeffizient t_p für	
b	w	a = 0,9	a = 0,8
0	0,27	0,003	0,010
0,1	0,24	0,0007	0,007

Werte von t_p für andere Strukturen sind in den Abb.2.19 und 2.20 angegeben [2.31; 2.36].

2.2.6.4 Zusammengesetzte Bauelemente

Zur Berechnung des Leitwertes C einer Reihenschaltung von Bauelementen (C_i)
wird häufig die Formel $1/C = \sum 1/C_i$ vorgeschlagen, die jedoch nicht allgemein
gültig ist: Zum einen sind die Leitwerte C_i für mit Maxwell-Verteilung einfallen-
des Gas definiert, und diese Bedingung ist bei einer Reihenschaltung im allgemeinen nicht erfüllt. So zeigt die Winkelverteilung der aus einem Rohr austretenden
Teilchen einen mit wachsendem L/R immer ausgeprägter werdenden Strahleffekt
und nicht, wie bei der Blende (L = 0), das für die Maxwell-Verteilung charakteristische Kosinus-Gesetz [2.37 - 2.39]. Zum anderen, und dies dürfte der für die
praktische Anwendung wichtigere Grund sein, wird der Teilchenstrom in jedem
Bauelement durch den "Rückstrom" modifiziert, der in den nachfolgenden Komponenten durch Rückwärtsstreuung entsteht. Anders als beim elektrischen Strom in
ohmschen Leitern, in Analogie zu dem jene Formel abgeleitet wird, beeinflussen
sich die molekularen Strömungen in benachbarten Komponenten wechselseitig. Diese Wechselwirkung hat man bei der Berechnung von C zu berücksichtigen.

Unter diesem Aspekt berechneten Harries [2.40] und Oatley [2.41] für Leitungen,
die aus zwei Rohren gleichen oder auch ungleichen Durchmessers bestehen und an
der Stoßstelle oder am Ende eine Blende enthalten, die Durchtrittswahrscheinlichkeit für Teilchen und daraus den gesamten Leitwert C. Letzterer ist eine Funktion
der "Rohr-Leitwerte" (s. (2.37a)) und der "Apertur-Leitwerte" (s. (2.35c)) der
einzelnen Leitungsstücke und entspricht damit den bereits von Dushman [2.109]
eingeführten und von anderen Autoren übernommenen ad hoc-Annahmen. Diese Ergebnisse erweisen sich als Spezialfälle der in [2.47] unter sehr allgemeinen Voraussetzungen für eine Reihenschaltung abgeleiteten Gesetzmäßigkeiten, die jetzt
erläutert werden sollen.

Durchtrittswahrscheinlichkeit. Bei der Reihenschaltung nach Abb.2.11 sind n Bauelemente auf konzentrischen Kugel-, Zylinder- oder, im Spezialfall, ebenen Flächen

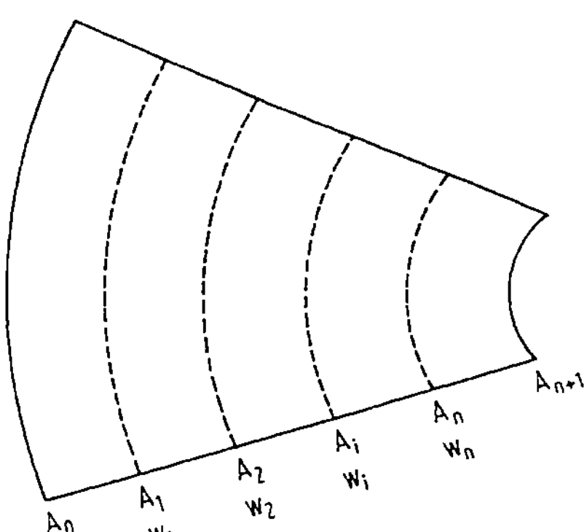

Abb.2.11. Zur Berechnung der Durchtrittswahrscheinlichkeit w_{1n} von n in Reihe geschalteten baffleartigen Bauelementen [2.47]

zwischen den sie einschließenden Flächen A_0 und A_{n+1} angeordnet. Die durch ihre
Durchtrittswahrscheinlichkeit w_i für Teilchen und ihre Querschnittsfläche A_i ge-
kennzeichneten Komponenten haben baffleartigen Charakter; d.h. ihre Ausdehnung
senkrecht zu A_i ist klein gegen $A_i^{1/2}$, so daß Austritts- und Eintrittsfläche einander gleich gesetzt und Strahleffekte vernachlässigt werden können. An jeder Fläche
existieren zwei Teilchenströme, ein einfallender und ein fortgehender, auf die die
Gesetze der Molekularströmung [2.22] und die Bedingung der Teilchenerhaltung
angewendet werden. Im stationären Zustand gilt dann nach [2.47]:

Die Durchtrittswahrscheinlichkeit w_{1n} - d.h. die Wahrscheinlichkeit dafür, daß
ein von A_0 aus auf die erste Komponente treffendes Teilchen die n-te Komponente
in Richtung A_{n+1} durchsetzt, ohne vorher nach A_0 zurückzukehren - ist durch

$$\frac{1}{w_{1n}} - 1 = \sum_{i=1}^{n} \frac{A_1}{A_i} \left(\frac{1}{w_i} - 1 \right) + \sum_{i=1}^{n-1} \frac{A_1}{A_i} \left(\frac{A_i}{A_{i+1}} - 1 \right) \qquad (2.31)$$

gegeben. Der erste Term auf der rechten Seite beschreibt den Einfluß der durch A_i
und w_i charakterisierten Komponenten auf w_{1n}, und der zweite Term den Einfluß
der Querschnittsverengungen beim Übergang von einer Komponente zur nächsten.
Diese Querschnittsverengungen wirken wie Blendenöffnungen A_{i+1} in einer Wand
A_i. Ordnet man diesen Aperturen die Eintrittsfläche A_i und die effektive Durchtrittswahrscheinlichkeit $A_{i+1}/A_i < 1$ zu, so sieht man, daß der zweite Term analog
zum ersten aufgebaut ist.

Die Durchtrittswahrscheinlichkeit w_{n1} - d.h. die Wahrscheinlichkeit dafür, daß
ein von A_{n+1} aus auf die n-te Komponente fallendes Teilchen die erste Komponente
in Richtung A_0 passiert, ohne vorher auf A_{n+1} zurückzufallen - ergibt sich aus

$$\frac{1}{w_{n1}} - 1 = \sum_{i=1}^{n} \frac{A_n}{A_i} \left(\frac{1}{w_i} - 1 \right) . \qquad (2.32)$$

Da sich bei der Strömung von A_n nach A_1 die Querschnitte nicht verengen, hat diese Gleichung im Gegensatz zu (2.31) keinen durch Aperturen bedingten Term. Die
Gln.(2.31) und (2.32) genügen, wie zu erwarten, der Bedingung

$$A_1 w_{1n} = A_n w_{n1} . \qquad (2.33)$$

Im allgemeinen hat eine Leiterstruktur sowohl Abschnitte mit abnehmendem als
auch Abschnitte mit zunehmendem Leitungsquerschnitt. In diesem Fall ist bei insgesamt n Komponenten die Durchtrittswahrscheinlichkeit w_{1n} nach [2.47] durch

$$\frac{1}{A_1 w_{1n}} = \frac{1}{A_1} + \sum_{i=1}^{n} \frac{1}{A_i}\left(\frac{1}{w_i} - 1\right) + \sum_{i=1}^{n-1} \frac{1}{A_i}\left(\frac{A_i}{A_{i+1}} - 1\right)\delta_{i,i+1} \qquad (2.34)$$

$$\text{mit} \quad \delta_{i,i+1} = \begin{array}{ll} 1 \ \text{für} \ A_{i+1} < A_i & \text{(Querschnittsverengung)} \\ 0 \ \text{für} \ A_{i+1} \geq A_i & \text{(keine Querschnittsverengung)} \end{array}$$

gegeben. Dieser Ausdruck umfaßt auch die beiden Spezialfälle (2.31) und (2.32). Aus (2.34) erhält man leicht eine analoge Gleichung für $A_n w_{n1}$, indem man die Indizes von n aus zu zählen beginnt, d.h. $1 \to n$, $2 \to n-1$, ..., $n \to 1$ vertauscht. Auch in diesem allgemeinen Fall gilt $A_1 w_{1n} = A_n w_{n1}$.

<u>Additionstheorem der reziproken Leitwerte.</u> Der gesamte Leitwert ist durch

$$C = A_1 w_{1n} \bar{v}/4 = A_n w_{n1} \bar{v}/4 \qquad (2.35a)$$

definiert, die Leitwerte der Komponenten durch

$$C_i = A_i w_i \bar{v}/4 \qquad (2.35b)$$

und die (modifizierten) Leitwerte der Aperturen durch

$$C_{a,i} = \frac{A_{i+1}\bar{v}/4}{1 - A_{i+1}/A_i} \ ; \qquad A_{i+1} < A_i \ . \qquad (2.35c)$$

Damit ergibt sich aus (2.34) das Additionstheorem der reziproken Leitwerte

$$\frac{1}{C} = \frac{1}{A_1\bar{v}/4} + \sum_{i=1}^{n}\left(\frac{1}{C_i} - \frac{1}{A_i\bar{v}/4}\right) + \sum_{i=1}^{n-1}\frac{\delta_{i,i+1}}{C_{a,i}} \ . \qquad (2.36)$$

Die Größe $\delta_{i,i+1}$ hat die durch (2.34) festgelegte Bedeutung. Die Gl.(2.36) läßt sich noch vereinfachen, indem man in Analogie zum Begriff "tube conductance" nach Steckelmacher [2.42; 2.43] die gegenüber C_i und C <u>modifizierten</u> Leitwerte

$$C_{m,i} = \frac{A_i w_i \bar{v}/4}{1 - w_i} = \frac{C_i}{1 - C_i/(A_i\bar{v}/4)} \qquad (2.37a)$$

und

$$C_m = \frac{A_1 w_{1n} \bar{v}/4}{1 - w_{1n}} = \frac{A_n w_{n1} \bar{v}/4}{1 - w_{n1}A_n/A_1} = \frac{C}{1 - C/(A_1\bar{v}/4)} \qquad (2.37b)$$

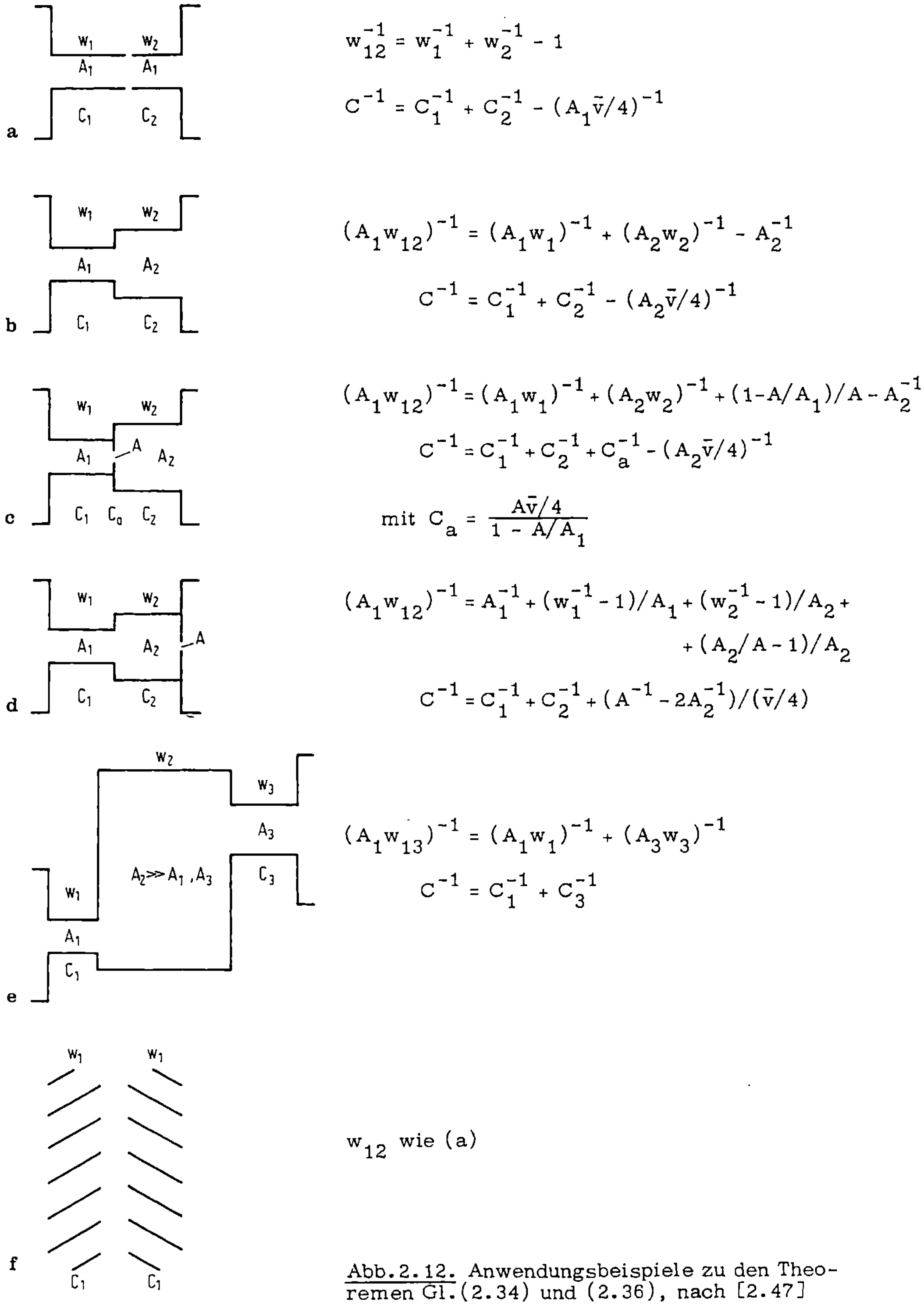

Abb.2.12. Anwendungsbeispiele zu den Theoremen Gl.(2.34) und (2.36), nach [2.47]

definiert. Das Additionstheorem lautet dann

$$C_m^{-1} = \sum_{i=1}^{n} C_{m,i}^{-1} + \sum_{i=1}^{n-1} \delta_{i,i+1} C_{a,i}^{-1} \; . \tag{2.38}$$

Im Gegensatz zum Leitwert C hängt der modifizierte Leitwert C_m von der Strömungsrichtung des Gases ab, d.h. es ist im allgemeinen $C_m(1 \to n) \neq C_m(n \to 1)$. Der Aperturleitwert $C_{a,i}$ nach (2.35c) ist seiner Definition nach ein modifizierter Leitwert.

Einige Anwendungsbeispiele zu den Theoremen Gl.(2.34) und (2.36) sind in Abb. 2.12 dargestellt. Die als Rohre gezeichneten Bauelemente können beliebige Baffle sein. Besitzt z.B. eine halbe Chevroneinheit den Monte Carlo-Wert $w = 0,42$ (nach Abb.2.8 für $\Theta = 60°$ und $A/B = 5$), so ergibt sich für die Reihenschaltung zweier solcher Hälften der Wert $w_{12} = 0,266$, wenn man die Beziehung $w_{12}^{-1} = 2w^{-1} - 1$ des Falles a auf den Fall f in Abb.2.12 anwendet; dieser Wert w_{12} stimmt gut mit dem Monte Carlo-Wert für das ganze Chevronbaffle nach Abb.2.9 überein. Weitere Anwendungsbeispiele sind in [2.44 - 2.46] behandelt.

2.3 Molekularströmungen in Behältern mit großflächigen Kryopumpen

2.3.1 Berechnung der Teilchenstromdichten I und E, der Teilchenanzahldichte n und des Saugvermögens S in nicht-isothermen Behältern

Die Berechnung dieser Größen beruht auf der Theorie der Molekularströmungen, der die folgenden Annahmen zugrunde liegen [2.22; 2.48 - 2.53]:

1. Es herrscht stationärer Zustand, und die mittlere freie Weglänge $\bar{l}$ ist groß gegen die Abmessungen des Behälters.

2. An jedem Flächenelement dA des Behälters (Abb.2.13) unterscheidet man drei Teilchenstromdichten, gemessen in $m^{-2}s^{-1}$:

Eigenemission E_0 (Gaseinströmung, Ausgasung, Wiederverdampfung), Inzidenz oder Einfallsdichte I und (gesamte) Emission E, die an der Quelle, über die der Gasstrom

$$Q = E_{01} A_1 k T_n \tag{2.39a}$$

eingelassen wird,

$$E_1 = E_{01} + I_1 \; , \tag{2.39b}$$

an einer nur reflektierenden Wand: $E = I$, und an der Kryopumpe:

$$E_2 = E_{02} + (1 - \alpha) I_2 \tag{2.39c}$$

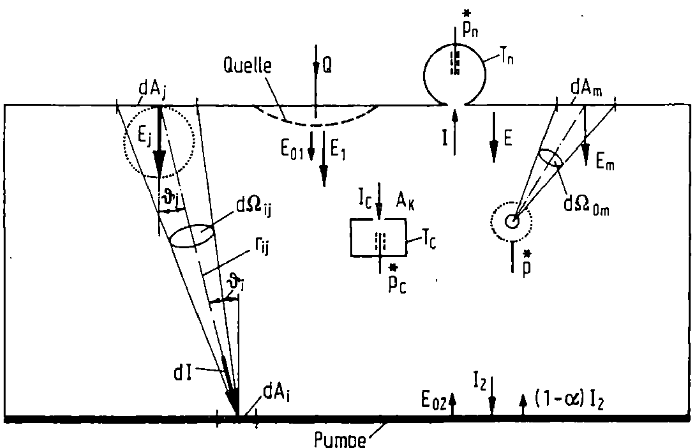

Abb.2.13. Schema einer Vakuumkammer mit den Bezeichnungen zur Berechnung der Teilchenstromdichten.

mit $E_{02} = \alpha p_s (2\pi m_0 kT_2)^{-1/2}$ beträgt. Ist die Kryopumpe durch ein Baffle abgeschirmt, so ist der Stickingkoeffizient α in (2.39c) durch die Einfangwahrscheinlichkeit c zu ersetzen.

3. Die die Wandflächen verlassenden Teilchen haben eine Richtungsverteilung gemäß dem Kosinus-Gesetz.

4. Die mittlere Geschwindigkeit $\bar{v}_i$, mit der die Moleküle die Fläche A_i verlassen, ist eine Funktion deren Temperatur T_i.

5. Sind mehrere Teilchensorten vorhanden, gilt das Prinzip der Überlagerung.

Die Inzidenz I an einem Flächenelement dA_i beträgt

$$I(dA_i) = \frac{1}{dA_i} \int dA_j \, dP_{ji} \, E_j = \int dP_{ij} \, E_j = \frac{1}{\pi} \int_0^{2\pi} \cos\vartheta_i \, d\Omega_{ij} \, E_j \, , \qquad (2.40)$$

wobei die Integration über alle von dA_i aus sichtbaren Flächenelemente dA_j der Kammer zu erstrecken ist und dP_{ji} die Wahrscheinlichkeit dafür bedeutet, daß ein dA_j verlassendes Teilchen dA_i trifft. Mit (2.39c) folgt hieraus

$$E(dA_i) = E_{02} + (1 - \alpha) \int_0^{2\pi} E_j \cos\vartheta \, d\Omega/\pi \qquad (2.41)$$

als Gleichung für die Verteilung von E über die Pumpenfläche. Entsprechende Gleichungen gelten für die Verteilung von E über die Quelle sowie über nur reflektierende Teile der Wand. Ist die Verteilung von E über alle Flächen bekannt, so kann man die folgenden Größen berechnen:

1. die Verteilung von I über alle Flächen der Kammer,

2. die Teilchenanzahldichte $n(0)$ an jedem Ort 0 der Kammer

$$n(0) = \frac{1}{2\pi} \int_0^{2\pi} \frac{E_j \, d\Omega_{0j}}{\bar{v}_j/2} = \int_0^2 \frac{E_j \, d\omega_{0j}}{\bar{v}_j/2} \, , \qquad \omega = \Omega/2\pi \qquad (2.42)$$

3. die Inzidenz $I(A_k)$ an einer beliebigen Fläche A_k im Inneren der Kammer

$$I(A_k) = \int dP_{kj} E_j \, . \qquad (2.43)$$

Diesen drei Fällen entsprechen die Anzeigen der Ionisationsvakuummeter in den folgenden Anordnungen:

- Außen angesetze Meßröhre

$$\overset{*}{p}_n = \varepsilon (2\pi m_0 k T_n)^{1/2} I_{Wand} \, , \qquad (2.44a)$$

- eingetauchte Meßröhre

$$\overset{*}{p} = \varepsilon \, n k T_n = \varepsilon k T_n \int_0^2 \frac{E d\omega}{\bar{v}/2} \, , \qquad (2.44b)$$

- Konverter

$$\overset{*}{p}_c = \frac{\varepsilon (2\pi m_0 k T_n)^{1/2}}{(T_c/T_n)^{1/2}} \, I(A_k) \, . \qquad (2.44c)$$

Um die Verteilung von E und I zu berechnen, hat man zunächst die Koeffizienten dP_{ik} aller Flächenelement-Kombinationen der Kammer zu ermitteln und dann Integralgleichungen vom Typ (2.40) und (2.41) zu lösen. Lösungen in analytischer Form erzielt man in nur wenigen Fällen, auf die wir weiter unten zurückkommen. In allen anderen Fällen berechnet man die Verteilung von E und I entweder nach der Monte Carlo-Methode [2.110] oder nach der Methode der $|P_{ik}|$-Matrix [2.52]. Im letzteren Fall unterteilt man die Vakuumkammer in eine große Anzahl von Flächenelementen, bestimmt für diese die $|P_{ik}|$-Matrix und ersetzt die Integralgleichungen durch Systeme von linearen Gleichungen, die man mit Hilfe des Komputers löst.

Als Beispiel für diese Methode zeigt Abb.2.14 den berechneten Verlauf der radialen Einfallsdichte I_r an der 80 K-Kaltwand einer zylindrischen Raumkammer, in deren Achse sich eine kugelförmige, gleichmäßig emittierende Quelle befindet [2.53]. Die Einfallsdichte I_r besitzt ein Maximum bei $z = 0$ in der Höhe der Quel-

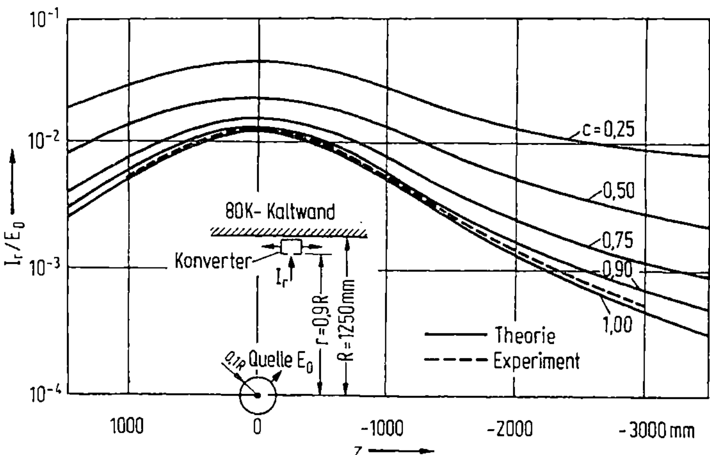

Abb.2.14. Verlauf der radialen Teilchenstromdichte I_r über der 80 K-Kaltwand der 2,5 m-Raumkammer der DFVLR in Köln-Porz bei Anwendung einer mit Aethanol gespeisten Kugelquelle. Theoretisch [2.53] und experimentell [2.54].

le. Mit von c = 1 aus abnehmender Einfangwahrscheinlichkeit wachsen die Werte I_r/E_0, und das Maximum wird immer weniger ausgeprägt, bis schließlich bei c < 0,05 die Verteilung von I_r praktisch isotrop ist. Messungen mit dem Konverter und einem an der Kaltwand kondensierbaren Gas (C_2H_5OH) bestätigen den berechneten Verlauf von I_r [2.54].

Zu den wenigen Fällen, in denen es gelingt, die Komponenten von I in analytischer Form darzustellen, gehören die folgenden Anordnungen:

- Zylindrischer Behälter, der nach Art der Abb.2.3 auf die Pumpe aufgesetzt wird [2.17 - 2.20];

- konzentrische Kugeln, von denen die innere oder die äußere die Pumpe bildet und die jeweils andere die Quelle (Spezialfall: große ebene Flächen);

- konzentrische lange Zylinder, von denen der innere oder der äußere die Pumpe darstellt und der jeweils andere die Quelle;

- kreisförmige ebene Kryopumpe mit einem diese umschließenden kugelförmigen Behälter (Abb.2.15b).

Die erste dieser Anordnungen kann hier außer Betracht bleiben, weil die Pumpenfläche klein gegen die Behälteroberfläche ist. - Bei den Kugel- und den Zylinderanordnungen ist I aus Gründen der Symmetrie auf den Begrenzungsflächen A_1, A_2 und ebenso auf den zu ihnen konzentrischen Flächen konstant; (2.40), (2.41) gehen dann in lineare Gleichungen über. Bezeichnet b = $A_2/A_1 \leqslant 1$ das Flächenverhältnis, dann lauten die P_{ik}- und die ω_{ik}-Werte:

$$P_{11} = 1 - b \qquad P_{12} = b \qquad \omega_{11} = (1 - b)^{1/2} \qquad \omega_{12} = 1 - (1 - b)^{1/2}$$
$$P_{21} = 1 \qquad P_{22} = 0 \qquad \omega_{21} = 1 \qquad \omega_{22} = 0 \qquad . (2.45)$$

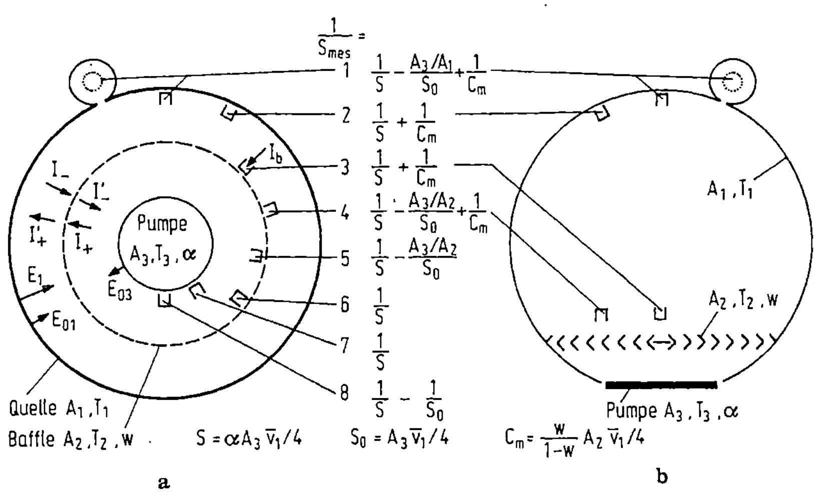

$$\frac{1}{S_{mes}} = \begin{cases} 1 & \frac{1}{S} - \frac{A_3/A_1}{S_0} + \frac{1}{C_m} \\ 2 & \frac{1}{S} + \frac{1}{C_m} \\ 3 & \frac{1}{S} + \frac{1}{C_m} \\ 4 & \frac{1}{S} \cdot \frac{A_3/A_2}{S_0} + \frac{1}{C_m} \\ 5 & \frac{1}{S} - \frac{A_3/A_2}{S_0} \\ 6 & \frac{1}{S} \\ 7 & \frac{1}{S} \\ 8 & \frac{1}{S} - \frac{1}{S_0} \end{cases}$$

$$S = \alpha A_3 \bar{v}_1/4 \qquad S_0 = A_3 \bar{v}_1/4 \qquad C_m = \frac{w}{1-w} A_2 \bar{v}_1/4$$

Abb.2.15. Abgeschirmte Kryopumpe, die vom Behälter (Quelle) umschlossen ist. Zusammenhang zwischen gemessenem (S_{mes}) und tatsächlichem Saugvermögen S bei der Messung mit Konvertern sowie einer außen angesetzten Vakuummeterröhre [1.20].

Bei der Anordnung: Ebene Kryofläche – Kugelbehälter nach Abb.2.15b schließlich ist I auf diesen beiden Flächen mit guter Näherung konstant, und es gilt näherungsweise das Koeffizientenschema (2.45). Daher genügt ein einziger Rechengang, um die drei Anordnungen zu beschreiben. Diese können dann als Modelle für in der Praxis benutzte Systeme mit großflächigen Kryopumpen dienen. In den kommenden Abschnitten wird für diese Modelle das jeweilige Strömungsgesetz

$$Q = Q(S, A_1, A_2, T_1, T_2, E_{01}, \overset{*}{p}_i, \ldots) \text{ wie folgt abgeleitet [1.20]:}$$

Man berechnet zunächst die Größen I und n mittels (2.40) bis (2.43) für diejenigen Orte, an denen Ionisationsvakuummeter vorgesehen sind, und daraus mittels (2.44 a-c) die entsprechenden Anzeigen $\overset{*}{p}_i$. In die so erhaltenen Gleichungen für $\overset{*}{p}_i$ führt man ein: Den Gasstrom Q mittels (2.39a), das Saugvermögen S der Kryofläche A_2

$$S = \alpha A_2 \bar{v}_1/4 \tag{2.46}$$

und denjenigen Ausdruck für das gemessene Saugvermögen S_{mes}, welcher der jeweiligen Meßanordnung entspricht:

$$S_{mes} = \frac{Q(T_1/T_n)}{p - p_e} = \frac{Q}{(\overset{*}{p} - \overset{*}{p}_0)/\varepsilon} \qquad \text{für die eingetauchte} \atop \text{Meßröhre} \qquad\qquad (2.47a)$$

$$= \frac{Q(T_1/T_n)^{1/2}}{(\overset{*}{p}_n - \overset{*}{p}_{on})/\varepsilon} \qquad \text{für die außen angesetzte} \atop \text{Meßröhre} \qquad\qquad (2.47b)$$

$$= \frac{Q(T_1/T_c)^{1/2}}{(\overset{*}{p}_c - \overset{*}{p}_{oc})/\varepsilon} \qquad \text{für den Konverter .} \qquad\qquad (2.47c)$$

Die Ausdrücke (2.46) und (2.47) für das Saugvermögen stellen den "Plateauwert" von S bei hoher Übersättigung $p/p_e \gg 1$ dar.

2.3.2 Abgeschirmte Kryopumpe, vom Behälter (Gasquelle) umgeben

Befindet sich zwischen Quelle A_1 und Kryofläche A_3 ein zu diesen konzentrisches Baffle (A_2, w), so sind die in Abschn.2.3.1 genannten Bestimmungsgleichungen durch die Teilchenbilanz am Baffle zu erweitern (Abb.2.15a):

$$I'_+ = wI_+ + (1 - w)I_- \; ; \qquad I'_- = (1 - w)I_+ + wI_- \; .$$

Man erhält dann die in Abb.2.15 dargestellten Zusammenhänge zwischen S_{mes} und S für den Fall der Messung mit Konvertern bzw. einer außen angesetzten Meßröhre [1.20]. Im Raum zwischen Kryofläche und Baffle entsprechen die Ergebnisse völlig jenen im Fall ohne Baffle [2.22]. Zwischen Baffle und Quelle gelten kompliziertere Ausdrücke, die sämtlich den durch (2.37) definierten modifizierten Leitwert C_m des Baffles enthalten. Wie zu erwarten, werden für $w = 1$ (kein Baffle) die Ausdrücke für S_{mes} in den Positionen 3 und 6 sowie 4 und 5 identisch.

Das Saugvermögen S der (nicht-abgeschirmten) Kryofläche A_3 wird als Meßwert S_{mes} erhalten, wenn sich der Konverter in den Positionen 6 oder 7 befindet. Daraus ist zu schließen, daß das "Netto"-Saugvermögen S_n der abgeschirmten Kryopumpe als Meßwert S_{mes} gewonnen wird, wenn sich der Konverter in den entsprechenden Positionen außerhalb des Baffles, also in den Positionen 2 und 3 befindet. Das so bestimmte Saugvermögen S_n der abgeschirmten Kryopumpe ist dann durch

$$\frac{1}{S_n} = \frac{1}{S} + \frac{1}{C_m} = \frac{1}{A_3 \alpha \bar{v}_1/4} + \frac{1 - w}{A_2 w \bar{v}_1/4} \qquad \text{für} \quad A_3 \leqslant A_2 \qquad (2.48)$$

gegeben und ebenso groß, als würde es nach der Methode des großen Testdomes $(A_1 \gg A_2, A_3)$ ermittelt.

2.3.3 Abgeschirmte Kryopumpe, die die Gasquelle umschließt

Bei dieser Konfiguration (Abb.2.16) entsprechen die zwischen Kryofläche A_3 und Baffle A_2 mit dem Konverter sowie der außen angesetzten Röhre gemessenen Werte S_{mes} völlig jenen für den Fall ohne Baffle [2.55]. Zwischen der Quelle A_1 und dem Baffle A_2 gelten S_{mes}-Werte, in die der modifizierte Leitwert C_m des Baffles eingeht. Im Fall $w = 1$ (kein Baffle!) werden, wie zu erwarten, die Ausdrücke S_{mes} in den Positionen 4 und 5 sowie 3 und 6 identisch [1.20].

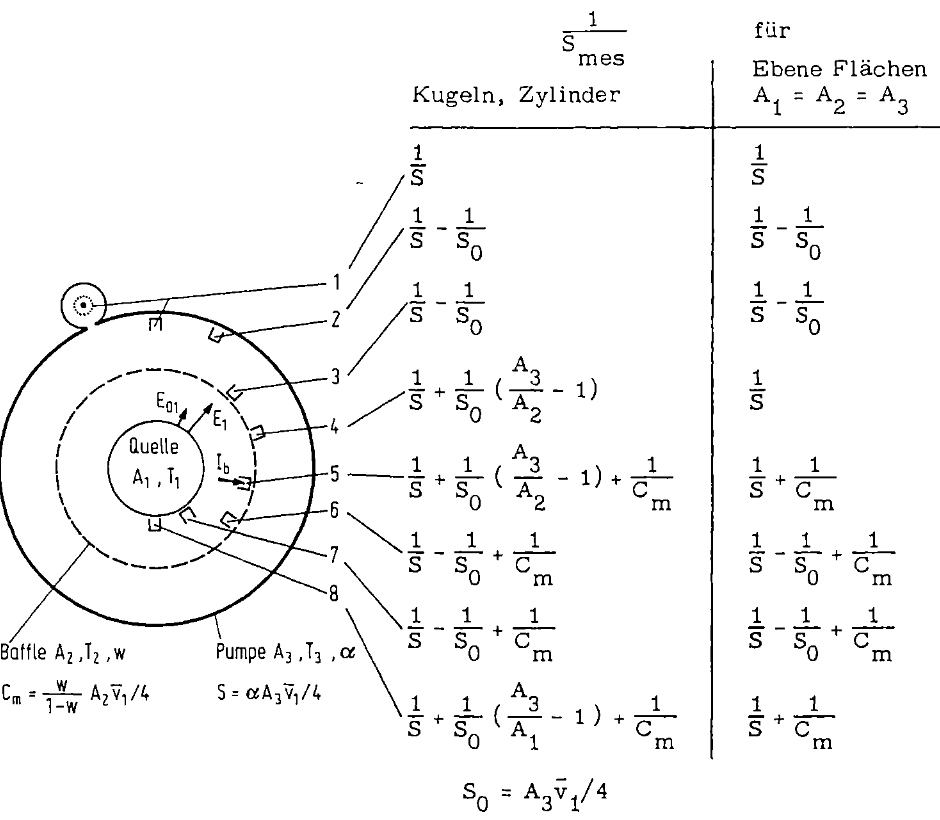

| | $\dfrac{1}{S_{mes}}$ für | |
Position	Kugeln, Zylinder	Ebene Flächen $A_1 = A_2 = A_3$
1	$\dfrac{1}{S}$	$\dfrac{1}{S}$
2	$\dfrac{1}{S} - \dfrac{1}{S_0}$	$\dfrac{1}{S} - \dfrac{1}{S_0}$
3	$\dfrac{1}{S} - \dfrac{1}{S_0}$	$\dfrac{1}{S} - \dfrac{1}{S_0}$
4	$\dfrac{1}{S} + \dfrac{1}{S_0}\left(\dfrac{A_3}{A_2} - 1\right)$	$\dfrac{1}{S}$
5	$\dfrac{1}{S} + \dfrac{1}{S_0}\left(\dfrac{A_3}{A_2} - 1\right) + \dfrac{1}{C_m}$	$\dfrac{1}{S} + \dfrac{1}{C_m}$
6	$\dfrac{1}{S} - \dfrac{1}{S_0} + \dfrac{1}{C_m}$	$\dfrac{1}{S} - \dfrac{1}{S_0} + \dfrac{1}{C_m}$
7	$\dfrac{1}{S} - \dfrac{1}{S_0} + \dfrac{1}{C_m}$	$\dfrac{1}{S} - \dfrac{1}{S_0} + \dfrac{1}{C_m}$
8	$\dfrac{1}{S} + \dfrac{1}{S_0}\left(\dfrac{A_3}{A_1} - 1\right) + \dfrac{1}{C_m}$	$\dfrac{1}{S} + \dfrac{1}{C_m}$

$$S_0 = A_3\bar{v}_1/4$$

Abb.2.16. Abgeschirmte Kryopumpe, die die Quelle umschließt. Zusammenhang zwischen gemessenem (S_{mes}) und tatsächlichem Saugvermögen S bei der Messung mit Konvertern sowie einer außen angesetzten Vakuummeterröhre [1.20].

Eine zum vorangehenden Fall analoge Überlegung ergibt, daß das Netto-Saugvermögen S_n der abgeschirmten Kryopumpe (Abb.2.16, Position 5) durch

$$\frac{1}{S_n} = \frac{1}{S} + \frac{1}{C_m} + \frac{A_3/A_2 - 1}{S_0} = \frac{1}{A_3\alpha\bar{v}_1/4} + \frac{1 - w}{A_2 w\bar{v}_1/4} + \frac{A_3/A_2 - 1}{A_3\bar{v}_1/4} \quad \text{für} \quad A_3 \geqslant A_2$$

$$(2.49)$$

gegeben ist.

2.3.4 Einfangwahrscheinlichkeit c für abgeschirmte Kryopumpen-Strukturen

Im Hinblick auf die Anwendung ist es zweckmäßig, das Netto-Saugvermögen S_n einer Kryopumpe zur Pumpeneintritts(Baffle)-Fläche A_2 in Beziehung zu setzen:

$$S_n = cA_2\bar{v}_1/4 \ . \tag{2.50}$$

Die Einfangwahrscheinlichkeit c (capture probability) ist die Wahrscheinlichkeit dafür, daß ein auf das Baffle 2 (von der Seite der Quelle 1 her) fallendes Teilchen von der Kryofläche fixiert wird (Abb.2.15 und 2.16):

$$c = \frac{A_1 E_{01}}{A_2(I_b - I_0)} = \frac{\text{Von } A_3 \text{ pro Sekunde fixierte Teilchen}}{\text{Auf das Baffle } A_2 \text{ pro Sekunde treffende Teilchen } (A_2 I_b)} \tag{2.51}$$

korrigiert um den "Dampfdruck"-Anteil $A_2 I_0$.

Durch Multiplikation mit $1 - p_e/p$ entsteht daraus die Pumpwahrscheinlichkeit w_p der abgeschirmten Kryopumpe

$$w_p = c(1 - p_e/p) \ . \tag{2.52}$$

Einige Beispiele für die Einfangwahrscheinlichkeit c:

a) Kugelmodell nach Abb.2.15

Aufgrund der Definition (2.51) oder einfacher aus (2.50) und (2.48) erhält man

$$\frac{1}{c} = \frac{A_2}{A_3\alpha} + \frac{1}{w} - 1 \qquad \text{für} \quad A_3 \leqslant A_2 \ . \tag{2.53}$$

b) Kugelmodell nach Abb.2.16

Aus (2.49) und (2.50) folgt

$$\frac{1}{c} = \frac{A_2}{A_3}(\frac{1}{\alpha} - 1) + \frac{1}{w} \qquad \text{für} \quad A_3 \geqslant A_2 \ . \tag{2.54}$$

c) Ebene Anordnung nach Abb.2.17a

Nach (2.53) oder (2.54) mit $A_2 = A_3$:

$$1/c = 1/\alpha + 1/w - 1 \ . \tag{2.54a}$$

d) Anordnung mit durchbrochener Kryofläche, Abb.2.17b

Das Verhältnis Kryofläche A_3 zu Eintrittsfläche A_2 ist gleich $1 - d$, so daß nach (2.53) gilt:

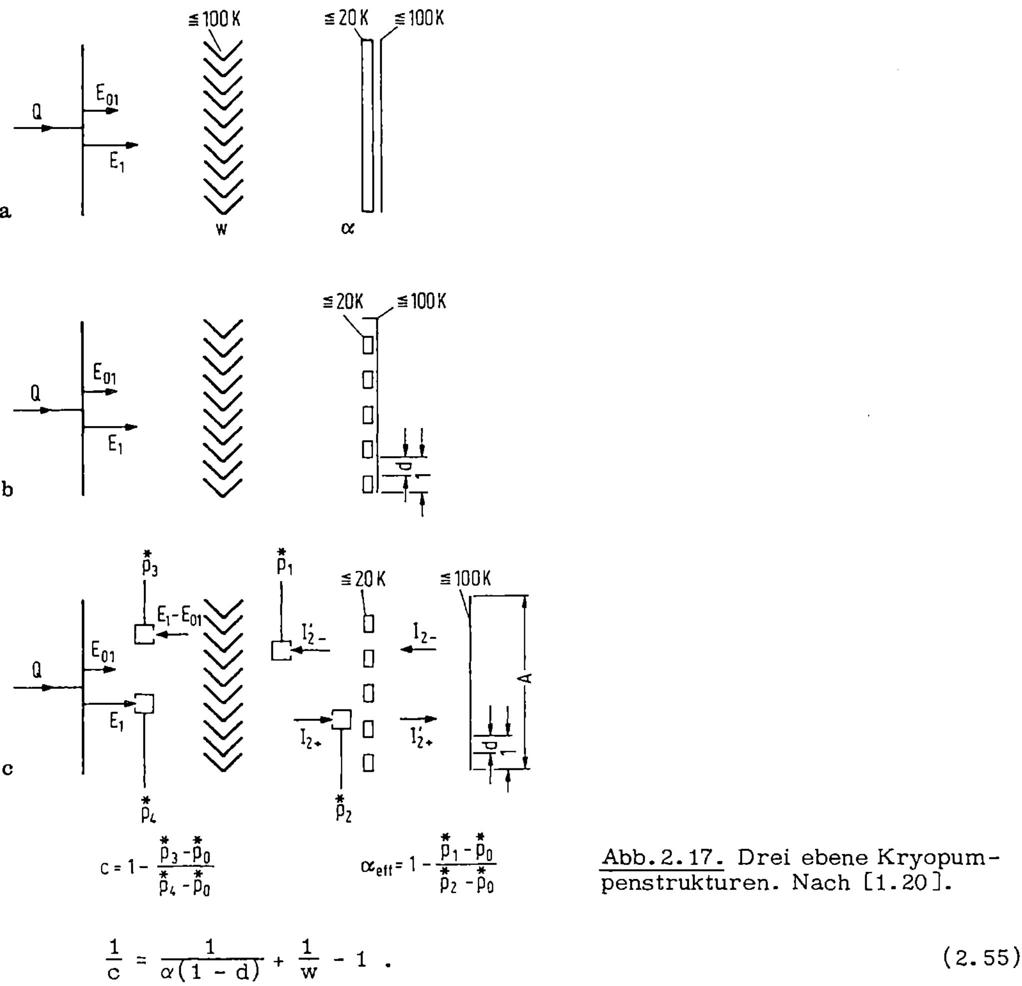

$$c = 1 - \frac{\overset{*}{p_3} - \overset{*}{p_0}}{\overset{*}{p_4} - \overset{*}{p_0}} \qquad\qquad \alpha_{eff} = 1 - \frac{\overset{*}{p_1} - \overset{*}{p_0}}{\overset{*}{p_2} - \overset{*}{p_0}}$$

Abb.2.17. Drei ebene Kryopumpenstrukturen. Nach [1.20].

$$\frac{1}{c} = \frac{1}{\alpha(1-d)} + \frac{1}{w} - 1 \ . \tag{2.55}$$

$(1-d)\alpha$ kann als effektiver Stickingkoeffizient α_e bezeichnet werden.

e) Anordnung mit durchbrochener, beidseitig pumpender Kryofläche, Abb.2.17c

Die auf beiden Seiten pumpende Kryofläche wirkt wie ein Teilchen absorbierendes Baffle mit den Wahrscheinlichkeiten: d für Durchtritt, $(1-d)\alpha$ für Absorption und $(1-d)(1-\alpha)$ für Reflexion von Teilchen; ihre Summe ist gleich 1. Die Teilchenbilanz lautet:

$$I'_{2-} = (1-d)(1-\alpha)I_{2+} + d\,I_{2-} \ ; \quad I'_{2+} = d\,I_{2+} + (1-d)(1-\alpha)I_{2-} \ .$$

Die Zahl der pro Quadratmeter und Sekunde fixierten Teilchen ist gleich

$$E_{01} = I_{2+} - I'_{2-} = I_{2+}(\alpha(1-d)+d) - I_{2-}d = \alpha(1-d)(I_{2+} - I_{2-}) \ .$$

Wegen $I'_{2+} = I_{2-}$ ist $I_{2-}/I_{2+} = d(d + \alpha(1-d))^{-1}$, und der effektive Stickingkoeffizient α_e um den Faktor $1 + I_{2-}/I_{2+}$ größer als im vorangehenden Fall. Daher:

$$\frac{1}{c} = \frac{1}{\alpha(1-d) + \dfrac{\alpha(1-d)d}{\alpha(1-d) + d}} + \frac{1}{w} - 1 \; . \qquad (2.56)$$

Der Nenner des ersten Terms beschreibt die Wirkung zweier parallel geschalteter Pumpen der gleichen Eintrittsfläche A: Der erste Summand $\alpha(1-d)$ entspricht der Vorderseite der 20 K-Fläche, und der zweite der Rückseite. Die Pumpe der Rückseite hat ebenfalls den effektiven Stickingkoeffizienten $\alpha(1-d)$, doch ist ihr ein Strömungswiderstand in Form der Blendenöffnungen und des gegenüber diesen weiten Reflektorraumes vorgeschaltet. Die Pumpwirkung hat ein Optimum bei $\alpha = 1$ und $d = 0,5$. Abbildung 2.18 zeigt c als Funktion von α für diese und die beiden vorangehenden Anordnungen.

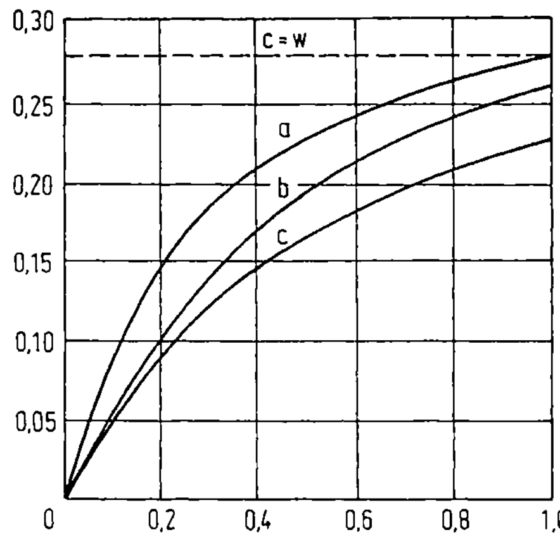

Anordnung	d	α_e
a	0	α
c	0,5	$\alpha(1-d)\left[1 + \dfrac{d}{d + \alpha(1-d)}\right]$
b	0,5	$\alpha(1-d)$

$$\frac{1}{c} = \frac{1}{\alpha_e} + \frac{1}{w} - 1$$

$$w = 0,27$$

<u>Abb.2.18.</u> Einfangwahrscheinlichkeit c der drei Strukturen nach Abb.2.17 in Abhängigkeit vom Stickingkoeffizienten α.

Moore [1.19] hat für c einen anderen, aber mit (2.56) mathematisch äquivalenten Ausdruck abgeleitet und diesen durch Messungen mit zwei antiparallel orientierten Konvertern (Abb.2.17c, Positionen 3 und 4) experimentell bestätigt. Diese Meß-methode für c bzw. S hat gegenüber der mit nur einem Konverter den Vorteil, daß der Gasstrom Q nicht bestimmt werden muß.

<u>f) Die Strukturen der Abb.2.19</u>

In diesen beiden Fällen übt nur die Rückseite der 20 K-Fläche eine Pumpwirkung aus. Für die Anordnung Abb.2.19a mit dem dosenförmigen Reflektorkasten wurde c in Abhängigkeit vom Verhältnis: $1 - (R_0/R)^2$ = offene Eintrittsfläche zu gesamte

Stirnfläche unter der Annahme $\alpha = 1$ für die 20 K-Fläche nach der Methode der P_{ik}-Matrix berechnet [2.56]. Wie zu erwarten, hat c ein Maximum, wenn dieses Flächenverhältnis 0,5 beträgt; doch ist der Maximalwert c = 0,219 kleiner als der Wert 0,25, der bei gleichmäßiger Perforation der Stirnfläche und bei sehr weitem Reflektorraum zu erwarten wäre. – Ähnlich liegen die Verhältnisse bei der streifenförmigen Anordnung Abb.2.19b, für die Pinson und Peck [2.31] mit der Monte Carlo-Methode den Wert c = 0,213 ermittelten, der mit dem zuvor genannten Maximalwert gut übereinstimmt.

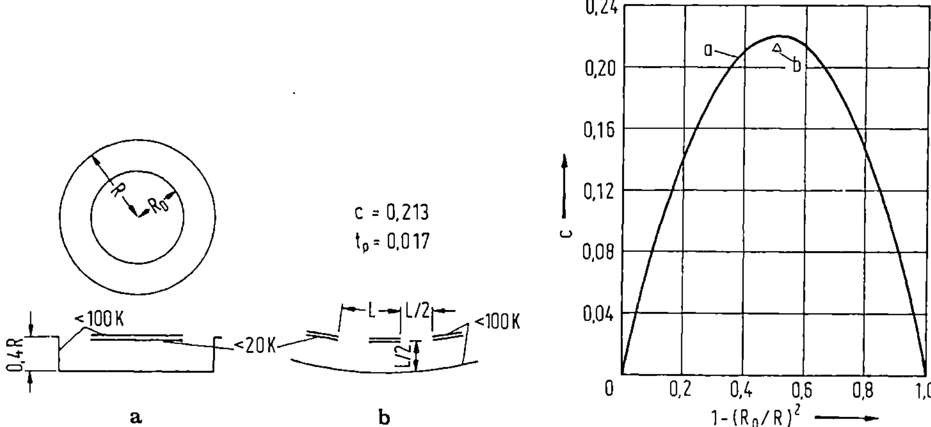

Abb.2.19. Einfangwahrscheinlichkeit c von Strukturen, bei denen sich die Kryofläche in einem 100 K-Reflektorraum befindet. a) Die 20 K-Fläche ist eine Kreisscheibe mit $\alpha = 1$ [2.56], b) Die 20 K-Flächen sind streifenförmig längs einer Zylinderwand angeordnet [2.31].

g) Die Strukturen der Abb.2.20

Die Strukturen a bis c, die ihres streifenförmigen Aufbaues wegen zur Bedeckung von zylindrischen sowie ebenen Flächen geeignet sind, wurden für Raumkammern entwickelt. Die Werte c und t_p wurden mit der Monte Carlo-Methode berechnet, wobei für die 20 K-Fläche ein Stickingkoeffizient $\alpha = 1$ und für die geschwärzten Teile der 100 K-Flächen ein Emissionskoeffizient e = 0,9 zugrunde gelegt ist [2.31]. Bei der Anordnung Abb.2.20a ist die Eintrittsöffnung nicht blenden-, sondern kanalförmig, so daß der Wert c gegenüber dem der Struktur Abb.2.19b von 0,21 auf 0,13 zurückgeht.

Bei der Anordnung Abb.2.20b ist oberhalb der 20 K-Fläche ein Chevronbaffle angebracht, so daß auch deren Oberseite pumpt. Da nach Abb.2.9 für 120°-Baffle w = 0,28 ist, beträgt die effektive Einfangwahrscheinlichkeit der Oberseite 0,28/2 = 0,14 (Faktor 1/2 wegen des Flächenverhältnisses); andererseits gilt nach Abb.2.19b für die Rückseite c = 0,21, so daß sich für die "Parallelschaltung" im Einklang mit dem Monte Carlo-Wert c = 0,14 + 0,21 = 0,35 ergibt.

Einen etwa ebenso großen Wert, nämlich c = 0,36 hat die gegenüber jener einfachere und daher viel benutzte Anordnung Abb.2.20c nach Santeler [1.18; 2.107].

Die Anordnung Abb.2.20d nach Hands [2.57] mit ihrer "offenen" Struktur hat den vergleichsweise hohen Wert c = 0,55; sie wurde für Anwendungen mit geringer Wärmebelastung der LHe-gekühlten Flächen, z.B. für Molekularstrahlsysteme entwickelt.

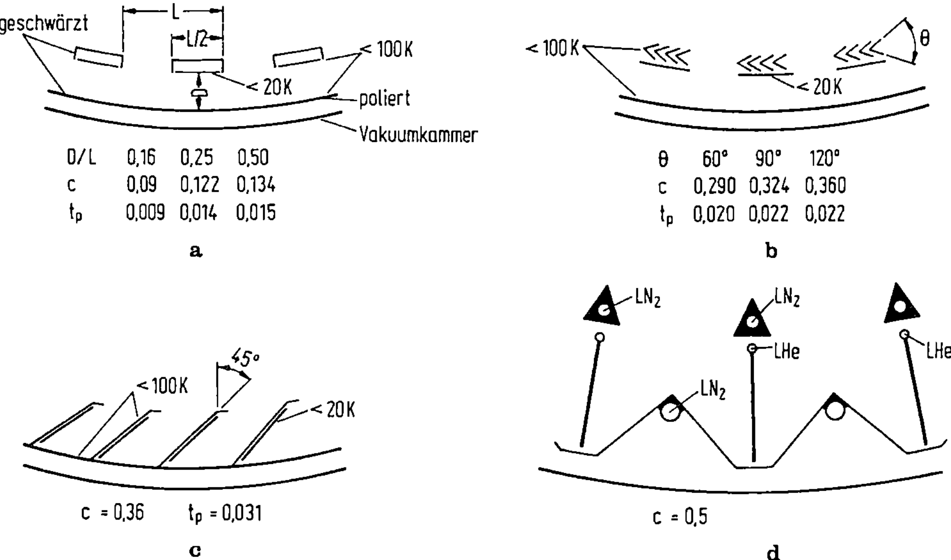

Abb.2.20. Einfangwahrscheinlichkeit c und Transmissionskoeffizient t_p von Kryopumpenstrukturen, die auf zylindrischen oder ebenen Flächen angeordnet sind: a) bis c) für Anwendungen in der Raumsimulation [2.31], d) für Anwendungen mit geringer Wärmebelastung [2.57].

2.3.5 Rückkehrzahl Z

Diese Zahl Z ist ein Maß für die Güte eines Vakuumsystems; sie bedeutet die Anzahl von Malen, die ein von der Quelle 1 desorbiertes Teilchen auf diese zurückfällt, ehe es von der Pumpe aufgenommen wird:

$$Z = \frac{I_1 - I_0}{E_{01}} = \frac{\text{Inzidenz an der Quelle minus } I_0 \text{ (Dampfdruck)}}{\text{Eigenemission der Quelle}} \ .$$

Für das Modell Abb. 2.15 erhält man (aus der Anzeige von Konverter 1)

$$Z = \frac{A_1}{A_2}\left(\frac{A_2}{A_3\alpha} + \frac{1}{w} - 1\right) - 1 = \frac{A_1}{A_2 c} - 1 \quad \text{für} \quad A_1 \geqslant A_2 \geqslant A_3 \qquad (2.57)$$

mit c nach (2.53). Beispiel: $A_1/A_2 = 10$, $c = 0,33$, $Z = 29$. Für das Modell Abb. 2.16 ergibt sich (aus der Anzeige von Konverter 7)

$$Z = \frac{A_1}{A_2}\left(\frac{A_2}{A_3}\left(\frac{1}{\alpha} - 1\right) + \frac{1}{w} - 1\right) = \frac{A_1}{A_2}\left(\frac{1}{c} - 1\right) \quad \text{für} \quad A_1 \leqslant A_2 \leqslant A_3 \qquad (2.58)$$

mit c nach (2.54). Beispiel: $A_1/A_2 = 0,5$, $c = 0,33$, $Z = 1$.

Die Rückkehrzahl Z, und damit die Wahrscheinlichkeit für Re-Adsorption, ist um so kleiner, je geringer das Flächenverhältnis: Quelle A_1 zu Pumpenöffnung A_2 und je größer die Einfangwahrscheinlichkeit c der Pumpe ist [1.20].

2.4 Gasströmungen im Kontinuumbereich

2.4.1 Kriterien für die Kontinuumströmung

Eine Strömung in langen Rohren ist laminar oder turbulent, je nachdem, ob die Reynolds-Zahl Re

$$Re = \frac{ud\rho}{\eta} = \frac{4\dot{m}}{\pi d\eta} = \frac{4M}{\pi\eta RT_n}\frac{Q}{d} \lessgtr 2300 \qquad (2.59)$$

oder, speziell für Luft von $T_n = 293\,K$ und $4M/(\pi\eta RT_n) = 0,843\,\text{Pa}^{-1}\text{m}^{-2}\text{s}$:

$$Q/d \lessgtr 2700\,\text{Pa}\,\text{m}^2\text{s}^{-1} \qquad (2.59a)$$

ist. Ein Rohr ist als lang zu betrachten, wenn
- bei laminarer Strömung:

$$L/d > 10 \quad L_0/d \approx 0,3\,Re \qquad (2.59b)$$

  mit der Anlaufstrecke L_0, bzw.
- bei turbulenter Strömung:

$$L/D \gtrsim 10^{-3}\,Re \qquad (2.59c)$$

ist. Bei kurzen Rohren, Blenden oder Ventilen mit

$$L/d \lesssim 3 \cdot 10^{-4}\,Re \qquad (2.59d)$$

können die Reibungsverluste unberücksichtigt bleiben [2.58; 2.59].

2.4.2 Strömung durch Blenden und kurze Rohre. Kryopumpe bei hohen Drücken

Ein Behälter mit dem Druck p_1 sei über eine gut verrundete Blende vom engsten Querschnitt A an eine Pumpe angeschlossen (Abb.2.21). Der Gasstrom beträgt dann

$$Q = Sp_1 = C(p_1 - p_2) = Ap_1 r^{1/\varkappa} \left[\frac{RT}{M} \frac{2\varkappa}{\varkappa - 1} (1 - r^{(\varkappa-1)/\varkappa}) \right]^{1/2}$$

mit $r = p_2/p_1$ und $\varkappa = c_p/c_v$. Wird p_1 konstant gehalten, so wächst Q mit sinkendem p_2 von Null aus monoton an, bis bei einem gewissen kritischen Druckverhältnis $r_c = (p_2/p_1)_c = (2/(\varkappa+1))^{\varkappa/(\varkappa-1)}$, das für Luft von 293 K 0,525 beträgt, ein kritischer Strom

$$Q_c = S_{max}p_1 = S_{max}p_{2c}/r_c \quad \text{für} \quad p_2 \leqslant p_{2c} \tag{2.60a}$$

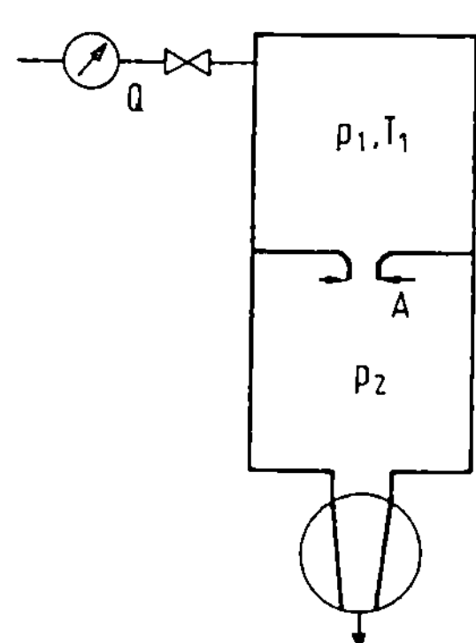

Abb.2.21. Zur Gasströmung im Kontinuumbereich.

erreicht wird, der auch bei Unterschreitung von p_{2c} erhalten bleibt. Das maximale Saugvermögen

$$S_{max} = A\left(\frac{2}{\varkappa+1}\right)^{1/(\varkappa-1)} \left(\frac{2\varkappa}{\varkappa+1} \frac{RT}{M}\right)^{1/2}, \quad p_2 \leqslant p_{2c} \tag{2.60b}$$

ist größer als das im molekularen Strömungsbereich, und zwar um den Faktor 1,7 bei Luft, CO_2 und H_2O (Tabelle 2.7). Die "Verblockung" genannte Begrenzung von Q bei $r = r_c$ hat ihre Ursache darin, daß die Strömungsgeschwindigkeit im engsten Querschnitt den Wert der Schallgeschwindigkeit erreicht, der durch Senkung von r nicht überschritten werden kann.

Bei Drücken des Kontinuumbereiches ist eine Kryofläche A hinsichtlich S einer Düse vom Querschnitt A bei $r < r_c$ äquivalent. Daher steigt das Saugvermögen S der Kryopumpe beim Übergang vom molekularen zum Kontinuumbereich an. Dies zeigt die Abb.2.22 für den Fall der Kondensation von H_2O-Dampf an einer LN_2-ge-

Tabelle 2.7. Saugvermögen S/A und Leitwert C/A einer Blende für Luft von $T_n = 293\,K$ im Kontinuumbereich. pd > 0,5 Pa m (= mbar cm), $r_c = 0,525$

p_2/p_1	–	1	0,9	0,8	0,7	0,6	0,525	0,5	0,3	0,1	$\leqslant 0,03$
S/A	$m^3 s^{-1} m^{-2}$	0	120	160	190	200	200	200	200	200	200
C/A	$m^3 s^{-1} m^{-2}$	∞	1230	800	620	490	420	400	290	220	200

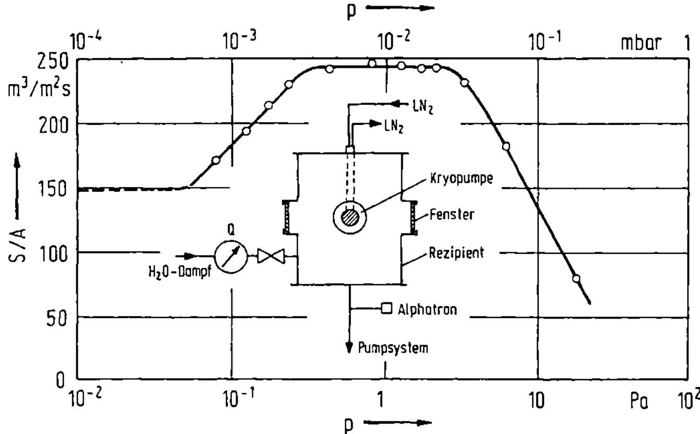

Abb.2.22. Saugvermögen S einer Kryopumpe für H_2O-Dampf beim Übergang vom molekularen zum Kontinuumbereich [2.60].

kühlten Fläche [2.60]. Für den Abfall von S bei hohen Drücken ist eine Begrenzung von Q verantwortlich, die entweder durch

– die verfügbare Kälteleistung (Abschn.8.6) oder

– eine Verblockung im Gaseinlaßsystem (siehe nächster Abschnitt)

verursacht sein kann. Analoge Ergebnisse wurden auch mit anderen Gasen erzielt [2.61; 2.106].

2.4.3 Strömungen in langen Rohren

Für die laminare Strömung in langen Rohren mit kreisförmigem Querschnitt gilt das Poiseuille-Gesetz

$$Q = \frac{\pi d^4}{128\eta}\,\frac{p_1^2 - p_2^2}{2L}\,, \tag{2.61}$$

und speziell für Luft von $293\,K$

$$Q/d = 1,35 \cdot 10^3 d^3 (p_1^2 - p_2^2)/2L\ [Pa\,m^2 s^{-1}]\,. \tag{2.61a}$$

Für die turbulente Strömung in langen Rohren folgt aus der Blasius-Gleichung

$$Q = \left(\frac{4}{\pi\eta}\right)^{1/7} \left(\frac{RT}{M}\right)^{3/7} d \left[\frac{\pi^2}{0,316\cdot 8} \frac{d^3(p_1^2 - p_2^2)}{2L}\right]^{4/7} , \qquad (2.62)$$

und speziell für Luft von $293\,K$

$$Q/d = 1390\,[d^3(p_1^2 - p_2^2)/2L]^{4/7} \cdot [Pa\,m^2 s^{-1}] . \qquad (2.62a)$$

Der Gasstrom Q nach (2.62) wächst stärker mit p_1 als der kritische Strom Q_c nach (2.60a), so daß $Q = Q_c$ bei einem gewissen Wert p_1 erreicht wird. Da aber Q nicht größer als Q_c werden kann, ist oberhalb dieses Druckes p_1 und für $p_2^2 \ll p_1^2$ nach (2.60a,b)

$$Q = Q_c = S_{max} p_1 \qquad (2.63)$$

zu setzen. Da mit Q auch Re steigt, gilt dann nicht mehr (2.59c), sondern die Bedingung (2.59d) für kurze Rohre.

Die Erscheinung der Verblockung tritt nach Wutz [2.62] nicht nur bei der Strömung durch Blenden, sondern auch bei der durch Rohre auf. Die Bedingung für Verblokkung: Q = const für $p_2 \leqslant p_{2c}$ – lautet

$$\frac{Q}{d} = B \frac{\pi S_{max}}{4 r_c A} p_{2c} d , \qquad (2.64)$$

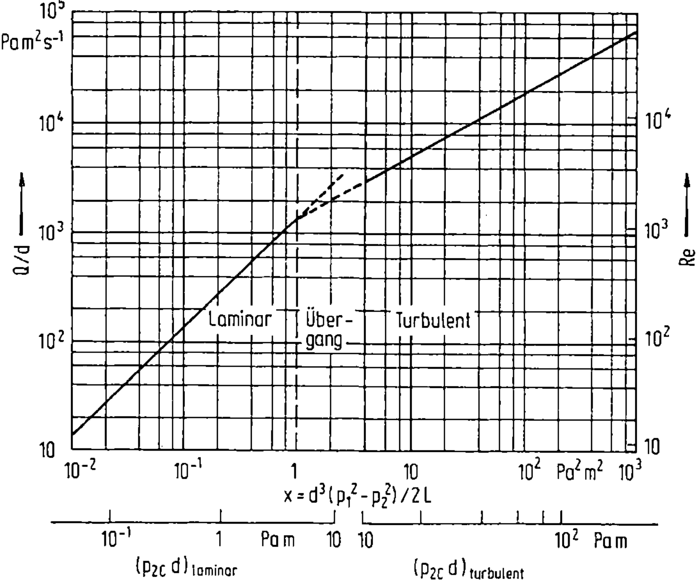

Abb. 2.23. Zusammenhang zwischen Q/d, Re, $p_{2c}d$ und $x = d^3(p_1^2 - p_2^2)/2L$ für Luft von $293\,K$ bei der turbulenten und der laminaren Strömung durch Rohre vom Durchmesser d und der Länge L.

wobei zu (2.60a) noch ein Blendenfaktor $B \leqslant 1$ hinzugefügt ist. In Abb.2.23 sind aufgrund von (2.59), (2.61), (2.62) und (2.64) mit $B = 1$ die Zusammenhänge zwischen Q/d, Re, $p_{2c}d$, $x = d^3(p_1^2 - p_2^2)/2L$ für Luft von 293 K dargestellt. Hierzu ein Beispiel:

Ein Behälter, in dem der Druck p_1 herrscht, werde über eine Rohrleitung ($d = 0,1$ m, $L = 10$ m, $L/d = 100$) evakuiert. Der Druck p_2 an der Pumpe sei klein gegen p_1, und der Faktor $B = 1$:

Bei $p_1 = 10^5$ Pa = 1 bar ist: $x = 5 \cdot 10^5$ Pa^{2}m^2, $Q/d = 2,5 \cdot 10^6$ Pa m^{2}s^{-1} $Q = 2,5 \cdot 10^5$ Pa m^{3}s^{-1}. Dieser Wert Q ist größer als der kritische Strom $Q_c = 1,6 \cdot 10^5$ Pa m^{3}s^{-1}, der an Stelle von Q anzunehmen ist. Dem Wert $Q = Q_c$ entspricht Re $= 1,4 \cdot 10^6$ und damit die Bedingung (2.59d). Bei $p_1 = 10^3$ Pa = 10 mbar ist: $x = 50$ Pa^{2}m^2, $Q/d = 1,27 \cdot 10^4$ Pa m^{2}s^{-1}, $Q = 1,27 \cdot 10^3$ Pa m^{3}s^{-1}, Re $= 1,1 \cdot 10^4$, $p_{2c}d = 43$ Pa m, $p_{2c} = 430$ Pa = 4,3 mbar. Die Strömung ist turbulent, und es ist $Q < Q_c = 1,6 \cdot 10^3$ Pa m^{3}s^{-1}.

Bei $p_1 = 10$ Pa = 0,1 mbar ist: $x = 5 \cdot 10^{-3}$ Pa^{2}m^2, $Q/d = 6,7$ Pa m^{2}s^{-1}, $Q = 0,67$ Pa m^{3}s^{-1}, Re $= 5,8$, $p_{2c}d = 0,024$ Pa m, $p_{2c} = 0,24$ Pa = 0,0024 mbar. Die

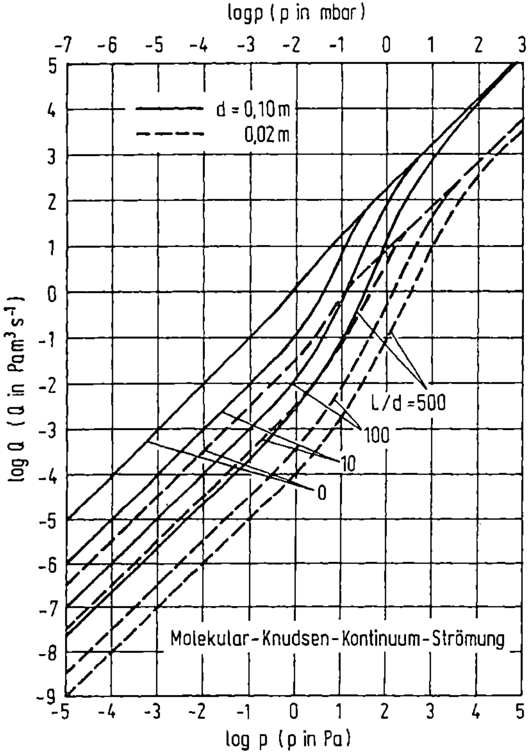

Abb.2.24. Q,p-Diagramm für den Fall, daß ein Behälter vom Druck $p = p_1$ über eine Rohrleitung (d, L) durch eine Pumpe evakuiert wird, deren Ansaugdruck $p_2 \ll p_1$ ist. Das geförderte Gas ist Luft von 293 K.

Strömung ist laminar. – Die Werte Q, p_1 dieses Beispiels liegen auf der Kurve für
$L/d = 100$, $d = 0,1$ m in Abb.2.24.

2.4.4 Q,p-Diagramm für den gesamten Vakuumbereich

Die Q,p-Kurven in Abb.2.24 sind ebenso wie das vorangehende Beispiel unter der
Bedingung berechnet, daß der Ansaugdruck p_2 der über eine Leitung (L, d) angeschlossenen Pumpe klein gegen den Druck $p_1 = p$ im Behälter ist. Auffallend ist
die dominierende Rolle, die der kritische Gasstrom Q_c zu Beginn des Evakuie-
rens spielt und die, je nach dem Wert L/d, über zwei bis vier Größenordnungen
von p bestehen bleibt. Der Übergang vom kritischen Gasstrom zur Molekularströmung erfolgt bei $L/d = 100$ in einem relativ engen Druckintervall, und es verbleibt
speziell für die Poiseuille-Strömung (Anstieg 2:1) nur etwa eine Größenordnung
von p. Dies ist im Einklang mit der Erfahrung [1.18].

3 Kondensation von einheitlichen Gasen

Gasteilchen, die auf eine Festkörperoberfläche treffen, können hier, wenn man von chemischen Wirkungen (Getterung) absieht, durch Adsorption oder durch Kondensation fixiert werden. Im Fall der Adsorption kommt es mit den artfremden Molekülen der Unterlage zu einer Wechselwirkung, die mit wachsender Bedeckung abnimmt. Bei der Kondensation besteht die Unterlage aus arteigenen Teilchen, und die Wechselwirkung ist im Prinzip unabhängig von der bereits kondensierten Menge. Sowohl die Kryosorption als auch die Kondensation kommen durch van der Waals-Kräfte zustande [3.1 - 3.3].

3.1 Kondensationskoeffizient α_c und Verdampfungskoeffizient α_v

Der Kondensationskoeffizient α_c ist nach (2.19a) durch das Verhältnis $\alpha_c = I_k/I_g =$ Zahl der kondensierten zur Zahl der auf die Kryofläche auftreffenden Gasteilchen definiert. Die Erfahrung lehrt, daß $\alpha_c = \alpha_c(T_g, T_k, p/p_e, \ldots)$ von der Gasart, den Temperaturen T_g des Gases und T_k der Kryofläche sowie der Übersättigung p/p_e abhängt; α_c steigt mit sinkenden Werten T_g und T_k sowie mit zunehmendem p/p_e.

Eine Schwierigkeit bei der Bestimmung von α_c besteht darin, daß die dem Experiment zugrunde liegenden Gleichungen (2.21) bis (2.23) außer α_c den Verdampfungskoeffizienten α_v enthalten, über den Kondensationsexperimente keine Aussage zulassen. Nur im thermodynamischen Gleichgewicht ($T_g = T_k$, $p_g = p_k$) gilt

$$\alpha_c = \alpha_v \; ; \tag{3.1}$$

sonst kann $\alpha_c \neq \alpha_v$ sein. Eine einwandfreie Bestimmung von α_c erscheint daher nur möglich, wenn die mit α_v behafteten Terme vernachlässigbar klein sind, d.h. bei großer Übersättigung $p/p_e \gg 1$ bzw. vernachlässigbarer Verdampfungsrate $E_v/I_g \ll 1$.

Um auch im Bereich kleiner Übersättigungen $p/p_e \gtrsim 1$ eine Aussage über α_c machen zu können, wird bei der Methode des Saugvermögens nach (2.22) und (2.23) die Relation (3.1) auch in der Nähe des Phasengleichgewichtes als gültig angenommen. Dann kann α_c aus dem Saugvermögen

$$S = \alpha_c A_k (1 - p_e/p)\bar{v}/4 \, , \qquad (3.2)$$

und der Dampfdruck des Kondensats $p_s(T_k)$ aus dem Enddruck p_e

$$p_s = p_e (T_k/T_g)^{1/2} \qquad (3.3)$$

bestimmt werden (Abb.3.2).

Die Anwendung von (3.1) auf den Nicht-Gleichgewichtsfall wirft die Frage auf, in wie weit die Vorgänge Kondensation und Verdampfung kinetisch reversibel sind. Läßt man den später diskutierten Teilschritt-Mechanismus der Kondensation in umgekehrter Reihenfolge ablaufen, so zeigt sich, daß der Schritt der thermischen Akkomodation mit der Wahrscheinlichkeit $\alpha_1(T_g, T_k)$ keine Entsprechung bei der Verdampfung hat. Da es Gründe dafür gibt, daß die übrigen Teilschritte kinetisch reversibel sind [1.19; 3.4], dürfte

$$\alpha_v = \frac{\alpha_c}{\alpha_1} \geqslant \alpha_c \qquad (3.4)$$

sein. Für die meisten Gase von $T_g = 300\,K$ ist innerhalb einiger Prozent $\alpha_1 = 1$. Für Wasserstoff jedoch ist $\alpha_1 = 0,85$, so daß nach (2.23) der Dampfdruck von festem H_2 18 % höher ist, als er - wie allgemein üblich - nach (3.3) berechnet wird; für die meisten anderen Gase ist die Abweichung viel kleiner.

Dieser Sachverhalt dürfte auf die Bestimmung von α_c nach der Methode des Saugvermögens jedoch keinen Einfluß haben. Daher besitzt diese Methode den Vorteil, die p/p_e-Abhängigkeit von α_c im gesamten Anwendungsbereich des Druckes $p_e \leqslant p \lesssim 0,1\,Pa$ richtig wiederzugeben. Anders ist es bei den übrigen, später diskutierten α_c-Meßmethoden: Wegen der Proportionalität zwischen α_c und α_v nach (3.4) wachsen auch α_v und E_v mit zunehmender Übersättigung p/p_e; daher ist $E_v(p) > E_{vo}(p_e)$ mit $p > p_e$. Da bei der Schwingquarz- und der Molekularstrahlmethode nicht E_v, sondern statt dessen E_{vo} bei $I_g = 0$ gemessen wird, liefern diese Methoden nur im Bereich hoher Übersättigung $I_g/E_v \gg 1$ einwandfreie α_c-Werte.

3.2 Meßmethoden

3.2.1 Methoden auf der Grundlage des Saugvermögens

Kleine Kondensationsfläche im großen Behälter. Diese auf den Gleichungen (3.2), (3.3) beruhende Methode liefert $\alpha_c = \alpha_c(T_k, T_g, p/p_e)$ und $p_s(T_k)$ [3.5 - 3.8].

Abb.3.1 zeigt das Schema einer in UHV-Technik ausgeführten Meßanordnung, und
Abb.3.2 das Ergebnis einer Messung [3.5]. Vor Beginn der Messung wird der
Behälter durch Ausheizen entgast, dann die Kondensationsfläche gekühlt, eine gewisse Menge des Meßgases eingelassen und der stationäre Zustand abgewartet.
(Dies gilt auch für die übrigen Meßmethoden). Die Kryofläche ist dann mit einer
10 bis 100 µm dicken polykristallinen Schicht belegt, so daß die weitere Kondensation an der arteigenen Phase erfolgt; die Beschaffenheit der Kryofläche selbst
ist dann ohne Belang. Die Meßgenauigkeit von α_c und p_s beträgt $\pm 3\,\%$.

Große Kondensationsfläche, die eine kleinflächige Gasquelle umschließt. Bei dieser Methode nach Chubb [3.9; 3.10] mißt man das Saugvermögen $S = Q/(p - p_e)$
der Anordnung Abb.3.3, und ermittelt daraus α_c aufgrund des nach der Monte
Carlo-Methode berechneten Zusammenhanges $S = S(\alpha_c)$. Bei dieser Rechnung
wurde vereinfachend angenommen, daß die an der Kryofläche gestreuten Teilchen
keine Energie verlieren. Daher können die gewonnenen α_c-Werte zu hoch sein, was

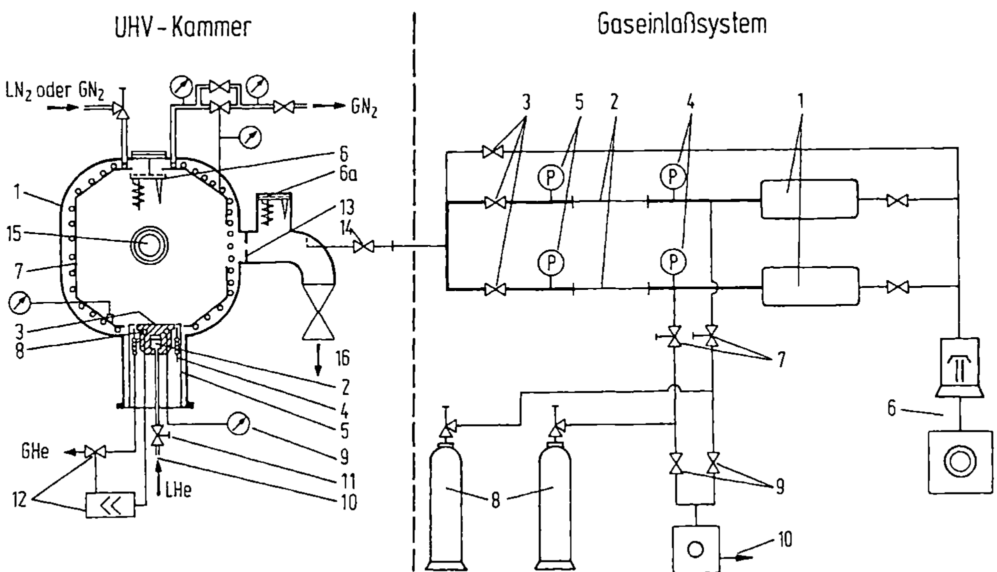

Abb.3.1. UHV-System zur Untersuchung der Kondensation und der Kryosorption;
kleinflächiger Kryokondensator nach dem Verdampferprinzip im vergleichsweise
großen Behälter. In Anlehnung an [3.6; 4.19]. UHV-Kammer 1 Vakuumbehälter
(rostfreier Stahl, Metalldichtungen, ausheizbar 450 °C), 2 Heliumverdampfer,
3 Kondensationsfläche, 4 Strahlungsschild, 5 Warmschild, 6 und 6a Ionisationsvakuummeter und Massenspektrometerröhre, 7 Kupfermantel mit Rohrschlangen
zur Erzeugung von Gastemperaturen T_g oberhalb und unterhalb von 300 K, 8 Temperaturfühler, z.B. Allen-Bradley-Widerstand, 9 Dampfdruckthermometer,
10 Vakuummantelheber, 11 Drosselventil, 12 Temperatur-Regelgerät mit Regelventil, 13 Blende, 14 UHV-Ventil, 15 Glasfenster. Gaseinlaßsystem 1 Gasvorratsgefäß, 2 Drosselkapillare, z.B. KPG-Präzisionsrohr von Schott u. Gen. oder
kalibriertes Leck, 3 UHV-Ventil, 4 Hg- oder Membran-Vakuummeter, 5 Feinvakuummeter, 6 Hochvakuumsystem, 7 Dosierventil, 8 Druckgasflasche, 9 Ventil, 10 Pumpe.

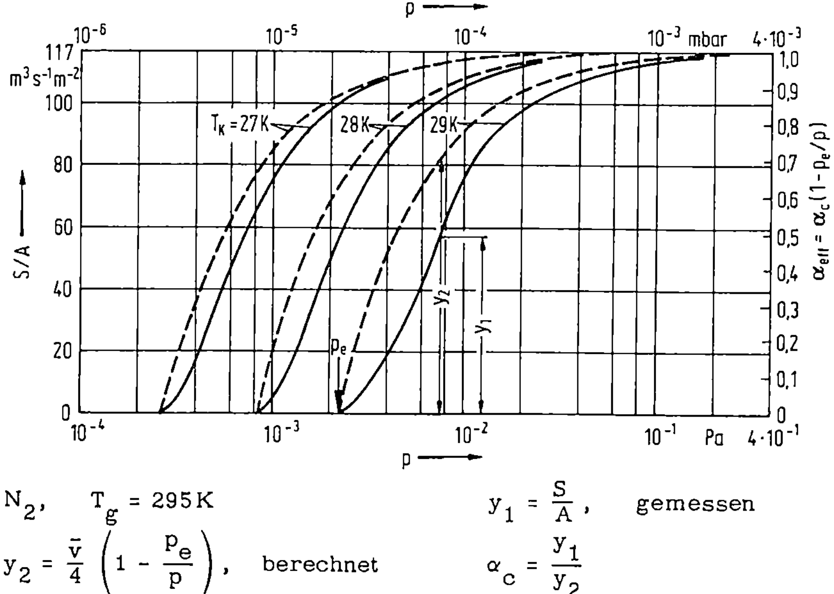

$$N_2, \quad T_g = 295\,K \qquad\qquad y_1 = \frac{S}{A}, \qquad \text{gemessen}$$

$$y_2 = \frac{\bar{v}}{4}\left(1 - \frac{p_e}{p}\right), \quad \text{berechnet} \qquad \alpha_c = \frac{y_1}{y_2}$$

<u>Abb.3.2.</u> Spezifisches Saugvermögen S/A einer nicht-abgeschirmten Kryofläche für N_2 in Abhängigkeit vom Druck p mit der Temperatur T_k der Kryofläche als Parameter. Nach Klipping et al. [3.5].

möglicherweise der Grund für die Diskrepanz zwischen den α_c-Werten nach dieser und der vorangehenden Methode ist (Abb.3.12, Kurven 1 und 2 für H_2). Eine Variante dieses Verfahrens benutzten Thibault et al. [3.11].

3.2.2 Gravimetrische Methoden

Diese Methoden beruhen auf der Messung der effektiven Kondensationsrate I_{eff} nach (2.21b). Erprobt wurden folgende Verfahren: Reflexion der Cu K_α-Strahlung [3.12], mechanische [3.13] und Schwingquarz-Mikrowägung [3.14 - 3.19].

Bei der Schwingquarz-Methode in ihrer einfachsten Form [3.16] ist der Schwingquarz gleichzeitig die Kondensationsfläche. Man bestimmt die effektive Kondensationsrate $I_{eff} = \alpha_c I_g - E_v$ sowie die Verdampfungsrate E_{vo} bei $I_g = 0$ (anstatt E_v), berechnet die Einfallsrate I_g aus p nach (2.7) und erhält $\alpha_c = (I_{eff} + E_{vo})/I_g$. So gewonnene α_c-Werte für Ar, Kr, Xe und CO_2 bei hoher Übersättigung p/p_e zeigt Tabelle 3.2.

Bei der Schwingquarz-Methode nach Bryson et al. [3.17 - 3.19; 3.89] befinden sich in der Meßzelle (Abb.3.4) außer der Kondensationsfläche C drei Schwingquarze: R mißt $E_k = E_v + (1-\alpha_c)I_g$ nach (2.21a) sowie E_{vo} (statt E_v) bei $I_g = 0$; B mißt I_g und M kontrolliert die vollständige Kondensation an B. Meßwerte des effektiven Reflexionskoeffizienten $1-\alpha_c = (E_k - E_{vo})/I_g$ für CO_2 zeigt Abb.3.5.

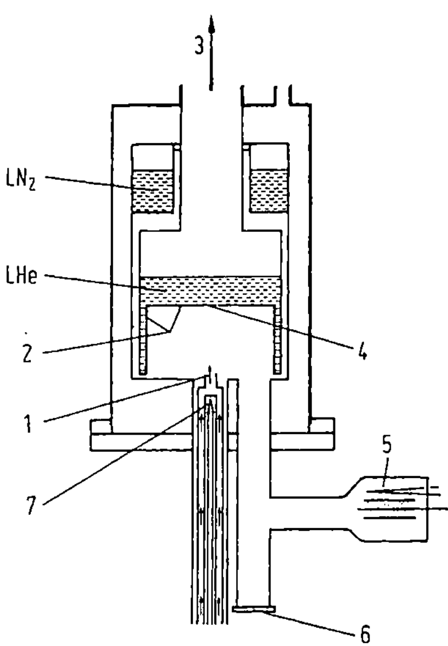

Abb.3.3. Messung des Kondensationskoeffizienten α_c nach Chubb et al. [3.10]:
Große Kondensationsfläche, die kleinflächige Gasquelle umschließt.
1 Gasquelle, 2 Kondensationsfläche,
3 zur Pumpe, 4 Dampfdruckthermometer, 5 Ionisationsvakuummeter, 6 Glasfenster, 7 Heizelement.

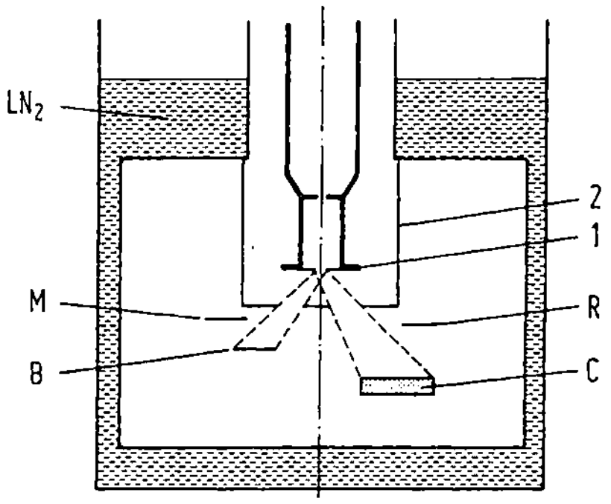

Abb.3.4. Bestimmung des Kondensationskoeffizienten α_c durch Wägung
mittels Schwingquarzen nach Bryson
et al. [3.17 - 3.19]. 1 Gasquelle,
2 Abschirmung, C Kondensationsfläche, R, M, und B Schwingquarze

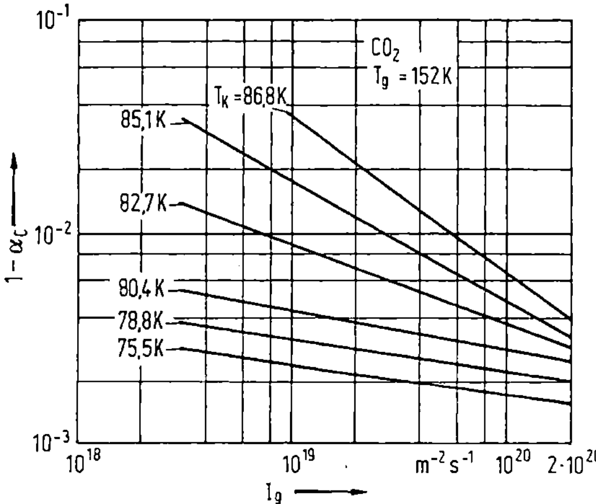

Abb.3.5. Reflexionskoeffizient $1 - \alpha_c$
für CO_2 als Funktion der Einfallsrate I_g und der Temperatur der Kondensationsfläche, gemessen mit der
Schwingquarz-Methode nach Bryson
et al. [3.17].

3.2.3 Molekularstrahl-Methode

Nach Brown et al. [3.20; 2.5] wird ein Molekularstrahl des zu untersuchenden Gases unter dem Winkel Θ auf die Kryofläche gerichtet, und die von dieser unter dem
Winkel ϑ ausgehende Emission E_k moduliert und mit einem Quadrupol-Massenspek-

trometer gemessen (Abb.3.6). Ferner bestimmt man in der gleichen Weise: I_g bei warmem Substrat (300 K) sowie E_{vo} bei kaltem Substrat und abgeschaltetem Strahl. Gemessen wurde:

- der partielle Kondensationskoeffizient $\alpha_{\Theta\vartheta} = 1 - (E_k - E_{vo})/I_g$, und
- der effektive Kondensationskoeffizient $\alpha_{eff} = 1 - E_k/I_g$, der gleich der Pumpwahrscheinlichkeit w_p nach (2.24a) ist.

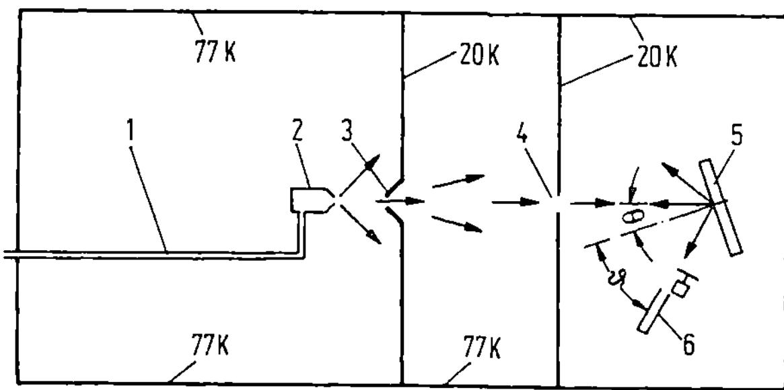

Abb.3.6. Molekularstrahl-Anordnung zur Bestimmung des effektiven Kondensationskoeffizienten α_{eff} nach Brown et al. [3.20]: 1 Gaszufuhr, 2 Düse 0,3 mm Ø,
T_g = 300 bis 2500 K, 3 Skimmer 4 mm Ø, 4 Kollimator 4 mm Ø, 5 Target = Kondensationsfläche mit T_k = 20 bis 100 K, 6 Quadrupol-Massenspektrometer mit Chop-
per als Detektor.

Untersucht wurde insbesondere die Kondensation heißer Gase: N_2 und CO_2 bis T_g = 1400 K und Ar bis T_g = 2500 K herauf. Dabei ergab sich:

- Die Emissionsrate E_k erfüllt für T_g von 300 bis 1400 K und nicht zu niedrige T_k-Werte mit guter Näherung das Kosinus-Gesetz. Dann ist $\alpha_{\Theta\vartheta}$ von den Winkeln Θ und ϑ unabhängig und für $I_g \gg E_{vo}$ gleich dem Wert α_{eff}.
- Der Wert α_{eff} ist gleich 1 bei hinreichend niedrigem T_k, und er wird Null bei der Temperatur T_k, für die $E_v = I_g$ ist (Abb.3.7). Diese Temperatur T_k nimmt

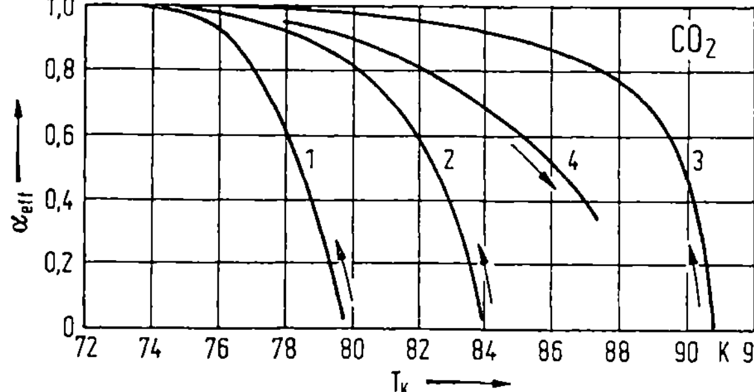

CO_2,	T_g = 300 K
	I_g, m^{-2}s^{-1}
1	$2 \cdot 10^{18}$
2	$4 \cdot 10^{19}$
3	$4 \cdot 10^{20}$
4	$4 \cdot 10^{19}$

Abb.3.7. Effektiver Kondensationskoeffizient α_{eff} für CO_2 von T_g = 300 K als Funktion von T_k, gemessen mit der Molekularstrahl-Methode [3.20]. Die Kurven 1
bis 3 sind bei fallendem T_k und die Kurve 4 bei steigendem T_k gemessen.

mit wachsendem I_g zu, und sie ist bei vorbelegter Kryofläche (Kurve 4) höher als bei unbelegter (Kurve 2).

- Der Wert α_{eff} ist in einem weiten Bereich von T_g unabhängig (Abb.3.8); eine merkliche T_g-Abhängigkeit wird erst oberhalb 1400 K beobachtet (Abb.3.12).

Hystereseerscheinungen, wie sie sich in den Kurven 2 und 4 der Abb.3.7 äußern, haben Bentley et al. [3.21] diskutiert. - Eine Variante der Methode mit einem Ionisationsvakuummeter als Molekularstrahl-Detektor beschreibt Gammon [3.86].

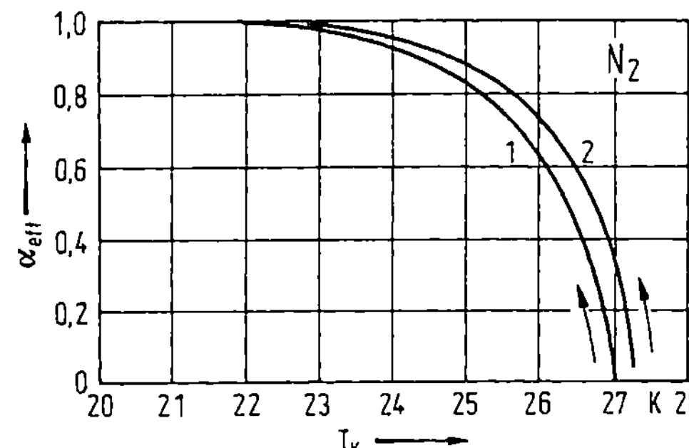

N_2	T_g
1	300 K
2	1400 K

Abb.3.8. Effektiver Kondensationskoeffizient α_{eff} für N_2 von T_g = 300 K und 1400 K als Funktion von T_k, gemessen mit der Molekularstrahl-Methode. Nach Brown et. al. [3.20].

3.3 Dampfdrücke fester Gaskondensate

Den Sättigungsdampfdruck $p = p_s(T_k)$ stellt man bekanntlich in der Form

$$\log p = -\frac{A}{T} + B + C \log T + \ldots; \quad T = T_k \tag{3.5}$$

dar, wobei die Größe A der Sublimationsenthalpie

$$\Delta H_s = 2,303\,R\,A = 19,04\,A\ \text{kJ/kmol} \tag{3.5a}$$

proportional ist und die Größe B, für die – je nach der gewählten Druckeinheit –

$$B = B_{Pa} = B_{mbar} + 2 = B_{Torr} + 2,12490 \tag{3.5b}$$

gilt, die mit dem Phasenübergang verbundene Entropieänderung ΔS enthält. Die Abb.3.9 und 3.10 zeigen Beispiele von Dampfdruckkurven, und die Tabelle 3.1 enthält die Werte A, B, C und ΔH_s für verschiedene feste Gaskondensate.

Wasserstoff zeigt, wie Chubb [3.22], Benvenuti et al. [3.23 - 3.25] und Lee et al. [3.26; 3.27] beobachteten, unterhalb 3 K ein anomales Dampfdruckverhalten (Abb.

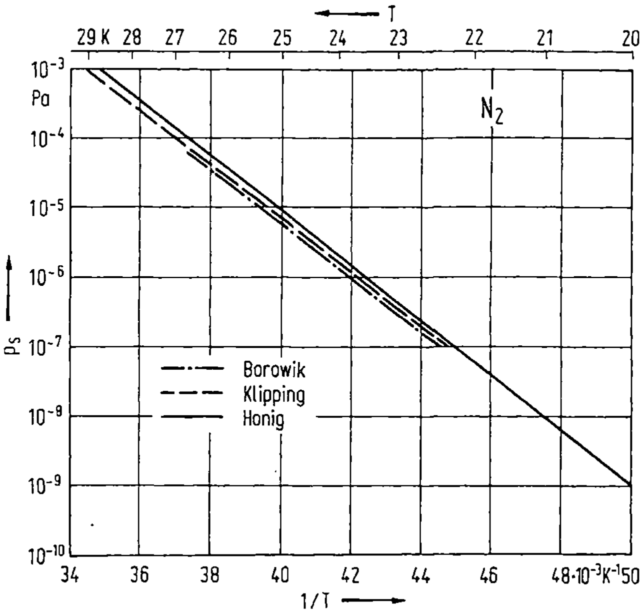

Abb.3.9. Dampfdruckkurven von festem N_2. Nach Borowik et al. [3.31], Klipping et al. [3.6], Honig et al. [3.28].

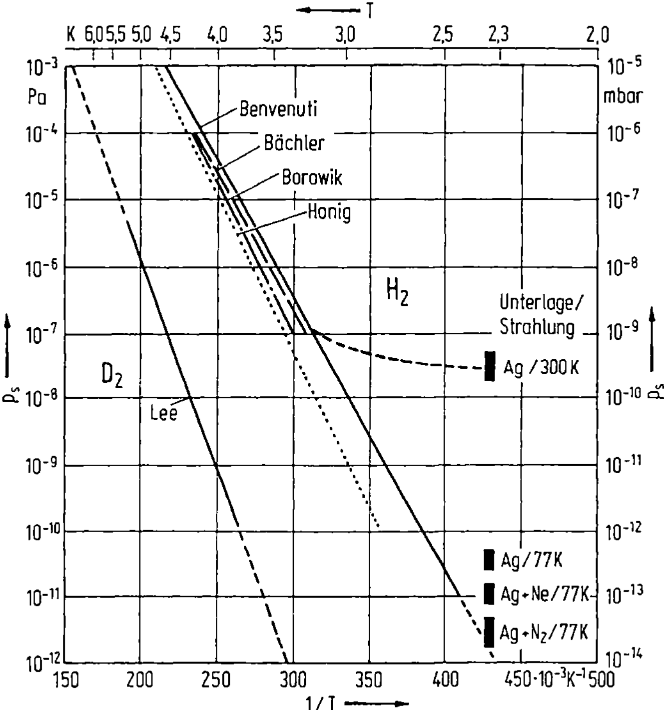

Abb.3.10. Dampfdruckkurven von festem H_2 und festem D_2. Nach Benvenuti et al. [3.23 - 3.25], Bächler et al. [3.7], Borowik et al. [3.31] und Lee [3.27].

Tabelle 3.1. Konstanten der Dampfdruckformel (3.5) und Sublimationsenthalpie
ΔH_s fester Gaskondensate

Substantz	A K	B_{Pa}	C	ΔH_s kJ/kmol	Temperatur K	Lit.
Ar	420,5	9,87	–	8048	22 – 33	[3.28]
	336,87	5,715	1,75	6448	32 – 47	[3.29]
CH_4	482,9	9,22	–	9242	27 – 40	[3.28]
	505,7	9,646	–	9679	40 – 60	[3.29]
C_2H_6	1064	11,73	–	20365	66 – 83	[3.6]
	942,2	10,440	–	18034	75 – 83	[3.29]
C_3H_8	1166	10,204	–	22317	80 – 105	[3.29]
CO	444,2	10,79	–	8501	23 – 33	[3.28]
CO_2	1361	12,01	–	26049	65 – 92	[3.28]
	1408	11,00	0,870	26949	65 – 92	[3.29]
D_2	62,7	6,37	0,50	1201	3 – 5	[3.27]
H_2	41,1	5,79	–	787	2,5 – 4,5	[6.15]
	41,6	5,98	–	796	2,5 – 4,2	[3.23]
	42,6	5,00	0,50	820	2,5 – 4,2	[3.27]
H_2O	2648	12,47	–	50680	124 – 173	[3.28]
I_2	3395	13,15	–	64987	155 – 215	[3.28]
Kr	581,6	9,91	–	11131	31 – 46	[3.28]
N_2	384,8	10,38	–	7364	20 – 30	[3.28]
	361,2	3,73	4,79	6913	22 – 30	[3.29]
	370	9,85	–	7082	22 – 29	[3.6]
Ne	109,5	9,04	–	2096	6 – 14	[3.28]
	110,81	9,02	–	2121	6 – 14	[3.30]
NH_3	1625,4	12,07	–	31110	78 – 105	[3.28]
O_2	479,6	11,16	–	9178	24 – 34	[3.28]
	452,2	4,186	4,78	8655	24 – 34	[3.29]
SO_2	1847,8	12,56	–	35368	86 – 120	[3.28]
Xe	841,7	10,125	–	16110	75 – 95	[3.29]
	799,0	9,86	–	15293	45 – 65	[3.28]

3.10): Man fand hier einen von T_k praktisch unabhängigen Druck $\bar{p} \approx 10^{-7}$ Pa –
eine Erscheinung, die die Möglichkeit des Pumpens von H_2, der Hauptkomponente
in UHV-Systemen, bei tiefen Drücken in Frage zu stellen schien. Nähere Untersuchungen von Benvenuti et al. [3.23 – 3.25] ergaben:

Die Ursache für diese Anomalie ist die Desorption von H_2 durch Infrarotstrahlung,
die von wärmeren Teilen der Anlage ausgehend die Kondensationsfläche trifft. Die
von dieser absorbierte Wärmestrahlung erzeugt Phononen, die auf das kondensierte H_2 zurückfallen und dessen Desorption verursachen können. Dieser indirekte
Mechanismus wird vor allem aus zwei Beobachtungen erschlossen: Die $\bar{p}$ – p_s pro-

portionale H_2-Desorptionsrate ist dem Absorptionskoeffizienten a der Unterlage sowie der Leistung der einfallenden Strahlung proportional. Zum anderen wird die H_2-Desorptionsrate durch Vorbelegung der Unterlage mit einer Schicht eines schwereren Gases (Ne, Ar, N_2) stark reduziert. Die Schicht, deren Debye-Temperatur T_Θ viel kleiner als die des H_2 ist, wirkt wie ein Tiefpaßfilter, das das Eindringen der energiereichsten Phononen in die H_2-Schicht verhindert. Durch die folgenden Maßnahmen:

- Plattierung der Kondensationsfläche (aus Edelstahl) mit Silber, das den sehr geringen Absorptionskoeffizienten a = 0,012 hat,

- Abschirmung dieser Fläche mit einem 77 K-Chevronbaffle sehr geringer Transmission für 300 K-Strahlung ($t_p < 10^{-3}$, 10 % Überlappung, s. Abschn.2.2.6.3), und

- Vorbelegung der Kondensationsfläche mit einer N_2-Schicht gelang es Benvenuti et al., den H_2-Druck gegenüber dem Wert bei fehlender Abschirmung um etwa den Faktor 10^4 zu senken und bei $T_k = 2,3$ K den erwarteten Dampfdruck der Größenordnung 10^{-12} Pa zu erreichen (Abb.3.10).

Eine weitere Eigenart des H_2-Kondensats ist die Existenz zweier Kristallmodifikationen (kfz bei $T_{cond} \lesssim 4$ K, hdp bei $T_{cond} \gtrsim 4$ K) von unterschiedlichem Dampfdruck und der Tendenz zur wechselseitigen Umwandlung bei etwa 4 K [6.15].

3.4 Kondensationskoeffizienten α_c von Gasen

3.4.1 Abhängigkeit von der Übersättigung p/p_e und der Temperatur T_k der Kondensationsfläche

Die Werte α_c gehen für $p \to p_e$ gegen einen endlichen Wert $\alpha(p_e)$, der mit wachsendem T_k abnimmt (Abb.3.11, [3.6]). Mit zunehmendem p/p_e steigt α_c, und zwar – auf die relative Übersättigung $\Delta p/p_e$ bezogen – um so rascher, je größer T_k ist. Für $p/p_e \gtrsim 100$ sind die α_c-Werte von p/p_e und von T_k praktisch unabhängig. Die meisten der untersuchten Gase besitzen bei $T_g = 300$ K und hohem p/p_e α_c-Werte, die dem Maximalwert $\alpha_c = 1$ recht nahe kommen (Tabelle 3.2); eine Ausnahme bilden H_2 und D_2 mit $\alpha_c = 0,85$. Das Auftreten so hoher α_c-Werte ist bemerkenswert, denn es spricht für eine weitgehende thermische Akkomodation – trotz der hohen Temperaturdifferenz $T_g - T_k$. – In älteren Arbeiten [3.12; 3.34 – 3.38] wurden vielfach α_c-Werte mitgeteilt, die erheblich kleiner als 1, aber mangels näherer Angaben von p/p_e einer Diskussion nicht zugänglich sind.

3.4.2 Abhängigkeit von der Gastemperatur T_g bei hoher Übersättigung p/p_e

Bei hinreichend niedrigen Temperaturen T_g und T_k und hohen p/p_e-Werten gilt für alle Gase: $\alpha_c = 1$. Wird T_g erhöht, so nimmt α_c oberhalb einer gewissen, von der

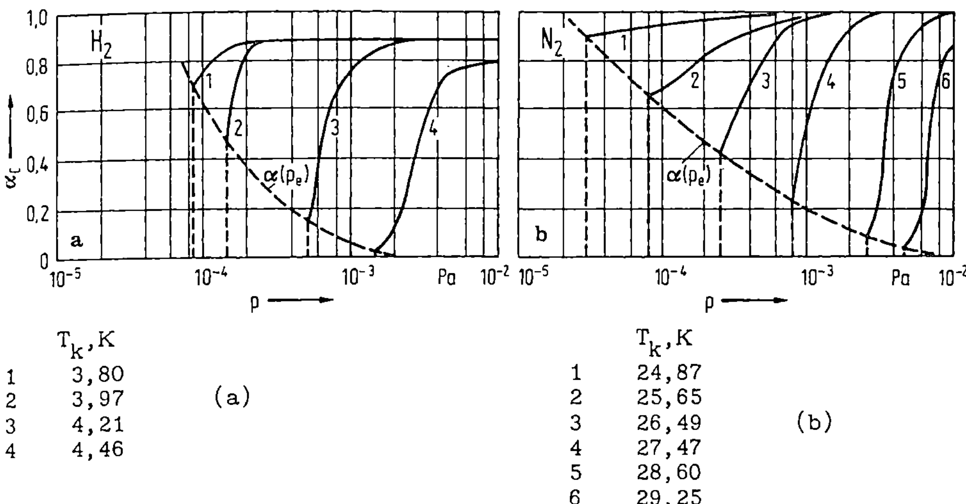

	T_k, K			T_k, K	
1	3,80	(a)	1	24,87	
2	3,97		2	25,65	
3	4,21		3	26,49	(b)
4	4,46		4	27,47	
			5	28,60	
			6	29,25	

Abb.3.11. Kondensationskoeffizienten α_c von H_2 und N_2 in Abhängigkeit vom Druck p für kleine und mittlere Übersättigungen p/p_e und für verschiedene Kondensationstemperaturen T_k. Gastemperatur T_e = 295 K. Nach Mascher [3.6].

Gasart abhängigen Temperatur merklich ab (Abb.3.12). H_2 und D_2 zeigen diese Abnahme schon bei T_g < 100 K, während Ar und CO_2 bis 1200 K herauf kaum eine Verminderung von α_c erkennen lassen. Hinsichtlich N_2 besteht eine offenbar noch ungeklärte Diskrepanz zwischen den Ergebnissen, die aus dem Saugvermögen bzw. der Molekularstrahl-Streuung gewonnen wurden.

Bemerkenswert sind die mit Argon-Strahlen von T_g = 2500 K erzielten Resultate: Obgleich hier die Energie eines auftreffenden Teilchens (0,54 eV) ausreichen würde, 6 Atome des Kondensats in Freiheit zu setzen, werden bei senkrechter Inzidenz nur 1 % und bei isotrop verteilter Inzidenz nur 20 % der einfallenden Teilchen wieder emittiert. Die zu dissipierende Energie wird also größtenteils in thermische Energie des Kondensats konvertiert [3.39; 3.40]. Für die Praxis folgt daraus: Das Kryopumpen von heißen Gasen, etwa in der Weltraumsimulation, wird nicht so sehr durch α_c, als vielmehr durch die thermische Belastbarkeit der Kryofläche begrenzt.

3.4.3 Abhängigkeit von der Schichtdicke des Kondensats

Bei nicht zu großer Schichtdicke d und hohem p/p_e ist α_c unabhängig von d (Abb. 3.13). Mit wachsendem d steigt die Temperaturdifferenz ΔT zwischen der Oberfläche des Kondensats und der Kryofläche, und zwar, wie in Abschn.8.7 näher ausgeführt wird, nach Maßgabe der Wärmeleitfähigkeit λ des Kondensats sowie der zugeführten Leistung (Wärmestrahlung, Kondensationswärme). Daher sinkt mit

Tabelle 3.2. Kondensationskoeffizienten α_c verschiedener Gase bei großer Übersättigung p/p_e

Gas		Kryofläche T_k	Druck p	Einfallsrate I_g	Kondensationskoeff. α_c	Methode [a]	Lit.
	T_g K	K	Pa	$m^{-2}s^{-1}$			
Ar	250	3,8	$< 10^{-3}$	-	0,997	2	[3.10]
Ar	300	20-25	$10^{-7} - 10^{-2}$	-	1,0	1	[3.6]
Ar	300-1400	15-28	-	10^{19}	0,98-0,90	4	[3.20]
Ar	1400-2500	15	-	10^{19}	0,90-0,60	4	[3.20]
Ar	95-300	4,2-26	-	10^{18}	1,00-0,95	3	[3.16]
CO_2	150-400	79	$5 \cdot 10^{-3} - 3.10^{-2}$	-	1,0 -0,91	1	[3.32]
CO_2	300	75-85	$< 10^{-2}$	-	0,90-1,0	1	[3.8]
CO_2	300	77	$< 10^{-3}$	-	0,99	1	[3.33]
CO_2	300	76	$< 10^{-2}$	-	1,0	1	[3.6]
CO_2	300-1200	72	-	$< 4 \cdot 10^{20}$	1,0 -0,90	4	[3.20]
CO_2	< 200	55	-	10^{20}	$> 0,95$	3	[3.16]
CO_2	152-274	70-85	-	$10^{18}-10^{20}$	1,0 -0,96	3	[3.17]
C_2H_6	300	67-80	$10^{-5} - 10^{-2}$	-	1,0	1	[3.6]
CH_3OH	300	77	$< 10^{-2}$	-	1,0	1	[3.34]
C_2H_5OH	300	77	$< 10^{-2}$	-	1,0	1	[3.34]
CCl_4	300	77	$< 10^{-2}$	-	1,0	1	[3.34]
D_2	77-300	3,0-4,4	$10^{-7} - 10^{-2}$	-	0,95-0,85	1	[3.6]
H_2	100-700	3,5-3,9	$< 10^{-3}$	-	1,0 -0,7	2	[3.10]
H_2	300	3,7-3,9	$10^{-7} - 10^{-3}$	-	0,80	1	[3.8]
H_2	77-300	3,0-4,4	$10^{-7} - 10^{-2}$	-	0,95-0,85	1	[3.69]
H_2O	273	< 150	-	$10^{18}-10^{20}$	$>0,99$	3	[3.17]
Kr	147-300	4,3-37	-	10^{18}	1,0 -0,95	3	[3.16]
Ne	300	20-25	$< 10^{-2}$	-	1,0	1	[3.6]
N_2	300	25-29	$10^{-7} - 10^{-2}$	-	1,0	1	[3.6]
N_2	300	18-24	$10^{-6} - 10^{-3}$	-	1,0	1	[3.8]
N_2	150-600	20-25	$10^{-7} - 10^{-2}$	-	1,0 -0,84	1	[1.19]
N_2	300-1200	22	-	10^{19}	1,0 -0,98	4	[3.20]

Tabelle 3.2. (Fortsetzung)

Gas		Kryo-fläche T_k	Druck p	Einfalls-rate I_g	Kondensa-tionskoeff. α_c	Methode [a]	Lit.
	T_g K	K	Pa	$m^{-2}s^{-1}$			
O_2	300	20-25	$10^{-7} - 10^{-2}$	-	1,0	1	[3.6]
Xe	300	59-62	$< 10^{-2}$	-	0,90	1	[3.8]
Xe	124-300	4,2-47		10^{18}	0,95-1,0	3	[3.16]

[a] 1: Saugvermögen bei kleiner Kondensationsfläche im großen Behälter
2: Saugvermögen bei kleiner Gasquelle
3: Schwingquarz-Methode
4: Molekularstrahl-Methode

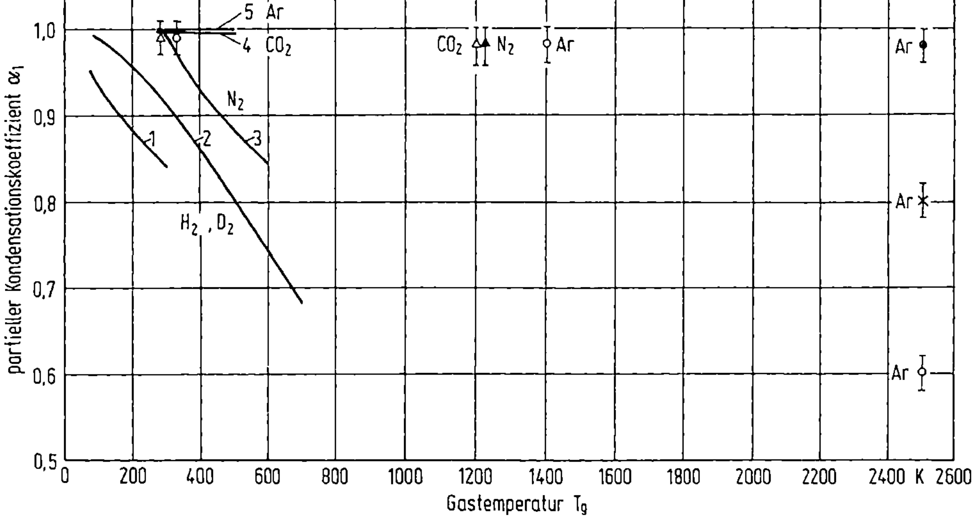

	Gas	T_g, K	Inzidenz	Autor
1	H_2 , D_2	2,8	isotrop	Mascher
2	H_2	3,5-3,9		Chubb
3	N_2	25		Mascher
4	CO_2	76		Mascher
5	Ar	3,8		Chubb
Δ	CO_2	72	$\Theta < 70°$	
▲	N_2	22	$< 70°$	Brown
o	Ar	15	$= 60°$	Trayer
●	Ar	15	$= 0°$	Busby
×	Ar	15	isotrop	

Abb. 3.12. Partielle Kondensationskoeffizienten α_1 verschiedener Gase bei hoher Übersättigung $p/p_e \gg 1$ in Abhängigkeit von der Gastemperatur T_g. Nach Messungen von Mascher [3.6], Chubb et al. [3.10] und Brown et al. [2.5].

wachsendem d die Übersättigung p/p_e, und der effektive Kondensationskoeffizient α_{eff} wird Null, wenn der Ansaugdruck p gleich dem der Oberflächentemperatur $T_k + \Delta T$ entsprechenden Gleichgewichtsdruck p_e ist. Dadurch sind die Maximalwerte der kondensierten Gasmenge $(pV)_{max}$, der Schichtdicke d_{max} und der Betriebsdauer t_{max} gegeben. - Die Tatsache, daß die α_c-Werte in Abb.3.13 die Grenze $\alpha_c = 1$ überschreiten, wird als Folge einer Rauhigkeit und damit einer Vergrößerung der Kondensatoberfläche gedeutet [3.6].

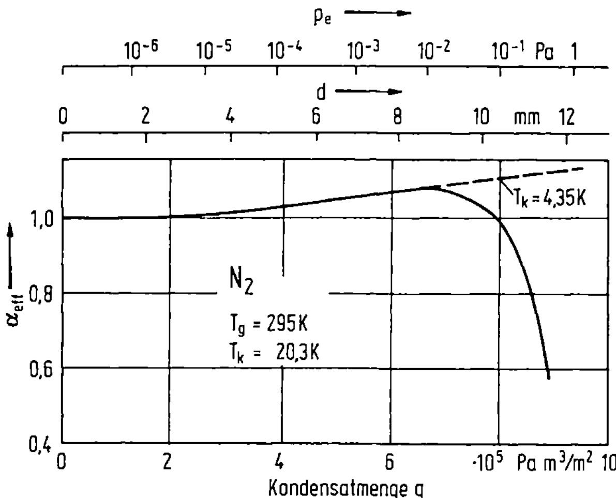

Abb.3.13. Effektiver Kondensationskoeffizient α_{eff} in Abhängigkeit von der kondensierten N_2-Menge. Kondensation bei $p = 0,67$ Pa, Messung von α_{eff} bei $p = 7 \cdot 10^{-3}$ Pa. Nach Mascher [3.6].

3.4.4 Kondensation an artfremder Unterlage

Die Kondensation eines Gases an einem artfremden Gaskondensat oder an einer nicht-vorbelegten Metallfläche kann gegenüber der Kondensation an der arteigenen Phase behindert sein. Die Kondensation von O_2 am N_2-Kondensat und - umgekehrt - die von N_2 am O_2-Kondensat geht allerdings ohne merkliche Behinderung vor sich; in beiden Fällen ist bei $T_k = 21$ K und großer Übersättigung $p/p_e \gg 1\,\alpha_c = 0,97$ bis 1,0 [3.6]. Wird hingegen N_2 an einer H_2-Schicht von $T_k = 3,1$ K kondensiert, so ergibt sich $\alpha_c = 0,95$, also eine gewisse Behinderung; umgekehrt kondensiert H_2 bei großer Übersättigung an einer N_2-Schicht von $T_k = 3,1$ K mit einem α_c von nur 0,60 an Stelle des Wertes $\alpha_c = 0,85$ im Fall der arteigenen Unterlage [3.6]. Offenbar ist die thermische Akkomodation der H_2-Moleküle durch das N_2-Gitter unvollkommener als die durch das arteigene Gitter. Bemerkenswerterweise stellt sich der Wert $\alpha_c = 0,85$ erst nach Erreichen einer (mittleren) Schichtdicke von etwa 10 μm ein (Abb.3.14). Dies kommt durch das Inselwachstum zustande; erst wenn die Zwischenräume, für die etwa $\alpha_c = 0,6$ gilt, vollständig aufgefüllt sind, wird

$\alpha_c = 0,85$ erreicht. - Ein völlig analoges Verhalten wird bei der Kondensation von CO_2 an einer Cu-Fläche von 84 K beobachtet; bei geringer Übersättigung wird ohne Vorbelegung $\alpha_{eff} = 0,5$ und erst nach Ausbildung einer etwa 10 µm dicken Schicht der von deren Dicke unabhängige Wert $\alpha_{eff} = 0,79$ gemessen [3.20]. Eine Vorbelegung von mindestens dieser Dicke d ist also notwendig, um von den Eigenschaften der Kondensationsfläche unabhängige α_c-Werte zu erhalten.

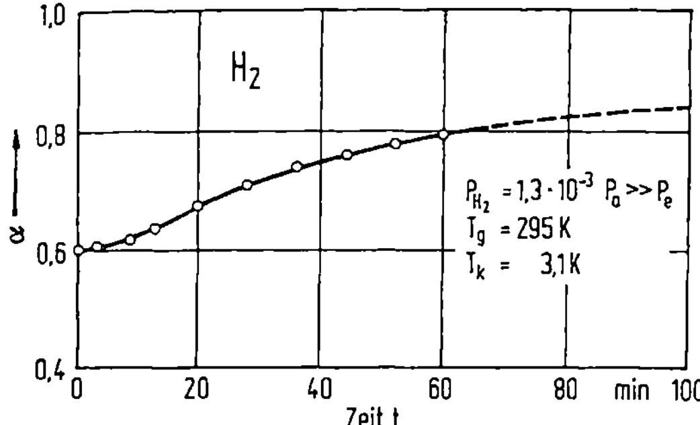

Abb. 3.14. Zur Kondensation von H_2 an einer N_2-Unterlage von $T_k = 3,1$ K bei hoher Übersättigung $p/p_e \gg 1$. Nach Mascher [3.6].

3.5 Zum Mechanismus der Kondensation von Gasen

Die Abhängigkeiten des Kondensationskoeffizienten α_c von den verschiedenen Versuchsparametern können, zumindest qualitativ, auf der Grundlage des Kristallwachstums aus der Gasphase verstanden werden. Die auf die einzelnen Kristallite der vorbelegten Kondensationsfläche treffenden Teilchen bilden hier ein zweidimensionales Gas mit der mittleren freien Weglänge

$$\bar{l} = (I_g \tau \alpha_{eff} \delta)^{-1} \, , \tag{3.6}$$

wobei δ der Teilchendurchmesser ist. Während ihrer Verweilzeit τ legen die Adatome den Diffusionsweg

$$x_s = (D_s \tau)^{1/2} = a_s \exp(E_d - E_s)/RT \tag{3.7}$$

zurück, wobei D_s, E_s der Koeffizient bzw. die Aktivierungsenergie der Oberflächendiffusion und a_s die mittlere Sprungweite sind. Der Diffusionsweg x_s wächst mit abnehmender Temperatur $T = T_k$ der Oberfläche.

Bei hinreichend kleinen Werten von I_g und $p/p_e \simeq 1$ ist $\bar{l} \gg x_s$, so daß zwischen den Adatomen keine Wechselwirkung besteht. Die Schicht wächst dann, falls noch gewisse andere Bedingungen erfüllt sind [3.41 - 3.43], in Form zweidimensionaler

Lagen. Nach Kossel [3.44] und Stranski [3.45; 3.46] geht dieses Lagenwachstum
nach folgendem Teilschritt-Mechanismus vor sich:

1. Thermische Akkomodation und Adsorption an der Oberfläche,
2. Diffusion zu einer Stufe,
3. Diffusion entlang der Stufe, bis zur Wachstumsstelle (Halbkristallage),
4. Einbau in die Halbkristallage.

Wird jedem dieser Schritte die Wahrscheinlichkeit α_i zugeordnet, dann ist der
Kondensationskoeffizient als Produkt $\alpha_c = \alpha_1\alpha_2\alpha_3\alpha_4$ darstellbar [3.3; 3.6].

Der Schritt 3 stellt keine merkliche Wachstumshemmung dar, weil die Stufen infolge der thermischen Energie des Kristalls aufgerauht sind und hinreichend viele
Halbkristallagen enthalten; daher ist $\alpha_3 = 1$ [3.47]. – Der Schritt 4 kann durch
geometrische und energetische Faktoren erschwert sein [3.48]. Doch gilt für die
Gase, mit denen man es in der Vakuumtechnik im allgemeinen zu tun hat, $\alpha_3 = 1$;
and(·anfalls könnte nicht $\alpha_c = 1$ sein, wenn $p/p_e \gg 1$ und T_k, T_g hinreichend niedrig sind.

Der Schritt 1 des Überganges Gas→Kondensationsfläche ist nur bei vollständiger
thermischer Akkomodation möglich. Daher bedeutet α_1 den Bruchteil der einfallenden Teilchen, für die der Akkomodationskoeffizient $\alpha_T = 1$ ist. Trotz gewisser mo-
dellmäßiger Ansätze [3.32; 3.38; 3.49 – 3.51; 3.85] existiert keine befriedigende
theoretische Beschreibung von α_1. Formal ist α_1 gleich dem Wert α_c, für den
$\alpha_2 = 1$ ist; d.h. α_1 ist gleich dem Wert α_c bei großer Übersättigung $p/p_e \gg 1$ und
hinreichend niedrigem T_k. Dieser Bedingung entsprechen die bereits diskutierten
Werte α_c in Abb.3.12, für die man $\alpha_1 = \alpha_1(T_g)$ annehmen kann. Diese Werte α_1
zeigen, daß die thermische Akkomodation um so mehr begünstigt ist, je größer die
Adsorptionsenergie E_d und die Sublimationsenthalpie ΔH_s sind [3.40; 3.52].

Der Schritt 2 des Überganges Oberfläche→Stufe→Wachstumsstelle muß sich innerhalb der Verweilzeit τ des Adatoms abspielen, damit die Kondensation voranschrei-
ten kann. Im Fall eines idealen Kristalls würde nach jedem Auffüllen einer Netzebe-
ne eine merkliche Wachstumshemmung auftreten, die erst durch Bildung eines zwei-
dimensionalen Keimes zu überwinden wäre; dazu wäre eine gewisse kritische Übersättigung nötig, die aber nicht beobachtet wird [3.53]. Ein Realkristall, und ebenso ein Kristallit, kann aufgrund seiner Versetzungen auch ohne diese Keimbildung
wachsen, wie Frank et al. [3.54; 3.55] zeigten. Insbesondere sind es die Schrau-
benversetzungen, deren Durchstoßzonen in der Oberfläche das Flächenwachstum
ohne Keimbildung ermöglichen. Der Kristallit wächst schraubenförmig um diese
Zonen herum, und es entstehen flache Stufenpyramiden. Mit wachsender Übersättigung p/p_e nimmt die Stufenbreite s ab, so daß das Wachsen des Spiralenkopfes
schneller erfolgt, die Rundung enger und die Pyramide steiler wird. Die Stufenbreite
s beträgt

$$s = s_0 [kT \ln p/p_e]^{-1} \, , \tag{3.8}$$

wobei s_0 von der freien Randenergie und dem Flächenbedarf eines Bausteins abhängt. Diese Beziehung bleibt auch gültig, wenn die Stufenhöhe größer als monoatomar ist, nur ändert sich dann s_0 [3.56]. Betrachten wir zwei Grenzfälle:

- Ist $x_s \ll s$, dann wird der Bruchteil $2x_s/s$ der einfallenden Teilchen an der Stufe angelagert (Faktor 2: wegen der Anlagerung von beiden Seiten her). Dieser Bruchteil bestimmt die effektive Kondensationsrate, so daß man daraus nach Division durch $1 - p_e/p$ den Koeffizienten α_2 erhält:

$$\alpha_2 = \frac{2x_s}{s(1-p_e/p)} = \left[\frac{2a_s kT}{s_0} \exp(E_d - E_s)/kT \right] \frac{\ln p/p_e}{1-p_e/p} \quad \text{für} \quad x_s \ll s \, . \tag{3.9}$$

- Ist $x_s \gg s$, dann gelangen alle Adatome zur Stufe, und es ist

$$\alpha_2 = 1 \quad \text{für} \quad x_s \gg s \, . \tag{3.10}$$

Beide Grenzfälle umfaßt die folgende Formel [3.55]:

$$\alpha_2 = \alpha_2(T_k, p/p_e) = \frac{2x_s/s}{1 - p_e/p} \tanh \frac{s}{2x_s} \, . \tag{3.11}$$

Für $p = p_e$ ist der zweite Faktor rechts in (3.9) gleich 1; der erste Faktor sollte dann die Kurve $\alpha(p_e(T_k))$ in den Abb.3.11a und b beschreiben. In der Tat erhält man durch Anwendung von (3.9) auf diese Messungen Werte für $E_d - E_s$, die der Erwartung [3.87] entsprechen, und zwar: $9,0 \, kJ/mol$ für N_2 und $1,0 \, kJ/mol$ für H_2 [3.57].

Vergleicht man die p/p_e-Abhängigkeit von α_2 nach (3.11) mit dem experimentellen Befund, so zeigt sich im Fall von N_2 (Abb.3.11a) für $T_k < 26 \, K$ bzw. $\alpha(p_e) > 0,6$ eine gute Übereinstimmung. Für $T_k > 27 \, K$ bzw. $\alpha(p_e) < 0,4$ hingegen wachsen die α_c-Werte im Experiment stärker mit p/p_e als nach (3.11). Offensichtlich handelt es sich hier um den Übergang vom Lagen- zum Inselwachstum, der mit einer Begünstigung der Kondensation verbunden ist: Mit steigendem I_g sinkt die freie Weglänge $\bar{l}$ und wächst wegen der zunehmenden Wechselwirkung der Adatome untereinander die Keimbildungsrate und damit die Zahl der Inseln. Je größer diese Zahl ist, um so kleiner sind die Distanzen zwischen den Inseln und um so größer ist die Wahrscheinlichkeit α_2 für das Einfangen der Adatome. Diese Begünstigung der Kondensation ist in ihrer Wirkung einer Verkleinerung der Stufenbreite s vergleichbar [3.57].

3.6 Struktur und andere physikalische Eigenschaften der Kondensate

Das wichtigste Strukturmerkmal der Gaskondensate ist die (mittlere) Kristallitgröße, die von den Herstellungsbedingungen und der Gasart abhängt und einen Einfluß auf andere physikalische Eigenschaften wie etwa Dichte, Aussehen, Wärmeleitfähigkeit, Infrarotabsorption hat. Bei CO_2-Kondensaten beträgt der Kristallit-
durchmesser nach röntgenographischen Bestimmungen 10 bis 100 nm, während
die Abstände zwischen den Kristalliten von molekularer Größenordnung sind [3.58].
Detaillierte Kenntnisse über die Zusammenhänge zwischen Kristallitgröße, Herstellungsbedingungen und Gasart verdanken wir den Experimenten über Kryosorption an Gaskondensaten (Kap. 4). Diese Zusammenhänge, die völlig den theoretischen Vorstellungen entsprechen, sollen jetzt qualitativ diskutiert und später im
Kap. 4 durch experimentelle Ergebnisse belegt werden.

3.6.1 Kristallitgröße

Die Kristallitgröße δ ist um so kleiner, je größer die Keimbildungsrate N_c und
je kleiner die Oberflächenbeweglichkeit der Molekeln ist. Nach den auf Volmer
und Stranski zurückgehenden Vorstellungen [3.53; 3.59; 3.60] wächst N_c, wenn
die Kondensationstemperatur T_{cond} abnimmt und ΔH_s sowie I_g zunehmen. Die
Oberflächenbeweglichkeit sinkt, wenn ΔH_s zunimmt und T_{cond} sowie T_g abnehmen; ferner, wenn bei hohem I_g die Kondensationsrate wächst (Wechselwirkung
der Adatome), bei kleinem I_g aber die Kondensationsrate sinkt (Wirkung der kine-
tischen Energie; daher das Maximum in Abb.3.15d); und schließlich, wenn die
Zahl der Gitterstörungen, die Rauhigkeit und der Anteil an Fremdgasen steigen.
Daraus ergeben sich folgende Aussagen über den Einfluß der verschiedenen Ver-
suchsparameter auf die Struktur der Gaskondensate.

Einfluß der Kondensationstemperatur. Mit sinkendem T_{cond} nimmt die Kristallitgröße δ ab. Bei vielen Gaskondensaten wird dabei zunächst ein Minimum und anschließend ein Maximum durchlaufen (Abb.3.15a) [3.61; 4.18; 4.19]; Grund: Je

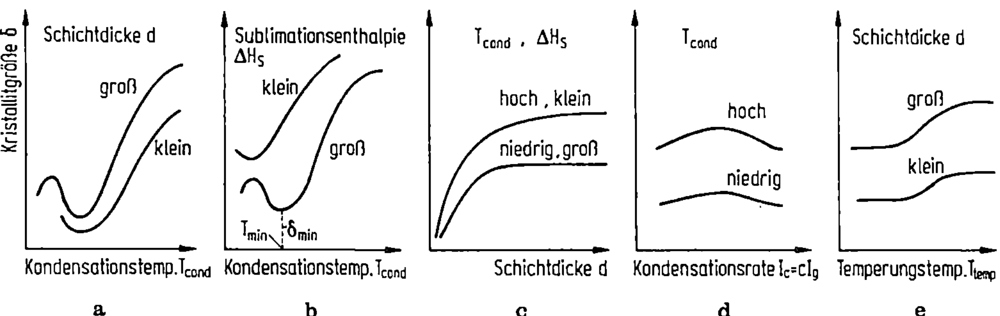

Abb.3.15. Die mittlere Kristallitgröße δ von Gaskondensaten in Abhängigkeit von
verschiedenen Versuchsparametern (schematisch).

feinerkristallin das Gefüge ist, um so größer ist die gespeicherte Grenzflächenener-
gie und um so weniger stabil ist sein Zustand. Geringfügige Temperaturschwankungen - etwa durch das Regelsystem induziert - können unter Freisetzung gespeicher-
ter Energie lokale Überhitzungen um 10 bis 20 K auslösen, wobei durch Rekristallisation größere Kristallite entstehen; dies wird beispielsweise bei CO_2 unterhalb
T_{cond} = 8 K [4.18; 4.51], bei Propan und Äthan unterhalb 10 K [4.19] und bei N_2
unterhalb 4 K [3.61] beobachtet. Diese exothermen Umlagerungen, die sich während des Kondensationsvorganges durch kurzzeitige Temperaturerhöhungen der
Kaltfläche um 0,2 bis 0,3 K zu erkennen geben, treten mit regelmäßiger Frequenz
auf. Diese Frequenz, (die mit wachsender Schichtdicke und abnehmender Kondensationsrate abnimmt), steigt mit sinkender Temperatur T_{cond}. Daher nimmt mit fallendem T_{cond} die Zahl der an der spontanen Umlagerung beteiligten Moleküle ab,
so daß die Kristallitgröße nach Durchlaufen des Maximums wieder sinkt. - Bei der
Kondensation von CH_4 wurden diese Erscheinungen nicht beobachtet [4.19].

<u>Einfluß der Art des Gases.</u> Je höher die Sublimationsenthalpie ΔH_s bzw. der Tri-
pelpunkt des Gases sind, um so kleiner ist die Kristallitgröße δ (Abb.3.15b); sie
nimmt beispielsweise in der Reihenfolge Ar, CH_4, C_2H_6, C_3H_8, NH_3,· CO_2 ab,
während die Temperaturen T_{min} der minimalen Kristallitgröße δ_{min} in dieser
Reihenfolge steigen.

<u>Einfluß der Schichtdicke.</u> Wird bei I_g = const die Schichtdicke erhöht, dann wächst
damit auch die Oberflächentemperatur des Kondensats; zum anderen besteht wegen
der längeren Kondensationszeit - insbesondere bei hoher Oberflächenbeweglichkeit -
eine erhöhte Wahrscheinlichkeit für spontane Umordnungsvorgänge. Aus beiden
Gründen entstehen bei höherer Schichtdicke größere Kristallite (Abb.3.15c).

<u>Einfluß der Kondensationsrate.</u> Dieser ist bei Temperaturen T_{cond} in der Nähe des
Wertes, bei dem die minimale Kristallitgröße δ_{min} erreicht wird, bedeutend geringer als bei höheren Kondensationstemperaturen (Abb.3.15d) [4.19].

<u>Einfluß des Temperns.</u> Eine Wärmebehandlung bei Temperaturen T oberhalb der
Kondensationstemperatur T_{cond} bewirkt irreversible Ordnungsvorgänge (Rekristal-
lisation), die zur Vergrößerung der Kristallite und zur bevorzugten Ausbildung von
Flächen niedriger Koordinationszahl führen (Abb.3.15e).

<u>Einfluß einer Fremdgasatmosphäre.</u> Die Kondensation zum Beispiel in einer He-
lium-Atmosphäre von etwa 1 Pa ergibt ein besonders feinkörniges Gefüge, wie an
CO_2 - [4.17] und an Ti-Kondensaten [7.4] gezeigt wurde.

3.6.2 Wachstumsgeschwindigkeit, Aussehen und Dichte

__Wachstumsgeschwindigkeit.__ Die Kondensationsrate $\dot{m}$ pro Quadratmeter einer abgeschirmten Kryofläche A_k beim Ansaugdruck p, der Gastemperatur T und dem Saugvermögen $S = A_k\, c\, \bar{v}/4$ beträgt

$$\frac{\dot{m}}{A_k} = \frac{MSp}{A_k RT} = c\left(\frac{M}{2\pi RT}\right)^{1/2} p \qquad \text{in } \text{kg s}^{-1}\text{m}^{-2} \ , \tag{3.12}$$

und die Wachstumsgeschwindigkeit

$$\frac{\Delta d}{\Delta t} = \frac{\dot{m}}{A_k \rho} \qquad \text{in } \text{m s}^{-1} \ . \tag{3.13}$$

Die Werte $\Delta d/\Delta t$ als Funktion von p in Abb.3.16, die mit c = 1 und der Dichte $\rho = \rho_t$ am Tripelpunkt berechnet wurden, sind nur als Richtwerte aufzufassen, weil ρ stark von den Kondensationsbedingungen abhängt und mit sinkendem T_{cond} abnimmt.

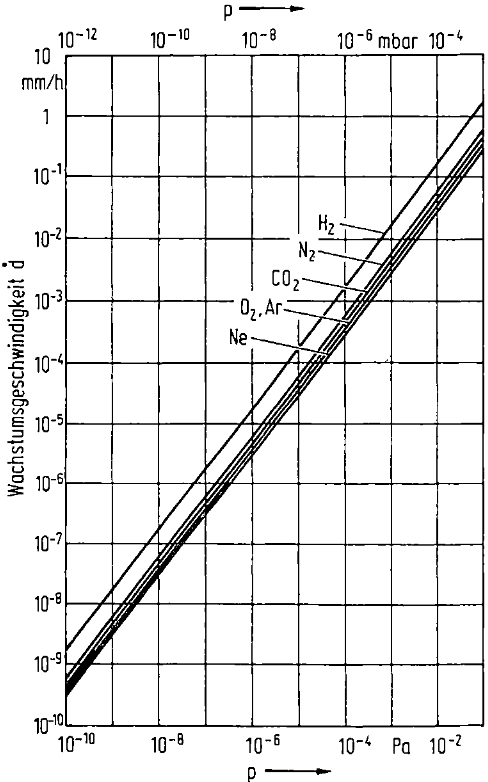

Abb.3.16. Die Wachstumsgeschwindigkeit $\Delta d/\Delta t$ von Gaskondensaten in Abhängigkeit vom Druck p, berechnet unter den Annahmen: Nicht-abgeschirmte Kryofläche mit $\alpha_c = 1$ sowie Dichte ρ = Dichte ρ_t am Tripelpunkt.

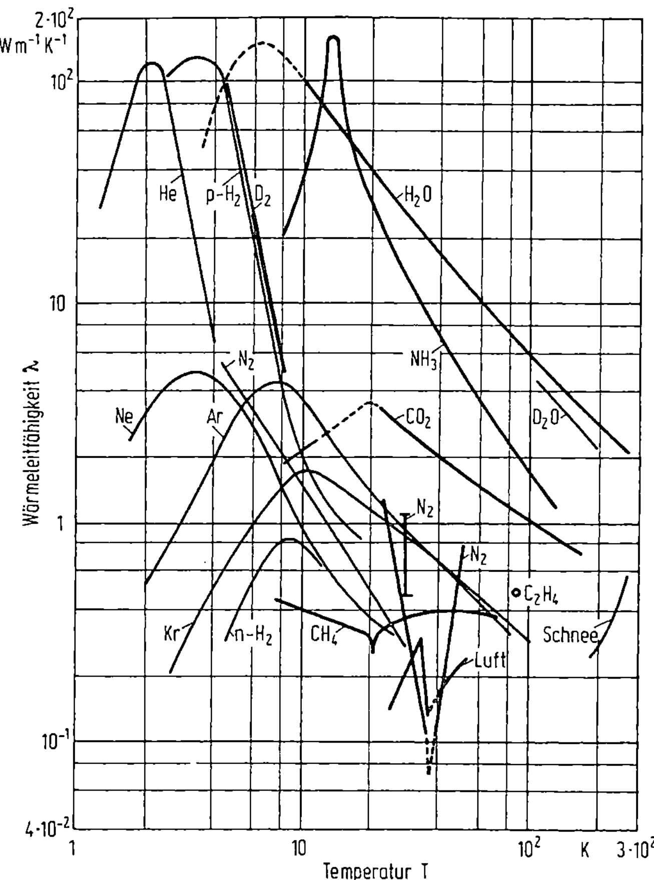

Abb.3.17. Die Wärmeleitfähigkeit λ von Gaskondensaten in Abhängigkeit von der Temperatur T: Ar, Kr, Ne [3.70]; CH_4, C_2H_2, CO_2, H_2O, N_2 (25-50 K), Luft, NH_3 [3.62]; D_2 [3.71]; D_2O [3.72]; p-H_2, n-H_2 [3.73]; N_2 (T = 28 K, T_{cond} = 16 bis 30 K) [3.6]; H_2O-Schnee [3.76]; He [3.90].

<u>Aussehen.</u> An 25 mm dicken Kondensatschichten (aus N_2, O_2, Luft, CH_4, CO_2, NH_3, H_2O) fand Dallügge [3.62]:

- Die Proben sind glasklar, wenn sie bei einer Temperatur nahe der Tripelpunkts-temperatur T_t und bei nicht zu hoher Wachstumsgeschwindigkeit ($\Delta d/\Delta t \leqslant$ 3 mm/h) entstehen.

- Wird letztere auf über 5 mm/h erhöht und/oder die Kondensationstemperatur auf T_{cond} < 2/3 T_t gesenkt, so werden die Proben trübe; nach mehrstündigem Tempern nahe T_t sind sie wieder glasklar (Ausheilen der Sprünge und Fehler, Rekristallisation).

- Werden glasklare Proben auf eine Temperatur von etwa 2/3 T_t abgekühlt, so tre-ten erste Sprünge auf, und bei weiterer Abkühlung wird das Kondensat undurch-sichtig grau. Dies ist eine Folge von Inhomogenitäten, die sich wegen der unvermeidlichen Temperaturgradienten beim Wachsen des Kondensats ausbilden und zu inneren Spannungen führen. Hinzu kommt noch, daß die Kondensate spröde sind und relativ hohe thermische Ausdehnungskoeffizienten (höher als für Kupfer [3.63 - 3.65]) besitzen.

Mit diesen Befunden sind zahlreiche Beobachtungen [3.6; 4.17 - 4.19] im Einklang, nach denen die im Kryopumpenbetrieb erzeugten Gaskondensate im allgemeinen mit zunehmender Schichtdicke trübe werden und ein reifähnliches Aussehen annehmen. Ausnahmen bilden die Kondensate aus H_2, D_2 [3.6; 3.10] und aus einem H_2/Ar-Gemisch [6.15], die - offenbar wegen der hohen Wärmeleitfähigkeit, Abb.3.17 selbst bei mehr als 1 mm Schichtdicke noch glasklar sind; nur gelegentlich werden nach einer "Verdampfungskatastrophe" (Verdampfen infolge Temperaturschwankung und rasches Wiederkondensieren) auch hier reifartige Schichten beobachtet.

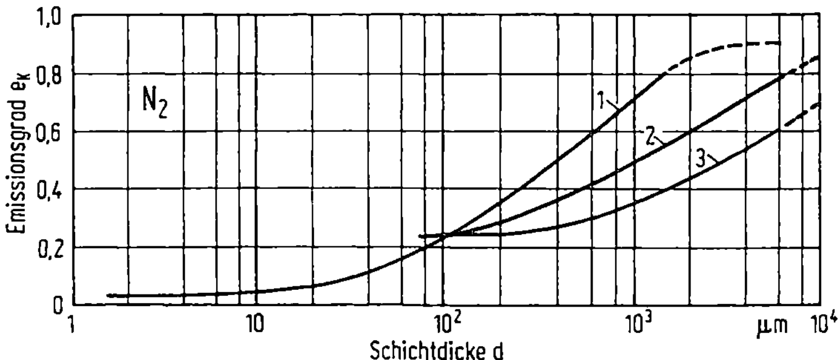

	Kryofläche	Ansaugdruck
1	Cu, poliert, 20 K	10^{-5} bis 10^{-2} Pa
2	Cu, nicht poliert, 25 K	0,5 Pa
3	Cu, nicht poliert, 20 K	0,5 Pa

Abb.3.18. Emissionsgrad e_k einer mit N_2-Kondensat belegten Kryofläche in Abhängigkeit von der Schichtdicke d bei T_{Wand} = 300 K: Kurve 1 [3.77], Kurven 2 und 3 [3.6].

Dichte. Die Dichte ρ der Gaskondensate sinkt mit abnehmender Kondensationstemperatur T_{cond}, weil das Gefüge gleichzeitig immer feinerkörnig und poröser wird. So geht die Dichte ρ von CO_2-Schichten von 1487 auf 873 kg m^{-3} zurück, wenn T_{cond} von 150 K auf 60 K gesenkt wird [3.62]. Bei T_{cond} = 77 K erzeugte H_2O-Kondensate haben ein ρ = 810 kg m^{-3} [3.88], und bei T_{cond} = 15 bis 26 K erzeugte N_2-Kondensate ein ρ = 900 kg m^{-3} [3.67]. Schulze et al. [3.68] untersuchten die Dichte von Edelgaskondensaten und fanden in den ρ, T_{cond}-Kurven charakteristische Stufen, die sich mit abnehmender Molmasse M zu tieferen Temperaturen hin verschieben. Nach Smith et al. [3.83] wächst die Dichte von CO_2-Schichten bei gege-

benem T_{cond} mit zunehmender Kondensationsrate; weitere Beobachtungen sind in
[3.79; 3.84] mitgeteilt.

3.6.3 Wärmeleitfähigkeit

Zur Messung der Wärmeleitfähigkeit λ diente in den meisten Fällen eine stationäre Methode, bei der das zu untersuchende Gas in einer Meßzelle, welche die Tem-
peraturmeßelemente und ein Heizelement zur Erzeugung des Wärmestromes enthält, kondensiert wird. Die zunächst glasklaren Proben erfahren, wie erwähnt,
bei der Abkühlung makroskopische Veränderungen, und es ist daher nötig, den
Wärmekontakt durch Einlassen von Helium sicherzustellen. Trotz dieser Veränderungen zeigen die Kurven der Wärmeleitfähigkeit $\lambda(T)$ den Verlauf, der für die-
lektrische Festkörper aufgrund des Phononen - Mechanismus zu erwarten ist (Abb.
3.17): Bei kleinem T Anstieg mit T^3, dann Maximum bei 1/30 bis 1/20 der Debye-
Temperatur Θ_D und exponentieller Abfall, der in einen 1/T-Abfall übergeht [3.69].
Merkliche Abweichungen von diesem Verlauf werden in der Nähe der Temperaturen
beobachtet, in denen Phasenumwandlungen - wie bei CH_4, N_2, Luft - vorkommen.

Die Maximalwerte λ_{max} von p-H_2, NH_3, H_2O und festem Helium (bei p > 2,5 MPa)
sind vergleichbar mit den Wärmeleitfähigkeiten von reinsten Metallen (Cu) im gleichen Temperaturbereich. Eine Größenordnung niedriger sind die Werte λ_{max} von
Edelgasen, CO_2, N_2 und Luft; sie sind mit den λ-Werten von Legierungen (Edelstahl, Messing) vergleichbar. In der Nähe des Tripelpunktes werden in allen Fällen
so niedrige λ-Werte erreicht, wie sie bei Kunststoffen, Flüssigkeiten und Gasen vorkommen. Ein Beispiel für den Einfluß der Struktur auf λ bilden die Werte für den
H_2O-Kristall und den H_2O-Schnee in Abb.3.17.

Die Wärmeleitfähigkeit der reifartigen Kondensate, die in der Kryopumpe entstehen, kann nach einer anderen Methode bestimmt werden: Man ermittelt die absor-
bierte Strahlungsleistung $\dot{Q}/A_k = \lambda\Delta T/d$ aus dem Kältemittelverbrauch und $\Delta T =$
$T_s - T_k$ aus dem Gleichgewichtsdruck $p_e(T_s)$ bei der Oberflächentemperatur T_s.
Je höher die Temperatur T_k der Kryopumpenfläche, je gröberkörnig also das Gefüge ist, um so höher ist λ. Beispielsweise wächst der λ-Wert von N_2-Kondensaten
von 0,4 auf 1,2 W m^{-1}K^{-1}, wenn die Kondensationstemperatur von 16 auf 30 K erhöht wird [3.6]. Diese Ergebnisse haben die gleiche Größenordnung wie die Werte,
die nach der vorangehenden Methode an zunächst glasklaren N_2-Proben [3.62] erhalten wurden (Abb.3.17).

3.6.4 Emissionsgrad e_k für Wärmestrahlung

Dieser Koeffizient ist (unter den Bedingungen des Kirchhoffschen Gesetzes) gleich
dem Absorptionsgrad a_k. Für eine Kondensatschicht kann er bestimmt werden,

indem man kalorisch die Leistung $\dot{Q} = e_k A_k \sigma(T_w^4 - T_k^4)$ mißt, die die (nicht abgeschirmte) Kryofläche A_k von der vergleichsweise großen Behälterwand (T_w)
empfängt. Die Abb.3.18 bis 3.20 zeigen Meßergebnisse, die an N_2-, CO_2- und
H_2O-Kondensaten erzielt wurden [3.6; 3.66; 3.77 - 3.79].

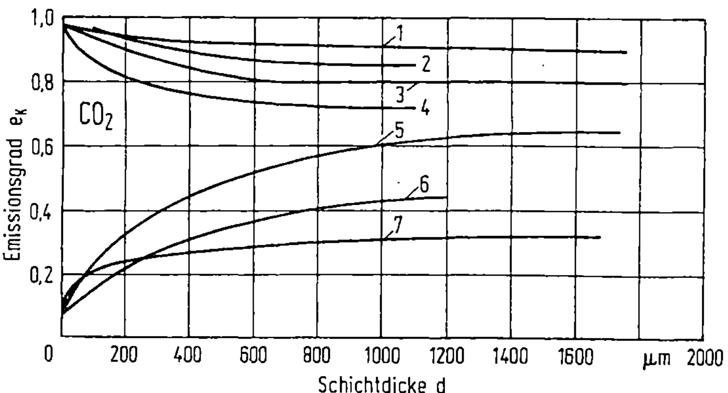

	Kryofläche, 77 K	Gaseinlaß
1	Al + Cat-a-Lac	gleichmäßig, 0,5 Pa
2	Ni + Black Velvet 101-C10/3M	stoßweise
3	Cu + Black Lacquer	gleichmäßig + He-Atm.
4	Ni + Black Velvet 101-C10/3M	gleichmäßig, 0,1 Pa
5	Al, poliert	gleichmäßig, 0,5 Pa
6	Ni, poliert	gleichmäßig, 7 Pa
7	Cu, poliert	gleichmäßig + He-Atm.

__Abb.3.19.__ Emissionsgrad e_k einer mit CO_2-Kondensat belegten Kryofläche in Abhängigkeit von der Schichtdicke d bei T_{Wand} = 300 K: Kurven 1 und 5 [3.66], 2, 4
und 6 [3.79], 3 und 7 [3.78].

Bei sehr geringer Kondensatdicke d ist e_k praktisch gleich dem Absorptionsgrad
der Unterlage, der von deren Material und deren Oberflächenbeschaffenheit abhängt. Bei __metallischer__ Unterlage wächst e_k mit zunehmender Schichtdicke d
und erreicht einen Sättigungswert. Dieser beträgt für

N_2: e_k = 0,9 für d $\gtrsim$ 10 mm; CO_2: e_k = 0,7 für d $\gtrsim$ 1 mm;
H_2O: e_k = 0,9 für d $\gtrsim$ 0,1 mm.

Für die Absorption des Kondensats sind die im Infrarot gelegenen Rotationsschwin-
gungsbanden der Moleküle verantwortlich, die die einfallende Strahlung absorbieren.
Die Banden der bei 77 K erzeugten kubischen H_2O-Kondensate sind sehr breit und
um die Wellenlängen λ = 3,2, 13 und 62 µm zentriert [3.80]. Die Banden des CO_2
bei λ = 2,7, 4,3, 15 und 100 µm [3.81; 3.82] sind demgegenüber viel schmaler,

so daß die Absorption entsprechend geringer ist. In praxi werden H_2O- und CO_2-Dämpfe durch das 80 K-Baffle abgefangen, so daß sie die 20 K-Fläche nicht belasten.

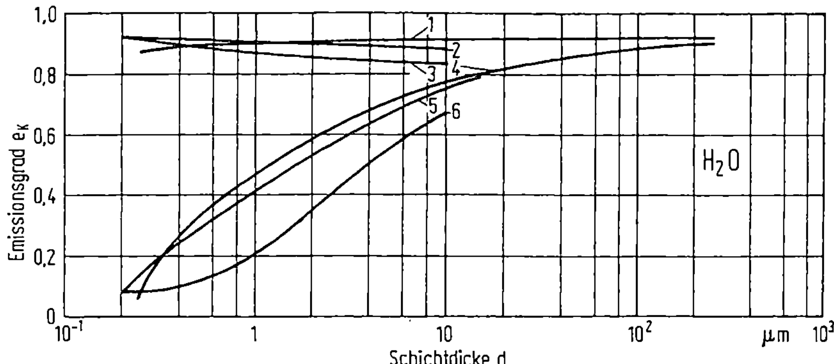

	Kryofläche, 77 K	Gaseinlaß
1	Al + Cat-a-Lac	gleichmäßig, 0,06 Pa
2	Ni + Black Velvet 101-C10/3M	stoßweise
3	Ni + Black Velvet 101-C10/3M	gleichmäßig, 0,1 Pa
4	Al, poliert, e = 0,07	gleichmäßig, 0,06 Pa
5	Ni, poliert	stoßweise
6	Ni, poliert	gleichmäßig, 0,1 Pa

<u>Abb.3.20.</u> Emissionsgrad e_k einer mit H_2O-Kondensat belegten Kryofläche in Abhängigkeit von der Schichtdicke d bei T_{Wand} = 300 K: Kurven 1 und 4 [3.36], die übrigen [3.79].

Die Struktur des Kondensats wirkt sich auf e_k besonders im Bereich mittlerer Schichtdicken aus: Je größer die Kristallite sind, um so weniger Zentren für Rückstreuung sind vorhanden und um so größer ist die (effektive) Absorption. Daher steigt e_k, wenn die Kondensationstemperatur T_{cond} erhöht wird (Abb.3.18, Kurven 3 und 2) oder wenn die Kondensationsrate $\dot{m}/A_k$ wächst (Abb.3.20, Kurven 5 und 6). Hingegen ist e_k besonders niedrig bei der Kondensation in einer Helium-Atmosphäre (Abb.3.19, Kurve 7). Tempern der Kondensatschicht bei $T > T_{cond}$ wirkt erhöhend auf e_k.

<u>Geschwärzte</u> Metalle, die als 80 K-Baffleflächen oder als Kaltwand in Raumkammern verwendet werden, zeigen eine Abnahme ihres hohen e_k-Wertes bei Belegung mit Kondensaten; bei großen Schichtdicken d wird der für diese charakteristische Sättigungswert von e_k erreicht (Abb.3.19 und 3.20).

4 Kryosorption an Gaskondensaten

Die Bindung von Gas durch Kryosorption an einer Festkörperoberfläche beruht auf
der Wechselwirkung der Gasteilchen mit den Molekülen des Festkörpers. Als Adsorbens dienen Substanzen, an denen das Gas durch van der Waals-Kräfte gebunden
wird und die höhere charakteristische Temperaturen, z.B. einen höheren Schmelz-
punkt, als das zu adsorbierende Gas haben. Die Bindungskräfte zwischen den Ad-
sorbens- und den Gasteilchen sind dann größer als die zwischen den letzteren im
kondensierten Zustand. Das hat zur Folge, daß die Adsorptionsgleichgewichte bei
Drücken unterhalb des Sättigungsdampfdruckes liegen. Daher kann Gas durch Adsorption auch im untersättigten Zustand gebunden werden, bei bedeutend höheren
Temperaturen also, als sie für eine Kondensation erforderlich wären. Das ist von
großer Bedeutung für das Pumpen der schwer kondensierbaren Gase Helium, Wasserstoff und Neon.

Wegen der Absättigung des Adsorbens nach Erreichen einer gewissen Oberflächen-
belegung kommen für die praktische Anwendung nur rein darstellbare Adsorbentien
in Betracht, die ein großes spezifisches Adsorptionsvermögen haben. Solche Substanzen sind:
- Poröse Festkörper-Adsorbentien, wie Molekularsiebe und Aktivkohle, die in Kap.
  5 behandelt werden, und
- Gaskondensate, von denen jetzt die Rede sein soll.

Durch Kondensation von Gasen, etwa CO_2, können in einfacher Weise polykristalli-
ne, poröse Adsorbentien mit sauberer Oberfläche erzeugt werden, die eine gute
Wärmeleitfähigkeit und damit eine definierte Temperatur besitzen und deren Adsorptionseigenschaften durch Wahl des Adsorbens und der Kondensationsparameter in
weiten Grenzen variierbar sind. Damit ergeben sich günstige Voraussetzungen zur
Untersuchung des Mechanismus der Kryosorption; zum anderen ist die Kenntnis der
optimalen Kondensationsbedingungen für die praktische Anwendung im UHV von Bedeutung, und schließlich ist die Kenntnis der Kryosorption eine wesentliche Voraussetzung zum Verständnis des später behandelten Kryotrapping.

Erste Beobachtungen der Kryosorption an festen Gaskondensaten haben 1933 Keesom et al. [4.1; 4.2] mitgeteilt, aber erst 1961 begann mit dem Interesse an der Anwendung die Untersuchung der physikalischen Grundlagen [4.3 - 4.22; 4.49 - 4.50; 6.14; 6.16].

4.1 Messung der Adsorptionskennlinien

Eine geeignete Versuchsanordnung ist die nach Abb.3.1; sie besitzt den für dieses Arbeitsgebiet wichtigen Vorteil, daß die Temperatur der (ebenen) Kryofläche mit Hilfe des Verdampferkryostaten kontinuierlich und in weiten Grenzen variierbar ist; hiervon machen die Arbeiten [1.22; 1.30; 4.18 - 4.20] Gebrauch. In den Arbeiten [4.8 - 4.17] hingegen kann die Temperatur der (kugelförmigen) Kryofläche in nur engen Grenzen durch Abpumpen der Kryoflüssigkeit variiert werden.

Zur Erzeugung der Kondensatschicht wird bei der Temperatur T_{cond} der Kaltfläche ein konstanter Gasstrom des Adsorbens (CO_2, CH_4, etc.) eingelassen, und die Schichtdicke ($< 100\ \mu m$) so bemessen, daß die maximale Temperaturdifferenz gegenüber der Unterlage 10^{-2}K nicht überschreitet. Dann wird das Adsorbat (He, H_2, Ne) als ebenfalls konstanter Gasstrom Q während der Zeit t zugegeben. Von der zugeführten Adsorbatmenge Qt wird der Teil

$$\overline{Q}_{adsorbat} = Qt - V\Delta p \quad \text{in} \quad Pa\,m^3 \text{*} \tag{4.1}$$

von der Kondensatschicht adsorbiert, während der in den meisten Fällen geringe Anteil $V\Delta p$ zur Druckerhöhung Δp im Behältervolumen V dient.

Als Maß für die Adsorbatkonzentration wählt man den Belegungsgrad a

$$a = \frac{\text{Moleküle im Adsorbat}}{\text{Moleküle im Adsorbens}} = \frac{\overline{Q}_{adsorbat}}{\overline{Q}_{adsorbens}}. \tag{4.2}$$

Der Gleichgewichtsdruck $p_a(T_k, a)$ des Adsorbats bei der Temperatur T_k wird aus dem bei T_g gemessenen Druck p_e nach (3.3) berechnet: $p_a(T_k, a) = p_e(T_k/T_g)^{1/2}$.

4.1.1 Adsorptionsisostere

Nach der Adsorption wird die Temperatur T_k der Kaltfläche schrittweise erhöht. Wenn die Adsorption bei einer Temperatur T_k erfolgte, die größer als ein gewisser

---

* Die Einheit $Pa\,m^3$ für Gasmengen ist hier und im folgenden auf die Normtemperatur $T_n = 293$K zu beziehen; s. (2.14) und Tabelle A2.

Wert $T'(\simeq 10\,K$ beim System CO_2/H_2) ist, stellen sich die neuen Gleichgewichtszustände $p_a = p_a(T_k)$ verzögerungsfrei und reproduzierbar ein. Ging die Adsorption jedoch bei $T_k < T'$ vor sich, so werden nach einer Temperaturerhöhung zunächst mit der Zeit veränderliche Drücke beobachtet; erst wenn T' überschritten ist, erhält man eindeutige Kennlinien – auch für $T_k < T'$. Bei Temperaturerhöhung wird Adsorbat desorbiert und bei Temperatursenkung wieder adsorbiert. Wenn an der oberen Druckgrenze (10^{-2} Pa) die desorbierte Menge nur etwa 1 % der Adsorbatmenge ausmacht, kann die Kurve $p_a = p_a(T_k)$ als Adsorptionsisostere

$$p_a = p_a(T_k)\Big|_a \qquad\qquad (4.3)$$

betrachtet werden. Als Beispiel zeigt Abb. 4.1 Isosteren für das System CO_2/H_2 nach Schulze [4.19]; für jede Isostere wurde eine eigene CO_2-Schicht von $2,5 \cdot 10^3\,Pa\,m^3 m^{-2} \stackrel{\wedge}{=} 28\,\mu m$ Dicke bei $p = 7 \cdot 10^{-3}\,Pa$ und $T_{cond} = 11,2\,K$ präpariert. Ein Vergleich mit der Dampfdruckkurve des Wasserstoffes läßt erkennen, daß beträchtliche Dampfdruckerniedrigungen möglich sind: Bei $T_k = 12\,K$ und $a = 10$, 100 und $300\,mmol\,H_2/mol\,CO_2$ sind es bzw. 16, 8 und 2 Größenordnungen. Bemerkenswert sind auch die maximal erreichbaren Belegungsgrade a von etwa einem H_2-Molekül auf drei CO_2-Moleküle.

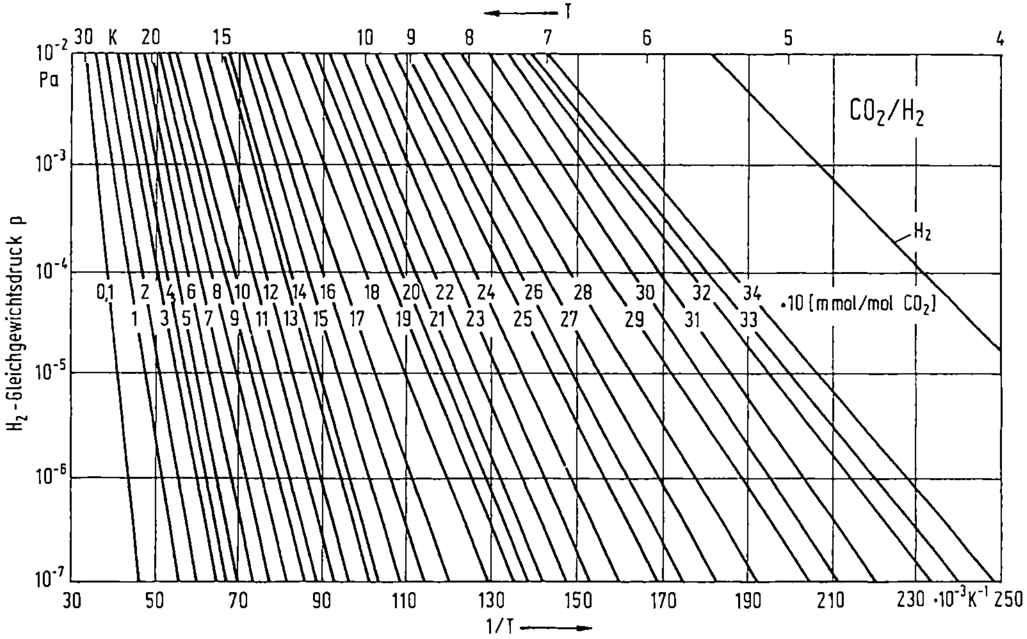

Abb. 4.1. Isosteren der Adsorption von H_2 an festem CO_2, nach Schulze [4.19]. Kondensationsbedingungen: $T_{cond} = 11,2\,K$, $p_{cond} = 7 \cdot 10^{-3}\,Pa$, $2,5 \cdot 10^3\,Pa\,m^3 m^{-2} \stackrel{\wedge}{=} 28\,\mu m$.

4.1.2 Adsorptionsisotherme

Zur Messung der Adsorptionsisotherme

$$a = a(p_a)\big|_{T_k} \qquad\qquad (4.4)$$

wird bei der Temperatur T_k des Adsorbens das Adsorbat intermittierend zugelassen, und der Gleichgewichtsdruck p_a (für $T_k > T'$) jeweils während der Unterbrechung bestimmt. Adsorptionsisothermen können aber auch aus den Isosteren ermittelt werden, und umgekehrt.

Desorption kann auch bei T_k = const durch Druckerniedrigung mit einer zugeschalteten Pumpe bewirkt werden: Aus $Q_{des} = \int_0^t Sp(t)dt$ erhält man die Abnahme von a. Wird der Vakuumbehälter wieder von der Pumpe getrennt, so stellt sich ein neuer Gleichgewichtszustand entsprechend der Adsorptionsisotherme ein. Die Isothermen können innerhalb gewisser Grenzen reproduzierbar in beiden Richtungen durchlaufen werden [4.14].

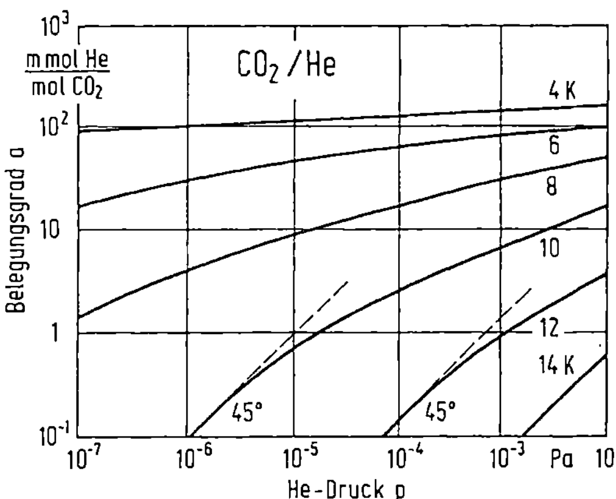

Abb.4.2. Isothermen der Adsorption von He an festem CO_2, nach Schulze [4.19]. Kondensationsbedingungen wie nach Abb. 4.1.

Die Isothermen für die Adsorption von He, H_2 und Ne an festem CO_2 und an anderen Kondensaten stellen den Isothermen-Typ II nach Brunauer [4.23] dar (Abb.4.2 bis 4.4). Theoretisch sollten sie bei hinreichend kleiner Belegung dem Henry-Gesetz folgen, was im Fall CO_2/He auch beobachtet wird (Abb.4.2). Ein Vergleich verschiedener Adsorbentien (Abb.4.5), die bei jeweils optimaler Temperatur T_{cond} niedergeschlagen wurden, weist CO_2 als das Kondensat mit dem zur Zeit höchsten Adsorptionsvermögen aus, und es folgen dann SO_2, C_3H_8, NH_3, Ar, N_2, O_2, C_2H_6, CH_4.

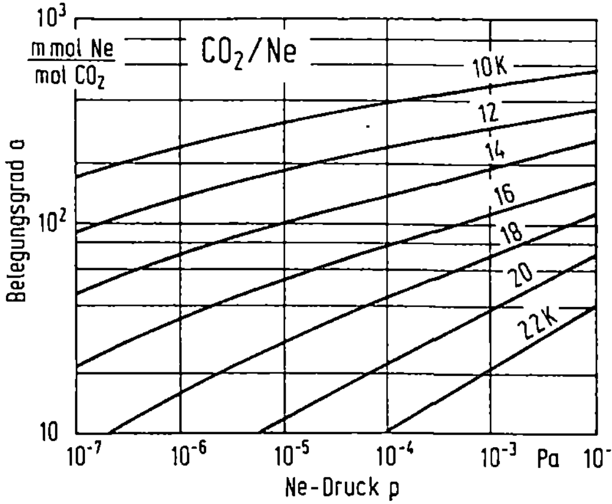

Abb.4.3. Isothermen der Adsorption von Ne an festem CO_2, nach Schulze [4.19]. Kondensationsbedingungen wie nach Abb.4.1.

Abb.4.4. Isothermen der Adsorption von H_2 an festem CO_2, nach Schulze [4.19]. Kondensationsbedingungen wie nach Abb. 4.1.

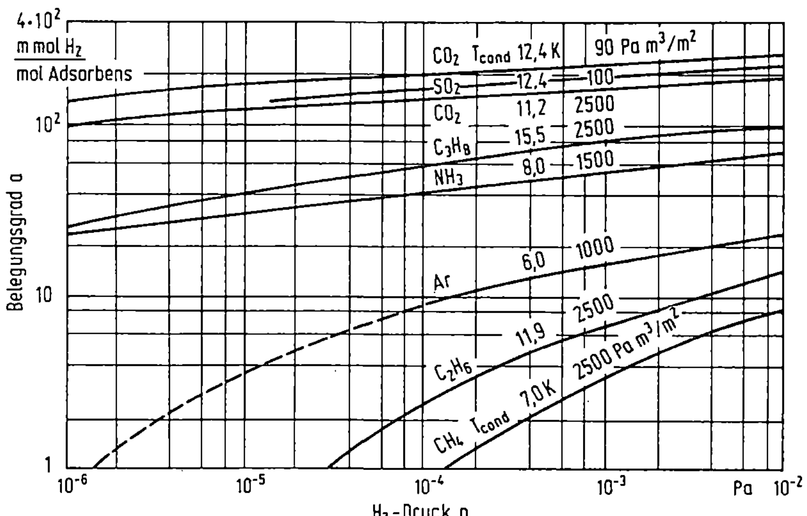

Abb.4.5. Isothermen der Adsorption von H_2 an verschiedenen Gaskondensaten, gemessen bei T_k = 12 K, ausgenommen CH_4: bei T_k = 6,5 K. SO_2 und CO_2 (12,4 K) [4.14]; CO_2 (11,2 K) [4.19]; NH_3 [6.16]; C_3H_8, C_2H_6 und CH_4 [4.18]; Ar [4.49].

4.1.3 Saugvermögen S

Die folgenden, im "großen" Behälter auszuführenden Methoden berücksichtigen die Tatsache, daß $S = S(a)$ und $p_e = p_e(a)$ von a abhängen, S also mit der Zeit t sinkt und p_e mit t steigt.

1. Intermittierendes Gaseinlassen (interrupted flow technique) bei jeweils konstantem Adsorbatstrom Q:

$$S = \frac{Q - Vdp/dt}{p - p_e} \;. \tag{4.5}$$

Der Ansaugdruck p wird unmittelbar vor der Unterbrechung von Q gemessen, und der Druck p_e während der Unterbrechung nach Einstellung des Gleichgewichtes. Die folgenden Methoden sind Spezialfälle.

2. Intermittierendes Gaseinlassen bei konstantem Druck p:

$$S = \frac{Q}{p - p_e} \;. \tag{4.6}$$

3. Abpumpmethode (pump-down method). S wird aus dem (mit einem Schreiber aufgezeichneten) Druckabfall dp/dt während der Adsorbatstrom-Unterbrechung ermittelt:

$$S = - \frac{Vdp/dt}{p - p_e} \;. \tag{4.7}$$

Vielfach können S und p_e in kurzen Zeitintervallen $t_2 - t_1$ als konstant betrachtet werden; dann ist $t_2 - t_1 = (V/S)\ln(p_1 - p_e)/(p_2 - p_e)$. Ergebnisse der ersten beiden Methoden zeigt Abb.4.9.

4.2 Adsorptionsgleichgewichte von Helium, Wasserstoff und Neon an Gaskondensaten

4.2.1 Gleichgewichtseinstellung

Die Tatsache, daß sich nur oberhalb einer gewissen Temperatur T' schon während der Adsorbatzugabe echte Gleichgewichte einstellen, hat ihren Grund in der Temperaturabhängigkeit der Verweilzeit τ der Adsorbatteilchen auf ihren Plätzen: $\tau = \tau_0 \exp(E_s/RT)$ mit $\tau_0 \approx 10^{-13}$ s. Nach de Boer [4.24] ist die Aktivierungsenergie E_s der Oberflächendiffusion etwa halb so groß wie der Betrag $|\Delta H_i|$ der isosteren Adsorptionsenthalpie. Für das System CO_2/H_2 mit $E_s = 2\,kJ/mol$ ($= |\Delta H_i|/2$ bei $a = 0,03$, Abb.4.6) betragen die Verweilzeiten bei $20\,K$, $10\,K$ und $5\,K$ bzw. 10^{-8} s, 10^{-2} s und 10^9 s, so daß der experimentelle Befund $T' \approx 10\,K$ verständlich wird. Bei den Systemen CO_2/He und CH_4/H_2 stellt sich das Gleichgewicht der geringeren Adsorptionsenergie wegen schon oberhalb $T' = 4\,K$ verzögerungsfrei ein.

Bei $T < T'$ bleibt die Adsorption im wesentlichen auf oberflächennahe Plätze der Kondensatschicht beschränkt. Erst die Temperaturerhöhung über T' hinaus ermög-

licht die Gleichgewichtseinstellung durch Umlagerung der Adsorbatmoleküle auf
energetisch günstigere Plätze weiter im Inneren der polykristallinen Schicht. Erfolgt die Adsorption bei $T > T'$, so werden schon zu Beginn die Plätze mit der
höchsten Adsorptionsenergie belegt, und es folgen dann die Plätze mit der jeweils
geringeren Adsorptionsenergie (heterogene physikalische Adsorption).

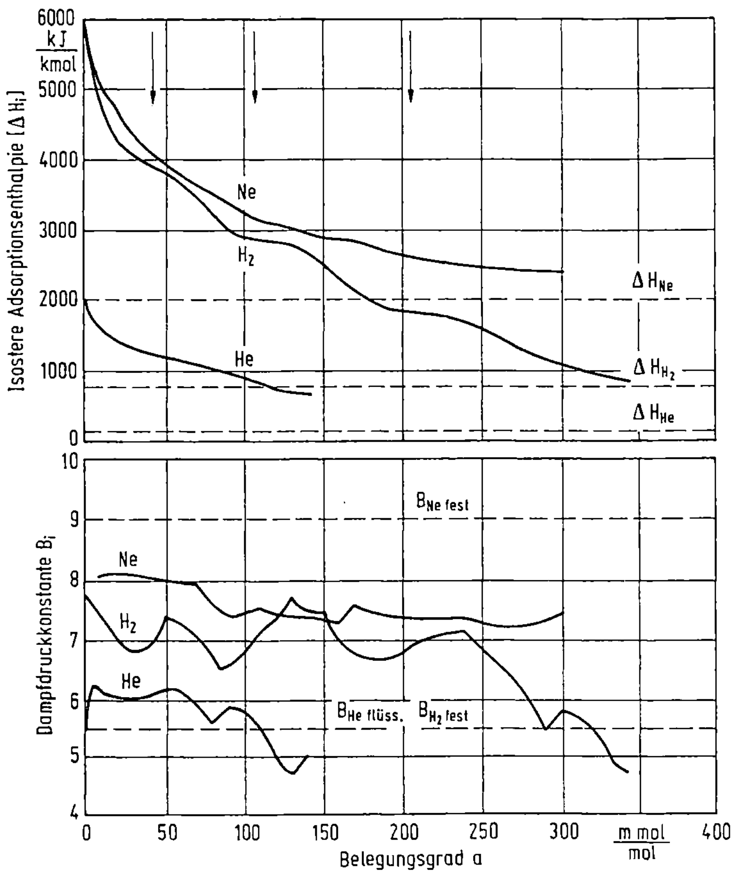

Abb.4.6. Isostere Adsorptionsenthalpie $|\Delta H_i|$ und Gleichgewichtsdruckkonstante
B_i für die Adsorption von He, H_2 und Ne an festem CO_2 in Abhängigkeit vom Belegungsgrad a, nach Schulze [4.19]. Kondensationsbedingungen wie nach Abb.4.1.
Die Pfeile weisen auf die Lage der $|\Delta H_i|$ -Stufen hin.

4.2.2 Adsorptionsenthalpie ΔH_i und Gleichgewichtsdruckkonstante B_i

Die bei der physikalischen Adsorption auftretenden Änderungen der Enthalpie H, der
Entropie S, der freien Energie F und der freien Enthalpie G sind negativ; die Adsorption ist ein exothermer Vorgang. Die isostere Adsorptionsenthalpie $\Delta H_i < 0$ bestimmt man aus der Neigung der Adsorptionsisostere

$$\log p = - \frac{|\Delta H_i|}{2,303\,RT} + B_i \quad \text{mit} \quad p = p_a(T_k) \; . \tag{4.8}$$

Der Betrag. $|\Delta H_i|$ nimmt mit wachsendem a ab und erreicht schließlich den Wert der Sublimationsenthalpie ΔH_s des reinen Adsorbates (Abb.4.6). Die Maximalwerte von $|\Delta H_i|$ und von a hängen von der Art der Adsorptionspartner ab. Je höher der Maximalwert von $|\Delta H_i|$, um so höher ist im allgemeinen auch der von a; von den aufgeführten Kondensaten hat CO_2 die höchsten und CH_4 die niedrigsten Maximalwerte. Der Maximalwert von a - nicht aber der von $|\Delta H_i|$ - hängt von den Herstellungsbedingungen des Kondensates ab, die im Fall der Abb.4.6 hinsichtlich T_{cond} optimal gewählt sind. Die $|\Delta H_i|$-a-Kurven besitzen (mehr oder weniger gut ausgeprägte) Stufen, die für die Existenz energetisch unterschiedlicher Adsorptionsplätze sprechen: Bei CH_4, NH_3 beobachtet man eine Stufe, bei C_2H_6 zwei und bei CO_2, C_3H_8, Ar drei Stufen [4.18; 4.19; 6.16].

Da die Teilchendurchmesser der Adsorbate (He 0,257 nm, H_2 0,293 nm, Ne 0,279 nm [2.2]) kleiner sind als die Abstände erstnächster Nachbarn der festen Kondensate (CO_2 0,40 nm [3.58], NH_3 0,36 nm [4.25], CH_4 0,41 nm [4.26], Ar 0,37 nm [4.25]), kann Adsorption auf Gitterplätzen angenommen werden. Sowohl die drei Adsorbate als auch die genannten Kondensate bilden kubisch-flächenzentrierte (kfz-) Strukturen.

An einem kfz-Kristall treten als Wachstumsflächen bevorzugt Oktaeder - (111) und Würfelflächen (100) auf, falls die Wechselwirkung nur der erstnächsten Nachbarn maßgebend ist [3.46]. Ein auf diesen Flächen adsorbiertes Molekül besitzt 3 bzw. 4 erstnächste Nachbarn des Adsorbens. Andererseits haben Teilchen, die an Stufen von unvollständigen Netzebenen bzw. in Leerstellen einer (111)-Fläche adsorbiert werden, 5 bzw. 9 erstnächste Nachbarn; im Fall einer (100)-Fläche sind es 5 bzw. 8. Die Adsorptionsplätze mit den Koordinationszahlen n = 9 und 8 werden zu Beginn des Adsorptionsvorganges belegt, und anschließend die mit größerer Häufigkeit vertretenen Plätze mit n = 5, 4 und 3.

Die Bindungsenergie φ zwischen einem Adsorbat- und einem Adsorbensteilchen kann bestimmt werden, indem man den ΔH_i-Stufen in der Reihenfolge zunehmenden Energiebetrages die Zahlen n = 3, 4 und 5 zuordnet und $\varphi N_A = |\Delta H_i|/n$ bildet (N_A = Avogadro-Zahl). Der so erhaltene experimentelle Wert φN_A erweist sich als unabhängig von n [4.18; 4.19; 6.16]. Andererseits läßt sich die Bindungsenergie φ für kfz-Gitter mit van der Waals-Bindung aus der Sublimationsenthalpie ΔH des Adsorbats und der des Adsorbens berechnen [4.27; 4.28]:

$$\varphi N_A = \frac{1}{6} (\Delta H_{adsorbat} \cdot \Delta H_{adsorbens})^{1/2} . \qquad\qquad (4.9)$$

Wie die Tabelle 4.1 zeigt, stimmen die beiden so gewonnenen Werte φN_A, vom System CO_2/Ne abgesehen, in befriedigender Weise überein. Für CO_2 als Adsor-

bens nimmt diese Übereinstimmung in der Reihenfolge He, H_2, Ne ab, was offenbar
eine Folge der zunehmenden Adsorbat-Adsorbat-Wechselwirkung ist, die in (4.9)
nicht berücksichtigt ist.

<u>Tabelle 4.1.</u> Bindungsenergie φN_A zwischen Adsorbens- und Adsorbatteilchen

Adsorbens/ Adsorbat	CO_2/He [4.19]	CO_2/H_2 [4.19]	CO_2/Ne [4.19]	NH_3/H_2 [6.16]	CH_4/H_2 [4.18]	Ar/H_2 [4.49]
φN_A in J/mol exper.	239	715	840	810	423	440
theor.	244	756	1238	826	450	420

Die Gleichgewichtsdruckkonstante $B_i = B_i(a)$ durchläuft mit zunehmendem a Mi-
nima und Maxima, deren Lagen zu denen der ΔH_i-Stufen in enger Beziehung stehen
(Abb.4.6): Bei a-Werten zur Linken einer Stufe befindet sich jeweils ein Minimum
und zur Rechten ein Maximum von B_i. Zur Deutung betrachtet man den Zusammenhang zwischen B_i und der Adsorptionsentropie ΔS

$$\Delta S = S_{ad} - S_{gas} = -2,303\,R[(B_i - B) + b], \quad b \geqslant 0 \qquad (4.10)$$

und beachtet, daß sich die Entropie der adsorbierten Phase $S_{ad} = S_{therm} + S_{conf}$
aus einem thermischen und einem Konfigurations-Anteil zusammensetzt. Letzterer
ist durch die Zahl der Anordnungsmöglichkeiten der Adsorbatteilchen auf den verfügbaren Adsorptionsplätzen gegeben. Wird eine gegebene Zahl energetisch gleich-
wertiger Plätze belegt, so nimmt S_{conf} mit wachsendem a von einem Maximalwert aus ab und daher B_i von einem Minimalwert aus zu [4.18; 4.19; 6.16].

<u>4.2.3 Oberflächenbestimmung nach Dubinin-Radushkevich-Kaganer, DRK-Methode</u>

Versuche, die Isothermen a = a(p, T = const) der Kryosorption an Gaskondensaten
durch die Langmuir- oder die BET-Isotherme [4.23] zu beschreiben, scheiterten
[4.17; 4.18]. Hingegen bewährte sich die auf der Potentialtheorie von Polanyi
[4.29] beruhende Gleichung von Dubinin und Radushkevich [4.38]

$$\log a = \log a_0 - 2,303\,D^{-2}[RT \log p_r/p]^2 \ . \qquad (4.11)$$

Hier ist p_r der Sättigungsdampfdruck des Adsorbats in einem Referenzzustand, der
dem Kriterium von Bering [4.35; 4.36] entsprechend zu wählen ist: Für He als
Adsorbat ist es der flüssige und für H_2 (und Ne) als Adsorbat der feste Aggregat-
zustand. - Die DR-Energie D ist gleich dem $2\pi^{-1/2} = 1,12$fachen des über a ge-
mittelten Adsorptionspotentials $\varepsilon = RT \ln p_r/p$:

$$D = 2\pi^{-1/2} \langle RT \ln p_r/p \rangle \ . \qquad (4.12)$$

Die Größe a_0 ist nach Kaganer [4.39] als Monoschichtkapazität zu interpretieren, was durch Experimente an porösen Adsorbentien verifiziert wurde [4.40 - 4.42].

Die Abb.4.7 zeigt Adsorptionsisothermen des Systems CO_2/H_2 in der DR-Darstellung; aus dem Ordinatenabschnitt gewinnt man a_0 und aus der Neigung die Größe D. Aus der Tabelle 4.2 ist ersichtlich, daß die a_0-Werte eines gegebenen Adsorbens (CO_2) - wie zu erwarten - praktisch unabhängig von der Art des Adsorbats (He, H_2, Ne) sind.

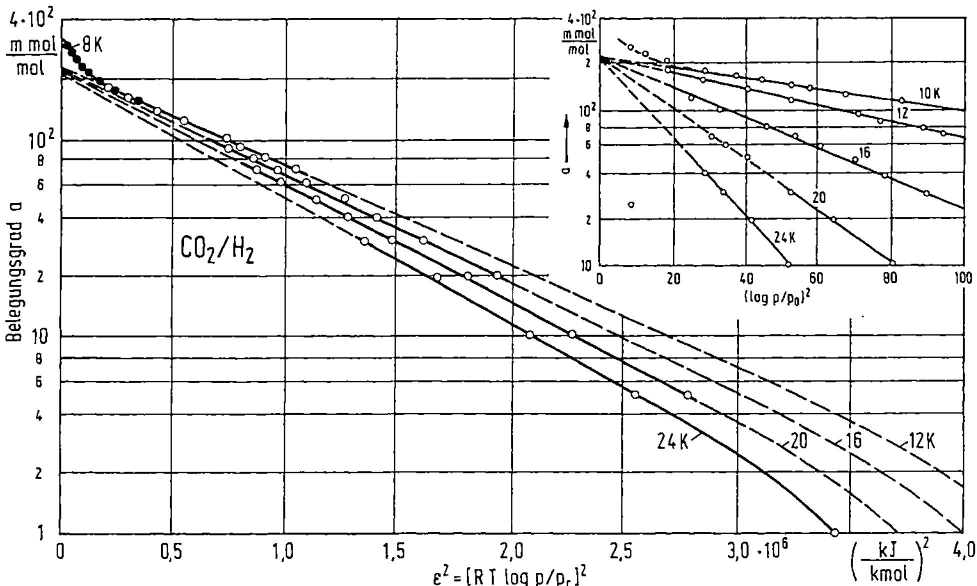

Abb.4.7. Adsorptionsisothermen für CO_2/H_2 nach Abb.4.4 [4.19] in der Darstellung nach Dubinin-Radushkevich.

Aus a_0 erhält man die spezifische Oberfläche A_0 des Adsorbens

$$A_0 = a_0 F N_A / M_A \left[\frac{m^2}{kg\text{-Adsorbens}} \right] , \qquad (4.13)$$

wobei der Flächenbedarf F des adsorbierten Teilchens

$$F = 4 \cdot 0{,}866 \left[\frac{M}{4\sqrt{2}N_A \rho} \right]^{2/3} \left[\frac{m^2}{\text{Adsorbat-Teilchen}} \right] \qquad (4.14)$$

nach Emmett et al. [4.43] unter der Annahme dichtester Packung berechnet wird; M_A und M sind die Molmasse des Adsorbens bzw. des Adsorbats, ρ die Dichte des festen Adsorbats und N_A die Avogadro-Zahl. Für H_2 ist $F = 12,25 \cdot 10^{-20} \, m^2$.

Tabelle 4.2. Monoschichtkapazität a_0 [4.19] und DR-Energie D [4.44]
von CO_2 als Adsorbens und He, H_2, Ne als Adsorbat,
berechnet aus DR-Isothermen für T = 12 K. Kondensationsbedingungen, wie bei Abb. 4.1.

Adsorbat			He	H_2	Ne
Monoschichtkapazität	a_0	$\frac{mmol}{mol}$	200	220	220
DR-Energie	D	$\frac{kJ}{k\,mol}$	740	2170	1820

Unter den in Tabelle 4.3 aufgeführten Gaskondensaten haben CO_2 und SO_2 die größten Monoschichtkapazitäten a_0. Die Diskrepanz zwischen den beiden a_0-Werten für
CO_2 dürfte auf unterschiedlichen Kondensationsbedingungen (d = 28 µm in [4.19]
bzw. 1 µm in [4.14]) beruhen. Für die praktische Anwendung ist die Tatsache von
Bedeutung, daß die spezifische Oberfläche A_0 dieser Gaskondensate von der gleichen Größenordnung ist wie die der Molekularsiebe und der Aktivkohle.

4.2.4 Abhängigkeit der Adsorptionseigenschaften von den Kondensationsbe-
dingungen

Kondensationstemperatur und Art des Kondensats. Es gibt eine optimale Kondensationstemperatur, bei der die folgenden Größen maximale Werte erreichen:
- Die Monoschichtkapazität a_0 und die spezifische Oberfläche A_0 (Abb. 4.8), und

Tabelle 4.3. Charakteristische Größen zur Kryosorption von H_2 an verschiedenen
Gaskondensaten, aus DR-Isothermen der zitierten Arbeiten berechnet
und nach steigender Sublimationsenthalpie des Gaskondensats geordnet
[4.44].

Adsorbens		Ar [4.49]	CH_4 [4.18]	C_2H_6 [4.18]	C_3H_8 [4.18]	CO_2 [4.19]	CO_2 [4.14]	NH_3 [6.16]	SO_2 [4.17]
Kondensations- temp. T_{cond}	K	6,0	7,0	11,9	15,5	11,2	12,4	7,99	12,4
Monoschicht- kapazität a_0	$\frac{mmol}{mol}$	58	43	92	163	220	330[a]	105	300[a]
spez. Ober- fläche A_0	$\frac{10^3 m^2}{kg}$	138	220	226	250	368	550	455	345
DR-Energie D	$\frac{kJ}{k\,mol}$	1020	420	780	1370	2170	2160	1550	2030
mittl. Kristal- litgröße δ	nm	60	87	40	30	10	7	15	10

[a] Nach Umrechnung der DR-Isothermen vom flüssigen auf den festen Referenzzustand des Wasserstoffes

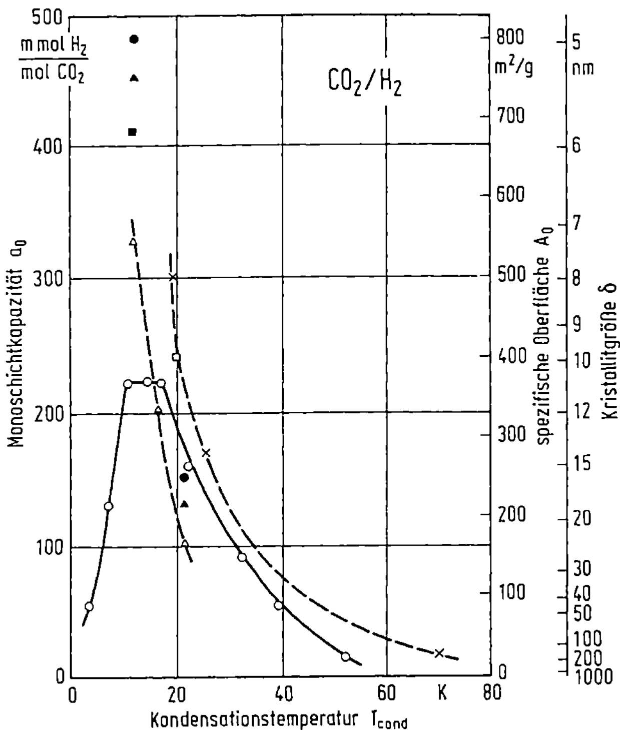

	P_{cond} Pa	d µm	T K	
o	$7 \cdot 10^{-3}$	28	12	Schulze
×	$4 \cdot 10^{-3}$	5	16	Dressler
☐	–	–	14	Yuferov
Δ	$3 \cdot 10^{-3}$	1	$T = T_{cond}$	Tempelmeyer
■	$3 \cdot 10^{-2}$	1		
▲	$1,3 \cdot 10^{-1}$	1		
●	$3 \cdot 10^{-3} + 13\,He$	1		

Abb. 4.8. Monoschichtkapazität a_0, spezifische Oberfläche A_0 und mittlere Kristallitgröße δ von CO_2-Kondensaten als Funktion der Kondensationstemperatur T_{cond}, berechnet nach Ergebnissen von Schulze [4.19], Dressler [4.20], Yuferov [4.9] und Tempelmeyer [4.14 – 4.16]. Nach [4.40].

- die isostere Adsorptionsenthalpie $|\Delta H_i|$, die DR-Energie D sowie die Erniedrigung des Gleichgewichtsdruckes $p(a, T)$ gegenüber dem Dampfdruck des reinen Adsorbats [4.44].

Für das Verhalten dieser Größen sind zwei Strukturmerkmale des Kondensats maßgebend:

1. Die mittlere Kristallitgröße δ, welche die Anzahl der Adsorptionsplätze und damit a_0 und A_0 bestimmt;

2. die Oberflächenstruktur der Kristallitflächen, d.h. die Verteilung der Adsorptionsplätze auf die einzelnen Koordinationszahlen, welche die Größen $|\Delta H_i|$, D und $p(a, T)$ bestimmt.

Zu 1. Die mittlere Kristallitgröße δ läßt sich unter der vereinfachenden Annahme abschätzen, daß das Kondensat aus Würfeln der Kantenlänge δ besteht; dann ist

$$\delta = 6(A_0\rho)^{-1} \, , \tag{4.15}$$

wobei ρ die Dichte des Kondensats bedeutet. Die so für CO_2 mit $\rho = 1530\,\text{kg m}^{-3}$ berechneten mittleren Kristallitgrößen (Abb.4.8 rechte Ordinate) stimmen größenordnungsmäßig mit den Werten überein, die Yuferov et al. [3.58] durch Röntgendiffraktion bestimmten. Dem Maximum von a_0 bei $T_{cond} = 11$ bis $18\,\text{K}$ entspricht eine minimale Kristallitgröße von etwa $10\,\text{nm}$. Ein solches Minimum von δ entspricht den in Abschn.3.6.1 entwickelten Vorstellungen über die Kristallitstruktur der Kondensate (s. Abb.3.15a).

In der Tabelle 4.3 werden verschiedene Kondensate, die bei annähernd optimaler Kondensationstemperatur erzeugt wurden, in ihren Adsorptionseigenschaften miteinander verglichen: Die Kristallitgröße ist im allgemeinen um so kleiner und die Monoschichtkapazität um so größer, je größer die Sublimationsenthalpie des Kondensats ist (s. Abb.3.15b).

Zu 2. Wie die Erfahrung zeigt, verschieben sich bei einer Änderung von T_{cond} gegenüber seinem optimalen Wert die $|\Delta H_i|$-Stufen der ΔH_i, a-Kurven bei konstanter Höhe in Richtung kleinerer a, und zwar derart, daß die Zahl der Adsorptionsplätze mit hoher Koordinationszahl im Verhältnis zu der mit niedriger Koordinationszahl fällt [1.30; 4.18; 4.19]; das bedeutet: Mit zunehmender Kristallitgröße δ, also zunehmender Ordnung im Gefüge wird die Bildung von Adsorptionsplätzen auf (111)- und (100)-Flächen der kfz-Kristallite gegenüber der von Plätzen an Stufen und Leerstellen begünstigt. Daher sinkt bei gegebenem a und Änderung von T_{cond} gegenüber seinem optimalen Wert die Größe $|\Delta H_i|$, und es fallen mit ihr die über a gemittelten Energiewerte $\langle|\Delta H_i|\rangle$, $\langle\varepsilon\rangle$ und D [4.44].

<u>Einflüsse der Schichtdicke d, der Kondensationsrate I_c, einer Inertgasatmosphäre und der Temperung.</u> Bei geringen Kondensatdicken $d \lesssim 1\,\mu\text{m}$ ist a_0 unabhängig von der Schichtdicke d, wie Tempelmeyer [4.14] am System CO_2/H_2 zeigte. Bei größeren CO_2-Dicken $d = 6$ bis $120\,\mu\text{m}$ sinkt nach Schulze [4.19] a_0 mit zunehmendem d, weil (nach Abb.3.15c) gleichzeitig die Kristallitgröße δ wächst (Abb.4.8).

Mit wachsender Kondensationsrate I_c des Adsorbens steigen a_0 und D; eine weitere Steigerung dieser Größen wird nach [4.14] erreicht, wenn die Kondensation des

CO_2 in einer Helium-Atmosphäre von 13 Pa erfolgt (Abb. 4.8). Durch diese Maßnahmen wird nach Abschn. 3.6.1 die Bildung eines feinkörnigen Gefüges mit Struk-
turfehlern begünstigt.

Tempern der Kondensate bei $T > T_{cond}$ bewirkt eine rasch fortschreitende Degradation der Adsorptionseigenschaften [4.14]; die Größen a_0 und D nehmen ab, weil δ
infolge Rekristallisation wächst (Abb. 3.15e).

4.3 Dynamisches Verhalten adsorbierender Kondensatschichten

4.3.1 Saugvermögen S und Stickingkoeffizient α

Für das Pumpen von Gasteilchen durch Adsorption kann man den folgenden Teilschritt-Mechanismus annehmen:

1. Thermische Akkomodation und Adsorption an der (der Gasphase zugewandten)
   Oberfläche der Kondensatschicht: Adsorptionsstrom $Q_a = \alpha A p \bar{v}/4$.
2. Diffusion längs der Oberfläche.
3. Diffusion längs der Kristallitflächen in tiefere Lagen der Kondensatschicht nach
   Maßgabe der Temperatur T und des Konzentrationsprofils $c' = c'(x, t)$ mit
   x = Distanz von der Oberfläche: Diffusionsstrom $Q_D = Q_D(x, t, T, ..)$.
4. Nach Ablauf der Verweilzeit τ (vom ersten Schritt an gerechnet) Desorption
   vom jeweiligen Adsorptionsplatz. Dabei besteht eine hohe Wahrscheinlichkeit
   für eine erneute Adsorption an benachbarten Kristallitflächen: Desorptions-
   strom $Q_d = Q_d(x, t, T, ..)$.

Zur weiteren Berechnung sind anzusetzen: Die Teilchenbilanz über das Behältervolumen V sowie die über die Oberfläche A der Kondensatschicht und ferner explizite
Gleichungen der genannten Teilchenströme. Da trotz gewisser Ansätze [4.14] befriedigende Modellrechnungen sowie systematische Experimente fehlen, begnügen
wir uns mit qualitativen Hinweisen:

Die Kryosorptionspumpe hat im Gegensatz zur Kondensationspumpe kein konstantes
Saugvermögen, da der Stickingkoeffizient α vom Bedeckungsgrad ⊖ der Oberfläche
abhängt. Der Wert α fällt mit wachsendem ⊖, zunächst langsam und von ⊖ ≈ 0,2
ab rascher, bis er bei ⊖ = 1 Null wird; außerdem nimmt α mit steigender Temperatur T des Adsorbens ab [4.45]. Der Bedeckungsgrad ⊖ wächst, und das Saugvermögen $S = \alpha A \bar{v}/4$ sinkt, wenn der Diffusionsstrom Q_D (infolge zunehmender mittlerer Belegung a oder wegen Temperaturerniedrigung) fällt oder die Einströmung Q
bzw. der Ansaugdruck p erhöht wird. Wenn ein annähernd konstantes Saugvermögen S angestrebt wird, müssen die Bedingungen so gewählt werden, daß der Bedek-
kungsgrad ⊖ immer möglichst niedrig ist; d.h.: Hinreichend niedriger Ansaugdruck
p, nicht zu niedrige Temperatur T der Kryofläche, nicht zu dicke Kondensatschicht.
Der letzte Punkt bedarf noch einer Erläuterung:

Die Erfahrung zeigt, daß das Saugvermögen $S = S(a)$ mit wachsendem (mittlerem)
Bedeckungsgrad a um so stärker abnimmt, je größer die Dicke d der Kondensatschicht ist [4.9; 4.12; 4.20]. Dies ist darauf zurückzuführen, daß bei gegebenem
(auf die gesamte Kondensatmenge bezogenem) Belegungsgrad a die Adsorbatkonzentration c' in Oberflächennähe bei dicken Schichten (z.B. 100 µm) größer ist als
bei dünnen (z.B. 1 µm). Der Konzentrationsausgleich zwischen Oberfläche und
inneren Kristallitflächen vollzieht sich daher bei dicken Schichten langsamer als
bei dünnen, und die für das Saugvermögen maßgebenden oberflächennahen Adsorptionsplätze sind bei dicken Schichten länger besetzt als bei dünnen. Daher sind auch
Relaxationsvorgänge der folgenden Art um so ausgeprägter, je dicker die Kondensatschicht ist [4.20]: Wird beim System CO_2/H_2 (Schichtdicke 100 µm, T = 19 K)
der H_2-Strom unterbrochen, das Gleichgewicht abgewartet und der Gasstrom wieder eingeschaltet, dann ist das Saugvermögen S höher als vor der Unterbrechung;

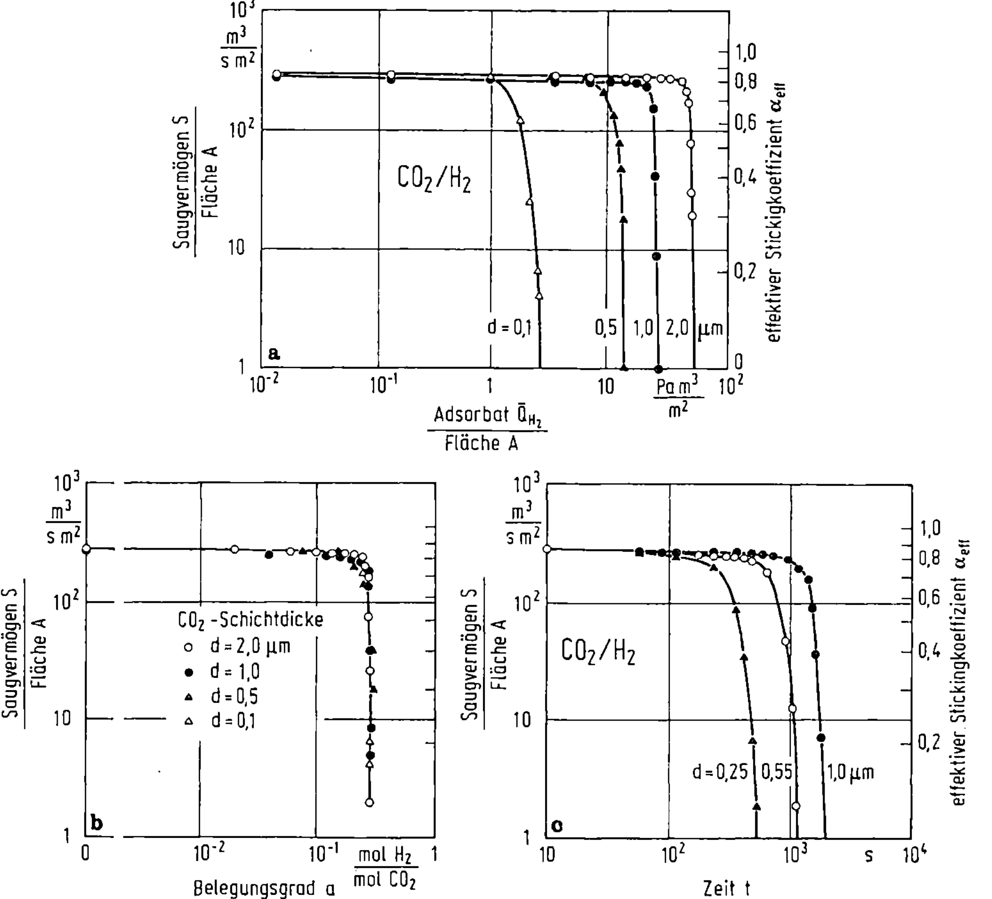

Abb.4.9. Spezifisches Saugvermögen S/A eines CO_2-Kondensats für H_2 von 300 K
als Funktion a) der pro Quadratmeter adsorbierten H_2-Menge $\bar{Q}/A$, b) des Belegungsgrades a) und c) der Zeit t. Nach Tempelmeyer [4.14].

doch sinkt es von neuem und folgt schließlich einer Kurve $S = S(a)$, die den Verlauf von S vor der Unterberechung analytisch fortsetzt.

Übersichtliche, von solchen Relaxationseffekten freie Ergebnisse erhielt Tempelmeyer [4.14 - 4.16] am System CO_2/H_2; die Versuchsbedingungen entsprechen den oben genannten Forderungen: Schichtdicke $d = 0,1$ bis $2\,\mu m$, $T = 12,4\,K > T' = 10\,K$, $p =$ einige $10^{-3}\,Pa$; der H_2-Strom hatte die Größenordnung $10^{-3}\,Pa\,m^3\,s^{-1}$, und die Kryofläche betrug $A_k = 0,097\,m^2$. Abb.4.9a zeigt das Saugvermögen S als Funktion der adsorbierten H_2-Menge $\widetilde{Q}_{H_2}$, deren Maximalwert bei konstantem Ansaugdruck p der Kondensatdicke d proportional ist. In Abb.4.9b ist S als Funktion des Belegungsgrades a dargestellt; der Wert S wird Null, wenn a den Wert erreicht, der laut Adsorptionsisotherme zum Ansaugdruck gehört. Abb.4.9c läßt erkennen, daß die maximale Betriebsdauer t_{max} bei konstantem H_2-Strom der Kondensatdicke d proportional ist.

Diese Ergebnisse können unter der vereinfachenden Annahme quasistatischer Bedingungen beschrieben werden: Während der Zeit $t < t_{max}$
- wächst der Gleichgewichtsdruck $p_a(a, T_k)$ entsprechend der Adsorptionsisotherme von Null auf $p_{max} = p(T_k/T_g)^{1/2}$ ($p =$ Ansaugdruck),
- steigt der Belegungsgrad a von Null auf $a_{max} = Q\,t_{max}/\overline{Q}_{Adsorbens}$ ($Q =$ mittlerer gepumpter Gasstrom),
- hat das Saugvermögen den nahezu konstanten Wert $S = \alpha\,A\overline{v}/4$ (bzw. $S = cA\overline{v}/4$ bei abgeschirmter Kryofläche mit c nach (2.53) oder (2.54)), von dem aus es nach Erreichen von a_{max} auf Null abfällt.

Stickingkoeffizienten α verschiedener Kondensat/Adsorbat-Systeme für kleine Belegungsgrade a sind in Tabelle 4.4 zusammengestellt. Wie zu erwarten, ist der α-Wert bei gegebenem T im allgemeinen um so größer, je größer die Adsorbat-Adsorbens-Bindungsenergie φ ist - oder in anderer Ausdrucksweise: je größer die Minimalenergie ε_{jk} des Lennard-Jones-Potentials [2.2] ist. Daher gehören CO_2-Kondensate auch hinsichtlich des Saugvermögens zu den günstigsten Adsorbentien. Mit steigender Temperatur T nimmt α ab; auch die Kondensationsparameter haben einen gewissen Einfluß auf den Wert α [4.14].

Wenn sich leicht kondensierbare Gase, etwa N_2, auf einem CO_2-Kondensat oder einem anderen Adsorbens niederschlagen, so wird dieses hinsichtlich seiner Pumpwirkung auf H_2 und He "vergiftet" [4.8; 4.46]. Dies ist offenbar eine Folge des dann entstehenden N_2-Kondensats, das erheblich kleinere Werte α und a_0 hat als das CO_2-Kondensat. In praxi wird deshalb das Adsorbens durch ein 20-K-Baffle abgeschirmt, an dem sich N_2 und die leichter kondensierbaren Gase niederschlagen (Abb.1.1 und Abb.9.5). Ferner ist bei der Herstellung der Adsorbensschicht darauf

Tabelle 4.4. Stickingkoeffizienten α verschiedener Kondensat-Adsorbat-Systeme für kleinen Belegungsgrad $a \rightarrow 0$ und für Gastemperaturen $T_g = 300\,K$

Kondensat -Adsorbat		T in K	α	Lit.	Kondensat -Adsorbat		T in K	α	Lit.
Ar	He	4,2	0,14	[4.12]	H_2O	H_2	20	0,55	[4.9]
		2,0	0,19	[4.12]			11	0,90	[4.4]
	H_2	11	0,10	[4.4]	Kr	He	4,2	0,18	[4.12]
		4,2	0,70	[4.12]			2,0	0,22	[4.12]
CO_2	He	4,2	0,20	[4.12]	N_e	He	4,2	0,14	[4.12]
		2,0	0,28	[4.12]			2,0	0,21	[4.12]
	H_2	20	0,42	[4.9]		H_2	11	0.08	[4.4]
		12,4	0,68	[4.16]			4,2	0,85	[4.12]
		11	0,50	[4.4]	N_2O	H_2	11	0,63	[4.4]
		4,2	0,60	[4.12]	O_2	H_2	11	0,15	[4.4]
	D_2	20	0,40	[4.12]	SO_2	H_2	12,4	0,65	[4.16]
		14	0,50	[4.12]	Xe	He	4,2	0,19	[4.12]
		4,2	0,50	[4.12]			2.0	0,25	[4.12]
	Ne	20	0,10	[4.9]		H_2	4,2	0,62	[4.12]

zu achten, daß das hierfür verwendete Gas, etwa CO_2, nicht das 20 K-Baffle durchdringen und sich auf wärmeren Teilen der Pumpe niederschlagen kann [4.47].

4.3.2 Zur Anwendung adsorbierender Kondensatschichten in der UHV-Technik

Die Frage lautet: Welcher Ansaugdruck p und welche Betriebsdauer t_{max} können bei gegebener Einströmung Q der Gase H_2 oder He mit einer gegebenen Kryosorptionspumpe erreicht werden? Diese Frage läßt sich unter der Annahme quasistatischer Adsorptionsbedingungen aufgrund der Adsorptionsisothermen Abb. 4.2 und 4.4 wie folgt beantworten:

Die Pumpe enthalte eine CO_2-Schicht der Fläche $A = 1\,m^2$, der Dicke $d = 1\,\mu m$ und der CO_2-Menge $\overline{Q} = 90\,Pa\,m^3$. Die CO_2-Schicht sei durch zwei Baffle von 20 bzw. 80 K abgeschirmt, von denen jedes die Durchtrittswahrscheinlichkeit $w = 0,27$ besitzt. Dann ist die Einfangwahrscheinlichkeit c nach (2.32) und (2.54a) gegeben durch

$$\frac{1}{c} = \frac{1}{\alpha} + 2\left(\frac{1}{w} - 1\right) \qquad (4.16)$$

Für Wasserstoff (Abb.4.10) gilt dann: $\alpha = 0,7$, $c = 0,15$, $S = 66\,\mathrm{m}^3\mathrm{s}^{-1}$. Bei einem H_2-Strom $Q = 1 \cdot 10^{-6}\,\mathrm{Pa\,m}^3\mathrm{s}^{-1}$ ($=$ Gasabgabe von $500\,\mathrm{m}^2$ Stahl nach 45stündigem Ausheizen bei $360\,^\circ\mathrm{C}$, Tabelle A.15) ist zur Zeit $t = 0$ $p = 1,5 \cdot 10^{-8}\,\mathrm{Pa}$. Bei der Kryoflächentemperatur $T_k = 10\,\mathrm{K}$ hat sich der Druck um eine Dekade, also auf $1,5 \cdot 10^{-7}\,\mathrm{Pa}$ erhöht, wenn die Werte

$$a = 0,13 \qquad \overline{Q}_{H_2} = 11,7\,\mathrm{Pa\,m}^3 \qquad t = 1,17 \cdot 10^7\,\mathrm{s} \simeq 130\ \text{Tage}$$

erreicht sind. Nach Überschreiten dieser Werte steigt der Druck p rasch an. Die Betriebsdauer t_{max} beträgt also rund 100 Tage. Eine analoge Rechnung für $T_k = 20\,\mathrm{K}$ führt auf $t = 4,5 \cdot 10^5\,\mathrm{s}$, also $t_{max} \simeq 5$ Tage.

Für Helium erhält man in analoger Weise: $\alpha = 0,2$, $c = 0,10$, $S = 31\,\mathrm{m}^3\mathrm{s}^{-1}$. Bei einem He-Strom $Q = 1 \cdot 10^{-6}\,\mathrm{Pa\,m}^3\mathrm{s}^{-1}$ ist $p = 3,2 \cdot 10^{-8}\,\mathrm{Pa}$. Der Druck p ist bei $T_k = 4\,\mathrm{K}$ um eine Dekade angewachsen, wenn

$$a = 0,09, \qquad \overline{Q}_{He} = 8,1\,\mathrm{Pa\,m}^3, \qquad t = 8,1 \cdot 10^6\,\mathrm{s} \simeq 93\ \text{Tage}$$

erreicht sind.

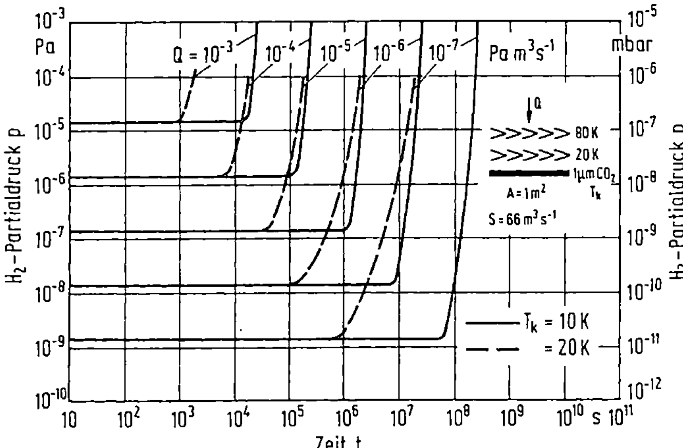

Abb.4.10. Anwendungsbeispiel zum Pumpen von H_2 durch Kryosorption an einer $1\,\mu\mathrm{m}$ dicken, $1\,\mathrm{m}^2$ großen und durch zwei Baffle abgeschirmten CO_2-Schicht bei $T_k = 10\,\mathrm{K}$ bzw. $20\,\mathrm{K}$: Druck-Zeit-Verlauf bei gegebenen Werten des H_2-Stromes Q. Nach [4.40].

5 Kryosorption an porösen Festkörpern

5.1 Festkörper-Adsorbentien

Die physikalische Adsorption von Gasen an porösen Festkörpern bei tiefen Temperaturen folgt den gleichen Gesetzen wie die Kryosorption an Gaskondensaten; auch
die experimentellen Methoden sind in beiden Fällen im wesentlichen die gleichen
[5.1]. Erhebliche Unterschiede bestehen jedoch hinsichtlich der adsorbierten Gasmenge, wenn man diese auf die (projizierte) geometrische Oberfläche der Kryofläche bezieht, wie dies die Adsorptionsisothermen für T_k = 4,2 K in Abb.5.1 de-
monstrieren: Die 1,8 mm dicke Schicht aus Molekularsieb 5A [5.26] adsorbiert
10^7 mal mehr Heliumatome als die polierte Kupferfläche [5.3] und 10^2 mal mehr

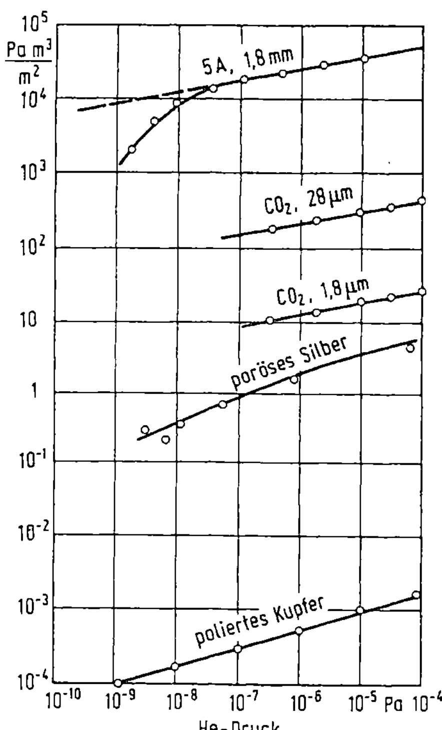

Abb.5.1. Isothermen der Adsorption von Helium an verschiedenen Festkörpern bei 4,2 K: Molekularsiebe 5A, 1,8 mm dick [5.26]; CO_2-Kondensat 28 bzw. 1,8 μm dick [4.19]; poröses Silber [5.2]; poliertes Kupfer [5.3].

Tabelle 5.1. Daten verschiedener Festkörper-Adsorbentien [5.9]

Adsorbens	Form	Aktivierung		Spezif. Oberfläche	Kompakte Dichte
		h	°C	A_0, m^2/g^a	kg/m^3
Silicagel, Typ R	Granulat	17	175	784	720
Silicagel, Typ ID	Granulat	19	175	311	500
Aluminiumoxid	Kugeln 3 mm	21	350	287	860
Hydrat. Ferrioxid	Granulat	24	110	194	1200
Aktivkohle, Kokosnuß	Granulat	41	200	889	490
Linde Molekularsieb 13 X	Pulver 1-5 µm	23	380	514	530
Linde Molekularsieb 5 A	Stäbchen 1,5 mm	67	420	600	690

[a] Bestimmung von A_0 nach der BET-Methode

(etwa dem Massenverhältnis entsprechend) als die 28 µm dicke CO_2-Schicht [4.19].
Diese Isothermen haben annähernd die gleiche Neigung - ein Hinweis darauf, daß
auch die Adsorptionsenergien von gleicher Größenordnung sind.

Stern et al. [5.9] haben eine Reihe poröser Festkörper untersucht (Tabelle 5.1),
deren spezifische Oberfläche A_0 größenordnungsmäßig mit der der Gaskondensate
übereinstimmt, die aber diesen gegenüber den Vorteil haben, daß sie in größerer
Massendicke anwendbar und daher zur Bindung entsprechend größerer Gasmengen
geeignet sind. Die Anwendungen reichen daher vom UHV bis in den Kontinuumbereich.

Als Adsorptionsmittel zur Vakuumerzeugung haben sich die seit langem bekannte
Aktivkohle [1.14] sowie die Molekularsiebe 4A, 5A und 13X besonders bewährt.
Bei letzteren handelt es sich um synthetisch erzeugte Zeolithe, also um kristalli-
sierte Alkali- oder Erdalkali-Alumino-Silikate, die Kristallwasser enthalten [5.4a;
5.4b]. Ihre Struktur setzt sich aus SiO_4- und AlO_4-Tetraedern zusammen, die ein
Polyeder bilden, das in seinem Zentrum eine Kavität besitzt. Die Kavitäten der
einzelnen Polyeder sind durch Poren ("Fenster") miteinander verbunden, die bei
den genannten Typen einen freien Durchmesser von etwa 0,4, 0,5 bzw. 1,0 nm haben. Durch Heizen (Aktivieren), etwa 12 h bei 200 bis 300 °C [5.5; 5.6] wird das
Kristallwasser ausgetrieben, ohne daß dadurch die Struktur verändert wird. Die Kavitäten stehen dann zur Adsorption von Gasen zur Verfügung. Die in der Vakuumtechnik üblichen Gase mit Moleküldurchmessern von 0,2 bis 0,4 nm werden durch
Zeolithe adsorbiert, während Moleküle mit Durchmessern größer als die Porenweite nicht in die Zeolithstruktur eintreten können. Die Molekularsiebe sind als Preß-
linge erhältlich, die aus den Zeolithkristallen unter Verwendung von etwa 20 % Bindemittel gefertigt werden: 5A und 13X als kurze 1,5 mm-Stäbchen und 4A als

3 mm-Kügelchen. Die effektive Wärmeleitfähigkeit ist gering: In loser Schüttung etwa $5 \cdot 10^{-2}\,W\,m^{-1}K^{-1}$, und nach Bindung an eine Metallfläche (Sorptionspanel) etwa $10\,W\,m^{-1}K^{-1}$ [5.7].

5.2 Adsorptionsisothermen

Die Isothermen der Adsorption der Gase N_2, H_2, He, Ne an Aktivkohle und den Molekularsieben 5A und 13X sind in Abb.5.2 dargestellt. Aktivkohle hat unter sonst gegebenen Bedingungen im allgemeinen eine höhere Adsorptionskapazität, gemessen in $Pa\,m^3$ pro kg Adsorbens, als die Molekularsiebe. Bei 77 K werden die Edelgase Ne und He praktisch nicht gepumpt, und H_2 in nur geringem Maße. Um H_2 und He wirksam pumpen zu können, ist die Temperatur auf 20 bzw. 4,2 K zu senken.

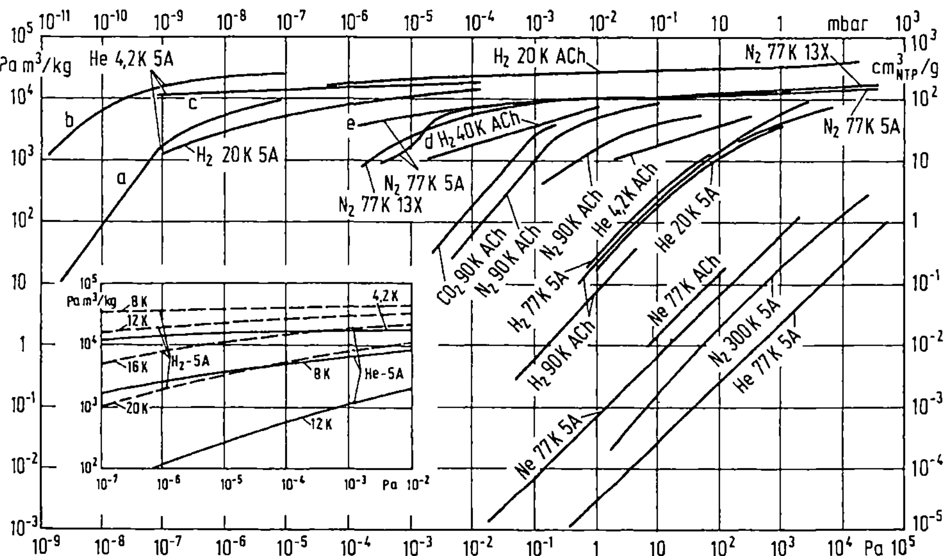

Abb.5.2. Isothermen der Adsorption von He, Ne, H_2, N_2, CO_2 an verschiedenen Adsorbentien: Molekularsiebe 5A, Molekularsiebe 13X, Aktivkohle (ACh)

He/5A 4,2 K Kurven a, b, c [5.26]   Ne/5A 77 K [5.11]
He/5A 4,2 K, 8 K, 12 K [5.8]   Ne/ACh 77 K [5.8]
He/5A 20 K [5.13] H_2/5A 8 K, 12 K, 16 K, 20 K [5.8]
He/5A 77 K [5.11] H_2/5A 77 K [5.13]
He/ACh 4,2 K [5.8] H_2/ACh 20 K, 40 K, 90 K [5.9]

N_2/5A 77 K [5.11]
N_2/5A 300 K [5.12]
N_2/13X 77 K [5.11]
N_2/ACh 90 K [5.10]
CO_2/ACh 90 K [5.10].

Wie bereits im Zusammenhang mit der Adsorption an Gaskondensaten diskutiert, erfolgt die Einstellung des Adsorptionsgleichgewichtes um so langsamer, je niedriger die Temperatur und die Belegung sind. Daher ist es fraglich, ob die in Abb. 5.2 dargestellten Kurven für $T \leqslant 20\,K$ echten Gleichgewichten entsprechen. Stern et al. [5.9] bezeichnen deshalb ihre Meßergebnisse als "praktische" Isothermen. Wenn Helium am Molekularsieb 5A bei $4,2\,K$ adsorbiert wird, erhält man nach Halama et al. [5.26] zunächst die Kurve a und erst nach langer Zeit - nach Monaten - infolge Umlagerung auf energetisch günstigere Adsorptionsplätze die Kurve b. Diese Kurve b wird aber auch gewonnen, wenn die Probe vorübergehend auf über $20\,K$ erwärmt wird oder der eintretende Heliumstrom hinreichend niedrig ist $(1 \cdot 10^{-5}\,Pa\,m^3/sm^2)$ und genügend Zeit für die Diffusion durch Oberflächenwanderung zur Verfügung steht.

Die Adsorptionsisothermen sind vom Typ II nach Brunauer: Bei kleinen Belegungen folgen sie dem Henryschen Gesetz, und bei größeren sind sie als Dubinin-Radushkevich-Isothermen darstellbar. In dieser Darstellung ergibt sich aus der Neigung die Netto-Adsorptionsenergie D und aus dem Ordinatenabschnitt die Monoschichtbelegung v_0. Die spezifische Oberfläche A_0 erhält man aus v_0 durch

$$A_0 = v_0 N_0 F \quad , \tag{5.1}$$

wobei F der Flächenbedarf pro Molekül nach (4.14) und $N_0 = 2,474 \cdot 10^{20}$ Moleküle pro $Pa\,m^3$ bei $293\,K$ sind. Einige so ermittelte Werte v_0, A_0 und D sind in Tabelle 5.2 für die Adsorption von N_2, He und H_2 an Molekularsieben 5A aufgeführt. Zum Vergleich sind die entsprechenden Werte für das System H_2/CO_2 hinzugefügt, die von der gleichen Größenordnung wie die für das System $H_2/5A$ sind. Bei diesem Vergleich hat man den Zusammenhang zwischen Monoschichtbelegung v_0 in $Pa\,m^3/kg$

Tabelle 5.2. Die Konstanten v_0 und D der DR-Isotherme sowie die spezifische Oberfläche A_0 für die Adsorption von N_2, He und H_2 an Molekularsieben 5A, berechnet aus Daten in [5.11; 5.10]. Zum Vergleich Werte für das System H_2/CO_2 nach Tabelle 4.3.

System		$N_2/5A$	$He/5A$	$H_2/5A$	H_2/CO_2
Temperatur	K	77	4,2	20	12,4
v_0	$Pa\,m^3/kg$	$1,4 \cdot 10^4$	$2,5 \cdot 10^4$	$3,0 \cdot 10^4$	$1,85 \cdot 10^4$
D	MJ/kmol	14,7	1,10	2,8	2,16
A_0	$10^3 m^2/kg$	560 (600)[a]	750	900	550

[a] BET-Wert nach [5.9]

und Monoschichtkapazität a_0 in mol/mol zu berücksichtigen; er lautet nach (5.1)
und (4.13)

$$v_0 = a_0 \; \frac{N_A}{N_0 M_A} \qquad\qquad (5.2)$$

mit der Avogadro-Zahl N_A und der Molmasse M_A des Adsorbens.

5.3 Weitere Eigenschaften der Adsorptionsmittel

Einfluß von adsorbiertem Wasserdampf. Adsorbiertes Wasser setzt die Adsorptionskapazität für andere Gase erheblich herab [5.11; 5.14]; sie ist praktisch Null, wenn
die Molekularsiebe 5A bei 77 K 7 Gew.-% H_2O adsorbiert haben. Als Ursache wird
eine Blockierung der Porenöffnungen durch hydratisierte Kationen vermutet. Ein
Feuchtigkeitsgehalt von 2% sollte nicht überschritten werden; diese H_2O-Menge
wird zum Beispiel an atmosphärischer Luft in einigen Stunden aufgenommen.

Regenerierung. Da die Adsorptionskapazität stark von T abhängt, genügt eine geringe Temperaturerhöhung des Adsorptionsmittels, um die meisten Gase zu desorbieren. Nur im Fall des H_2O-Dampfes ist wegen der hohen Bindungsenergie ein Ausheizen nötig: Bei einer Adsorptionspumpe für den Vorvakuumbereich ist ein Ausei-
zen bei 300 °C während einiger Stunden bei geöffnetem Entlüftungsventil ausreichend
(Abb.5.3). Zur Regeneration der Sorptionspanel für den HV- und den UHV-Bereich
wendet man ein etwa 24stündiges Ausheizen bei 200 bis 300 °C und $p < 1\,Pa$ an,
wenn sie mit Molekularsieben belegt sind; sind sie mit Aktivkohle belegt, so genügt
im allgemeinen ein Aufwärmen auf Zimmertemperatur unter Vakuum.

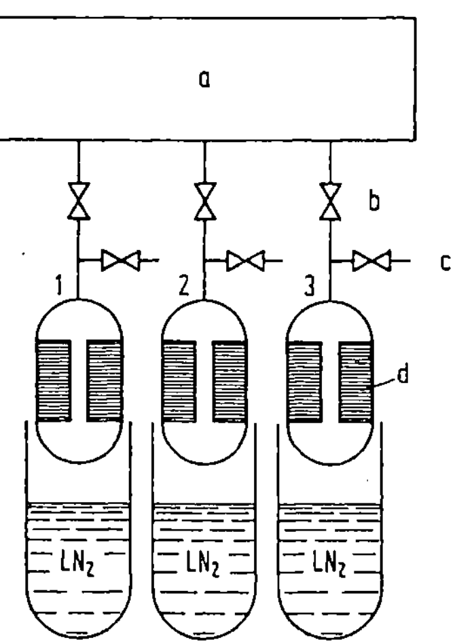

Abb.5.3. Zum Vorevakuieren eines Behälters
mittels Kryosorptionspumpen, die entweder
sequentiell oder mehrstufig betrieben werden.
a Vakuumkammer, b Ventil, c Entlüftungsventil, d Molekularsiebe.

<u>Konditionierung und Degradation.</u> Stern et al. [5.11] beobachteten am System $N_2/$
5A, daß nach Reaktivierung bei 400 °C die 77 K-Isothermen bei $p < 10^{-2}$ Pa einen
starken Abfall zeigen (Kurve d in Abb. 5.2). Nach mehreren Temperaturzyklen zwischen 300 und 77 K wurde schließlich reproduzierbar die Kurve e als Isotherme
erhalten. Dieser Effekt der Konditionierung, deren Ursache noch ungeklärt ist, illustriert die Schwierigkeit, optimale Arbeitsbedingungen anzugeben. Konditionie-
rungseffekte wurden auch an Aktivkohle [5.10] und Silicagel [5.15] beobachtet. Wie-
derholtes Reaktivieren führt bei Molekularsieben zu einer Degradation ihrer Adsorp-
tionsfähigkeit. Obgleich sie einem kurzfristigen Ausheizen bei 600 °C durchaus
standhalten, führt längeres Heizen bei $T > 350\,°C$ zu einer raschen Degradation.

5.4 Kryosorptionspumpen für den Bereich Atmosphärendruck bis 0,1 Pa

Diese Adsorptionspumpen werden als Vorpumpen bei Prozessen eingesetzt, die die
Abwesenheit von Kohlenwasserstoffen verlangen. Weitere Vorteile sind Geräusch-
und Vibrationsfreiheit. Die obere Grenze für den Einsatz liegt bisher bei einem Re-
zipientenvolumen von etwa $1\,m^3$.

Die Adsorptionspumpen bestehen aus einem das Adsorbens, meistens Molekularsiebe, in loser Schüttung enthaltenden Stahlbehälter, der über ein Ventil an die Apparatur angeschlossen ist und zur Vakuumerzeugung in ein Gefäß mit LN_2 getaucht
wird (Abb. 5.3). Die Abkühlung der Molekularsiebe wird durch eingebaute Metall-
bleche sowie die Wärmeleitung über die Gasphase begünstigt. Ist das gewünschte
Vorvakuum erreicht, wird das Ventil zur Vakuumkammer geschlossen. Man entfernt das LN_2-Gefäß und läßt die gebundenen Gase über das Entlüftungsventil ent-
weichen, das mit einem Sicherheitsventil (vielfach Gummistopfen) gekoppelt ist.
Das Regenerieren wird jeweils nach einer gewissen Anzahl von Pumpzyklen durch
elektrisches Heizen des Stahlbehälters vorgenommen.

Das Saugvermögen hängt vom Ansaugdruck und den Strömungsbedingungen ab, und
es sinkt mit zunehmender Belegung des Adsorbens, bis es beim Gleichgewichtsdruck Null wird. Der Gleichgewichtsdruck kann aus der Teilchenbilanz und der Adsorptionsisotherme ermittelt werden [5.9; 5.12; 5.16]; er ist eine Funktion des
Verhältnisses m/V von Masse des Adsorptionsmittels zu Volumen des Behälters.
Man wählt $m/V =$ einige $10\,kg/m^3$. Außer von m/V hängt die Auspumpzeit vom Leitwert der Verbindung Pumpe - Behälter ab und von den Strömungswiderständen innerhalb der Molekularsieb-Füllung. Für die Praxis ist die Tatsache wichtig, daß es
bei gegebenem m/V günstiger ist, statt einer großen mehrere kleinere Pumpen zu
benutzen. Hierfür gibt es zwei Verfahren:

Sequentielles Verfahren. Alle Pumpen werden bei geschlossenen Saugventilen gekühlt. Dann wird die Pumpe 1 geöffnet und, ohne den Gleichgewichtsdruck abzu-
warten, bei einem bestimmten Druck wieder geschlossen. Jetzt wird die Pumpe 2
geöffnet, usf. Druck,-Zeit-Kurven zeigt Abb.5.4 [5.17].

Kurve	Anzahl der Adsorptionspumpen und Wechsel		Behälter Inhalt V, m³	Füllmenge je Pumpe m_i, kg	$(m/V)_{total}$ kg/m³
a	1	–	0,03	0,4	13
b	2	1 auf 2 nach 8 min	0,03	0,4	27
c	3	(1 + 2) auf 3 nach 4 min	0,03	0,4	39
d	2	1 auf 2 nach 13 min	0,15	2,0	27

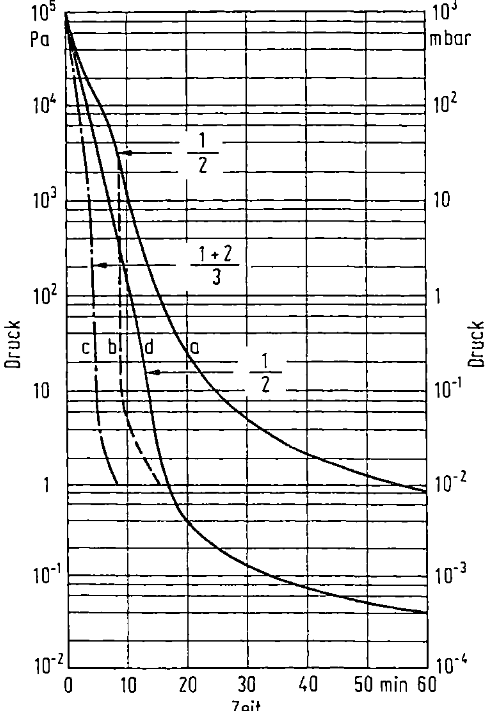

Abb.5.4. Evakuierung eines Behälters
mittels Kryosorptionspumpen vom Typ
Leybold-Heraeus ASP 20 bzw. ASP 32
nach dem sequentiellen Verfahren
[5.17]. Molekularsiebe 13X, Füllgas
Stickstoff.

Mehrstufen-Verfahren. Alle Saugventile sind offen. Man kühlt die Pumpe 1 ab, die
die Kammer und die anderen noch ungekühlten Pumpen evakuiert. Wenn sich die
Druck-Zeit-Kurve abflacht, wird Ventil 1 geschlossen, und Pumpe 2 gekühlt, etc.
Abb.5.5 zeigt eine Druck-Zeit-Kurve [5.18].

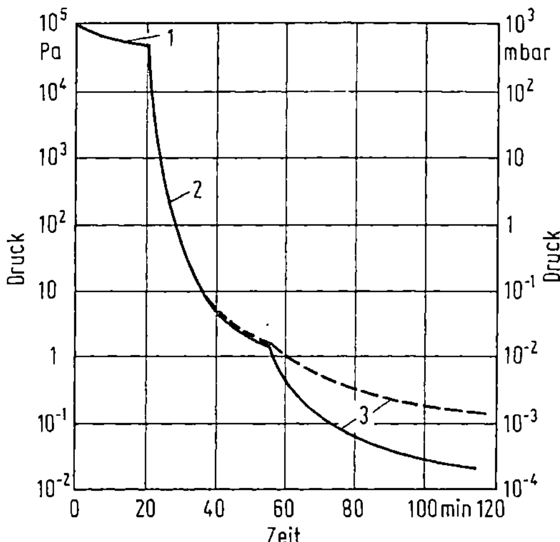

Abb. 5.5. Evakuierung eines Behälters mittels Kryosorptionspumpen nach dem
Mehrstufen-Verfahren [5.18]. Drei Pumpen vom Typ Linde Div., Union Carbide
SN 12 mit je 5,5 kg Molekularsieben 5A, Behältervolumen $V = 1,1\,m^3$, $m/V =$
15 kg/m^3, t = Zeit einschließlich der jeweiligen Abkühldauer. 1, 2, 3: erste, zweite und dritte Stufe. Füllgas: Stickstoff (————) und Luft (- - - -).

In beiden Fällen ergeben sich gegenüber dem einstufigen Verfahren, in dem entweder eine oder mehrere Pumpen simultan arbeiten, folgende Vorteile:

- Die in der Luft enthaltenen Edelgase Ne und He werden durch die Kontinuumströmung mitgeführt (entrainment) und in den Pumpen deponiert. Dadurch wird der
  Edelgaspartialdruck, der nach dem Abwarten des Gleichgewichtszustandes 2,4 Pa
  betragen würde, auf weniger als 0,1 Pa erniedrigt.
- Da beim Öffnen bzw. Kühlen der jeweils zweiten Pumpe noch unbelegtes Adsorptionsmittel zur Verfügung steht, das Saugvermögen jetzt also größer als das der
  ersten Pumpe ist, erfährt die Druck-Zeit-Kurve einen Knick nach unten. Daher
  werden bei gegebenem m/V ein geringerer Enddruck und eine kürzere Pumpzeit
  erreicht als beim einstufigen Verfahren.

Ein Mittel, den Edelgaspartialdruck gegenüber dem genannten Wert weiter zu senken, besteht im Spülen des Rezipienten mit reinem, trockenem Stickstoff, etwa mit
dem Abgas eines LN$_2$-Tanks (Abb. 5.5) [5.18]. Beim Pumpen von Luft können ohne
N$_2$-Spülung einige 10^{-2} Pa als Enddruck erreicht werden, und mit N$_2$-Spülung
10^{-4} Pa [5.14] bis 10^{-5} Pa [5.30; 5.31].

Eine weitere Maßnahme zur Verkürzung der Pumpzeit bei gegebenem m/V besteht
darin, die Masse der Molekularsiebe in den einzelnen Stufen der zu adsorbierenden
Gasmenge anzupassen. Thibault et al. [5.19] haben daher eine zweistufige vollauto-
matische Kryosorptionspumpe (Sorpal P, L'Air Liquide) entwickelt, bei der die
erste Stufe 5 kg und die zweite 0,5 kg Molekularsiebe 5A enthält. Diese Stufen sind

mit dem LN_2-Bad, druckgesteuerten Ventilen und Druckfühlern zu einer Einheit zusammengefaßt. Vom Atmosphärendruck ausgehend erreicht man $0,1\,Pa$ in einem
$0,1\,m^3$-Behälter ($m/V = 55\,kg/m^3$) nach 8 min, und in einem $0,6\,m^3$-Behälter
($m/V = 10\,kg/m^3$) in 20 min. Eine Reaktivierung ist im ersten Fall nach sechs-
maligem und im zweiten Fall nach einmaligem Evakuieren nötig.

Zum LN_2-Bedarf: Der Anteil am LN_2-Bedarf, der von der bei der Adsorption frei
werdenden Energie herrührt, beträgt

$$\mu = \frac{V\Delta p}{RT_n}\,\frac{\Delta H_g + \Delta H_a}{l_v}\;. \tag{5.3}$$

Hier bedeutet:

ΔH_g die Enthalpiedifferenz des Gases zwischen 300 K und seinem Kondensat bei
77 K; für N_2 ist $\Delta H_g = 13,3\,kJ\,mol^{-1}$.

$\Delta H_a = |\Delta H_i| - \Delta H_s$ die Netto-Adsorptionsenergie; für geringe N_2-Belegungen v ist
$\Delta H_{a,max} = 21,3\,kJ\,mol^{-1}$, und im Mittel gilt $\langle \Delta H_a \rangle = 13,1\,kJ\,mol^{-1}$.

l_v die Verdampfungsenthalpie pro kg LN_2; $l_v = 199\,kJ\,kg^{-1}$.

$\Delta p = p_\alpha - p_\beta$ die Differenz Anfangs- minus Enddruck, sowie
$RT_n = 2,49\,kJ\,mol^{-1}$.

Wird das Volumen $V = 1\,m^3$, gefüllt mit N_2 von $p_\alpha = 10^5\,Pa = 1$ bar, auf $p_\beta \ll p_\alpha$
evakuiert, beträgt $\mu = 5,3\,kg\,LN_2$, falls der genannte Mittelwert $\langle \Delta H_a \rangle$ eingesetzt
wird, bzw. $\mu = 6,9\,kg\,LN_2$, falls die Belegung v der Molekularsiebe klein gegen
v_{max} bleibt. Gegenüber dem Wert μ erhöht sich der LN_2-Bedarf noch durch Verluste, die durch Abkühlen, Wärmeleitung und Wärmestrahlung entstehen.

5.5 Kryosorptionspanel für Drücke kleiner als $0,1\,Pa$

Um die Kryosorption auf das Pumpen der schwer- bzw. nichtkondensierbaren Gase
H_2, Ne und He anwenden zu können, muß das Adsorbens an die Kryoflächen gebunden werden. Dies muß in der Weise geschehen, daß das Bindemittel nicht durch
vollständige Benetzung des Adsorbens das Porensystem blockiert, das Sorptionspanel den erforderlichen Temperaturzyklen standhält und bei UHV-Anwendungen bis
350 °C ausheizbar ist. Sorptionspanel in kommerziellen Kryopumpen sind mit Molekularsieben 5A oder mit Aktivkohle belegt. Für Molekularsiebe besteht ein erfolg-
reiches Verfahren darin, eine Masse aus Zeolithkristalliten und Bindemittel auf
aufgerauhte oder mit Rillen versehene Platten aus Al oder Edelstahl in einer Dicke
von 0,4 bis 3 mm aufzuwalzen [5.7; 5.10; 5.13]. Andere Verfahren sind in [5.20]
beschrieben, und das Binden von Aktivkohle in [5.21; 5.22].

Das Sorptionspanel ist vor kondensierenden Gasen zu schützen, weil Gaskondensate das Porensystem blockieren. Daher wird das Sorptionspanel gemäß Abb.1.1 oder Abb.9.5 durch ein 20 K-Baffle abgeschirmt, so daß es nur für D_2, H_2, Ne und He erreichbar ist [5.23]. Beträgt die Temperatur des Kryopanels T_k = 4,2K, so tritt nach (3.3) mit T_g = 300 K Kondensation auf, wenn der Ansaugdruck p von H_2 größer als $8 \cdot 10^{-4}$ Pa bzw. der von D_2 größer als $1 \cdot 10^{-8}$ Pa ist; dies ist im Einklang mit Beobachtungen von Watson et al. [5.27].

5.6 Saugvermögen im Hochvakuum und Ultrahochvakuum

Der Pumpvorgang am Sorptionspanel unterliegt dem gleichen Mechanismus, wie er für Gaskondensate in Abschn.4.3 beschrieben wurde; das Saugvermögen $S = S(p, T_k, v, t \dots)$ zeigt daher ein analoges Verhalten.

Tabelle 5.3. Stickingkoeffizienten α verschiedener Gase Molekularsieben 5A gegenüber bei geringer Belegung v

Gas	Temperatur des Gases T_g in K	Temperatur des Sorptionspanels T_k in K	Sticking-koeffizient α	Lit.
He	4,2	4,2	0,91 – 0,67	[5.13]
He	77	10	0,048	[5.25]
He	77	13,6	0,004	[5.25]
H_2	77	20	0,96 – 0,73	[5.6]
H_2	170	24	0,16	[5.10]
N_2	300	77	0,63	[5.24]

Der (effektive) Stickingkoeffizient α hängt vom System Gas/Absorbens ab. Er sinkt mit steigender Temperatur T_k des Sorptionspanels und steigender Gastemperatur T_g; er sinkt mit zunehmender Belegung v und wachsendem Ansaugdruck p. Die Werte α in der Tabelle 5.3 gelten für Molekularsiebe 5A bei Belegungen v, die klein gegen die maximal möglichen sind. Stickingkoeffizienten $\alpha \geqslant 0,6$ sind erzielbar, wenn die Paneltemperatur für He T_k = 4,2K, für H_2 T_k = 20 K und für N_2 T_k = 77 K beträgt. (Liegt das Adsorbens in loser Schüttung vor wie bei der Adsorptionspumpe nach Abb.5.3, so ist der Stickingkoeffizient unter sonst gegebenen Bedingungen wegen des Temperaturanstiegs im Adsorbens erheblich kleiner als beim Sorptionspanel [5.28; 5.29]).

Das Saugvermögen S eines Sorptionspanels hat bei geringer Belegung $v \ll v_{max}$
bis zu Drücken von einigen 10^{-2} Pa herauf einen annähernd konstanten Wert, der
limitiert ist durch: den Stickingkoeffizienten α, die Gasart $(\bar{v}/4)$ und den Leitwert
vorgeschalteter Baffle. Dies zeigen Messungen mit H_2 und He an Molekularsieben 5A bei $T_k = 4,2\,K$ [9.10] sowie von H_2 an Aktivkohle bei T_k 15 K [9.30; 9.34].

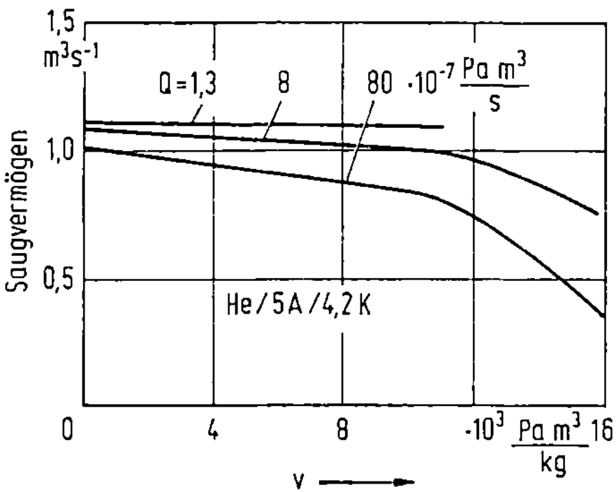

Abb.5.6. Das Saugvermögen S einer Kryosorptionspumpe (Excalibur CVR-1008) in
Abhängigkeit von der Belegung v des Sorptionspanel und vom geförderten Gasstrom
Q bzw. dem Ansaugdruck p. Gas: Helium,
Adsorbens: Molekularsiebe 5A, $T_k = 4,2\,K$
[5.26].

Mit zunehmender Belegung v des Sorptionspanels fällt das Saugvermögen S, und
zwar um so stärker, je höher der Ansaugdruck p ist. Messungen von Halama et
al. [5.26] am System He/5A bei $T_k = 4,2\,K$ (Abb.5.6) lassen dies erkennen: Bei
$p = 10^{-5}$ Pa (unterste Kurve) fällt S merklich ab, sobald die Belegung v etwa
1/4 von v_{max} überschreitet. Wie zu erwarten, wird die Geschwindigkeit der Diffusion ins Innere des Adsorbens um so mehr zum das Saugvermögen bestimmenden
Schritt, je höher die Einfallsrate ist. In oberflächennahen Bereichen des Adsorbens
stellt sich, wenn die Diffusionsrate klein gegen die Einfallsrate ist, ein Zustand der
Sättigung ein. Dies hat ein Absinken des Stickingkoeffizienten und des Saugvermögens
zur Folge. In diesem Mechanismus sind auch die Relaxationseffekte im Verlauf der
S,v-Kurve begründet, die Watson et al. [5.27] am System He/5A bei 4,2 K beobachteten; und ferner das Absinken der Sorptionskapazität unter dynamischen Bedingungen gegenüber dem statisch gemessenen Wert.

5.7 Dynamische Sorptionskapazität v_d

Dies ist die Gasmenge in Pa m³, die pro kg Adsorbens bei konstanter Einströmung
Q und annähernd konstantem Ansaugdruck p aufgenommen wird, ehe der Druck instabil wird. Winkler et al. [9.30] haben diese Größe für H_2 und verschiedene Adsorptionsmittel (Molekularsiebe 5A und 13X, aktiviertes Al_2O_3 und Aktivkohle)
bei $T \simeq 15\,K$ in Abhängigkeit von p gemessen; hierbei erwies sich Aktivkohle als
am günstigsten. Der beobachtete starke Abfall von v_d mit wachsendem p dürfte
zum Teil auch dadurch verursacht sein, daß mit p die Oberflächentemperatur des

Adsorbens steigt. Da dieser Temperaturanstieg von der effektiven Wärmeleitfähigkeit des Adsorbens abhängt, ist die Art seiner Bindung an die Unterlage von Einfluß auf den Wert v_d. Heute kann man Sorptionspanel mit Aktivkohle herstellen, die
für H_2 bei $p = 10^{-2}$ Pa und $T_k \simeq 15\,K$ eine dynamische Sorptionskapazität $v_d =$
$1,5 \cdot 10^4$ Pa m^3/kg besitzen [9.34], die dem statischen Wert $v = 3 \cdot 10^4$ Pa m^3/kg
bereits recht nahe kommt. Diese Ergebnisse hatten eine große Bedeutung für die
Entwicklung von Refrigeratorkryopumpen mit Sorptionsstufe für die Vakuum-Verfahrenstechnik (Abschn. 10.4.4).

6 Kondensation von Gasgemischen, Kryotrapping

Bei der Vakuumerzeugung durch Kryopumpen werden in den meisten Fällen nicht reine Gase, sondern Gasgemische kondensiert, deren Komponenten sich in ihrem Kondensationsverhalten gegenseitig beeinflussen können; drei Fälle der Beeinflussung sind möglich:

- Keine oder nur geringe Beeinflussung. Beispiel: N_2 und O_2 von $T_g = 300\,K$ im Verhältnis 1:1 bei großer Übersättigung und $T_k = 20\,K$. Für jedes Gas ist $\alpha = 1,0$ [3.6].

- Behinderung. Beispiel: H_2 und N_2 von $T_g = 300\,K$ im Verhältnis 1:1 bei großer Übersättigung und $T_k = 3\,K$. Für den Wasserstoff ist $\alpha_{H_2} = 0,60$, während der reine H_2 an der arteigenen Phase mit $\alpha_{H_2} = 0,85$ kondensiert. Für den Stickstoff besteht hingegen keine Behinderung, es ist $\alpha_{N_2} \approx 1,0$ [3.6].

- Begünstigung. Beispiele hierfür liefert der 1960 von Chuan [6.12] entdeckte Kryotrapping-Effekt.

Bei diesem Effekt wird ein untersättigtes Gas $(p < p_s(T_k))$, das bei der Temperatur T_k an sich nicht kondensiert, an der Kryofläche gebunden, wenn es als Partner eines kondensierbaren Gases auf diese auftrifft. Das nicht kondensierbare Gas wird mit in das Kondensat des Partnergases eingebaut, und sein Dampfdruck gegenüber $p_s(T_k)$ merklich erniedrigt. Beispiele: N_2/H_2O bei $T_k = 77\,K$ [6.1-6.4; 6.12], oder H_2/Ar bei $T_k = 4,2\,K$ [6.5-6.7; 6.13; 6.15]. Selbstverständlich kann auch die Kondensation eines übersättigten Gases durch die vom Partnergas ausgeübte Trappingwirkung begünstigt werden, und zwar insbesondere bei geringer Übersättigung, bei der der Kondensationskoeffizient α_c des reinen Gases niedrig sein kann.

Das Kryotrapping hat, abgesehen von der Möglichkeit, H_2 und He durch Einlassen eines Zusatzgases kontinuierlich zu binden, eine allgemeine Bedeutung, weil es bei praktisch allen Anwendungen wegen immer vorhandener schwer kondensierbarer Komponenten, wie etwa H_2, in der Gasatmosphäre eine Rolle spielt.

Am besten bekannt ist das Kondensationsverhalten der Partner H_2/Ar und H_2/NH_3, mit dem sich daher das folgende Kapitel vorwiegend befaßt.

6.1 Gleichgewichtseigenschaften der Mischkondensate

6.1.1 Dampfdruckkurven

Die beschriebenen Experimente sind, sofern nicht anders vermerkt, unter der Bedingung des Kryotrapping $p_h < p_s(T_{cond})$ durchgeführt; das Gas $h(H_2,$ He) wird kurz als das nicht-kondensierbare, und das Gas $c(Ar, NH_3, \ldots)$ als das kondensierbare bezeichnet.

Zur Erzeugung der Mischkondensate werden in einen Behälter, etwa den nach Abb. 3.1, die beiden Gase h und c über zwei getrennte Dosierventile eingelassen und auf der Kryofläche der Temperatur T_{cond} kondensiert. Im stationären Zustand ist das Verhältnis der Gasströme $Q_h/Q_c = n_h/n_c$ gleich dem Trappingverhältnis n_h/n_c, das mit dem Teilchenzahlverhältnis im Kondensat identisch ist.

Wird die Schichtdicke d ($\leqslant 100\,\mu m$) so bemessen, daß die maximale Temperaturdifferenz an der Schicht 10^{-2}K nicht überschreitet, sind die Eigenschaften des Mischkondensats von d unabhängig. Die Ar/H_2-Kondensate sind dann glasklar, und die NH_3/H_2-Kondensate schwach getrübt. Nach beendeter Kondensation wird die Temperatur T_k der Kryofläche von T_{cond} aus schrittweise erhöht, und der H_2-Dampfdruck p gemessen, dem gegenüber der Dampfdruck des kondensierbaren Gases c zu vernachlässigen ist; p ergibt sich aus dem bei T_g gemessenen Druck p_g zu $p = p_g(T_k/T_g)^{1/2}$. Der H_2-Druck p ist, wie für den Phasenwechsel Gas $\rightleftharpoons$ Mischkondensat zu erwarten, nach Clausius-Clapeyron

$$\log p = -\frac{\Delta H}{2,303\,RT} + B \, , \qquad T = T_k \tag{6.1}$$

darstellbar. Die Dampfdruckkurve $p = p(T_k)$ hängt von der Art der Partner, ihrem Mischungsverhältnis n_h/n_c und den Kondensationsbedingungen (T_{cond}) ab.

Hinsichtlich T_{cond} sind bei den Ar/H_2-Kondensaten nach Wandelburg [6.15] drei Fälle zu unterscheiden:
- $T_{cond} < 5\,K$: Beim ersten Erwärmen treten irreversible Änderungen (Rekristallisation) im Gefüge auf, und der Druck nimmt mit der Zeit t ab.
- $5\,K < T_{cond} < T'$, wobei T' eine von n_h/n_c abhängige Grenztemperatur ist, die in Abb.6.1, rechts oben dargestellt ist: Die p,T-Kurven werden zwar reversibel durchlaufen, doch hängt insbesondere die Größe B von T_{cond} ab. Mit wachsendem T_{cond} nimmt B ab, steigt also die Konfigurationsentropie des Kondensats

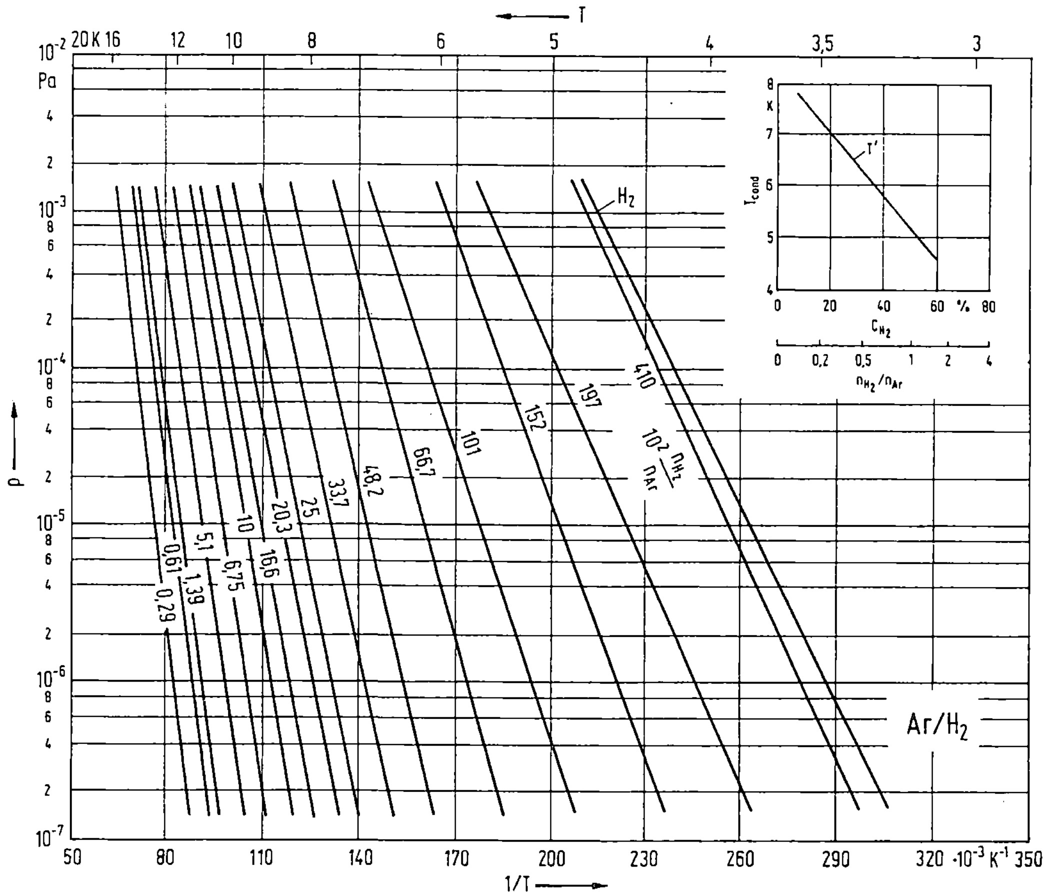

Abb.6.1. H_2-Dampfdruckkurven von Argon-Wasserstoff-Mischkondensaten. Nach Wandelburg [6.15].

und fällt sein Ordnungszustand, der somit bereits während der Kondensation festgelegt wird und auch bei anschließenden Temperaturzyklen erhalten bleibt.

- $T_{cond} > T'$: Die Dampfdruckkurven stellen echte Gleichgewichte dar, und man erhält die maximale Druckerniedrigung gegenüber dem reinen H_2-Kondensat.

Die Dampfdruckkurven $p(T)$ der Ar/H_2-Kondensate in Abb.6.1 wurden an jeweils bei $T_{cond} \simeq T'$ erzeugten Proben gemessen. Die Dampfdruckerniedrigung gegenüber dem reinen H_2 ist beträchtlich; so etwa bei $n_h/n_c = 0,1$, $T = 10\,K$ sieben und bei $n_h/n_c = 1$, $T = 4,2\,K$ sechs Größenordnungen.

Die von Schönherr [6.16] untersuchten NH_3/H_2-Kondensate, deren Dampfdruckkurven $p(T)$ Abb.6.2 zeigt, wurden bei der einheitlichen Kondensationstemperatur $T_{cond} = 8\,K$ erzeugt. Im Gegensatz zum vorangehenden Fall handelt es sich hier um Quasigleichgewichte: Nur bei relativ rascher Messung werden weitgehend reproduzier-

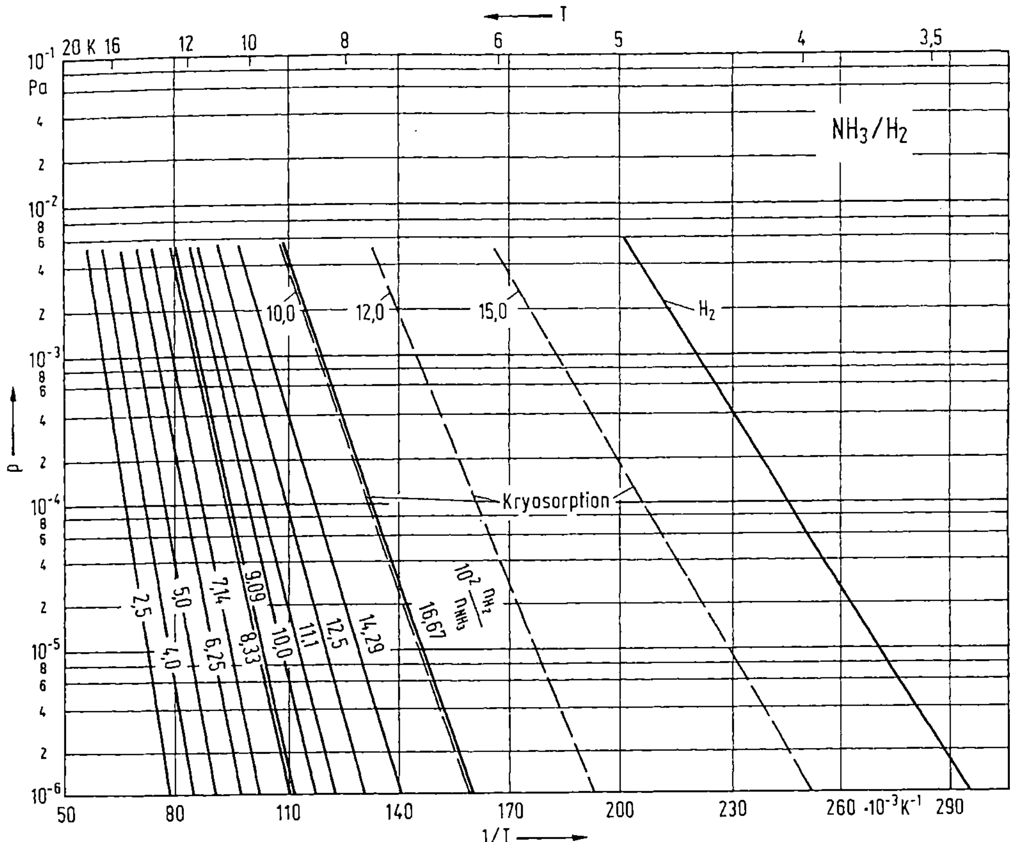

Abb.6.2. H_2-Dampfdruckkurven von NH_3/H_2-Mischkondensaten. Nach Schönherr [6.16].

bare p,T-Kurven erhalten; einer Erhöhung von T_k folgt verzögerungsfrei die Einstellung eines entsprechend höheren Wertes von p, dann aber - im Unterschied zur Kryosorptionsmessung - ein langsamer, sich über Stunden erstreckender Druckanstieg, der seine Ursache in einer Diffusion von H_2 aus dem Mischkondensat heraus haben dürfte. Analoge Beobachtungen wurden beim Kryotrapping von Ar, N_2, O_2 und CH_4 durch Wasserdampf bei 77K [6.8] sowie beim Kryotrapping von Helium durch H_2 und D_2 bei 4,2K [6.17] gemacht. Die in Abb.6.2 zum Vergleich eingetragenen Isosteren für die Kryosorption von H_2 an unter gleichen Bedingungen (T_{cond}, p_{NH_3}) erzeugten NH_3-Kondensaten lassen erkennen, daß bei gegebenem Teilchenzahlverhältnis n_{H_2}/n_{NH_3} durch Mischkondensation eine bedeutend größere Dampfdruckerniedrigung gegenüber dem reinen H_2-Kondensat erzielt wird als durch Adsorption.

6.1.2 Bindung des nicht-kondensierbaren Gases teils durch Adsorption, teils durch Inkorporation

Nach Schönherr [6.16] ist von den im Mischkondensat insgesamt gebundenen n_h Teilchen ein Teil n_a an der Oberfläche der Kristallite adsorbiert, und ein anderer Teil n_i in ihrem Inneren eingeschlossen, so daß $n_h = n_a + n_i$ gilt. Die adsorbierten Teilchen bestimmen das Phasengleichgewicht Gas $\rightleftharpoons$ Mischkondensat, während die eingeschlossenen daran nicht teilnehmen. Das bedeutet: Unter gleichen Kondensationsbedingungen für das Misch- und das adsorbierende Kondensat sollte zu jeder Dampfdruckkurve $p(n_h/n_c, T)$ eine Adsorptionsisostere $p_a(a, T)$ existieren derart, daß

$$p(n_h/n_c, T) = p_a(a, T) \quad \text{mit} \quad a = n_a/n_c \tag{6.2}$$

ist. Diese Bedingung ist in der Tat erfüllt, und man findet durch Vergleichen dieser beiden Kurvenscharen, daß der Wasserstoff im bei $T_{cond} = 8\,K$ erzeugten NH_3/H_2-Mischkondensat – unabhängig vom n_h/n_c-Wert – zu $n_a/n_h = 67\,\%$ adsorbiert und zu $n_i/n_h = 33\,\%$ inkorporiert ist [6.16]. Die entsprechenden Werte für bei $T_{cond} = 6\,K$ hergestellte Ar/H_2-Mischkondensate lauten: $n_a/n_h = 9\,\%$ und $n_i/n_h = 91\,\%$ [6.9]. Das Verhältnis n_i/n_a hängt also stark von der Art der kondensierbaren Komponente ab.

6.1.3 Zum Mechanismus der Mischkondensation

Die Partner der betrachteten Mischkondensate Ar/H_2 und NH_3/H_2 stimmen bezüglich Gitterstruktur (kfz), Art der Bindung (van der Waals) und Teilchendimensionen überein. Daher ist anzunehmen, daß auch im Mischkristall beide Partner Gitterplätze besetzen. Unter Berücksichtigung nur erstnächster Nachbarn sind drei verschiedene Werte der Bindungsenergie zu betrachten, nämlich φ_{cc} zwischen zwei Nachbarn des Wirtsgitters, φ_{hh} zwischen zwei Nachbarn der Fremdmoleküle (H_2, He) und φ_{ch} zwischen unterschiedlichen Nachbarn. Berechnet man die Energieänderung ΔE, die in einem Kristall dadurch bewirkt wird, daß zwei zunächst isolierte Fremdmoleküle durch Platzwechsel zusammengeführt werden, so ergibt sich

$$\Delta E = 2\varphi_{ch} - (\varphi_{cc} + \varphi_{hh}) = 2(\varphi_{cc}\varphi_{hh})^{1/2} - (\varphi_{cc} + \varphi_{hh})$$

$$= -\frac{1}{6}(\Delta H_c^{1/2} - \Delta H_h^{1/2})^2 \quad \text{in} \quad J\,mol^{-1} . \tag{6.3}$$

Da für unterschiedliche Sublimationsenthalpien ΔH_c, ΔH_h beider Partner $\Delta E < 0$ ist, ist die benachbarte Lage stabiler als die isolierte. Der Wasserstoff ist daher im Mischkristall nicht homogen verteilt, sondern in Clustern angeordnet [6.15].

Den Vorgang der Mischkondensation, etwa der Partner Ar/H_2, hat man sich so vorzustellen, daß die Ar-Atome die Ar-Ar-Nachbarschaft wegen der größeren Bindungsenergie ($\varphi_{Ar-Ar} \simeq 3\varphi_{Ar-H_2}$) viel häufiger realisieren als die $Ar-H_2$-Nachbarschaft. Für den Wasserstoff bleiben daher, obwohl auch er die Ar-Nachbarschaft anstrebt ($\varphi_{Ar-H_2} \simeq 3\varphi_{H_2-H_2}$), arteigene Nachbarn übrig, mit denen er sich zu Clustern vereinigt. Die Anzahl h der H_2-Moleküle in einem Cluster hängt vom Teilchenzahlverhältnis n_{H_2}/n_{Ar} ab. Nach Modellrechnungen [6.15] steigt h im Bereich $0 \leqslant n_{H_2}/n_{Ar} \leqslant 4$ von Null auf 10^4 H_2-Moleküle pro Cluster.

Das unterschiedliche Verhalten der verschiedenen Mischkondensate hinsichtlich des Anteils n_i/n_h der inkorporierten H_2-Moleküle wirft die Frage nach den Faktoren auf, die für die Mischkristallbildung bestimmend sind. Ein Ar/H_2-Mischkristall beispielsweise hätte das Minimum der Energie E erreicht, wenn er aus einem Ar-Kern mit einer H_2-Schale bestünde. Eine derart vollständige Phasentrennung, die dem Zustand der Adsorption gleichkäme, würde eine ausreichende Beweglichkeit der Bausteine während der Kondensation voraussetzen. Andererseits begünstigt eine hohe Beweglichkeit die Vermischung der Komponenten unter Zunahme der Konfigurationsentropie. Für die sich ausbildende Konfiguration der Komponenten ist die Konkurrenz zwischen Energie- und Entropiegewinn maßgebend, und die thermodynamisch stabile Anordnung ist durch das Minimum der freien Enthalpie G=H-TS bestimmt. Der vollständigen Phasentrennung der beiden Komponenten wirken also die thermischen Umordnungseffekte entgegen; doch ist die Annäherung an den energetisch günstigsten Gleichgewichtszustand (Phasentrennung) um so größer, die Tendenz zur Mischkristallbildung um so kleiner, je größer nach (6.3) der Unterschied der Sublimationsenthalpien ΔH_c, ΔH_h (Gitterenergien) der reinen Komponenten ist. Diese Aussage wird durch die Werte n_i/n_h bestätigt, die an verschiedenen Systemen mit H_2 als nicht kondensierbarer Komponente beobachtet wurden (Tabelle 6.1).

Tabelle 6.1. Einfluß der Sublimationsenthalpie ΔH_c des kondensierbaren Gases c auf die Fähigkeit zur Mischkondensation mit Wasserstoff ($\Delta H_h = 0,80\,kJ/mol$)

Partner			NH_3/H_2	CO_2/H_2	Ar/H_2
Kondensationstemp.	T_{cond}	K	7,99	11,2	6,0
Sublimat. Enthalpie	ΔH_c	kJ/mol	31,0	26,0	7,8
Inkorpor. H_2-Anteil	n_i/n_h	–	0,33	0,40	0,91
Adsorbiert. H_2-Anteil	n_a/n_h	–	0,67	0,60	0,09
Monoschichtkapazität	a_0	mmol/mol	105	220	58

Sterische Unterschiede der Moleküle, wie etwa im Falle NH_3/H_2 und CO_2/H_2,
können die Mischkristallbildung ebenfalls erschweren. Bei der Kondensation von
Gasgemischen sind also alle Übergänge zwischen reiner Mischkristallbildung und
Adsorption an den Kristallitflächen möglich. Eine große Neigung zur Mischkristallbildung ist mit einer geringen Fähigkeit zur Kryosorption gepaart und umgekehrt
(Tabelle 6.1). Ungeachtet dieses gegenläufigen Verhaltens, ist das Kryotrapping
als Sonderfall der Kryosorption zu betrachten, die an der kontinuierlich sich er-
neuernden Sorptionsfläche stattfindet.

6.2 Saugvermögen des Trappingprozesses

Für die Gase h und c eines Gemisches betragen die entsprechenden Saugvermögen
nach (2.22)

$$S_h = \alpha_h A_k (1 - p_{ho}/p_h) \bar{v}_h/4 = Q_h/p_h \; ,$$

$$S_c = \alpha_c A_k \bar{v}_c/4 = Q_c/p_c \; . \tag{6.4}$$

Voraussetzungen: "Großer" Behälter, Kryofläche A_k nicht abgeschirmt, Enddruck
p_{co} des kondensierbaren Gases vernachlässigbar gegenüber seinem Ansaugdruck
p_c; ferner $p_h + p_c < 0{,}1\,Pa$ und $T_g \simeq T_n = 293\,K$. Um eine Saugwirkung auf das
nicht kondensierbare Gas h auszuüben, muß das Trappingverhältnis n_h/n_c so eingestellt werden, daß der Enddruck $p_{ho} = p(T_g/T_k)^{1/2}$ den Ansaugdruck p_h unterschreitet. Das Verhältnis

$$\frac{n_h}{n_c} = \frac{Q_h}{Q_c} = \frac{\alpha_h\, p_h}{\alpha_c\, p_c} \left(\frac{M_c}{M_h}\right)^{1/2} \left(1 - \frac{p_{ho}}{p_h}\right) = \frac{\alpha_h\, I_h}{\alpha_c\, I_c} \left(1 - \frac{p_{ho}}{p_h}\right) \tag{6.5}$$

wird erniedrigt und damit gemäß Abb.6.1 auch p_{ho}, indem man den Druck p_c bzw.
die Einfallsrate I_c der kondensierbaren Komponente erhöht. Damit ergibt sich die
folgende Methode zur Bestimmung des Saugvermögens S_h und des zugehörigen
n_h/n_c-Wertes:

Ein Gasstrom Q_h wird in den Behälter eingelassen, an den eine Hilfspumpe mit
$S_{aux} \ll S_c$ angeschlossen ist, so daß sich ein Anfangsdruck $p_i = Q_h/S_{aux}$ des Gases h einstellt. Dann wird zusätzlich das Gas c eingelassen, und dessen Druck
sukzessive gesteigert. Bei einem gewissen Wert p_c setzt die Saugwirkung auf das
Gas h ein, der Druck p_h fällt von seinem Anfangswert p_i auf einen Minimalwert
$\bar{p}_h$, der auch bei weiterer Steigerung von p_c konstant bleibt (Abb.6.3) [6.7]. Das

Saugvermögen S_h beim Druck p_h beträgt

$$S_h = \frac{Q_h}{p_h} - S_{aux} = \frac{Q_h(1 - p_h/p_i)}{p_h} \tag{6.6}$$

und erreicht seinen Maximalwert bei $p_h = \bar{p}_h$.

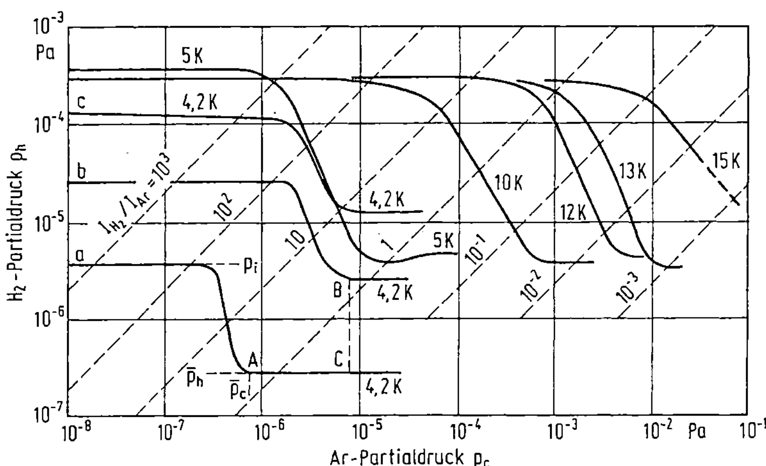

Abb.6.3. Partialdruck-Kennlinien zum Kryotrapping von Wasserstoff durch Argon. Nach Hengevoss et al. [6.5-6.7].

Soll in einem H_2/Ar-Gemisch von T_g = 80 K der H_2-Druck $\bar{p}_h \simeq 3 \cdot 10^{-6}$ Pa erzielt werden, wie es bei den in Abb.6.3 dargestellten Messungen – von den Kurven a und c abgesehen – der Fall ist, so ist p_{ho} auf etwa $1 \cdot 10^{-7}$ Pa zu senken. Für diesen p_{ho}-Wert erhält man aus den Trappingisosteren Abb.6.1 die Werte n_h/n_c, die als Funktion der Temperatur T_k in Tabelle 6.2 aufgeführt sind. Aus diesen Werten

Tabelle 6.2. Trappingverhältnis n_h/n_c und Druckverhältnis $\bar{p}_c/\bar{p}_h$ zur Erzielung des maximalen Saugvermögens S_h für H_2 in einem H_2/Ar-Gemisch von T_g = 80 K [6.9]

Temperatur T_k (K)		4,2	5	10	12	13	15
n_{H_2}/n_{Ar}	theoret.	1,3	0,8	$1,8\cdot10^{-2}$	$1,3\cdot10^{-3}$	$6\cdot10^{-4}$	$3\cdot10^{-5}$
	exp.	1,0	1,3	$2\cdot10^{-2}$	$3\cdot10^{-3}$	$1\cdot10^{-3}$	$4\cdot10^{-5}$
$\bar{p}_{Ar}/\bar{p}_{H_2}$	theoret.	3,4	5,5	$2,4\cdot10^{2}$	$3,4\cdot10^{3}$	$7\cdot10^{3}$	$1,5\cdot10^{5}$
	exp.	4	6	$3\cdot10^{2}$	$3\cdot10^{3}$	$6\cdot10^{3}$	–

und den weiter unten genannten Stickingkoeffizienten α_h und α_c ergeben sich mit
(6.5) die zugehörigen Druckverhältnisse $\bar{p}_c/\bar{p}_h$ [6.9]. Diese Werte stimmen mit
den von Hengevoss [6.7] gemessenen Werten überein (Tabelle 6.2). Für die Partner H_2/Ar fand man bei $T_k = 4,2\,K$ das bisher günstigste Trappingverhältnis
$n_h/n_c = 1$ [6.5 - 6.7]. Der Ar-Druck $\bar{p}_c$ ist dann etwa viermal, und der Totaldruck
$\bar{p}_h + \bar{p}_c$ etwa fünfmal so groß wie der H_2-Druck $\bar{p}_h$.

Eine einwandfreie Bestimmung von n_h/n_c ist nur möglich, wenn p_c, wie beschrie-
ben, von Null aus gesteigert wird. Wird p_c hingegen von hohen Werten aus erniedrigt, dann ist $\bar{p}_c$ erheblich niedriger als im anderen Fall: Dann kann n_{H_2}/n_{Ar} statt
1 den Wert 16 bei $T_k = 4,2\,K$ erreichen [6.10]. Diese Hysterese kommt dadurch
zustande, daß sich bei großem p_{Ar}/p_{H_2} ein H_2-armes Kondensat bildet, an dem
der Wasserstoff stärker gebunden wird, als es dem stationären Zustand entspricht
[6.6].

6.3 Weitere Merkmale des Trappingprozesses

Die <u>Stickingkoeffizienten</u> α_h und α_c ergeben sich aus der Messung von S_h und S_c;
sie betragen nach [6.5 - 6.7] für die Partner H_2/Ar und He/Ar bei $T_g = 80\,K$ und

$$T_k = 4,2\,K: \quad \alpha(H_2) = 0,4, \quad \alpha(He) = 0,03, \quad \alpha(Ar) = 0,7 \; ;$$

$$5\,K \leqslant T_k \leqslant 13\,K: \quad \alpha(H_2) = \alpha(Ar) = 0,7 \; .$$

Der <u>Arbeitsdruck</u> $\bar{p}_h$ ist bei gegebenem S_h dem Gasstrom Q_h direkt und der Kryofläche A_k indirekt proportional. Die Kurven a und b in Abb.6.3 zeigen, daß mit
der Vergrößerung von Q_h bei S_h = const die Drücke $\bar{p}_h$ und $\bar{p}_c$ um etwa den gleichen Faktor wachsen, wenn der Arbeitspunkt von A nach B wandert. Das Trappingverhältnis n_h/n_c ändert sich dabei praktisch nicht. (Die 45°-Linien in Abb.6.3 mit
dem Verhältnis der Einfallsraten I_{H_2}/I_{Ar} als Parameter stellen Orte n_h/n_c =
const dar.) Bei einem Überschuß an kondensierbarem Gas c über das an sich erforderliche Maß hinaus (Punkt C statt A mit $p_c > \bar{p}_c$, Abb.6.3) ist das Verhältnis
n_h/n_c um den Faktor $p_c/\bar{p}_c$ kleiner, als wenn der Arbeitspunkt in A liegt. Wird
jetzt der Zusammenhang n_h/n_c gegen p_h bei S_h = const aufgenommen, so wächst
n_h/n_c zunächst bei p_c = const proportional zu p_h, bis der Überschuß an Gas c auf-
gebraucht ist (Punkt B). Bei weiterer Erhöhung von p_h bleibt n_h/n_c, wie zuvor erläutert, annähernd konstant. Unter diesen Bedingungen ist also für S_h = const eine
n_h/n_c, p_h-Kurve zu erwarten, bei der der Wert n_h/n_c mit wachsendem p_h zunächst
linear ansteigt und dann in einen "Sättigungswert" übergeht. Einen solchen Zusammenhang haben Schmidlin et al. [6.1] in der Tat beim Kryotrapping von N_2, Ar, H_2

und He mittels H_2O-Dampf bei 77 K beobachtet. Der Sättigungswert von n_h/n_c, der sich bei $p_h \geqslant 0,1\,Pa$ einstellte, betrug etwa 10^{-2} für N_2 und Ar bzw. etwa 10^{-5} für H_2 und He. Die Autoren [6.1; 6.2] geben allerdings eine andere Deutung der n_h/n_c,p_h-Kurve, und zwar im Sinne eines Mechanismus, wie er der Langmuir-Isotherme zugrunde liegt; gegen diese Betrachtungsweise hat Hobson [4.48] bereits Einwände erhoben.

Das <u>Trappingverhältnis</u> n_h/n_c, das zur Erzielung des maximalen Saugvermögens $S_{h,max}$ bei $p_h = \bar{p}_h$ und ohne Überschuß an kondensierbarem Gas ($p_c = \bar{p}_c$) erforderlich ist,

- steigt nach Tabelle 6.2 exponentiell mit sinkender Temperatur T_k der Kryofläche,
- steigt nach Abb.6.3 nur geringfügig – genauer gesagt: logarithmisch – mit wachsendem Arbeitsdruck $\bar{p}_h$, und ist
- stark von der Art der Partner abhängig, wie die folgenden, bei $T_k = 4,2\,K$ gewonnenen Werte zeigen (Tabelle 6.3).

<u>Tabelle 6.3.</u> Trappingverhältnis n_h/n_c für verschiedene Partnergase bei $T_k = 4,2\,K$

Partner Lit.	H_2/Ar [6.5][6.11]		H_2/CO [6.11]	H_2/D_2 [6.17]	$^4He/Ar$ [6.5]	$^4He/D_2$ [6.17]	$^4He/H_2$ [6.17]	$^3He/D_2$ [6.17]
n_h/n_c	1,0	1,7	0,5	0,10	$3\cdot10^{-2}$	$2\cdot10^{-5}$	$2\cdot10^{-5}$	$2\cdot10^{-5}$

In der Fusionsforschung [6.17] besteht die Aufgabe, Helium durch Kryotrapping mittels Deuterium zu pumpen; wie die Tabelle 6.3 zeigt, ist der Wert n_h/n_c für diesen Prozeß bei $T_k = 4,2\,K$ außerordentlich niedrig, so daß man gegebenenfalls zu tieferen Temperaturen übergehen muß.

Die <u>obere Druckgrenze</u> der reinen Trappingwirkung wird überschritten, wenn man den Druck p_h so weit erhöht, daß das Gas h übersättigt ist und kondensiert. Dies ist bei der Kurve c in Abb.6.3 der Fall, und das Verhältnis n_h/n_c ist hier im unteren Knickpunkt um den Faktor 5 größer als bei den Kurven a und b: Kondensation und Kryotrapping begünstigen sich hier gegenseitig.

Mischkondensatschichten können empfindlich gegenüber Temperaturschwankungen sein; so kann es z.B. bei H_2/Ar-Schichten bei $p > 10^{-3}\,Pa$ zu H_2-Ausbrüchen und damit zu Instabilitäten kommen [6.15].

In Anbetracht der praktischen Bedeutung der Mischkondensation für die optimale Auslegung von Vakuumprozessen, insbesondere auf den Gebieten der Plasmaphysik und der Fusion [6.17], bedarf es noch vertiefter Kenntnisse, etwa der Wechselwirkungsmechanismen verschiedener Komponenten im Kondensat, der Platzwechselmechanismen Gas $\rightleftharpoons$ Kondensat, der Diffusion des nichtkondensierbaren Gases aus dem Kondensat heraus, möglicher Instabilitäten und der Stickingeigenschaften definierter Mehrkomponentensysteme.

Die Wirkung einer Getterpumpe beruht darauf, daß chemisch aktive Gase vom Getter durch Chemisorption, Bildung chemischer Verbindungen und Diffusion aufgenommen werden. Zur Erzeugung hoher Vakua in dynamischen Systemen kommen
als Getter nur hochschmelzende, in genügender Reinheit darstellbare Metalle, wie
etwa Zr, Mo, Nb, Ta und Ti in Betracht oder Legierungen, die diese Metalle enthalten [7.1; 7.2]. Auf diesem Gebiet erzielte man in den letzten Jahren entschei-
dende Fortschritte: 1962 wurde in drei Laboratorien [7.3 - 7.5] gleichzeitig ent-
deckt, daß die an sich seit langem bekannte Pumpwirkung eines Titanfilms erheblich verbessert wird, wenn dieser auf einer LN_2-gekühlten Unterlage statt auf einer
Fläche von Raumtemperatur niedergeschlagen wird (Abb.7.1 und Tabelle 7.1). Die

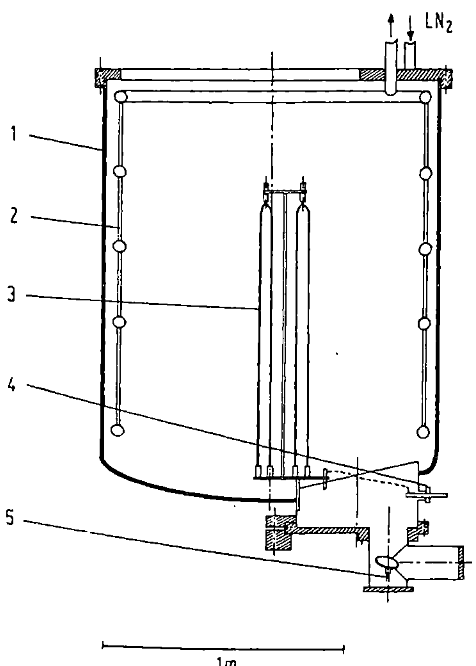

Abb.7.1. Titan-Sublimationspumpe mit
LN_2-gekühlter Getterfläche nach Prévot
et al. [7.31]. (Euratom CEA Fontenay-
aux-Roses). 1 Gehäuse, 2 LN_2-gekühlte
Getterfläche, 3 widerstandsbeheizter
Titan-Sublimator, 4 Stromzuführung,
5 Fenster und Spiegel zum Beobachten
des Sublimators.

dadurch eingeleitete Untersuchung wurde dann im Hinblick auf den Mechanismus,
die Technologie und die Anwendungen weiter geführt [7.6 - 7.30] und auch auf andere Getter (Mo [7.14], TiO [7.8], Nb [7.15], Ni [7.28] und Ta [7.30]) ausge-
dehnt. Im Gegensatz zu den reinen Metallen, die Edelgase nicht gettern, hat TiO
[7.8] die bemerkenswerte Eigenschaft, bei 77 K auch Argon mit einem Stickingkoeffizienten $\alpha = 0,17$ aufzunehmen.

Tabelle 7.1. Spezifisches Saugvermögen S/A_k in $m^3 s^{-1} m^{-2}$
eines Titanfilms bei kontinuierlicher Bedam-
pfung unter der Bedingung: Einfallsrate der
Titanatome groß gegen die der Gasteilchen

Temperatur Gas	293 K	77 K	Lit.
H_2	30 18	61,5 100	[7.2] [7.9]
N_2	24 23	60 100	[7.2] [7.9]
O_2	66	89	[7.2]
CO	100	110	[7.2]
CO_2	50	~85	[7.2; 7.31]

Bei den Anwendungen der Kryogetterung wird wegen seiner relativ niedrigen Sub-
limationstemperatur von 1800 bis 2000 K praktisch nur Titan verwendet, sei es als
reines Metall oder als Ti-Mo-Legierung [7.16; 7.17]. Aus diesem Grunde wird im
folgenden allein von der Tieftemperaturversion der Titan-Sublimationspumpe die
Rede sein.

7.1 Stickingkoeffizient α, Oberflächenkapazität γ, Pumpkapazität $\varkappa$

Abbildung 7.2 zeigt das Ergebnis einer Messung von Prévot et al. [7.6], bei der
ein gegebener H_2-Strom Q durch einen bei 80 K bzw. 300 K deponierten Ti-Film
gepumpt wird. Der Anfangsdruck p_i wird durch eine Hilfspumpe eingestellt. Während des Aufdampfens sinkt der Druck p von p_i bis auf einen Minimalwert, und
anschließend steigt er wieder an.

Das Saugvermögen berechnet man nach (6.6) und erhält daraus den Stickingkoeffizienten $\alpha = S(A_k \bar{v}/4)^{-1}$. Die maximal aufgenommene Gasmenge, gemessen in Teilchen pro Quadratmeter Titanfilm, heißt Oberflächenkapazität γ. Einen großen Einfluß auf die Größen α und γ haben die Herstellungsparameter des Films: Tempera-

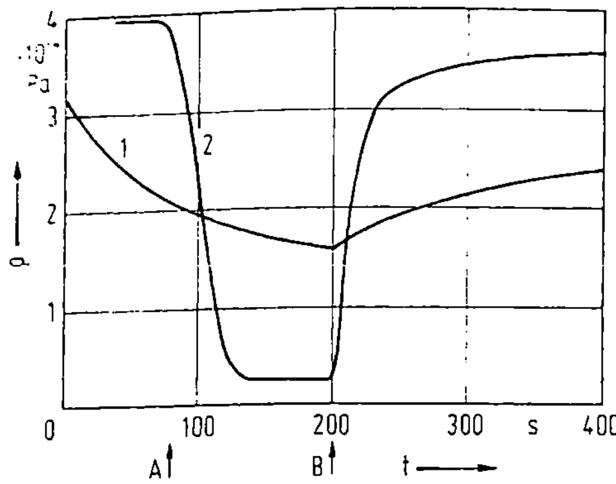

Abb.7.2. Druck-Zeit-Verlauf in einer Titan-Sublimationspumpe bei konstanter H_2-Einströmung $Q = 4 \cdot 10^{-3}\,Pa\,m^3 s^{-1}$. Getterfläche $A_k = 1\,m^2$ [7.6]. Pfeil A: Beginn, Pfeil B: Ende der Ti-Verdampfung.
Kurve 1: $T_k = 300\,K$, $\alpha_{max} = 0,04$
Kurve 2: $T_k = 77\,K$, $\alpha_{max} = 0,2$.

tur der Unterlage, Aufdampfgeschwindigkeit, Art der Bedampfung (kontinuierlich oder flash-artig), Gasdruck, Anwesenheit einer Edelgasatmosphäre von zum Beispiel 0,1 Pa. Diese Einflüsse bedingen die relativ große Streuung der Meßergebnisse von α und γ in der Literatur.

Die <u>Stickingkoeffizienten</u> α einer bei 77 K deponierten Titan-Schicht betragen für die Gase [7.31]

$$N_2,\ O_2,\ CO,\ CO_2 : \alpha = 0,8 \text{ bis } 1 ,$$
$$H_2 : \alpha = 0,2 \text{ bis } 0,5 .$$

Das Saugvermögen beträgt dann für diese Gase ungefähr $S = 100\,m^3/s$ pro m^2 Ti-Film. Gegenüber diesen Werten sinkt α ab, wenn der Druck p bei gegebener Ti-Sublimationsrate r so weit gesteigert wird, daß die Einfallsdichte der Gasteilchen an der Getterfläche größer als die der Titan-Atome wird [7.18; 7.32].

Die <u>Oberflächenkapazität</u> γ hat sowohl für die bei 80 K wie die bei 300 K deponierten Filme und die genannten Gase, H_2 ausgenommen, annähernd den Wert 10^{20} Moleküle/m^2, was einigen Monoschichten entspricht. Im Fall des H_2 haben die 300 K-Schichten wegen der raschen Diffusion bei dieser Temperatur den außerordentlich hohen Wert γ von etwa 10^{23} Molekülen/m^2 [7.12; 7.13]. Die 80 K-Schichten hingegen erreichen H_2 gegenüber einen Wert γ von etwa 10^{21} Molekülen/m^2 - und dies nur, wenn für die Gleichgewichtseinstellung durch Diffusion ausreichend Zeit zur Verfügung steht, wie etwa im UHV-Bereich oder bei pulsweisem Gaseinlaß mit hinreichend langen Pausen. In allen anderen Fällen erhält man für H_2 bei 80 K, ebenso wie für die anderen Gase, $\gamma \cong 10^{20}\,m^{-2}$.

Bei UHV-Anwendungen spielt die Zeit t_{max} eine Rolle, während der ein frisch aufgedampfter Ti-Film (von etwa 10 nm Dicke) sich absättigt und der Druck p erniedrigt bleibt. Diese "Stay-down"-Zeit nach einer Flash-Aufdampfung beträgt annähernd

$$t_{max} \simeq \frac{\gamma A_k}{f S p} \tag{7.1}$$

mit $f = 2,47 \cdot 10^{20}$ Molekülen/Pa m^3 bei 293 K. Bei $p = 10^{-7}$ Pa, $S/A_k = 100$ m^{3}s^{-1}m^{-2} und $\gamma = 10^{20}$ m^{-2} ist $t_{max} = 4 \cdot 10^4$ s $\simeq 11$ h.

Bei kontinuierlicher Sublimation von Titan und konstantem Ansaugdruck p nimmt der Film Gasmoleküle in homogener Weise auf. Ein Maß hierfür ist die Pumpkapazität $\varkappa$, gemessen in Pa m^3 Gas pro kg Titan:

$$\varkappa = \frac{a}{\beta f} , \tag{7.2}$$

wobei $a = 1,25 \cdot 10^{25}$ Ti-Atome kg^{-1} bedeutet und β die Zahl der Titan-Atome, die ein Gasteilchen fixieren.

Tabelle 7.2. Pumpkapazität $\varkappa$ nach [7.24] und die daraus berechnete Zahl β der Titan-Atome, die zum Pumpen eines Gasteilchens benötigt werden. Titan-Sublimationsrate $r = 10$ g/h

Gas		H_2O		N_2, CO_2		CO		O_2	
p	Pa	10^{-3}	10^{-1}	10^{-3}	10^{-1}	10^{-3}	10^{-1}	10^{-3}	10^{-1}
$\varkappa$	$\dfrac{10^4 \text{Pa m}^3}{\text{kg Titan}}$	1,1	1,7	1,7	2,3	2,3	2,8	3,3	3,6
β	$\dfrac{\text{Ti-Atome}}{\text{Molekül}}$	4,6	3,0	3,0	2,2	2,2	1,8	1,6	1,4

Die Größen $\varkappa$ und β sind, wie die Tabelle 7.2 zeigt, vom Druck p und von der Gasart abhängig. Bei gegebener Ti-Sublimationsrate r sinkt die Zahl β mit steigendem Druck p und erreicht schließlich bei einem gewissen, von r abhängigen Druck p einen konstanten Wert. Dieser minimale Wert von β, der bei etwa 0,1 Pa erreicht wird, entspricht einer maximalen Ausbeute der Reaktion Titan-Gas. Das Reaktionsprodukt hat beispielsweise die Bruttoformel TiN für $\beta = 2$ bzw. $TiN_{0,67}$ für $\beta = 3$.

7.2 Saugvermögen S = S(p)

Die Kurve des Saugvermögens $S = S(p)$ umfaßt drei Bereiche:

Bei hohen Ansaugdrücken p ist das Saugvermögen durch die maximale Pumpkapazität $\varkappa_{max}$ und die Titan-Sublimationsrate r in kg/s limitiert, und es gilt

$$S p = \varkappa_{max} r . \tag{7.3}$$

In der Praxis rechnet man mit einem Wert $\varkappa$, der kleiner als $\varkappa_{max}$ ist, weil

- die Getterfläche ungleichförmig mit Ti bedampft wird,
- ein Teil des Ti auf nicht-gekühlte Flächen treffen kann,
- die Verdampfung intermittierend erfolgt.

Letzteres hat seinen Grund darin, daß es zweckmäßig ist, die mittlere Verdampfungsrate r dem jeweiligen Gasstrom Sp anzupassen, indem man mittels einer Schaltautomatik die Sublimations- und die Intervalldauer, gegebenenfalls auch die Heizleistung des Ti-Sublimators dem Arbeitsdruck entsprechend regelt.

Für N_2 rechnet man zum Beispiel mit $\varkappa = 1,8 \cdot 10^4 \, Pa \, m^3/kg$, und es gilt, wenn man r in g/h umrechnet,

$$S(N_2) = \frac{0,005 \, r}{p} \quad \text{in} \quad m^3 s^{-1} \quad \text{mit r in g/h} \; . \tag{7.4}$$

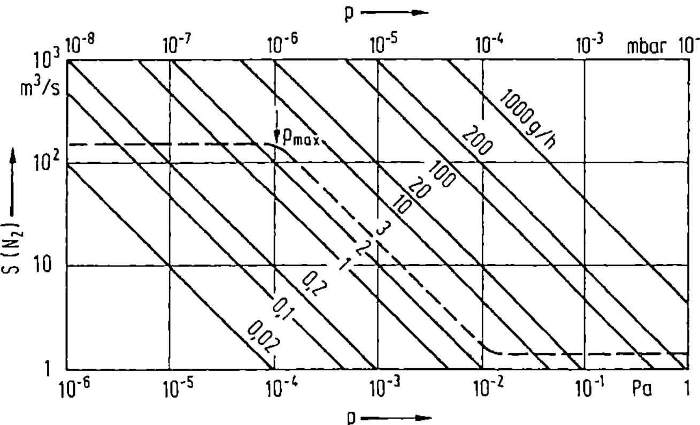

Abb.7.3. S,p-Kurven von Titan-Sublimationspumpen mit der Verdampfungsrate r als Parameter und gültig für Stickstoff als Arbeitsgas.

Das Saugvermögen S ist proportional der Ti-Sublimationsrate r und fällt mit 1/p (Abb.7.3). In Wirklichkeit fällt S weniger stark als mit 1/p [7.19], weil $\varkappa$ mit p, wenn auch nur geringfügig, steigt. Die Zunahme von S mit sinkendem p bei r = const setzt sich fort, bis die S,p-Kurve umbiegt und in einen horizontalen Teil übergeht. Der Knickpunkt kennzeichnet den maximalen Arbeitsdruck $p = p_{max}$.

Der horizontale Teil der S,p-Kurve ist der eigentliche Arbeitsbereich, der sich von $p = p_{max}$ bis zum etwa 10fachen des Enddruckes p_e erstreckt. Hier ist das Saugvermögen der nicht-abgeschirmten Pumpe $S = A_k \alpha \bar{v}/4$ durch die Getterfläche A_k bzw. das der abgeschirmten Pumpe $S = A_p c \bar{v}/4$ nach (2.50) durch vorgeschaltete Strömungsleitwerte limitiert. Soll beispielsweise das leitwert-limitierte Saugvermögen $S = 150 \, m^3 s^{-1}$ (gebrochene Linie in Abb.7.3) bei einer N_2-Einströmung bis

$p = p_{max} = 10^{-4}$ Pa herauf aufrechterhalten werden, dann ist die Ti-Sublimationsrate $r = 3\,g/h$ einzustellen; beträgt der Ansaugdruck nur $p = 10^{-5}$ Pa, so kommt man mit $r = 0,3\,g/h$ aus. Um den Titan-Vorrat auf optimale Weise auszunutzen, muß die Sublimationsrate r gemäß (7.4) proportional zum Ansaugdruck p geregelt werden. Diese Zusammenhänge wurden in [10.7] verifiziert.

In der Nähe des Enddruckes p_e schließlich folgt das Saugvermögen einem $(1-p_e/p)$-Gesetz.

7.3 Enddruck p_e, Startdruck p_{st}

Enddrücke p_e kleiner als 10^{-8} Pa sind realisierbar [7.31]. Die Restgasatmosphäre enthält CH_4 und andere leichte Kohlenwasserstoffe, die durch Reaktion zwischen dem Wasserstoff und den Kohlenstoffverunreinigungen im Titan sowie den Heizleitern entstehen [7.10]. Edelgase, die durch den Titanfilm praktisch nicht gepumpt werden, müssen durch andere Pumpen entfernt werden.

Der Startdruck p_{st} ist so niedrig zu wählen, daß die Ti-Sublimation nicht durch chemische Reaktionen des Ti-Vorrates oder durch Gasentladungen beeinträchtigt wird. Die Vorgänge der Oxid- und der Nitridbildung an der Ti-Quelle sowie deren Einfluß auf die Sublimation wurden in den Arbeiten [7.12; 7.20; 7.21] untersucht; dabei ergab sich als maximal zulässiger Druck $p = 1\,Pa$. Bei diesem Druck ist das Saugvermögen der Titan-Sublimationspumpe sehr gering, falls nicht ein sehr ergiebiger Titan-Sublimator [7.24] zur Verfügung steht. Im allgemeinen wählt man als Startdruck $p_{st} = 10^{-2}$ Pa und überbrückt die Lücke zwischen diesem Wert und dem durch die Rotationspumpe erzeugten Druck durch eine Turbomolekular- oder eine Kryopumpe [7.22; 7.23].

7.4 Zum Pumpmechanismus

Die Erhöhung der Pumpwirkung durch die Senkung der Kondensationstemperatur T_k des Ti-Films ist offensichtlich ein Effekt der Filmstruktur. Clausing [7.4] findet, daß der Stickingkoeffizient α um so größer ist, je feiner kristallin die Ti-Schicht ist. Schichten, die bei $T_k = 300\,K$ in einer He-Atmosphäre von $0,3\,Pa$ erzeugt werden, haben einen Wert α, der dem der im Hochvakuum präparierten 80-K-Schichten nahe kommt. Durch Kombination von niedriger Substrattemperatur und Heliumatmosphäre wird der Wert α noch weiter erhöht. In einem Gegenexperiment zeigten Prévot et al. [7.7], daß eine bei $300\,K$ im Hochvakuum deponierte Ti-Schicht nach Abkühlung auf $80\,K$ nicht den erhöhten Wert α einer bei $80\,K$ kondensierten Schicht besitzt.

Die Untersuchungen über die (physikalische) Kryosorption an Gaskondensaten in
Kap. 4 zeigten, daß mit sinkender Kondensationstemperatur das Gefüge der Schicht
sowohl feiner kristallin als auch reicher an Oberflächendefekten wird, oder anders
gesagt: Die spezifische Oberfläche A_0 und die mittlere Bindungsenergie ε zwischen
Adsorbens und Adsorbat steigen. Überträgt man dies auf das vorliegende Problem,
so läßt sich qualitativ- trotz des unterschiedlichen Pumpmechanismus - sagen: Die
Ausbildung eines feiner kristallinen Gefüges an sich kann nicht für die Erhöhung
des Stickingkoeffizienten α verantwortlich sein, wie dies im Anschluß an [7.4] in
verschiedenen Arbeiten angenommen wird; die Erhöhung von A_0 sollte sich vielmehr in einer gewissen Zunahme der Oberflächenkapazität γ äußern, worauf bereits Prévot et al. [7.7] hinwiesen. Die beobachtete Zunahme des Stickingkoeffizienten α dürfte ihre Ursache vielmehr in der Erhöhung der mittleren Bindungsenergie ε haben. Eine detaillierte Untersuchung steht aber noch aus.

7.5 Technologie der 80 K-Titan-Sublimationspumpe

Die wichtigsten Komponenten sind die Kaltfläche und der Titan-Sublimator.

Die Kaltfläche muß im Interesse einer möglichst gleichmäßigen Temperatur aus einem Material guter thermischer Leitfähigkeit bestehen. Kaltflächen in der Form eines doppelwandigen Hohlzylinders und bis zu $1\,\mathrm{m}^2$ herauf werden nach [7.6; 7.7]
zweckmäßig aus einer Al-Bronze (Cu 89-90 %, Al 10-9 %, Mn 1 %) gefertigt. Diese
Legierung kann vakuumdicht argon-arc geschweißt werden, ist unmagnetisch, hat
eine Wärmeleitfähigkeit $\lambda = 75\,\mathrm{W\,m}^{-1}\mathrm{K}^{-1}$ und eine gute mechanische Festigkeit.

Um größere Kaltflächen herzustellen, baut man ein der gewünschten Form entsprechendes Netzwerk aus Edelstahlrohren für die LN_2-Zirkulation und verschalt es mit
angeschweißten Kupferplatten. Kaltflächen bis zu etwa $20\,\mathrm{m}^2$ herauf wurden auf diese Weise als Zylinder (Abb.7.1) [7.31], ebene Flächen [7.23; 7.26], Kegelstumpf-
flächen (Abb.10.3) oder als Chevronbaffle [7.19] gebaut.

Die thermische Belastung der Kaltfläche ist im wesentlichen durch die Leistung ge-
geben, die sie vom Ti-Sublimator empfängt ($1\,\mathrm{kW} \stackrel{\wedge}{=} 22\,\mathrm{dm}^3\,LN_2/\mathrm{h}$).

Die Titan-Sublimatoren werden durch Joulesche Wärme, Wärmestrahlung oder
Elektronenbombardement geheizt. Wie erwähnt, erfolgt die Sublimation intermittierend und dem jeweiligen Arbeitsdruck angepaßt. Die erste Inbetriebnahme hat mit
einer sorgfältigen Entgasung der Ti-Quelle zu beginnen. Der notwendige Ti-Vorrat
der Quelle hängt von der erforderlichen Verdampfungsrate r und der gewünschten
Betriebsdauer ab. Man rechnet mit dem Wert: $1\,\mathrm{kg}$ Titan $\stackrel{\wedge}{=} 1 \cdot 10^4\,\mathrm{Pa\,m}^3$ Gasmenge,
der gegenüber der Kapazität $\varkappa$ nach (7.2) eine gewisse Sicherheitsmarge enthält.
Im allgemeinen werden so viele Ti-Sublimatoren installiert, daß der erforderliche
Ti-Vorrat erreicht wird.

<u>Widerstandsbeheizte</u>, auswechselbare Ti-Quellen für Verdampfungsraten von 0,1
bis etwa 1 g/h bei einem Vorrat von einigen Gramm bestehen z.B. aus einem
0,76 mm Ti-Draht, der zusammen mit einem 0,38 mm W-Draht um einen 0,76 mm
W-Draht gewickelt ist (System Varian [7.29]). Auch freitragend gewickelte Wen-
deln aus einer Ti 85%- Mo 15%-Legierung sind im Gebrauch [7.16; 7.17]. Titanquel-
len für höhere Verdampfungsraten (3 bis 25 g/h pro Meter Leiterlänge) haben Prévot et al. [7.6; 7.7] entwickelt. Um einen 2 mm Ta-Draht werden zwei Drähte, ein
0,8 mm Ti-Draht und ein 0,6 mm Mo-Draht gewunden und darüber ein 0,8 mm Ti-
Draht (System Sogev). Der Ti-Vorrat pro Meter beträgt 50 g, wovon 37 g verdampf-
bar sind. Die Betriebsdaten eines Leiters von 1 m Länge lauten [7.31]:

Heizstrom A	Heizleistung kW	Ti-Verdampfungs- rate g/h	Verdampfungs- energie J/g	Temperatur K
140	2,8	3,5	$2,9 \cdot 10^6$	1750
155	3,9	12,5	$1,1 \cdot 10^6$	1850

Eine durch <u>Strahlung</u> beheizte Ti-Quelle in Form einer auswechselbaren Kugelscha-
le (3,8 mm Wandstärke, 34 mm Durchmesser) mit innen liegender Heizwendel, einer Verdampfungsrate von 0,01 bis 0,5 g/h und einem verdampfbaren Ti-Vorrat
von 37 g haben Harra et al. [7.21] beschrieben (Varian Ti-ball).

Jeder <u>Elektronenbombardement</u>-Verdampfer kann als Ti-Sublimator dienen; den-
noch bevorzugt man Systeme, die speziell geformten Ti-Proben angepaßt sind. Olm-
stead et al. [7.25] entwickelten eine Anordnung, bei der ein Titanstab von 20 mm
Durchmesser und 0,4 kg mit einer Rate von mehr als 1 g/h verdampft werden kann
(System Ultek). Den Einsatz dieses Sublimators in Raumsimulatoren behandeln die
Arbeiten [7.19; 7.26].

Bei dem von Robertson [7.27] beschriebenen System Varian Ti-gun befindet sich
das Titan in Form von Lamellen in einem Tiegel. Die Verdampfungsrate beträgt bis
zu 8 g/h, und der Ti-Vorrat 0,2 kg. Die Heizleistung beläuft sich auf maximal 3 kW,
und die Beschleunigungsspannung der Elektronen auf 3 kV.

Elektronenstrahl-Sublimatoren für hohe Verdampfungsraten im Bereich r = 1 bis
500 g/h (System Airco Temescal) hat Smith [7.24] beschrieben; der größte von ihnen wird mit einem elektronenstrahl-geschmolzenen Titan-Ingot von 152 mm Durchmesser gespeist.

7.6 Praktische Ausführung von 80 K-Titan-Sublimationspumpen

Die in Abb.7.1 dargestellte Pumpe enthält neun widerstandsbeheizte Ti-Sublimatoren von je 3 m Länge und einem verdampfbaren Ti-Vorrat von insgesamt 1 kg (System Sogev). Der zylindrischen Getterfläche von $5\,\mathrm{m}^2$ entspricht ein maximal mögliches Saugvermögen von $500\,\mathrm{m}^3\mathrm{s}^{-1}$; wegen der Begrenzung durch den Leitwert der Eintrittsöffnung wird im Testvolumen nur $S = 100\,\mathrm{m}^3\mathrm{s}^{-1}$ erreicht. Der Ti-Vorrat reicht aus, um mehr als 1000 h bei $p \leqslant 5\cdot10^{-4}\,\mathrm{Pa}$ zu arbeiten. Diese Pumpen finden in Raumkammern und Plasma-Anlagen Verwendung [7.7; 7.31].

Die Anwendung von zehn durch Elektronenbombardement geheizten Ti-Sublimatoren vom Typ Varian, die, auf einem Flansch von 0,8 m Durchmesser montiert, zur Evakuierung der Raumkammer nach Abb.10.3 dienen, ist in [10.7] beschrieben. Die LN_2-gekühlte Getterfläche in Form eines Kegelstumpfes beträgt $10\,\mathrm{m}^2$, und das in der Kammer gemessene Saugvermögen $S = 150\,\mathrm{m}^3\mathrm{s}^{-1}$. Die S,p-Kurve für $r = 3\,\mathrm{g}$ Titan/h ist in Abb.7.3 durch die gebrochene Linie dargestellt, an die sich nach höheren Drücken hin bei $p = 1\cdot10^{-2}\,\mathrm{Pa}$ die S,p-Kurve der Vorvakuumpumpen anschließt. Letztere werden nach Erreichen des Startdruckes p_{st} von der Kammer getrennt. Der Titan-Vorrat beträgt insgesamt 2 kg, und von den zehn Sublimatoren sind jeweils nur einer oder zwei im Betrieb.

Wegen ihres hohen Saugvermögens für Wasserstoff, den Hauptbestandteil der Gasabgabe der Metalle, sind Titan-Sublimationspumpen von großer Bedeutung für die Erzeugung niedriger Drücke. Edelgase und leichte Kohlenwasserstoffe, die durch Titanfilme praktisch nicht gepumpt werden, beseitigt man - je nach den näheren Umständen - durch Turbomolekular-, Ionengetter- oder Kryopumpen.

8 Berechnung von Kryopumpen

Ebenso wie andere Pumpen kennzeichnet man auch Kryopumpen durch die Größen: erreichbarer Enddruck p_e, Saugvermögen $S(p)$ als Funktion des Druckes p, Startdruck p_{st}. Für die Konstruktion und den praktischen Einsatz sind aber außerdem noch folgende Fragen bzw. Alternativen von Bedeutung:

- Beseitigung der schwer bzw. nicht kondensierbaren Komponenten (H_2, Ne, He) durch Kombination der Kondensationspumpe mit einer Kryosorptionsstufe oder einer anderen Pumpe;
- Thermische Belastung der Kryoflächen, Kältemittelbedarf der Bad- sowie der Verdampfer-Kryopumpe, Kälteleistung für die Refrigerator-Kryopumpe;
- Einfluß der geometrischen Konfiguration der Kryopumpe auf das spezifische Saugvermögen;
- Maximale Kondensatdicke und ununterbrochene Betriebsdauer.

8.1 Enddruck

8.1.1 Bestenfalls erreichbarer Enddruck p_e der Kondensationskryopumpe. Problem der schwer kondensierbaren Gase

Der bestenfalls erreichbare Enddruck p_e ist für den Fall eines einheitlichen Gases durch dessen Sättigungsdampfdruck $p_s(T_k)$ bei der Temperatur T_k der Kondensationsfläche A_k gegeben. Wenn letztere klein gegen die Behälteroberfläche A_w ist, stellt sich bei der Einströmung $Q = 0$ nach Gl.(3.3) der Gleichgewichtsdruck p_e

$$p_e = p_s(T_w/T_k)^{1/2} \tag{8.1}$$

ein. Ist A_k nicht klein gegen A_w, so wird bei $Q = 0$ mit dem Ionisationsvakuummeter ein Wert gemessen, der zwar die Größenordnung von p_e hat, im einzelnen aber von der Art und dem Ort der Meßanordnung, der Konfiguration der Kammer und der Temperaturverteilung in ihr abhängt (s. Abschn.2.3.2). Im folgenden wird $A_k \ll A_w$ vorausgesetzt.

Mit der Forderung nach einem bestimmten Wert p_e ist auch die Temperatur T_k festgelegt: Um das Maximum der S,p-Kurve zu erreichen, muß der Ansaugdruck $p \gg p_e$ sein. Rechnet man mit $p/p_e = 30$ und $T_w = 300\,K$, so ist für N_2 als Arbeitsgas nach (8.1) und Tabelle 8.1 bei $p = 10^{-4}\,Pa$ und $10^{-10}\,Pa$ die Temperatur $T_k = 23,5\,K$ bzw. $17,1\,K$. Bei $T_k = 20\,K$ sind die Werte p_e aller Gase, ausgenommen H_2, D_2, Ne und He, kleiner als einige $10^{-9}\,Pa$ (Abb.8.1)

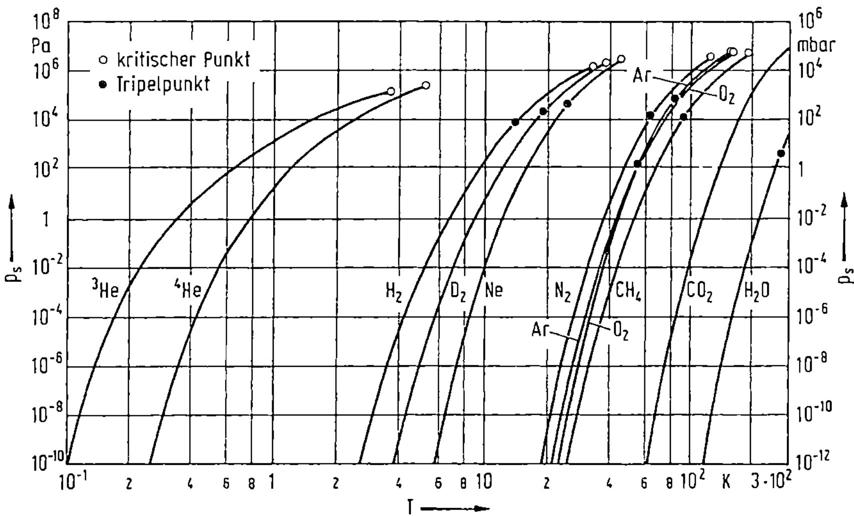

Abb.8.1. Dampfdruckkurven.

Unter den schwer kondensierbaren Komponenten verdient Wasserstoff besonderes Interesse, weil er von den meisten Werkstoffen aufgenommen und im Vakuum wieder abgegeben wird; er ist in vielen Fällen - in UHV-Systemen, bei Aufdampf- und Entgasungsprozessen - der Hauptbestandteil der Gasatmosphäre (s. Tabelle A.15). Bei der Temperatur des flüssigen Helium $T = 4,2\,K$ und $T_w = 300\,K$ ist für H_2 $p_e = 1 \cdot 10^{-3}\,Pa$. Der Versuch, den H_2-Partialdruck der Dampfdruckkurve entsprechend durch Erniedrigung von T_k zu senken, blieb lange Zeit ohne Erfolg. Die Ursache hierfür ist, wie in Abschn.3.3 erörtert, eine durch Wärmestrahlung induzierte H_2-Desorption [3.23]. Erst durch sorgfältige thermische Abschirmung der Kondensationsfläche gelang es Benvenuti et al. [3.24; 3.25], den bei $T_k = 2,3\,K$ zu erwartenden Druck p_e von einigen $10^{-11}\,Pa$ zu erreichen. Um Wasserstoff im UHV-Bereich durch Kondensation zu pumpen, ist also $T_k \leqslant 2,5\,K$ zu wählen und außerdem die Pumpe den Erfahrungen dieser Autoren entsprechend zu konstruieren (Abschn. 9.1.2).

Deuterium D_2 zeigt keinen solchen Desorptionseffekt [3.27]; es hat einen bedeutend geringeren Dampfdruck als H_2 und ist weder in der Luft noch in den Werkstof-

Tabelle 8.1. Dampfdrücke einiger gebräuchlicher Gase[a]

Gas	Temperatur in K für den Dampfdruck in Pa								
	10^{-12}	10^{-11}	10^{-10}	10^{-9}	10^{-8}	10^{-7}	10^{-6}	10^{-5}	10^{-4}
Ar	19,3	20,2	21,2	22,4	23,5	25,0	26,6	28,4	30,3
CH_4	22,6	23,8	25,1	26,5	28,0	29,8	31,7	33,9	36,5
CO	19,5	20,4	21,4	22,5	23,6	25,0	26,5	28,2	30,0
CO_2	56,7	59,1	61,8	64,8	68,0	71,6	75,6	80,0	85,0
D_2	3,39	3,57	3,79	4,03	4,28	4,60	4,96	5,38	5,86
H_2	2,31	2,45	2,60	2,78	2,98	3,21	3,47	3,79	4,17
H_2O	107,5	112,5	117,8	123,3	129,2	136,1	143,5	151,9	160,8
I_2	136	141	147	153	160	168	176	187	198
Kr	26,5	27,8	29,2	30,7	32,5	34,3	36,5	39,0	41,8
N_2	17,1	18,0	18,9	19,9	21,0	22,2	23,5	25,0	26,8
NH_3	67,5	70,5	73,7	77,1	81,0	85,2	90,0	95,2	101,2
Ne	5,22	5,47	5,75	6,07	6,42	6,83	7,28	7,80	8,40
O_2	20,8	21,7	22,7	23,8	25,0	26,4	28,0	29,7	31,6
Xe	36,3	38,2	40,2	42,4	44,8	47,3	50,4	53,7	57,7
mbar	10^{-14}	10^{-13}	10^{-12}	10^{-11}	10^{-10}	10^{-9}	10^{-8}	10^{-7}	10^{-6}

[a] Nach Honig und Hook [3.28], mit Ausnahme von: D_2 für $p < 0,1\,Pa$ nach Lee Benvenuti und Calder [3.23]. Dampfdrücke von Helium[4] und Helium[3], s. Tabel-

fen enthalten. – Neon läßt sich durch Anwendung von LHe praktisch völlig entfernen ($p_s = 10^{-16}\,Pa$ bei $4,2\,K$). – Hingegen kann Helium im Vakuum nicht kondensiert werden, weil sein Partialdruck in praktisch allen Fällen kleiner als der T_k entsprechende Sättigungsdampfdruck p_s ist.

Die Tatsache, daß atmosphärische Luft 23,5 ppm schwerkondensierbarer Komponenten mit den Anteilen β

$$\beta = 18,0\,ppm\ Neon, \quad 5,0\,ppm\ Helium, \quad 0,5\,ppm\ Wasserstoff$$

enthält, hat folgende Konsequenzen:

– Wird der Behälter mit einer mechanischen Pumpe auf den Druck p_{st} vorevakuiert, so verbleiben in ihm diese Gase mit dem Partialdruck βp_{st}, d.h. mit $2,35 \cdot 10^{-4}\,Pa$, wenn auf $p_{st} = 10\,Pa = 0,1\,mbar$ evakuiert wurde. Ungünstiger liegen die Verhältnisse beim Vorevakuieren mit einer Adsorptionspumpe (Abschn. 5.4); hier ist, falls nicht die Methode der N_2-Spülung angewendet wird, mit einem Partialdruck der Schwerkondensierbaren von $0,1\,Pa$ zu rechnen.

– Zusammen mit einem Leckstrom Q_L dringt der Strom βQ_L schwerkondensierbarer Gase in den Behälter (V) ein, so daß sich diese hier, falls sie nicht entfernt werden, mit einer Druckanstiegsrate von $\Delta p / \Delta t = \beta Q_L / V$ anreichern.

Tabelle 8.1. (Fortsetzung)

Temperatur in K für den Dampfdruck in Pa

10^{-3}	10^{-2}	10^{-1}	10^{0}	10^{1}	10^{2}	10^{3}	10^{4}	10^{5}
32,8	35,4	38,8	42,7	47,5	53,5	61,3	71,7	87,2
39,5	43,0	47,1	52,2	58,3	66,1	76,1	89,5	111,7
32,2	34,6	37,5	40,9	45,1	50,3	56,7	65,7	81,7
90,7	97,2	105,0	113,3	123,6	135,8	151,3	170,3	194,7
6,46	7,17	8,06	9,06	10,3	12,0	14,5	17,7	23,6
4,64	5,22	5,95	6,78	7,86	9,30	11,4	14,5	20,3
171,6	183,4	196,6	212,8	230,4	252,9	280,2	320,0	373,1
210	223	240	258	280	307	337	379	456
45,1	48,9	53,3	58,6	65,3	73,6	84,3	98,7	119,7
28,7	31,1	33,7	37,0	41,1	46,3	53,0	61,9	77,3
107,6	115,5	124,3	134,3	146,3	161,0	178,5	202,5	239,7
9,10	9,93	10,91	12,13	13,65	15,5	18,1	21,7	27,1
33,8	36,3	39,4	42,8	47,5	53,3	61,3	72,7	90,1
62,1	67,4	73,5	81,0	90,2	101,8	116,2	136,2	165,0
10^{-5}	10^{-4}	10^{-3}	10^{-2}	10^{-1}	10^{0}	10^{1}	10^{2}	10^{3}

[3.27], D_2 für $p > 0,1$ Pa nach Grilly [10.86], H_2 für $p < 0,1$ Pa nach
len A.5 und A.6.

Zur Entfernung der schwerkondensierbaren Komponenten kombiniert man die Kondensationspumpe mit einer oder mehreren der folgenden Pumpen:

- Titan-Sublimations- oder Volumengetterpumpe [8.1] zur Beseitigung von Wasserstoff;
- Ionenzerstäuber-, Turbomolekular- oder Kryosorptionspumpe zur Beseitigung von H_2 und Edelgasen.

Von diesen Möglichkeiten ist die Reihenschaltung einer Kondensationspumpe von $T \simeq 20$ K und einer Adsorptionspumpe von $T < 20$ K nach dem Schema der Abb. 1.1 die einfachste Lösung.

8.1.2 Enddruck der Kryosorptionspumpe

Der bestenfalls erreichbare Enddruck p_e ist hier ebenfalls durch (8.1) gegeben, nur ist an die Stelle von p_s der Dampfdruck $p_a(T_k, v)$ zu setzen, den das betrachtete Gas laut Adsorptionsisotherme bei der Belegung v besitzt. Diese Kurven (Abb. 5.2 für Molekularsiebe und Aktivkohle, Abb. 4.2 bis 4.5 für Gaskondensate als Adsorbens) zeigen:

- Die Dampfdrücke p_a des Adsorbats sind um viele Größenordnungen kleiner als die Werte p_s des entsprechenden Kondensats, so daß zum Pumpen von H_2 und N_e $T_k \simeq 20\,K$ sowie von He $T_k \simeq 4,2\,K$ ausreichen.
- Bei diesen Temperaturen erhält man mit dem noch unbelegten Adsorbens beliebig niedrige Werte p_a. Mit zunehmender Belegung v steigen p_a und p_e.

Wählt man als obere Grenze für p_e etwa $1/10$ des Ansaugdruckes p, so ist dadurch der Maximalwert v_{max} der Belegung und damit die Betriebsdauer t_{max}, d.h. die Zeit zwischen zwei Reaktivierungen, festgelegt.

8.1.3 Weitere Beiträge zum Enddruck

Der Enddruck p_u ist im allgemeinen größer als p_e nach (8.1). Im Zustand des Enddruckes besteht ein Quasi-Gleichgewicht ($dp/dt \simeq 0$) zwischen den Gasströmen $\sum Q_i$, die durch

Desorption von der Wand,	Rückdiffusion aus einer mech. Vorpumpe,
Gasabgabe aus der Wand,	Rückströmung aus einer Treibmittelpumpe,
Permeation durch die Wand,	Reemission aus einer Ionenpumpe,
Leckage infolge Poren,	Chemische Reaktion an heißen Flächen

in den Behälter eintreten können, und den Gasströmen, die die verschiedenen Pumpen (S_i) herausbefördern. Der Partialdruck p_i jeder Gaskomponente i ist dann

$$p_i = p_{e,i} + \sum Q_i / \sum S_i \, , \qquad\qquad (8.2)$$

und der totale Enddruck $p_u \leqslant \sum p_i$, wobei das $<$-Zeichen die Möglichkeit des Kryotrapping berücksichtigt. Eine Folgerung aus (8.2): Bei einer Kombination von selektiv arbeitenden Pumpen wählt man für jede Gaskomponente i das Saugvermögen S_i proportional zu ihrer Einströmung $\sum Q_i$. - Die Tabelle A.15 enthält Werte der Gasabgaberate Q_g/A verschiedener Materialien in Abhängigkeit von deren Vorbehandlung.

8.2 Thermische Belastung der Kryoflächen

Die auf eine Kryofläche übertragene thermische Leistung setzt sich aus den Anteilen zusammen, die durch Wärmestrahlung ($\dot{Q}_{rad}$), Festkörperleitung ($\dot{Q}_{solid}$), Kondensation ($\dot{Q}_{cond}$), Kryosorption ($\dot{Q}_{sorb}$) und Gaswärmeleitung ($\dot{Q}_{gas}$) verursacht sind. Die Leistungsbilanz lautet daher

$$\dot{Q}_{rad} + \dot{Q}_{solid} + \dot{Q}_{cond} + \dot{Q}_{sorb} + \dot{Q}_{gas} - \dot{Q}_k = m_k c_k \, dT_k / dt \, , \qquad (8.3)$$

wobei $\dot{Q}_k$ die von der Kältequelle gelieferte Kälteleistung ist.

8.2.1 Wärmestrahlung

Eine nicht abgeschirmte Kryofläche (A_k, T_k, e_k) empfängt von der sie umgebenden Behälterwand (A_w, T_w, e_w) die Strahlungsleistung $\dot{Q}_r$

$$\dot{Q}_r = f e_k A_k \sigma (T_w^4 - T_k^4) \tag{8.4a}$$

mit $f = [1 + A_k e_k (e_w^{-1} - 1)/A_w]^{-1}$ und $\sigma = 5,67 \cdot 10^{-8}\,\mathrm{W\,m^{-2}K^{-4}}$. Eine Kryofläche von $T_k = 20\,\mathrm{K}$ und $e_k = 0,5$ wird durch die 300-K-Strahlung der Behälterwand bei $A_w \gg A_k$ mit dem für die praktische Anwendung untragbar hohen Wert $\dot{Q}_r/A_k = 230\,\mathrm{W\,m^{-2}}$ belastet. Daher schirmt man in praxi die Kryofläche A_k durch ein Baffle von LN_2-Temperatur ab, wodurch außerdem das die Kryofläche treffende Gas abgekühlt wird. Die auf A_k übertragene Strahlungsleistung umfaßt dann zwei Anteile

$$\dot{Q}_{rad} = \dot{Q}_r + \dot{Q}_{sc} = A_k e_k f_b \sigma (T_b^4 - T_k^4) + A_k e_k t_p \sigma (T_w^4 - T_k^4) \; , \tag{8.4b}$$

von denen der erste die (direkte) Wärmestrahlung des Baffles (T_b, A_b, e_b) mit $f_b = (1 + A_k e_k (e_b^{-1} - 1)/A_b)^{-1}$ beschreibt und der zweite die das Baffle durchsetzende 300 K-Streustrahlung. Um den Transmissionskoeffizienten t_p niedrig zu halten, wird das Baffle geschwärzt, so daß e_b etwa 0,9 beträgt. Werte von t_p sind in Abschn.2.2.6.3 aufgeführt, und Werte der Emissionsgrade e_i in Abschn.3.6.4 und in Tabelle A.14.

8.2.2 Wärmeleitung im Festkörper

Die durch einen Leiter konstanten Querschnitts A und der Länge L bei der Temperaturdifferenz $T_1 - T_2$ übertragene Leistung beträgt

$$\dot{Q}_{solid} = \frac{A}{L} \int_{T_2}^{T_1} \lambda\,dT \; . \tag{8.5}$$

Werte des Integrals der Wärmeleitfähigkeit λ, für das $\int_{T_2}^{T_1} = \int_{4}^{T_1} - \int_{4}^{T_2}$ gilt, sind in Tabelle A.13 sowie in [8.2] enthalten. Andere als lineare Wärmeleitungsprobleme sind in [8.3] behandelt.

Die Festkörperleitung in den Befestigungen, Zuleitungen etc. muß durch die konstruktive Gestaltung, die Wahl der Werkstoffe und die geometrischen Abmessungen hinreichend klein gehalten werden. Dieser Forderung kommt die Tatsache entgegen, daß die Wärmeleitfähigkeit der für Abstützungen und Rohrleitungen gut geeigneten

Legierungen (18/8 Chrom-Nickel-Strahl, Monel, Neusilber) relativ gering ist und mit T abnimmt. Andererseits verwendet man reine Metalle (Cu, Al, Ag) wegen ihrer großen Wärmeleitfähigkeit auch bei tiefen Temperaturen überall dort, wo es auf einen guten Temperaturausgleich mit der Kaltfläche ankommt, wie etwa beim LN_2-gekühlten Baffle oder einem Sorptionspanel.

Zur Verminderung der Energiezufuhr durch Wärmeleitung gibt es zwei Verfahren:
- Thermisches Abfangen: Hier wird die vom Raumtemperaturniveau her eindringende Wärme durch ein LN_2-Bad abgefangen, so daß für die Wärmeleitung zur tiefer gekühlten Fläche nur die Temperaturdifferenz $77 K - T_k$ maßgebend ist. Beispiel: Die Aufhängung des LHe-Behälters in Abb. 9.1 ist im thermischen Kontakt mit dem LN_2-Behälter.
- Konvektionskühlung. Hier wird die Enthalpie des verdampfenden Kältemittels zur Kühlung des Halsrohres der Behälter (Abb. 9.1 bis 9.5) oder der Abstützungen, Meßleitungen, Stromzuführungen etc. benutzt. Dieses Verfahren ist in [1.9; 8.4] und speziell für Stromzuführungen, in [8.5 - 8.9] unter dem Aspekt der optimalen Dimensionierung der jeweiligen Bauelemente behandelt.

8.2.3 Kondensationsleistung

Diese Leistung ist der Zahl der pro Sekunde auf A_k treffenden Mole proportional. Für $T_w = T_n = 293 K$ beträgt diese Zahl $S_0 p/RT_n$ mit $S_0 = A_k \bar{v}_n/4$ und $RT_n = 2,437 kJ\, mol^{-1}$. Da von den auftreffenden Teilchen der Bruchteil α kondensiert, der Bruchteil $1 - \alpha$ reflektiert wird und der Bruchteil $\alpha p_e/p$ wiederverdampft (s. Abschn. 2.2.5), ist

$$\dot{Q}_{cond} = (S_0 p/RT_n)\,[\alpha\, \Delta H(T_b \to T_k) + (1-\alpha)\Delta H(T_b \to T_r) - \alpha(p_e/p)\Delta H_s]\ ,$$

$$(8.6a)$$

wobei die Enthalpien ΔH jeweils auf ein Mol bezogen sind. Die Temperatur T_r der reflektierten Teilchen liegt bei guter thermischer Akkomodation nahe bei T_k. So wurde z.B. bei der Reflexion von $1400 K$-Argonatomen an einer $77 K$-Fläche $T_r = 94 K$ gefunden [8.22]. Für $\alpha \to 1$ und $p \gg p_e$ ist

$$\dot{Q}_{cond} = Sp\Delta H(T_b \to T_k)/RT_n\ ,$$

$$(8.6b)$$

wobei $Sp/RT_n = \alpha A_k(\bar{v}_n/4)/RT_n$ die bei $T_w = T_n$ pro Sekunde gepumpten Mole bedeuten.

Die Tabelle 8.2 enthält die Werte $\Delta H(80 \to 4 K)$ für einige Gase. Dabei sind im Fall des Wasserstoffes und seiner Isotope auch die Beiträge für die Konversion in die Tieftemperaturmodifikation (z.B. $oH_2 \to pH_2$) berücksichtigt. Den Werten

Tabelle 8.2. Enthalpiedifferenzen $\Delta H(80 \to 4\,K)$ für einige Gase

Gas		N_2	H_2	D_2	T_2
$\Delta H(80 \to 4\,K)$	$kJ\,mol^{-1}$	9,30	3,308	3,483	4,075
$\Delta H(80 \to 4\,K)/RT_n$	$W/(Pa\,m^3 s^{-1})$	3,81	1,35	1,42	1,67
$\dot{Q}_{cond}/Sp$	$W/(Pa\,m^3 s^{-1})$	–	1,50	1,35	2,17

$\Delta H(80 \to 4\,K)/RT_n$ sind die von Chou et al. [6.17] aus der LHe-Verdampfungsrate einer Badkryopumpe bestimmten Werte $\dot{Q}_{cond}/Sp$ gegenübergestellt. Nach (8.6a) ist zu erwarten, daß letztere etwas größer als erstere sind, was im Fall H_2 und T_2 auch zutrifft.

8.2.4 Adsorptionsleistung

Bei der Adsorption sind gegenüber dem vorangehenden Fall die Ausdrücke $\Delta H(T_b \to T_k)$ und ΔH_s um die Netto-Adsorptionsenthalpie $\Delta H_a - \Delta H_s$ zu erhöhen, so daß

$$\dot{Q}_{sorb} = (S_0 p/RT_n)\,[\alpha\,\{\Delta H(T_b \to T_k) + (\Delta H_a - \Delta H_s)\} + (1 - \alpha)\Delta H(T_b \to T_r) -$$
$$- \alpha(p_e/p)\Delta H_a] \qquad (8.6c)$$

wird. Das Verhältnis $\Delta H_a/\Delta H_s$ (Adsorptions- zu Sublimationsenthalpie) nimmt mit wachsender Belegung v von einem Maximalwert ($\simeq 10$ für H_2 und 4 für N_2) aus bis auf 1 ab.

8.2.5 Wärmeleitung im Gas

Finden weder Kondensation noch Adsorption statt, so ist die Wärmeleitung im Gas im Molekularströmungsbereich bei der Temperaturdifferenz $T_w - T_k$ durch

$$\dot{Q}_{gas} = A_k a\{(\varkappa + 1)/(\varkappa - 1)\}(R/8\pi MT_n)^{1/2} p(T_w - T_k)$$
$$= (S_0 p/RT_n)\,\{(\varkappa + 1)/(\varkappa - 1)\}\,aR(T_w - T_k)/2 \qquad (8.7)$$

zu berücksichtigen. Es ist vorausgesetzt, daß die Temperatur des Vakuummeters, mit dem p gemessen wird, gleich T_n ist. Ferner ist $\varkappa = c_p/c_v$ und der Akkomodationskoeffizient $a = [a_k^{-1} + A_k(a_w^{-1} - 1)/A_w]^{-1}$. Die folgende Tabelle 8.2a gibt einige Zahlenwerte zu (8.7); die Werte a_w und a_k sind Richtwerte für technische Oberflächen [8.10]. Neuere Werte von a_i findet man in [8.23; 8.24].

Tabelle 8.2a. Zahlenwerte zu Gl.(8.7)

Gas	T_w	T_k	a_w	a_k	$\dfrac{\varkappa+1}{\varkappa-1}\left(\dfrac{R}{8\pi MT_n}\right)^{1/2}$	$\dot{Q}_{gas}/S_0 p$
	K	K	-	-	$W\,m^{-2}Pa^{-1}K^{-1}$	$W/(Pa\,m^3 s^{-1})$
N_2	300	80	0,8	1	1,192	2,229
O_2	300	80	0,8	1	1,137	2,272
H_2	300	80	0,3	0,5	4,417	2,216
H_2	80	20	0,5	1	3,125	0,427
^4He	20	4	0,6	1	2,116	0,109

Die Anwendung von (8.7) ist nach oben durch den Sättigungswert der $\dot{Q}_g$,p-Kurve begrenzt, der durch die druckunabhängige Wärmeleitfähigkeit λ des Gases im Kontinuumbereich gegeben ist. In diesem Bereich kann die Wärmeübertragung durch Konvektion beträchtlich erhöht werden.

8.3 Thermische Belastung und Kältemittelbedarf einer Bad-Kryopumpe

8.3.1 Bad-Kryopumpe bei $T_k = 4,2\,K$

Am Beispiel einer Bad-Kryopumpe, die dem Prinzip nach der Anordnung Abb.9.1 entspricht, sollen die einzelnen Beiträge $\dot{Q}_i$ zur thermischen Belastung diskutiert werden [8.11]. Die folgenden Annahmen werden gemacht:

- LHe-Behälter: Oberfläche $A_k = 1\,m^2$ = Kondensationsfläche von $T_k = 4,2\,K$. Material: Edelstahl, poliert. Der Emissionskoeffizient e_k nimmt mit wachsender Dicke d des N_2-Kondensats zu und hat die in Tabelle 8.3 aufgeführten Werte. Die Zuführungsrohre aus Edelstahl, die zugleich der Aufhängung des Behälters dienen, haben den Querschnitt $A = 150\,mm^2$ und, bis zum Boden des LN_2-Gefäßes gerechnet, die Länge $L = 500\,mm$ (thermisches Abfangen, $\int_{4}^{80} \lambda dT = 317\,W\,m^{-1}$).

- LN_2-Behälter: Oberfläche $A = 1\,m^2$, $e = 0,08$, Edelstahl poliert. Für die Wärmeleitung sind der Querschnitt $A = 600\,mm^2$, die Länge $L = 100\,mm$ zwischen $T_b = 80\,K$ und $T_n = 293\,K$ sowie der Wert $\int_{80}^{293} \lambda dT = 2740\,W\,m^{-1}$ maßgebend.

- Baffle: $A_b = 1\,m^2$ (projizierte Fläche) $\ll A_w$, $T_b = 80\,K$, $e_b = 0,9$, $w = 0,27$ und $t_p = 0,007$. Material: Kupfer, geschwärzt und gut wärmeleitend mit dem LN_2-Behälter verbunden.

- Arbeitsgas: Stickstoff, $T_w = 300\,K$, $\Delta H(300 \rightarrow 80\,K) = 6,40\,kJ\,mol^{-1}$, $\Delta H(80 \rightarrow 4\,K) = 9,30\,kJ\,mol^{-1}$, $\alpha = 1$, $c = 0,27$, $S = 32\,m^3 s^{-1}$.

Tabelle 8.3. Thermische Belastung und Kältemittelbedarf einer Bad-Kryopumpe, ohne Berücksichtigung von Verlusten im Transfer-System

			Kondensationsfläche 4,2 K					Baffle + LN$_2$-Behälter 80 K	
Emissionskoeff.	e	–	0,05	0,2	0,5	0,9	0,5	0,9	0,9
Kondensatdicke	d	mm	0	0,2	1	10	1	0	0
Ansaugdruck	p	Pa	10^{-3}	10^{-3}	10^{-3}	10^{-3}	10^{-1}	10^{-3}	10^{-1}
Therm. Belastung durch:									
Direkte Strahlung	$\dot{Q}_r$	W/m^2	0,11	0,42	1,06	1,85	1,06	450[a]	450
Streustrahlung	$\dot{Q}_{sc}$	W/m^2	0,16	0,64	1,60	2,90	1,60	–	–
Kondensation	$\dot{Q}_c$	W/m^2	0,12	0,12	0,12	0,12	11,80	–	–
W 'leitung Gas	$\dot{Q}_g$	W/m^2	–	–	–	–	–	0,5	52
W 'leitung Festkörper	$\dot{Q}_s$	W/m^2	0,09	0,09	0,09	0,09	0,09	18	18
$\sum \dot{Q}/A_k$		W/m^2	0,48	1,27	2,87	4,96	14,55	468,5	520
$\sum \dot{Q}/S$		W/(m^3/s)	0,015	0,040	0,089	0,155	0,46	14,7	16,3
Verdampfungsrate Saugvermögen			flüssiges Helium					flüssig. N$_2$	
berechnet		$\dfrac{\text{dm}^3/\text{h}}{\text{m}^3/\text{s}}$	0,020	0,055	0,12	0,21	0,63	0,32	0,36
experimentell		$\dfrac{\text{dm}^3/\text{h}}{\text{m}^3/\text{s}}$	0,017 bis 0,035	–	–	–	–	0,25 bis 0,45	–

[a] Dieser Wert setzt sich aus einem Anteil für das (geschwärzte) Baffle (413 W m^{-2}) und einem Anteil für den (polierten) LN$_2$-Vorratsbehälter (37 W m^{-2}) zusammen

Die in Tabelle 8.3 zusammengestellten Ergebnisse zeigen:

• Die thermische Belastung $\sum \dot{Q}/A_k = 0,48$ W pro Quadratmeter der noch unbelegten Kryofläche A_k setzt sich bei $p < 10^{-3}$ Pa aus vier etwa gleichen Anteilen zusammen. Hingegen ist die thermische Belastung des Baffles (469 W m^{-2}) praktisch nur durch die von der 300 K-Behälterwand einfallende Strahlung gegeben. Die aus diesen beiden Werten berechneten Verdampfungsraten der Kältemittel LHe und LN$_2$, bezogen auf $S = 1$ m^{3}s^{-1} N$_2$, liegen im Bereich der experimentellen Daten, die für kommerzielle Bad-Kryopumpen bei $p < 10^{-3}$ Pa und unbelegter Kondensationsfläche angegeben werden.

• Mit zunehmender Kondensatdicke d wachsen die e_k-Werte, und damit auch die Belastungen von A_k durch die beiden Strahlungen $\dot{Q}_r$ und $\dot{Q}_{sc}$, und folglich auch der LHe-Bedarf.

• Die Kondensationsleistung $\dot{Q}_c$ ist bei $p < 10^{-4}$ Pa vernachlässigbar gering, bei $p \geqslant 0,1$ Pa hingegen dominierend. Der LHe-Bedarf steigt, wie es die Experimente [6.17] bestätigen, linear mit dem Arbeitsdruck.

Bei diesen Überlegungen ist der Einfluß des Transfersystems auf den LHe-Bedarf nicht berücksichtigt. Nach Thibault et al. [8.12] können die Transferverluste den LHe-Bedarf gegenüber dem nur der Kryopumpe auf das 3- bis 4fache erhöhen, so daß der gesamte LHe-Bedarf unter den Bedingungen: $T_k = 4,2$ K, $p \leqslant 10^{-3}$ Pa, $d \leqslant 0,2$ mm N_2-Kondensat etwa 0,1 bis 0,2 dm^3 LHe/h $\hat{=}$ 0,07 bis 0,14 W für $S(N_2) = 1$ m^{3}s^{-1} beträgt. Dieser Wert bezieht sich auf Pumpen konventioneller Bauweise; eine erhebliche Senkung des LHe-Bedarfes erreicht man durch die später in Abschn. 9.1.2 erörterten Maßnahmen.

<u>8.3.2 Bad-Kryopumpe bei $T_k < 4,2$ K</u>

Um die Temperatur des LHe-Bades von $T_1 = 4,2$ K auf $T_2 < T_1$ zu erniedrigen, verdampft man von der eingefüllten Menge m_1 einen gewissen Bruchteil x, der sich unter Vernachlässigung weiterer thermischer Belastungen aus

$$1 - x = m_2/m_1 = \exp\left[-\int_{T_2}^{T_1} c_p(T)\,dT/l_v(T)\right]$$

ergibt, wobei $l_v = l_v(T)$ die Verdampfungsenthalpie bedeutet. Wird ein LHe-Bad von $T < 4,2$ K kontinuierlich aus einem Vorrat von 4,2 K gespeist, so ist bei der Badbelastung $\dot{Q}$ der LHe-Bedarf

$$\dot{m} = \frac{\dot{Q}}{l_v(1 - x)} \tag{8.8}$$

<u>Tabelle 8.4.</u> Zur Temperaturerniedrigung des LHe-Bades durch Abpumpen

Badtemperatur	T	K	4,21	3,5	3,0	2,5	2,0	1,6
Im Bad verbleibender Teil	1-x	–	1,0	0,83	0,74	0,68	0,63	0,58
Dampfdruck	p_s	mbar	1000	474,5	242,8	103,3	31,4	7,59
Verdampfungsenthalpie	l_v	J g^{-1}	20,9	23,3	23,7	23,3	23,2	22,6
Volumenstrom GHe pro 1 W Belastung	$\dfrac{\dot{V}}{\dot{Q}}$	$\dfrac{\text{m}^3/\text{h}}{\text{W}}$	1,08	2,37	4,90	12,4	41,5	226
LHe pro 1 W Belastung		$\dfrac{\text{dm}^3/\text{h}}{\text{W}}$	1,38	1,49	1,64	1,82	1,97	2,20

$l_v(4,2)/l_v(T)(1-x)$-mal größer als bei $T = 4,2\,K$. Der GHe-Volumenstrom $\dot{V}$ beträgt dann

$$\dot{V} = \frac{\dot{Q}}{l_v(1-x)p_s} \frac{RT_n}{M_{He}} \cdot \qquad (8.9)$$

Wie die Tabelle 8.4 zeigt, muß man $x = 32\%$ des LHe-Vorrates verdampfen, um die Badtemperatur von $4,21\,K$ auf $2,5\,K$ zu senken. Der LHe-Bedarf pro $1\,W$ Belastung ist dann um den Faktor $1,30$ größer als bei $4,21\,K$. Im kontinuierlichen Betrieb wird zum Abpumpen des He-Dampfes eine Pumpe mit $\dot{V}/\dot{Q} = 12,4\,m^3/h$ Saugvermögen pro $1\,W$ Badbelastung bei $p_s = 1,03 \cdot 10^4\,Pa = 103\,mbar$ benötigt. Unterhalb des λ-Punktes $(2,18\,K)$ ist zusätzlich die Belastung durch den suprafluiden He-Film zu berücksichtigen.

8.4 Das Verhältnis Kälteleistung $\dot{Q}$/Saugvermögen S für verschiedene Konfigurationen bei niedrigen Drücken $(p < 10^{-4}\,Pa)$

Dieses Verhältnis soll für die Konfigurationen in Abb. 8.2 ermittelt werden: Die Pumpen a bis c befinden sich im "großen" Behälter, die Pumpen d bis g sind an diesen angeflanscht, und in den Fällen h bis k bedecken sie als Großflächenpumpen die Behälterwand. Die folgenden Annahmen werden gemacht:

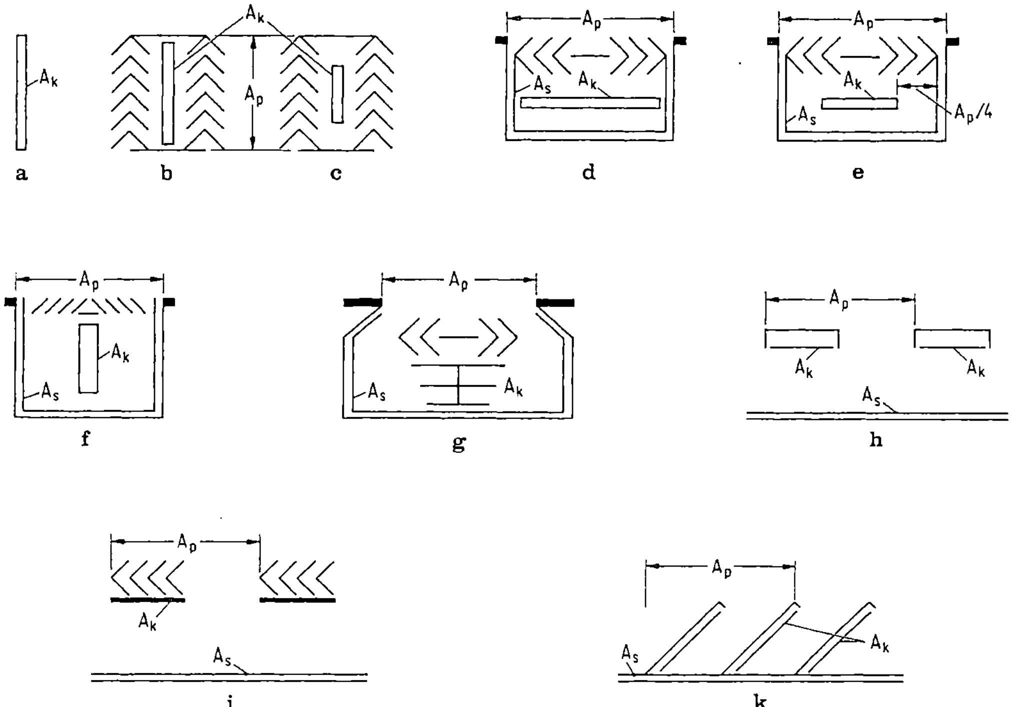

<u>Abb. 8.2.</u> Verschiedene Konfigurationen, für die das Verhältnis Kälteleistung $\dot{Q}$ zu Saugvermögen $S(N_2)$ berechnet wird (Tabelle 8.5).

- Thermische Belastung $\dot{Q}$: Nur die durch Wärmestrahlung verursachten Anteile $\dot{Q}_r$ und $\dot{Q}_{sc}$ werden berücksichtigt. Die so berechnete Belastung der Kondensationsfläche A_k von $T_k \leqslant 20\,K$ heißt $\dot{Q}_k$, und die Belastung von Baffle A_b plus Abschirmfläche A_s, beide auf $T_b = 80\,K$, heißt $\dot{Q}_b$.
- Koeffizienten e und t_p: Es ist $e = 0,2$ für A_k sowie für die polierte, der Behälterwand zugekehrte Seite von A_s. Es ist $e = 0,9$ für die Baffleflächen A_b und die geschwärzten Seiten von A_s, die A_k zugewandt sind. Über die Transmissionskoeffizienten t_p, siehe Tabelle 8.5.

Tabelle 8.5. Das Verhältnis Kälteleistung zu Saugvermögen für die Konfigurationen der Abb.8.2 mit N_2 von $p < 10^{-4}\,Pa$ als Arbeitsgas

Konfiguration	$\dfrac{A_k{}^{a}}{A_p}$	$\dfrac{A_s}{A_p}$	c	t_p	$\dfrac{S}{A_p}$	$\dfrac{\dot{Q}_k}{A_p}$	$\dfrac{\dot{Q}_b}{A_p}$	$\dfrac{\dot{Q}_k}{S}$	$\dfrac{\dot{Q}_b}{S}$
	-	-	-	. -	m^3/sm^2	W/m^2	W/m^2	Ws/m^3	Ws/m^3
a	1	0	1	-	118	92	0	0,78	0
b	1	0	0,27	0,007	32	1,06	413	0,033	12,8
c	0,5	0	0,213	0,007	25	0,53	413	0,021	16,4
d	1	2	0,27	0,007	32	1,48	597	0,046	18,8
e	1	2	0,25	0,007	29	0,74	597	0,026	20,7
f	3	5	0,5	$0,01^c$	59	2,16	873	0,037	16,8
g	3^b	5	0,5	$0,01^c$	59	2,16	873	0,037	16,8
h	0,5	1	0,134	0,015	15,8	1,80	506	0,114	31,7
i	0,5	1	0,36	0,022	42,5	2,44	506	0,052	11,8
k	$\sqrt{2}$	1	0,36	0,031	42,5	4,04	506	0,095	11,8

[a] A_k ist die pumpende Fläche, die kleiner als die Strahlung absorbierende 20 K-Fläche sein kann.
[b] Im Fall g ist A_k gleich der den Kegelstumpf einhüllenden Fläche.
[c] Geschätzter Wert

- Arbeitsgas: Stickstoff mit $\alpha = 1$ und $S = cA_p\bar{v}/4$ nach (2.50).
- Einfangwahrscheinlichkeit c: Für die Anordnung a ist $c = 1$. Für die Anordnungen b bis d wird c nach (2.53) mit $w = 0,27$ berechnet, wobei A_k die jeweils für die Kondensation wirksame Fläche ist. - Für die Struktur e wird c nach (2.56) mit $d = 0,5$ und $w = 0,27$ berechnet. - Die Werte c für die Konfigurationen f [7.28] und g [8.13] sind Experimenten entnommen, und die für h bis k der Abb.2.20.

Die Ergebnisse sind in Tabelle 8.5 zusammengestellt: Der Fall b entspricht der Bad-Kryopumpe Abb.9.1 und zeigt durch den Vergleich mit dem Fall a, daß das Baffle die Belastung $\dot{Q}_k$ auf 1 %, das Saugvermögen S aber nur auf 27 % reduziert.

- Gegenüber dem Fall b ist im Fall c A_k/A_p nur halb so groß, und daher sowohl c als auch $\dot{Q}_k/S$ kleiner. - Die Anordnung d hat einen ungünstigen $\dot{Q}_k/S$-Wert, weil nur die Oberseite von A_k pumpt, aber beide Seiten durch Strahlung belastet werden. - Günstiger ist die Konfiguration e: Obgleich A_k nur den halben Querschnitt des Bafflekastens überdeckt, ist der c-Wert wegen der Pumpwirkung auch der Unterseite von A_k nur 7 % kleiner als der von d.

Die bisher betrachteten Konfigurationen b bis e enthalten Chevronbaffle, die aus der Technik der Diffusionspumpe übernommen sind und wegen ihrer Aufgabe, die Treibmittel-Rückströmung zu reduzieren, eine relativ geringe Durchtrittswahrscheinlichkeit w besitzen. Bei der Kryopumpe können aber, sofern es sich nicht um das Pumpen von Wasserstoff bei extrem niedrigen Drücken handelt (Abschn. 9.1.2), lichter gebaute Baffle verwendet werden. So erreicht man c-Werte von 0,5 und mehr, wenn man, wie in Anordnung f, statt des Chevron- ein Streifenbaffle verwendet, das nur bezüglich A_k optisch dicht ist. Diese Bauweise ist - dem Prinzip nach - z.B. in den Kryopumpen nach Abb.9.6a [4.22], Abb.9.19 [9.34] und Abb.9.25 [7.22] verwirklicht. Gegenüber den vorangehenden Fällen sind zwar die Kälteleistungen $\dot{Q}_k/A_p$ und $\dot{Q}_b/A_p$ höher, kaum aber die auf S bezogenen Werte $\dot{Q}_k/S$ und $\dot{Q}_b/S$, weil S/A_p entsprechend größer ist.

Mit der Konfiguration g, bei der sich im Zentrum von A_p ein nur A_k abschirmendes Baffle und außerhalb dessen ein freier Leitungsquerschnitt befindet, erreicht man ebenfalls c-Werte von 0,5 und mehr. Diese Bauweise ist bei den Pumpen nach Abb.9.16 und 9.17 [9.31] verwirklicht. Der durch die Modelle f und g gegenüber den vorangehenden erzielte Fortschritt liegt vor allem in der für die Anwendung wichtigen Steigerung von S bei gegebener Nennweite des Anschlußflansches.

Die großflächigen Strukturen h bis k haben wegen des hohen Koeffizienten t_p höhere $\dot{Q}_k/S$-Werte als die vorangehenden b bis g. Werden diese Strukturen in Raumkammern verwendet, so kann die thermische Belastung erheblich größer sein, als hier angenommen wurde. Die vorausgesetzte 300 K-Strahlung entspricht nämlich einer Bestrahlung mit nur etwa 0,3 Solarkonstante = $0,3 \cdot 1,47 \approx 0,5\,\mathrm{kW\,m^{-2}}$.

8.5 Kälteleistung für Refrigerator-Kryopumpen

Bei der Bad-Kryopumpe wächst die LHe-Verdampfungsrate mit steigendem Ansaugdruck p, und die vom LHe-Vorrat gelieferte Kälteleistung paßt sich - sieht man von Wärmeübergangsverlusten ab - den Erfordernissen derart an, daß das an sich mögliche Saugvermögen S auch zustande kommt. Im Gegensatz dazu ist das Saugvermögen S der Refrigerator-Kryopumpe bei hohen Drücken p durch die Kälteleistung $\dot{Q}_K$ des Refrigerators limitiert. Diesem $\dot{Q}_K$ entspricht ein maximaler Gasstrom

Q_{max}, den die Kryopumpe zu fördern imstande ist. Der Refrigerator ist daher Q_{max} entsprechend zu bemessen, wofür die folgenden Bedingungen zur Verfügung stehen:

- Die Charakteristiken $\dot{Q}_K(T_K, T_B)$ und $\dot{Q}_B(T_B, T_K)$ für die Kälteleistungen der beiden Refrigeratorstufen in Abhängigkeit von deren Temperaturen T_K und T_B.
- Die Leistungsbilanzen für die beiden an diese Stufen angeschlossenen Verbraucher, so z.B. für die untere Temperaturstufe einer Kondensationspumpe:

$$\dot{Q}_K(T_K, T_B) = \dot{Q}_k(T_k, T_b) + \dot{Q}_{cond} + \dot{Q}_{tr}(T_K, T_k) \ . \tag{8.10}$$

Im ersten Term rechts sind die druckunabhängigen thermischen Belastungen von A_k zusammengefaßt, der zweite stellt die Kondensationsleistung $\dot{Q}_{cond}$ nach (8.6a) dar, und der letzte die für das Transfersystem benötigte Kälteleistung.

Bei $p < 10^{-4}$ Pa liegt die kleinstmögliche Belastung $(\dot{Q}_k)$ der Kryofläche A_k vor, und damit ihre niedrigste Temperatur, z.B. $T_k = 13\,K$. Mit wachsendem p steigt die Belastung, und mit ihr steigen die Temperaturen T_k und T_K, bis beim maximal zulässigen Wert $T_{k\,max}$, z.B. bei $20\,K$, die obere Grenze des Gasdurchsatzes Q_{max} erreicht wird. Dann ist nach (8.10) und (8.6b)

$$Q_{max} = (Sp)_{max} = \frac{\dot{Q}_K(T_{K\,max}) - \dot{Q}_k - \dot{Q}_{tr}}{\Delta H/RT_n} \ . \tag{8.11}$$

Diese Beziehung soll mit Hilfe der Daten einiger Refrigerator-Kryopumpen verifiziert werden. Dazu bedarf es noch einer Aussage über die Größe $\dot{Q}_k$; nach Tabelle 8.5 kann

$$\dot{Q}_k/S = 0,03\,W\,m^{-3}s \tag{8.12}$$

gesetzt werden.

Die Refrigerator-Kryopumpe nach Abb.9.16 wird durch einen zweistufigen Kryogenerator gekühlt. Da die Flächen A_k und A_b direkt auf den Stufen des Kryogenerators befestigt sind, kann $\dot{Q}_{tr} = 0$ gesetzt werden. Die Daten einer Pumpe dieses Typs waren [8.13]: $\dot{Q}_K(20\,K) = 1,0\,W$, $S(N_2) = 1,0\,m^3 s^{-1}$, $Q_{max}(N_2) = 0,2\,Pa\,m^3 s^{-1}$. Aus den Werten $\dot{Q}_K$, S und $\Delta H(80 \rightarrow 20\,K)/RT_n = 3,70$ folgt mit (8.11) – im Einklang mit dem Experiment – $Q_{max} = 0,26\,Pa\,m^3 s^{-1}$, und aus (8.12) $\dot{Q}_k = 0,03\,W$. Von der Kälteleistung $\dot{Q}_K$ des Refrigerators wird also bei niedrigen Drücken nur 3 % zur Deckung von $\dot{Q}_k$ benötigt, während die restlichen 97 % für den Fall des maximalen Gasdurchsatzes bereit stehen.

Die Refrigerator-Kryopumpe nach Abb.9.17 wird ebenfalls mit einem zweistufigen Kryogenerator betrieben, enthält aber eine zusätzliche LN_2-Kühlung der $80\,K$-Stufe.

Dadurch wird die Kälteerzeugung des Refrigerators begünstigt, und es kann laut Experiment mit $\dot{Q}_K = 1,9\,W$ (statt $1,0\,W$ ohne LN_2-Kühlung) gerechnet werden. Die Daten einer solchen Pumpe waren [8.13]: $S(N_2) = 8,0\,m^3 s^{-1}$, $Q_{max} = 0,4\,Pa\,m^3 s^{-1}$. Dann folgt analog zu oben: $Q_k = 0,24\,W$, $Q_{max} = 0,46\,Pa\,m^3 s^{-1}$. Gegenüber dem vorangehenden Beispiel sind hier im Interesse des Saugvermögens die Flächen A_k und A_b vergrößert, so daß jetzt $\dot{Q}_k$ schon $13\,\%$ von $\dot{Q}_K$ ausmacht.

Die höchsten Werte S, die pro $1\,W$ Kälteleistung der unteren Temperaturstufe in den Arbeiten [9.31; 9.36] realisiert wurden, betragen

$$\frac{S(N_2)}{\dot{Q}_K(T_k = 20\,K)} \simeq \begin{cases} 2\,\dfrac{m^3/s}{W} & \text{für die Refrigerator-Kryopumpe ohne, bzw.} \\[2ex] 10\,\dfrac{m^3/s}{W} & \text{für die Refrigerator-Kryopumpe mit } LN_2\text{-} \\ & \text{Zusatzkühlung,} \end{cases} \qquad (8.12a)$$

wobei für die letztere

$$\frac{\dot{Q}_B}{S(N_2)} \simeq 0,1\,\frac{dm^3/h\,LN_2}{m^3/s} \cong 4,6\,\frac{W}{m^3/s} \qquad (8.12b)$$

aufzuwenden ist. Das Verhältnis $\dot{Q}_B/\dot{Q}_K$ der Kälteleistungen beider Stufen beträgt demnach

$$\dot{Q}_B/\dot{Q}_K \simeq 50\ . \qquad (8.12c)$$

Das bedeutet:

1. Die obere Grenze von S ist bei Refrigerator-Kryopumpen ohne Zusatzkühlung durch die höchstzulässige Temperatur des Baffles $(T_b \lesssim 100\,K)$ und damit durch das verfügbare $\dot{Q}_B$ gegeben. Wenn das Verhältnis $\dot{Q}_B/\dot{Q}_K$ bei einem Refrigerator z.B. nur 10 beträgt, wird seine Leistung $\dot{Q}_K$ hinsichtlich S bei gegebenem p_{max} zu nur einem Fünftel ausgenutzt.

2. Nur mit einer LN_2-Zusatzkühlung des Baffles kann die Kälteleistung $\dot{Q}_K$ der unteren Temperaturstufe kommerzieller Refrigeratoren im Sinne eines möglichst großen Saugvermögens bei noch ausreichendem p_{max} voll ausgenutzt werden.

Durch Verluste $\dot{Q}_{tr}$ im Transfersystem wird nach (8.11) Q_{max} reduziert. Zur Berechnung der Transferluste sind außer (8.3) bis (8.7) die Gesetzmäßigkeiten des Wärmeüberganges an tiefsiedende Kältemittel heranzuziehen, die in [8.14 - 8.16; 8.21] zusammenfassend dargestellt sind.

8.6 Das Saugvermögen S(p) im gesamten Arbeitsbereich der Refrigerator-Kryopumpe

Die Kennlinie $S = S(p)$ umfaßt drei Bereiche (Abb.8.3):

1. Der mittlere Bereich, in dem das Saugvermögen S von p praktisch unabhängig und gleich dem Plateauwert

$$S = c\,A_p\,\bar{v}/4 \qquad\qquad (8.13)$$

ist, erstreckt sich vom etwa 10fachen des Enddruckes p_e nach (8.1) (bzw. p_u nach (8.2)) bis zum maximalen Ansaugdruck p_{max}, bei dem die S,p-Kurve wieder abfällt; dies ist der eigentliche Arbeitsbereich der Pumpe. Das Saugvermögen S ist hier limitiert durch die Einfangwahrscheinlichkeit c, die Eintrittsöffnung A_p und die Gasart. Was letztere anbelangt, so ist das Verhältnis $S(H_2)/S(N_2)$ von Interesse: Rechnet man mit $\alpha = 0,8$ für H_2 und $\alpha = 1$ für N_2, so ist für eine Anordnung nach Abb.8.2b mit $w = 0,27$: $c(H_2) = 0,25$ und $c(N_2) = 0,27$, woraus für die Kondensationspumpe in Übereinstimmung mit der Erfahrung $S(H_2)/S(N_2) = 3,4$ folgt.

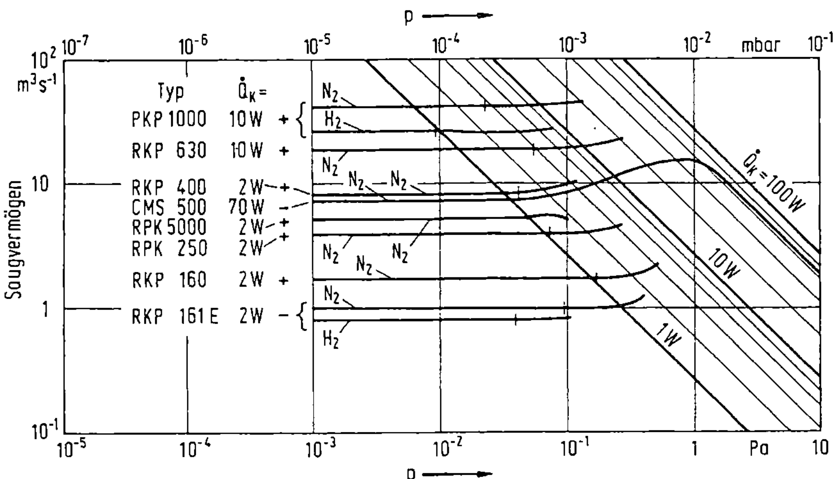

Abb.8.3. Saugvermögen S von Refrigerator-Kryopumpen für N_2 und H_2 in Abhängigkeit vom Ansaugdruck p; Typen: RKP von Balzers, RPK von Leybold-Heraeus, CMS von L'Air Liquide. Ohne (−) und mit (+) LN_2-Zusatzkühlung

Beim Übergang zum Kontinuumbereich ($p \gtrsim 0,1\,Pa$) steigt das Saugvermögen, wie in Abschn.2.3 begründet, an. Der maximale Ansaugdruck

$$p_{max} = \frac{\dot{Q}_{max}}{S} = \frac{\dot{Q}_K - \dot{Q}_k - \dot{Q}_{tr}}{S\,\Delta H/RT_n} \lesssim \frac{\dot{Q}_K}{S\,\Delta H/RT_n}\,, \qquad\qquad (8.14)$$

der nach (8.11) bei $Q = Q_{max}$ erreicht wird, ist um so größer, je größer die Kälteleistung $\dot{Q}_K$ und je kleiner die Größen $\dot{Q}_k$, $\dot{Q}_{tr}$ und S sind. Dies lassen die S,p-Kurven erkennen, die für eine Reihe kommerzieller Refrigerator-Kryopumpen in Abb.8.3 bis $p = p_{max}$ herauf eingetragen sind. Die rechten Endpunkte der Kurven gelten für eine praktisch noch unbelegte Kryofläche. Mit wachsender Belegung steigt die Strahlungsbelastung $\dot{Q}_k$ und damit auch die Temperatur T_k der Kryofläche, so daß p_{max} und Q_{max} abnehmen. Gegen Ende der maximalen Betriebsdauer t_{max} gelten die durch Querstriche auf den Kurven markierten Werte p_{max}, die um etwa den Faktor 6 kleiner sind als die anfänglichen und die im Dauerbetrieb nicht überschritten werden sollten.

Die 45°-Linien in Abb.8.3 mit dem Parameter $\dot{Q}_K$ bezeichnen den N_2-Strom $Q = Sp = \dot{Q}_K/(\Delta H/RT_n)$, der bei der Kälteleistung $\dot{Q}_K$ und vernachlässigbarem $\dot{Q}_k$ und $\dot{Q}_{tr}$ gefördert wird. In der Tat reichen die S,p-Kurven der Pumpen RKP 161 E und CMS 500 ohne Zusatzkühlung (und N_2 als Arbeitsgas) bis nahe an die der jeweiligen Kälteleistung (2 bzw. 70 W) entsprechende $\dot{Q}_K$-Linie heran. Im Fall einer LN_2-Zusatzkühlung hingegen überschreiten die S,p-Kurven die ihnen entsprechende $\dot{Q}_K$-Linie und enden erst bei einem 2- bis 3mal größeren Parameter $\dot{Q}_K$. Um diesen Faktor wird die Kälteleistung der unteren Temperaturstufe des Refrigerators durch die LN_2-Zusatzkühlung erhöht.

2. Oberhalb des maximalen Ansaugdruckes p_{max}, also rechts vom Knickpunkt der S,p-Kurve gilt

$$S = \frac{Q_{max}}{p} \quad \text{für} \quad p \geqslant p_{max} \tag{8.15}$$

mit Q_{max} nach (8.11). Das Saugvermögen S nimmt umgekehrt proportional mit p ab, wie es die CMS 500-Kurve in Abb.8.3 zeigt. Soll im Vakuumbehälter ein hoher Ansaugdruck $p > p_{max}$ aufrecht erhalten werden, so drosselt man vielfach S mittels eines Ventils. Hiervon wird beim Reinigen der Wände durch Glimmentladung, bei Gasentladungsverfahren der Schichtenfertigung und bei Plasma-Experimenten Gebrauch gemacht. Bei den Refrigerator-Kryopumpen mit Aktivkohle-Adsorptionsstufe ist Q_{max} für H_2 viermal kleiner als für N_2 (Abb.8.3 und Tabelle 9.3). Um diesen Befund zu erklären, muß man die Leistungen $\dot{Q}_{sorb} + \dot{Q}_{gas}$ nach (8.6c) bzw. (8.7) an Stelle von $\dot{Q}_{cond}$ in (8.10) und (8.11) einsetzen; dabei ist für $\dot{Q}_{sorb}$ der Teil des H_2-Stromes maßgebend, der den mit Aktivkohle belegten Bereich von A_k trifft und hier adsorbiert wird, und für $\dot{Q}_{gas}$ der Teil dieses Stromes, der den nicht belegten Bereich trifft.

3. In der Nähe des Enddruckes p_u folgt die S,p-Kurve einem $(1 - p_u/p)$-Gesetz. Das Saugvermögen ist hier durch die p_u bestimmenden Faktoren (s. Abschn.8.1) limitiert.

8.7 Maximale Kondensatdicke d_{max}

Dem Anwachsen der Kondensatdicke d ist dadurch eine Grenze gesetzt, daß mit zunehmendem d die Temperatur T' der Schichtoberfläche gegenüber der Temperatur T_k der Unterlage steigt. Die Temperaturdifferenz ΔT an der Schicht beträgt

$$\Delta T = T' - T_k = \frac{d}{\lambda A_k} (\dot{Q}_r + \dot{Q}_{sc} + \dot{Q}_{cond}) \ , \tag{8.16}$$

wobei λ den Mittelwert der Wärmeleitfähigkeit der Schicht und die Terme in der Klammer die zugeführten thermischen Leistungen nach (8.4b) und (8.6a) bedeuten. Nach (3.13) wächst die Schicht mit der Geschwindigkeit

$$\frac{d}{t} = \frac{\dot{m}}{A_k \rho} = \frac{M}{R T_n} \frac{Sp}{\rho A_k} \ , \tag{8.17}$$

woraus mit (8.16) und (8.6b) folgt:

$$\Delta T = T' - T_k = \frac{t}{\lambda \rho} \frac{\dot{m}}{A_k} \left(\frac{\dot{Q}_r + \dot{Q}_{sc}}{A_k} + \frac{\dot{m}}{A_k} \frac{\Delta H}{M} \right) \ . \tag{8.18}$$

Können bei hohen Ansaugdrucken p ($\gtrsim 1\,Pa$) die Strahlungsleistungen $\dot{Q}_r$, $\dot{Q}_{sc}$ gegen die Kondensationsleistung $\dot{Q}_{cond}$ vernachlässigt werden, dann wächst die Temperaturdifferenz ΔT

$$\Delta T = T' - T_k = \frac{\Delta H}{M \lambda \rho} \left(\frac{\dot{m}}{A_k} \right)^2 t \tag{8.18a}$$

proportional zu $\dot{m}^2$. Die Schicht hört auf zu wachsen, wenn der T' entsprechende Gleichgewichtsdruck $p_e = p_s(T')/(T_w/T')^{1/2}$ gleich dem Ansaugdruck p ist; dann ist $S = 0$, $d = d_{max}$ und $\Delta T = \Delta T_{max}$.

Hierzu ein Beispiel: Bei dem in Abb.3.13 dargestellten Meßergebnis handelt es sich um die Kondensation von N_2 bei $p = 0,67\,Pa$ an einer nichtabgeschirmten Fläche von $T_k = 20\,K$. Die maximale Schichtdicke betrug $d_{max} = 11,5\,mm$, die mittlere Wärmeleitfähigkeit $\lambda = 0,70\,W\,m^{-1}K^{-1}$ und die aus $p = p_e$ ermittelte maximale Temperaturdifferenz $\Delta T_{max} = 15,0\,K$. - Andererseits läßt sich ΔT_{max} aus (8.16) wie folgt berechnen: Für $d = 11,5\,mm$ ist $e_k = 0,9$, und daher $\dot{Q}_r/A_k = 414\,W\,m^{-2}$. Aus $p = 0,67\,Pa$, $S/A_k = 118\,m^3 s^{-1} m^{-2}$ und $\Delta H(300 \to 35\,K) = 15,5\,kJ\,mol^{-1}$ folgt $\dot{Q}_{cond}/A_k = 486\,W\,m^{-2}$. Daraus ergibt sich mit $\dot{Q}_{sc} = 0$ und dem genannten λ-Wert $\Delta T_{max} = 14,8\,K$.

Bei einer abgeschirmten Kondensationsfläche A_k und gegebenem Ansaugdruck p ist die pro Quadratmeter zugeführte Leistung kleiner als im Fall ohne Abschirmung, so daß bei gegebenem ΔT_{max} eine entsprechend größere maximale Schichtdicke d_{max} erreicht werden kann. Dies demonstrierten Eder et al. [8.17], die an der abgeschirmten 20 K-Fläche einer Refrigerator-Kryopumpe Luft bei $p = 0,1$ bis $1\,Pa$ zur Kondensation brachten und Werte $d_{max} = 50$ bis $100\,mm$ erreichten, die Massendicken von etwa $60\,kg/m^2$ entsprechen. – Boissin et al. [8.18] haben Experimente unter ähnlichen Bedingungen ausgeführt und die Ergebnisse im Hinblick auf technische Anwendungen der Kryopumpe bei hohen Ansaugdrücken diskutiert.

8.8 Betriebsdauer t_{max} und Pumpkapazität $\overline{Q}$

Kondensationspumpe. Die Betriebsdauer t_{max} ist der maximal zulässigen Kondensatdicke d_{max} proportional und beträgt nach (8.17)

$$t_{max} = \frac{\rho\, A_k RT_n}{SpM}\, d_{max} \cdot \qquad (8.19)$$

Für ein N_2-Kondensat folgt unter den Annahmen: $\rho = 900\,kg\,m^{-3}$, $S/A_k = 118\,m^3 s^{-1} m^{-2}$ für die nichtabgeschirmte bzw. $32\,m^3 s^{-1} m^{-2}$ für die abgeschirmte Kryofläche:

$$\frac{pt_{max}}{d_{max}} = \begin{cases} 0,2\,Pa\,h\,mm^{-1} & \text{für die nichtabgeschirmte,} \\ 0,7\,Pa\,h\,mm^{-1} & \text{für die abgeschirmte Kryofläche .} \end{cases} \qquad (8.20a)$$

Bei $p = 10^{-4}\,Pa$ wird eine $1\,mm$ N_2-Schicht in $2000\,h$ an der nichtabgeschirmten bzw. in $7000\,h$ ($\simeq 1$ Jahr) an der abgeschirmten Kryofläche abgeschieden, wobei die Temperaturdifferenz ΔT an der Schicht etwa $1\,K$ bzw. $0,01\,K$ beträgt.

Welcher Wert d_{max} zu wählen ist, läßt sich nicht allgemein beantworten – er hängt von den jeweiligen Bedingungen ab. Im UHV-Bereich ist die Betriebsdauer praktisch beliebig groß: Bei $10^{-7}\,Pa$ entsteht eine $1\,mm$-Schicht in 1000 Jahren. Für Anwendungen bei höheren Drücken gibt man statt d_{max} besser die Pumpkapazität $\overline{Q}$

$$\overline{Q} = Spt_{max} \qquad (8.20b)$$

an. In der Tabelle 9.3 findet man beispielsweise für eine Refrigeratorpumpe von $S(N_2) = 8\,m^3 s^{-1}$ $\overline{Q} = 2,3 \cdot 10^5\,Pa\,m^3\,N_2$. Daraus folgt für den (mittleren) Ansaugdruck $p = 10^{-3}\,Pa$ eine Betriebsdauer $t_{max} \simeq 3 \cdot 10^7\,s \simeq 340$ Tage, was nach (8.20a) einer Schichtdicke $d_{max} = 10\,mm$ entspricht.

Um einen Dauerbetrieb bei hohen Ansaugdrücken aufrecht zu erhalten, arbeitet man im Wechselbetrieb mit zwei Kryopumpen, die über Ventile abwechselnd an den Behälter angeschlossen werden, während die jeweils andere Pumpe durch Aufwärmen regeneriert wird. Wird ein Refrigerator mit einem He-Strom als Wärmeübertrager benutzt, so kann man diesen nach [8.18] auf die jeweils arbeitende Pumpe umschalten.

<u>Sorptionspumpe.</u> Die Betriebsdauer t_{max}, die hier gleich der Zeit zwischen zwei Reaktivierungen des Sorptionspanels ist, beträgt

$$t_{max} = \frac{vm}{Sp} = \frac{v\rho dA_k}{Sp} = \frac{\overline{Q}}{Sp} \, , \tag{8.21}$$

wobei m, ρ, d und A_k die Masse, Dichte, Dicke bzw. Fläche des Adsorbens bedeuten. Für v kann bei hinreichend niedrigen Drücken die Sorptionskapazität in $Pa\,m^3\,kg^{-1}$ laut Adsorptionsisotherme eingesetzt werden; bei höheren Drücken ist statt dessen die dynamische Sorptionskapazität v_d nach Abschn. 5.7 zu setzen; hierzu ein Beispiel:

Das mit Molekularsieben 5 A belegte Sorptionspanel der Bad-Kryopumpe Excalibur CVR 1108 hat nach [5.26] die folgenden Daten: Massendicke des Adsorbens ρd = $1,25\,kg/m^2$, A_k = $0,024\,m^2$. Für Helium und T_k = 4,5 K ist S(He) = $1\,m^3/s$ und v = $1 \cdot 10^4 Pa\,m^3/kg$ bei p_a = 10^{-7} Pa. – Nach (8.21) folgt für p = 10^{-6} Pa t_{max} = $3 \cdot 10^8$ s = 10 Jahre. Bei dem höheren Druck p = 10^{-5} Pa muß nach Abb. 5.6 mit dem gegenüber v geringeren Wert v_d = $3 \cdot 10^3 Pa\,m^3/kg$ gerechnet werden; dann folgt t_{max} = $9 \cdot 10^6$ s ≃ 100 Tage – ein Wert, der auch experimentell gefunden wurde.

Auch für Adsorptionsstufen gibt man eine Pumpkapazität $\overline{Q}$ an. Diese ist nach Tabelle 9.3, um im obigen Beispiel zu bleiben, für H_2 zwei Größenordnungen geringer als für N_2. Damit beim Regenerieren kein explosives Gemisch entstehen kann, darf die <u>Sicherheitsgrenze</u> $\overline{Q}/V$ = 1600 bis $6600\,Pa\,m^3$ Wasserstoff pro Kubikmeter Kammervolumen nicht überschritten werden [9.168; 10.101]; außerdem wird an der Pumpe ein Überdruckventil angebracht [9.165].

8.9 Startdruck p_{st}

Für die Wahl des Startdruckes p_{st}, bis zu dem herab der Behälter vorevakuiert werden muß, können ganz verschiedene Gesichtspunkte maßgebend sein; so z.B.:
– Der verbleibende Partialdruck p_h der nichtkondensierbaren Komponenten:

$$p_h = \alpha\,p_{st} \quad \text{mit} \quad \alpha = 2,35 \cdot 10^{-5} \, .$$

Um p_h = 10^{-6} Pa zu erreichen, ist p_{st} = $4 \cdot 10^{-2}$ Pa erforderlich.
– Die Schichtdicke d des entstehenden Kondensats:

$$d = V\,p_{st}\,M/(\rho\,A_k\,RT_n) \, .$$

Läßt man $d = 1\,\mu m$ zu, so kann bei $V = 1\,m^3$, $A_k = 0,3\,m^2$ (d.h. $S = 10\,m^3 s^{-1}$) und N_2 als Füllgas der Startdruck $p_{st} = 25\,Pa$ betragen. Nach 100 Prozessen ist e_k auf etwa $0,25$ und nach 1000 auf etwa $0,7$ gestiegen.

- Der zusätzliche LHe-Bedarf m für die Kondensation:

$$m = V p_{st} \Delta H(80 \to 4\,K)/(l_v R T_n) \ .$$

Läßt man $m = 0,0125\,kg \,\hat{=}\, 0,1\,dm^3$ LHe zu, so kann bei N_2 als Füllgas $p_{st} = 70\,Pa$ sein ($\Delta H/RT_n = 3,7$, $l_v = 20,9\,J\,g^{-1}$).

- Die thermische Energie ΔE, die der Kryogenerator und die Kryoflächen schlagartig aufgrund ihrer Wärmekapazität aufnehmen können, ohne daß der Kryogenerator instabil wird:

$$\Delta E = V p_{st} \Delta H(80 \to 20\,K)/(RT_n) \ .$$

Legt man den experimentellen Wert $\Delta E = 600\,J$ zugrunde, der der Refrigerator-Kryopumpe RKP 400 (Tabelle 9.3) nach [8.19] zukommt, so muß bei $V = 1\,m^3$ und N_2 als Füllgas $p_{st} \leqslant 160\,Pa$ sein.

- Verfahrenstechnische Anwendungen schließlich fordern:
  - Eine möglichst kurze Pumpzeit pro Charge;
  - Vermeidung von Kohlenwasserstoffen, die durch Rückdiffusion oder Rückströmung aus der Vorpumpe in den Behälter eindringen können,
  - eine wirtschaftliche Lösung des Vorvakuum-Systems.

  Diese Forderungen legen, wie weiter unten begründet wird, die Wahl eines Startdruckes p_{st} im Übergangsbereich zur Kontinuumströmung nahe.

Die genannten Forderungen an p_{st} liegen im Bereich 10^{-2} bis $10^2\,Pa$. Bei UHV-Anwendungen wird vielfach ein Startdruck von 10^{-1} bis $10^{-2}\,Pa$ gewählt, der durch Turbomolekular-, Ionenzerstäuber- und/oder Kryosorptionspumpen erzeugt wird. Bei vielen Vakuumprozessen kann auf die Forderung bezüglich der nicht- bzw. schwerkondensierbaren Gase verzichtet werden - sei es, daß ihr Anteil nicht stört, oder daß sie durch eine andere Pumpe, eine Kryosorptionsstufe oder durch Kryotrapping entfernt wurden. Dann kann p_{st} zwischen 10 und 100 Pa liegen. Am Beispiel einer Bedampfungsanlage für die Schichtenfertigung haben dies für den Fall einer Bad-Kryopumpe von $S = 5\,m^3 s^{-1}$ Hengevoss et al. [8.20], und für den Fall einer Refrigerator-Kryopumpe von $S = 5\,m^3 s^{-1}$ (Typ RKP 400) Wössner [8.19] experimentell nachgewiesen.

Nach diesen Erfahrungen empfiehlt es sich, bei <u>verfahrenstechnischen</u> Vakuumprozessen zumindest, einen Startdruck p_{st} von etwa $40\,Pa = 0,4\,mbar$ zu wählen; dies hat folgende Konsequenzen:

- Zum Vorevakuieren genügen Ölrotationspumpen. Die Rückdiffusion der Kohlenwasserstoffe wird durch die pumpenwärts gerichtete Gasströmung hinreichend
  unterbunden. Die Eigenschaft des "trockenen" Pumpsystems bleibt massenspek-
  troskopischen Beobachtungen zufolge gewahrt (Abb. 10.25, [10.129]).
- Die Pumpzeit wird gegenüber der konventionellen Arbeitsweise erheblich abgekürzt, weil das Saugvermögen der Kryopumpe etwa 100mal größer ist als das
  der Vorpumpe; das gilt nicht nur für die Bad- sondern auch für die Refrigerator-
  Kryopumpe: Die Wärmespeicherwirkung befähigt letztere nämlich, das maximal
  mögliche Saugvermögen eine gewisse Zeit lang bei Drücken p aufrecht zu erhalten, die groß gegen den maximalen Ansaugdruck p_{max} im stationären Zustand
  sind [8.19].
- Trotz des hohen Partialdruckes $p_h = 1 \cdot 10^{-3}$ Pa der schwerkondensierbaren Gase
  unmittelbar nach dem Vorevakuieren wurden Enddrücke p_u der Größenordnung
  10^{-8} Pa in den Bedampfungsanlagen erreicht; im Restgasspektrum waren He und
  Ne nicht nachweisbar [10.129]. Das bedeutet, daß bei der Bad-Kryopumpe bei
  $T_k = 4,2$ K das Helium und bei der Refrigerator-Kryopumpe bei $T_k \approx 13$ K das He-
  lium und das Neon durch Kryosorption und/oder Kryotrapping beseitigt werden.

Schließlich ist für den praktischen Einsatz der Kryopumpen die Tatsache von Bedeutung, daß man mit einem einfachen, relativ geringe Investitionen erfordernden Vorvakuumsystem auskommen kann.

9 Praktische Ausführung von Kryopumpen

Ausführungsform und Betriebsweise der Kryopumpen unterscheiden sich hinsichtlich des Prinzips ihrer Kühlung, die durch ein Kältemittelbad, nach dem Verdampferprinzip oder durch einen Refrigerator erfolgen kann.

9.1 Kryopumpen nach dem Bad-Prinzip

Bad-Kryopumpen leiten sich in ihrer einfachsten Form aus der Technik des LHe-Bad-kryostaten und der des LN_2-gekühlten Baffles ab. Pumpen dieser Form benötigen eine automatische LHe-Nachfüllvorrichtung, die das LHe-Niveau konstant hält, weil sonst bei sinkendem Niveau die Gefahr der Gasabgabe und damit von Druckschwankungen besteht. Die Temperatur des LHe-Bades kann durch Abpumpen unterhalb von $4,2\,K$ gesenkt werden, wobei man $2,3\,K$ im allgemeinen nicht unterschreitet. Temperaturen zwischen 4,2 und $20\,K$ sind nicht erreichbar. Durch die Kältemittelbäder ist die Einbaurichtung vorgegeben.

9.1.1 Kondensations-Bad-Kryopumpen

Pumpen dieser Art wurden in [9.1 - 9.5; 9.162] beschrieben. Als Beispiel zeigt Abb. 9.1 eine Bad-Kryopumpe, die als "Kühlfinger" in die Vakuumkammer eintaucht und das Saugvermögen $S = 1\,m^3 s^{-1}$ für N_2 und $3\,m^3 s^{-1}$ für H_2 besitzt. Das LHe befindet sich in einem $0,25\,dm^3$-Behälter aus rostfreiem Stahl, dessen äußere Wand die Kondensationsfläche bildet. Diese ist von einem LN_2-gekühlten, geschwärzten Chevronbaffle aus Kupfer umgeben. Der LHe-Behälter ist an dünnwandigen Edelstahlrohren aufgehängt, welche die LHe-Transferleitung, den Niveaufühler und die Abgasleitung aufnehmen. Zur Inbetriebnahme wird die Vakuumkammer vorevakuiert, und der LN_2-Behälter gefüllt. Wenn der LHe-Behälter sich durch Strahlung auf nahezu LN_2-Temperatur abgekühlt hat, wird auch er gefüllt; für das weitere Abkühlen und das vollständige Füllen wird $1\,dm^3$ LHe benötigt. Die Pumpe ist dann betriebsbereit. - Charakteristische Daten einiger kommerzieller Bad-Kryopumpen sind in Tabelle 9.1 zusammengestellt.

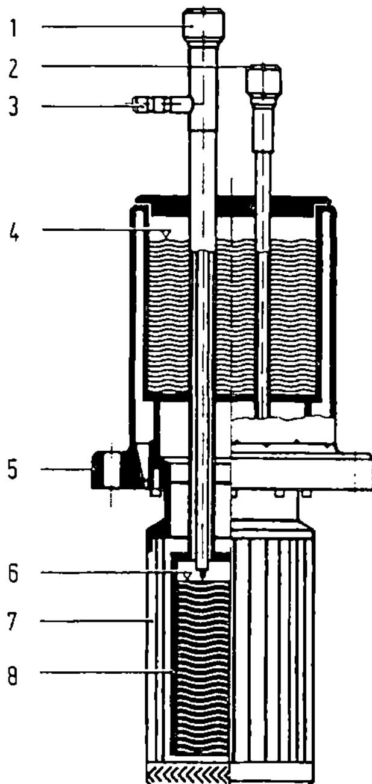

Abb.9.1. Bad-Kryopumpe Typ Balzers KRY 1000 U,
$\overline{S(N_2)} = 1\,m^3s^{-1}$, $S(H_2) = 3\,m^3s^{-1}$.
1 LHe-Füllstutzen, 2 Anschluß für LHe-Niveau-
fühler, 3 LHe-Abgas, 4 LN₂, 5 Flansch NW 100,
6 LHe, 7 Baffle, 8 Kondensationsfläche.

Bad-Kryopumpen der beschriebenen Art haben folgende Nachteile:

- Die Form des eingetauchten Kühlfingers ist für viele Anwendungen nicht geeignet.
  Um die Kammer allein für den Vakuumprozeß zur Verfügung zu haben, ist eine
  Pumpe im anflanschbaren Gehäuse erwünscht.

- Hoher LHe-Bedarf: s. Abschn.8.3.1.

- Geringe Standzeit (Dauer einer LHe-Füllung): 1/2 bis 3 Tage.

- Drücke kleiner als 10^{-8} Pa sind wegen unvermeidlicher LHe-Niveauschwankungen
  nicht erreichbar.

- Pumpen von H_2: Ohne Baffle nur bis etwa 10^{-6} Pa, mit gewöhnlichem Baffle nur
  bis etwa 10^{-8} Pa (= bei 300 K gemessener N_2-Äquivalentdruck) herab (s. Abschn.
  3.3);

- Pumpen von He: nicht möglich.

Wie die ersten fünf Nachteile überwunden werden können, hat Benvenuti [3.24; 9.6;
9.7] gezeigt.

9.1.2 Bad-Kryopumpen für extrem niedrige Drücke und lange Standzeiten

Benvenuti [9.7] entwickelte zwei Typen von Pumpen, von denen die erste (Abb.9.2)
die folgenden Merkmale hat:

- Die Kondensationsfläche ist Ag-plattiert ($e_k = 0,012$), und das Baffle hat eine besonders geringe Transmission für Wärmestrahlung ($t_p < 1 \cdot 10^{-3}$, 10 ; Überlappung

Tabelle 9.1. Daten einiger kommerzieller Bad-Kryopumpen

Typ		Balzers KRY 1000 U	Excalibur CVR 1108	L'Air Liquide CM 500	Leybold- Heraeus BPK 2000
Anschlußflansch- Nennweite	mm	100	200	500	150
Saugvermögen für N_2	m^3s^{-1}	1,0	1,0	6,0	2,3
für H_2	m^3s^{-1}	3,0	1,6	20	7,0
Füllvolumen des LHe-Tanks	dm^3	0,25	6	8,5	1,25
LHe-Verbrauch bei 4,2 K ($p < 10^{-3}$ Pa)	dm^3/h	0,018	0,06	0,10	0,035
LHe-Standzeit bei 4,2 K	h	12	90	80	35
LHe-Bedarf zur Abkühlung von 77 K auf 4,2 K einschl. Füllung	dm^3	1	3	5	2
LHe-Verbrauch zur Abkühlung von 4,2 K auf 2,3 K	dm^3	0,1			
LHe-Standzeit bei 2,3 K	h	6			
LN_2-Verbrauch	dm^3/h	2		6	3,5
LN_2-Bedarf zur Abkühlung auf 77 K einschl. Füllung	dm^3	0,5		2	0,75

der Chevronflächen, Abb. 2.10). Durch diese Maßnahmen wird die thermische Belastung der Kryofläche und damit, wie in Abschn. 3.3 begründet, der H_2-Gleichgewichtsdruck erheblich reduziert.

- Der LHe-Behälter ist, vom Boden abgesehen, doppelwandig ausgeführt. Der Zwischenraum wird während der Abkühlperiode mit He als Kontaktgas gefüllt und anschließend evakuiert. Die Temperatur der als Strahlungsschild wirkenden, Agplattierten Außenwand ist vom LHe-Niveau unabhängig. Änderungen dieses Niveaus haben daher keinen Einfluß auf den Druck im Vakuumbehälter.

- Die Pumpe ist bei 450 °C unter Vakuum ausheizbar. Der zum Schwärzen des Baffles benutzte Lack (Typ Pyrolac PSZ 179) zeigt anschließend bei $p \lesssim 10^{-11}$ Pa keine Gasabgabe und auch keine Degradation seines Emissionsgrades von $e = 0,90$.

- Das Saugvermögen S/A_k beträgt 30 $m^3s^{-1}m^{-2}$ für N_2 und 90 $m^3s^{-1}m^{-2}$ für H_2. Enddrücke p_e der Größenordnung 10^{-12} Pa bei $T_k = 2,3$ K wurden erzielt.

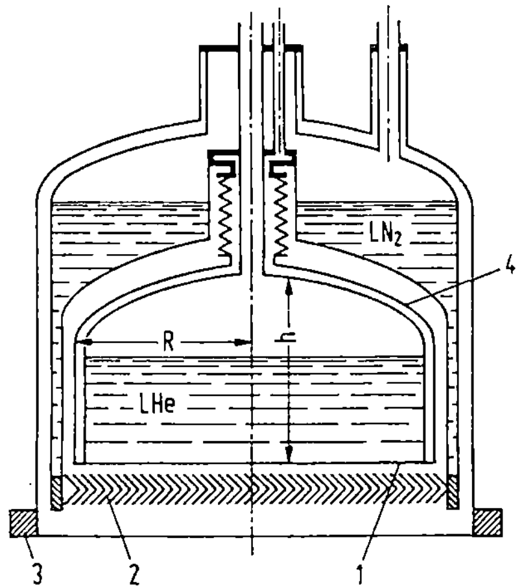

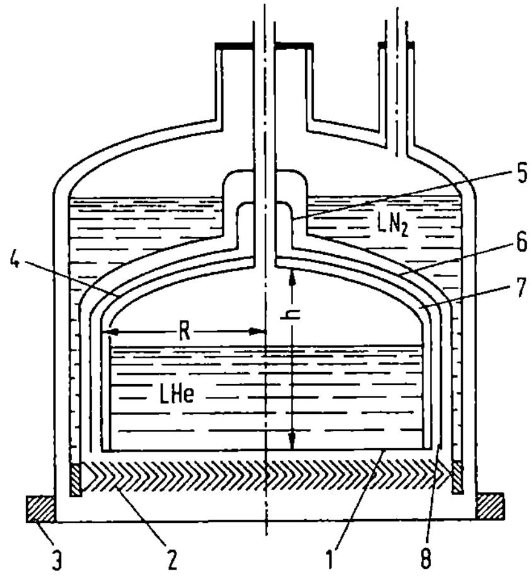

Abb.9.2. Bad-Kryopumpe für extrem
niedrige Drücke und lange Standzeiten.
Nach Benvenuti [9.6; 3.24]. Daten in
Tabelle 9.2 (Quelle: CERN).
1 Kondensationsfläche, Ag-plattiert,
2 Chevronbaffle, 3 Anschlußflansch,
4 Doppelmantel, Ag-plattiert.

Abb.9.3. Bad-Kryopumpe für extrem
niedrige Drücke und lange Standzeiten;
gegenüber der Anordnung Abb.9.2 ver-
besserte Version. Nach Benvenuti [9.7].
Daten in Tabelle 9.2 (Quelle: CERN).
1 Kondensationsfläche, Ag-plattiert,
2 Chevronbaffle, 3 Anschlußflansch,
4 Doppelmantel, Ag-plattiert, 5 Cu-
Schicht, 0,2 mm, 6 Strahlungsschirm,
aussen Ag-plattiert, innen geschwärzt,
7 Neonfüllung, 8 Spalt d.

Tabelle 9.2. Daten der Bad-Kryopumpen nach Benvenuti [3.24; 9.7]

		Typ I, Abb.9.2		Typ II, Abb.9.3	
Pumpende Fläche	m^2	0,05	0,3	0,05	0,13
Saugvermögen für N_2	m^3s^{-1}	1,5	9	1,5	4
für H_2	m^3s^{-1}	4,5	27	4,5	11
LHe-Füllvolumen	dm^3	10	75	12	32
Standzeit bei 4,2 K	Tage	40	80	200	200
$\dfrac{\text{LHe-Bedarf bei } 4,2\,K}{\text{Saugvermögen für } N_2}$	$\dfrac{dm^3/h}{m^3/s}$	0,007	0,0045	0,0017	0,0017

Der LHe-Bedarf der Pumpe nach Abb.9.2 ist zu mehr als 95 % durch die Strahlung

der 77 K-Flächen verursacht, und allein 80 % hiervon entfällt auf die Doppelwand

des LHe-Behälters, wenn dessen Höhe gleich seinem Radius ist. Daher enthält die

Pumpe nach Abb.9.3 zusätzlich zwischen Doppelwand und LN_2-Behälter einen Strah-

lungsschirm, der am Halsrohr des LHe-Behälters befestigt und dadurch abgasge-

kühlt ist; er ist innen geschwärzt, außen Ag-plattiert und besitzt eine Temperatur

$T < 30$ K. Dadurch wird die thermische Belastung der Doppelwand vernachlässigbar

gering. Eine weitere Verbesserung besteht darin, daß der von der Doppelwand ein-
geschlossene Raum mit Neon von 0,5 bar gefüllt und dann abgeschlossen wird; das
Neon hat die Funktion eines Wärmeschalters.

Die Senkung der thermischen Belastung führte bei einem entsprechenden LHe-Volu-
men zu Standzeiten von mehreren Monaten (Tabelle 9.2). Unter diesen Umständen
können die LHe-Transferverluste unberücksichtigt bleiben. Der LHe-Bedarf der
Pumpe nach Abb.9.3 ist bei gegebenem Saugvermögen 10 mal niedriger als die Net-
to-Verdampfungsrate einer konventionellen Kryopumpe (Abschn.8.3) und etwa
100 mal niedriger, wenn man zusätzlich deren Transferverluste in Rechnung setzt.

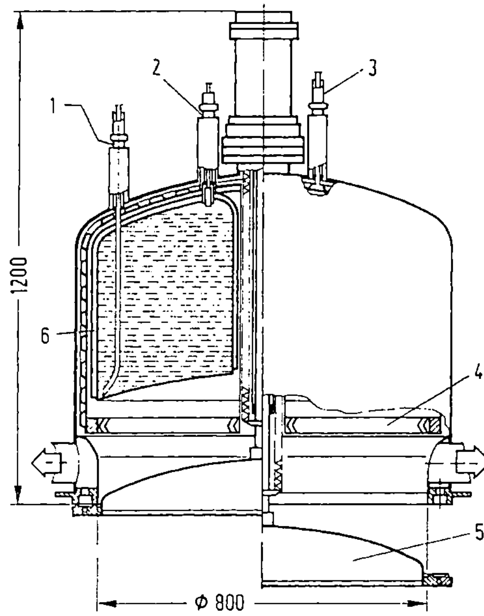

Abb.9.4. Bad-Kryopumpe mit pneumati-
schem Plattenventil in UHV-Ausführung,
System Leybold-Heraeus, $S(H_2) = 26\,m^3s^{-1}$,
nach Frank et al. [9.8].
1 He-Sicherheitsventil, 2 LHe-Einlaß,
3 LN_2-Einlaß und GN_2-Auslaß, 4 Baffle,
5 Plattenventil geöffnet, 6 Isoliervakuum.

Frank et al. [9.8] haben für die Fusionsmaschine JET die Kryopumpe nach Abb.9.4
mit $S(N_2) = 6\,m^3s^{-1}$ und $S(H_2) = 26\,m^3s^{-1}$ entworfen, die der nach Abb.9.2 ähnlich ist, darüber hinaus aber folgende Merkmale aufweist:

- Sie ist mit einem Plattenventil kombiniert, das ebenso wie die Pumpe Metalldichtungen besitzt und hoch ausheizbar ist;
- der LN_2-Strahlungsschild und die Ventilstange werden durch einen in Kanälen geführten LN_2-Strom gekühlt;
- es gibt zwei Versionen, die "Top-" und die "Bottom"-Version, die oben bzw. unten an den Behälter angeflanscht werden.

Halama et al. [9.9] haben eine Pumpe beschrieben, die ebenfalls der nach Abb.9.2
ähnlich ist; sie besteht aus Aluminium Al-6061 und hat bei einem Flanschdurchmesser von 1,5 m für D_2 ein Saugvermögen von $80\,m^3s^{-1}$.

Lasarev et al. [10.113] haben anstelle des Doppelmantels ein am LN_2-Behälter befestigtes Diaphragma eingeführt, das den Spalt zwischen LN_2- und LHe-Behälter abschirmt und dadurch Druckschwankungen infolge Wiederverdampfung weitgehend unterbindet.

9.1.3 Bad-Kryopumpen mit Molekularsieb-Adsorptionsstufe

Als Beispiel zeigt Abb.9.5 den Aufbau einer Pumpe vom Typ Excalibur, die als letzte der drei Stufen bei 80, 20 und 5 K ein Sorptionspanel enthält, zu dem im stationären Zustand nur die Gase D_2, H_2, Ne und He gelangen [9.10; 9.11]. Das 20 K-Baffle wird durch verdampfendes Helium gekühlt. Das Sorptionspanel, dessen Daten in Abschn.8.8 diskutiert wurden, ist mit Molekularsieben 5A belegt; nach seiner Absättigung ($t_{max} > 3$ Monate bei $p = 10^{-5}$ Pa) wird es durch 4stündiges Ausheizen bei 250 °C unter Vakuum regeneriert. Die Pumpe ist bis 400 °C ausheizbar.

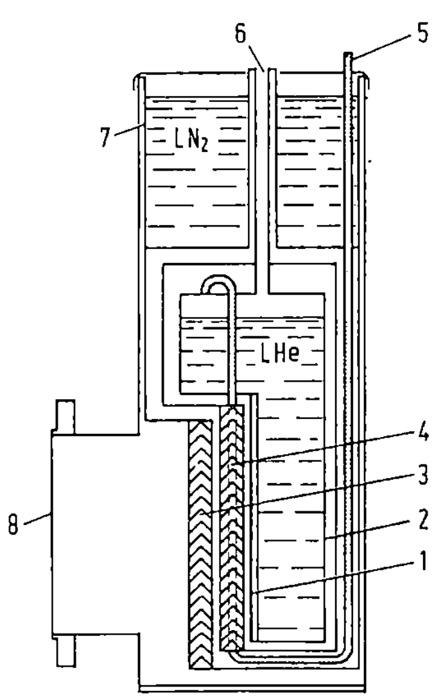

Abb.9.5. Bad-Kryopumpe mit Molekularsieb-Adsorptionsstufe, Typ CVR 1108, $S(N_2) = 1\,m^3 s^{-1}$ [9.11; 5.26]. Weitere Daten in Tabelle 9.1. (Quelle: Excalibur).
1 Kryosorptionspanel mit Molekularsieben 5A, T = 5 K, 2 LHe-Behälter, 3 80 K-Baffle, 4 20 K-Baffle, 5 GHe-Austritt, 6 LHe-Füllstutzen, 7 LN_2-Behälter, 8 Anschlußflansch.

Diese Pumpen stehen als Eintauch- und als Ansatzsysteme für Saugvermögen zwischen 1 und mehr als $20\,m^3 s^{-1}$ zu Verfügung, wobei die Werte S für He und H_2 etwa ebenso groß sind wie die für N_2 und Ar. Die S,p-Kurven zeigen auch für He und H_2 bis zu einigen 10^{-2} Pa herauf ein konstantes Saugvermögen [9.10], das allerdings mit zunehmender Belegung v des Sorptionspanels sinkt (s. Abb.5.6, [5.26]). Über Probleme beim Pumpen von Gemischen schwerkondensierbarer Gase (D_2, He) haben Watson et al. [5.27] berichtet.

9.1.4 Bad-Kryopumpen mit Argon-Kondensat-Adsorptionsstufe

Boissin et al. [4.22] haben die Pumpe nach Abb.9.6a entwickelt, die Saugvermögen von $S(N_2) = 6\,m^3s^{-1}$, $S(H_2) = 20\,m^3s^{-1}$ und $S(He) = 4\,m^3s^{-1}$ besitzt. Zur Adsorption der Gase H_2 und He dient eine Ar-Schicht, die am Boden des LHe-Gefäßes bei einem Ar-Druck von etwa 10^{-4} Pa erzeugt wird. Beim Pumpen eines Gasgemisches werden die leichter kondensierbaren Komponenten bevorzugt am oberen Teil des LHe-Behälters abgeschieden, so daß zur Ar-Schicht in überwiegendem Maße die Gase He und H_2 gelangen. Die adsorbierbare Gasmenge ist durch die deponierte Ar-Menge und die Adsorptionsisothermen in Abb.9.6b gegeben. Eine Ar-Menge von $400\,Pa\,m^3$ (s. Tabelle A.2), die einer Schichtdicke von etwa 100 µm entspricht, adsorbiert bei einem Druck von 10^{-5} Pa (im Behälter gemessen) $4\,Pa\,m^3$ He oder $50\,Pa\,m^3\,H_2$, so daß sich mit den genannten Werten von S eine ununterbrochene Betriebsdauer von etwa einem Tag für He bzw. drei Tagen für H_2 ergibt. Auch in diesem Fall sinkt das Saugvermögen mit zunehmendem Ansaugdruck und wachsender Belegung, so daß es zweckmäßiger ist, das Kondensat statt auf einmal intermittierend in einer Folge kleinerer Mengen von einigen $10\,Pa\,m^3$ aufzubringen.

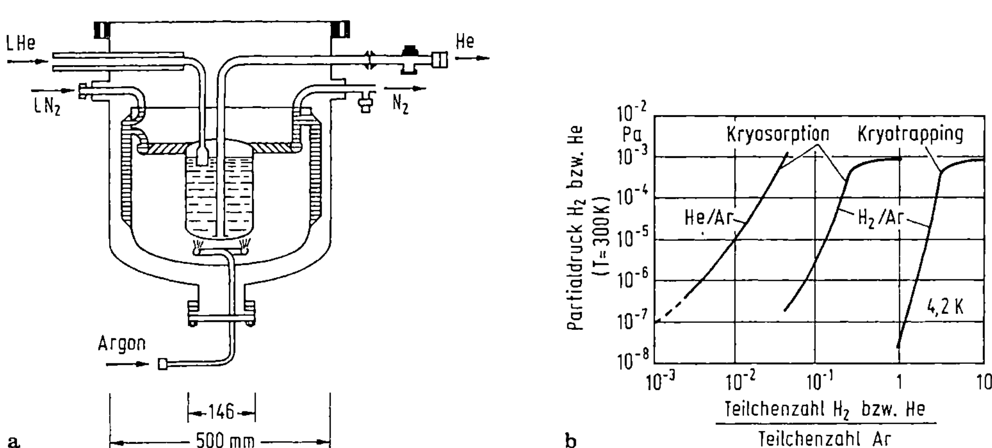

Abb.9.6. a) Bad-Kryopumpe mit Argon-Kondensat-Adsorptionsstufe, Typ L'Air Liquide CM 500, $S(N_2) = 6\,m^3s^{-1}$ [4.22]. Weitere Daten in Tabelle 9.1. b) 4,2 K-Isothermen für Kryosorption und Kryotrapping.

Das Kryotrapping-Verfahren kann mit dieser Anordnung ebenfalls realisiert werden, indem man das Argon kontinuierlich einströmen läßt. Die Mengenverhältnisse sind hier günstiger als beim Adsorptionsverfahren: $400\,Pa\,m^3$ Ar fixieren $12\,Pa\,m^3$ He oder $400\,Pa\,m^3\,H_2$.

9.2 Kryopumpen nach dem Verdampferprinzip

Beim Verdampferprinzip wird die Kryofläche durch verdampfendes Helium gekühlt, das ihr geregelt aus einem Vorratsgefäß zugeführt wird. Dieses Kühlverfahren arbeitet kontinuierlich bei beliebig zwischen 2,5 und 293 K einstellbaren Temperaturen. Dieser Eigenschaft verdankt das von Klipping [9.12] eingeführte Verfahren eine Fülle von Anwendungen [1.13], von denen zum Teil schon in den Kap. 3 bis 6 die Rede war.

9.2.1 Kryokondensator mit kontinuierlicher Kühlung zwischen 2,5 und 293 K

Der von Klipping [9.12] angegebene Kryokondensator ist in Abb.9.7 dargestellt. Das Helium tritt von unten in die kreisförmige Kupferplatte ein, deren Oberseite 6 die Kryofläche bildet, und durchströmt den aus Ringkanälen bestehenden Verdampfungsraum. Von hier strömt das Abgas durch die Spirale 8, die den Strahlungsschild kühlt. Durch den Warmschild 9 wird die Fläche, an der Kondensation stattfinden kann, auf die Oberseite 6 beschränkt, die Kryofläche A_k also genau definiert. Die Meßkammer 5 dient zum Anschluss eines Dampfdruckthermometers. In eine

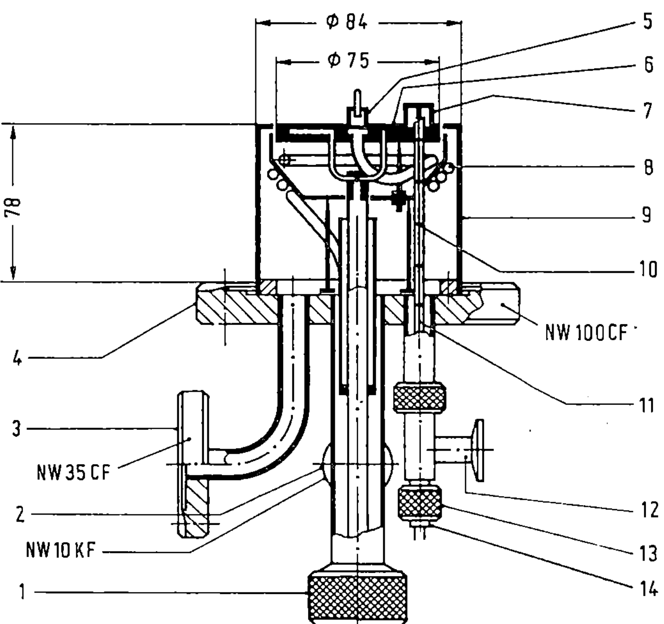

Abb.9.7. Kryopumpe für Meßzwecke mit definierter Größe der Kryofläche, nach dem Verdampferprinzip gekühlt, Typ Leybold-Heraeus. Nach Klipping [1.13; 9.12]. 1 LHe-Einlaßkupplung, 2 He-Abgas, 3 zur Vorvakuumpumpe, 4 Anschlußflansch, 5 Dampfdruck-Meßkammer, 6 Kondensationsfläche, 7 Temperaturfühler für Widerstandsthermometer, 8 abgasgekühlter Strahlungsschild, 9 Warmschild (Raumtemperatur), 10 Isolierscheibe, 11 Zuleitung, 12 Evakuierung, Gasfüllung, 13, 14 elektrische Durchführungen.

zusätzliche Meßkammer 7 kann entsprechend Abb.9.51 ein elektrischer Temperaturfühler von außen, z.B. nach dem Ausheizen bei 400°C, eingeführt werden. Um den Kryokondensator in Betrieb zu setzen, wird er nach Abb.9.8 über den Vakuummantelheber 3 mit dem LHe-Vorratsgefäß verbunden. Das Kältemittel wird mit der heliumdichten Vakuumpumpe 11 durch den Kryokondensator und das Regelventil 9 geleitet und schließlich an das Rückgewinnungssystem abgegeben. Nach Erreichen der Solltemperatur regelt das Ventil 9 zusammen mit dem Temperaturfühler 7 und dem Regelgerät 8 den Kältemittelstrom, so daß die Temperatur konstant bleibt. Als Regelventile stehen dampfdruckgesteuerte mechanische [9.12], elektromagnetische [9.13] und elektrodynamische [9.14] zur Verfügung; die beiden ersten haben einen manuell einstellbaren Bypass und regeln den Differenzstrom diskontinuierlich, während das elektrodynamische Ventil kontinuierlich regelt und keinen Bypass benötigt. Die folgenden zwei Varianten des Kühlverfahrens sind möglich [9.15].

9.2.2 Verdampfungs- und Kaltgaskühlung

Verdampfungskühlung

Der Mechanismus ist unterschiedlich, je nachdem, in welchem Bereich die Temperatur T_k der Kryofläche liegt [9.15].

Temperaturen T_k kleiner als 4,2 K: Das Helium strömt als Flüssigkeit vom Vorratsgefäß über das Ventil 1 zum Verdampfungsraum (Abb.9.8). Hier muß ein der Temperatur T_k entsprechender Druck herrschen, beispielsweise p = 10 kPa (= 100 mbar) bei T_k = 2,5 K, so daß im Steigrohr ein Druckabfall Δp (= 0,9 bar) erzeugt werden muß. Dies geschieht durch das Dosierventil 5 in Verbindung mit einem System von Kapillaren (ca. 0,2 mm Durchmesser), das so bemessen ist, daß bei voll geöffnetem Ventil 5 der maximal erforderliche He-Strom fließt. Temperaturen der Kryofläche bis zu T_k = 2,5 K herab, die bis auf $\Delta T/T_k < 10^{-4}$ konstant sind, werden erreicht. Der LHe-Bedarf steigt mit abnehmender Temperatur T_k (Abb.9.9).

Temperaturen T_k zwischen 4,2 und 15 K: Den Verdampfungsraum durchströmt ein Flüssigkeit-Dampf-Gemisch. Der Wärmeübergang ist eine Funktion der Parameter dieser Zweiphasenströmung, und es können, je nach Art dieser Strömung, Pulsationen des Druckes und Fluktuationen der Temperatur auftreten, die von den Abmessungen der Leitung und der thermischen Belastung der Kryofläche abhängen. Die relativen Temperaturschwankungen $\Delta T/T_k$ können, je nach den Bedingungen, zwischen 10^{-4} und 10^{-1} liegen.

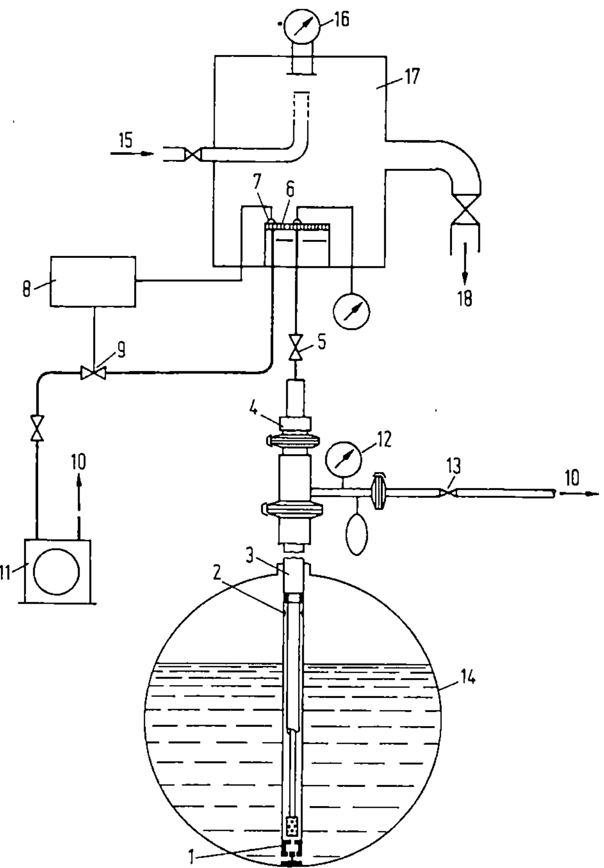

<u>Abb.9.8.</u> Anordnung zur Kühlung nach dem Verdampferprinzip, schematisch nach
[9.15].
1 Federventil für den Eintritt von LHe, 2 Bohrungen für den Eintritt von GHe,
3 Vakuummantelheber, 4 Kupplung, 5 Dosierventil, 6 Kryofläche, 7 Temperaturfühler, 8 Regelgerät, 9 Regelventil, 10 zum Helium-Rückgewinnungssystem,
11 Vakuumpumpe, 12 Manometer, 13 Ventil, 14 LHe-Vorratsgefäß, 15 Gaseinlaß,
16 Ionisationsvakuummeter, 17 Vakuumkammer, 18 Hilfspumpe.

<u>Temperaturen T_k größer als 15 K</u>: Im Verdampfungsraum herrscht praktisch Ein-
phasenströmung, und die Temperatur T_k kann - wie bei der Kaltgaskühlung - bis
auf $\Delta T/T_k < 10^{-5}$ konstant gehalten werden.

<u>Kaltgaskühlung</u>

Das Ventil 1 wird geschlossen, das Ventil 5 voll geöffnet, und gasförmiges Helium
über die Bohrungen 2 im Steigrohr entnommen (Abb.9.8). Zwei Verfahrensweisen
sind möglich.

1. Im Vorratsgefäß wird die Temperatur von 4,2 K dadurch aufrecht erhalten, daß
die Verbindung zum He-Rückgewinnungssystem über das Ventil 13 bestehen bleibt:

Zur Kühlung steht nur die Enthalpiedifferenz des Gases zwischen T_k und 4,2 K zur Verfügung (etwa 170 J bei 1 K Erwärmung der Gasmenge, die aus 1 dm^3 Flüssigkeit entsteht), bei der Verdampfungskühlung hingegen eine um die Verdampfungsenthalpie (2550 J pro dm^3 LHe) höhere Energie. Dementsprechend ist auch der LHe-Verbrauch bei der Kaltgaskühlung höher als bei der Verdampfungskühlung, und zwar prozentual um so mehr, je niedriger T_k ist (Abb. 9.9, Kurve 3). Als niedrigste Temperatur wird T_k = 5 K erreicht.

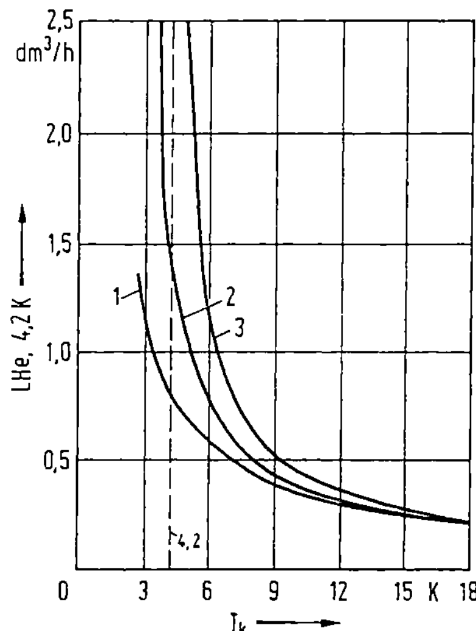

Abb. 9.9. LHe-Bedarf als Funktion der Temperatur T_k der Kryofläche bei der Anordnung nach Abb. 9.8 [9.15]; thermische Belastung etwa 0,6 W.
1 Verdampfungskühlung, 2 Kaltgaskühlung mit LHe-Vorrat von 3,6 K, 3 Kaltgaskühlung mit LHe-Vorrat von 4,2 K.

2. Die Temperatur im Vorratsgefäß wird durch Abpumpen bei geschlossenem Ventil 13 unter 4,2 K gesenkt: Die verfügbare Enthalpiedifferenz des Gases ist größer und der LHe-Verbrauch daher geringer als im vorangehenden Fall (Kurve 2, Abb. 9.9). Bei einem Druck von 270 mbar und einer Temperatur von 3,1 K im Vorratsgefäß konnte die Kryoflächentemperatur T_k = 3,6 K erreicht werden. Da die Temperaturerniedrigung des LHe von der abgepumpten He-Menge (und der Wärmekapazität der Gefäßwand, die der LHe-Vorrat bedeckt) abhängt, empfiehlt es sich, das Ventil 13 schon zu Beginn des Abkühlens, also bei T_k = 293 K zu schließen. - Die Temperatur T_k ist im Bereich 4,2 bis 15 K bis auf $\Delta T/T_k = 10^{-4}$ bis 10^{-5} und oberhalb 15 K bis auf $\Delta T/T_k < 10^{-5}$ konstant.

<u>Folgerungen</u>

- Bezüglich des LHe-Bedarfs ist die Verdampfungskühlung günstiger als die Kaltgaskühlung.
- Für T_k < 4,2 K ist die Verdampfungskühlung vorzuziehen.

- Im Bereich $4,2 < T_k < 15\,\mathrm{K}$ zeigt die Verdampfungskühlung eine geringe Temperaturstabilität, verbunden mit dem Auftreten von Vibrationen als Folge von Siedeverzügen und Pulsationen. Müssen diese Erscheinungen vermieden werden, wie etwa bei der Objektkühlung im Elektronenmikroskop (Abb.10.19), so wählt man die Kaltgaskühlung.

9.2.3 Kältemittelbedarf

Für die Verdampfungskühlung ergibt sich der LHe-Bedarf $\dot{m}$, der zur Erzeugung der Kälteleistung $\dot{Q}$ bei der Temperatur T_k erforderlich ist, aus der Enthalpiebilanz

$$\dot{m}[h_1(T_k, \text{Dampf}) - h_0(4,2\,\mathrm{K}, \text{Flüssigkeit})] = \dot{Q}(T_k) \; . \qquad (9.1)$$

Dabei sind Verluste durch Wärmeübergang vernachlässigt. In Abb.9.10 ist der daraus berechnete LHe-Bedarf für $\dot{Q} = 1\,\mathrm{W}$ bei der Temperatur T_k aufgetragen. Die eingetragenen Meßwerte, die bei der Belastung $\dot{Q} = 1,0\,\mathrm{W}$ [3.6] gewonnen wurden, liegen auf der berechneten Kurve und zeigen, daß die Vernachlässigung der Wärmeübergangsverluste im Kryokondensator offenbar gerechtfertigt ist, das Kältemittel also optimal ausgenutzt wird. Der LHe-Bedarf $\dot{m}$ ist um so größer, je kleiner T_k ist; z.B. bei $T_k = 4\,\mathrm{K}$ etwa 5mal größer als bei $T_k = 20\,\mathrm{K}$. Dies entspricht der allgemeinen Tatsache, daß der Aufwand zur Kälteerzeugung mit fallender Temperatur T_k steigt.

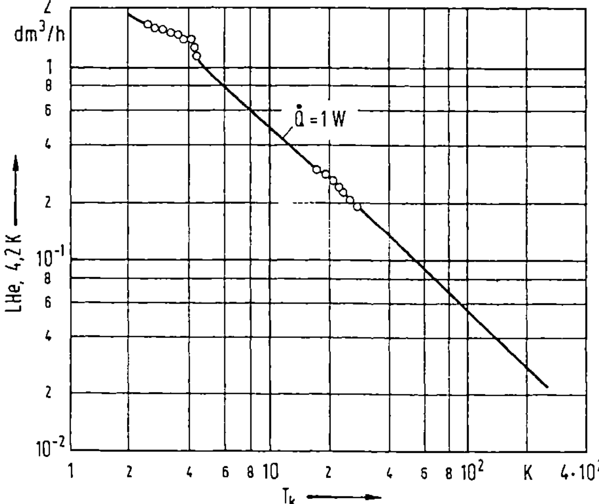

Abb.9.10. LHe-Bedarf pro 1 W Kälteleistung als Funktion der Temperatur T_k der Kryofläche bei der Verdampfungskühlung, berechnet nach (9.1). Meßwerte nach [3.6].

Im Fall der Kaltgaskühlung ist der LHe-Bedarf pro 1 W Kälteleistung entsprechend
den Kurven der Abb.9.9 größer als bei der Verdampfungskühlung.

9.2.4 Vakuumbedingungen für den Kältemittelkreis

Im stationären Zustand ist der Massenstrom $\dot{m}$ des Helium konstant, und es gilt
die Kontinuitätsgleichung

$$\dot{m}RT_n/M_{He} = C\Delta p = \dot{V}p\big|_{He-Pumpe} \;. \tag{9.2}$$

Der Leitwert C hängt vom jeweiligen Druck und davon ab, ob das Kältemittel als
Gas, Flüssigkeit oder Gemisch von beiden strömt. Bei der Verdampfungskühlung
im Bereich $T_k < 4,2\,K$ ist noch die Bedingung zu erfüllen, daß der Druck p im Verdampfungsraum kleiner als der T_k entsprechende Dampfdruck ist: $p < p_s(T_k)$. Nach
Tabelle 8.4 muß bei einem LHe-Verbrauch von $1\,dm^3/h$ ($\hat{=}\,0,72\,W$ bei $4,2\,K$) die
Helium-Pumpe den Volumenstrom $\dot{V} = 0,8\,m^3h^{-1}$ für $T_k = 4,2\,K$ bzw. $9\,m^3h^{-1}$ für
$T_k = 2,5\,K$ fördern.

9.2.5 Verdampfer-Kryopumpen

Abbildung 9.11 zeigt eine Kryopumpe mit zwei Kondensatoren unterschiedlicher Temperatur, der inneren Kühlplatte von $2,5\,K$ zum Pumpen von H_2 und der äußeren bi-
filar gewickelten Rohrschlange von $18\,K$, die als Strahlungsschild und Kondensationsfläche für die höher siedenden Gase dient. Das Saugvermögen beträgt $S(H_2) =
2,5\,m^3s^{-1}$ bzw. $S(N_2) = 5\,m^3s^{-1}$, und der LHe-Bedarf etwa $1\,dm^3/h$ [9.16].

Eine Verdampfer-Kryopumpe mit einer Sorptionsstufe (Argon-Kondensat) haben
Thibault et al. [8.12; 9.5] beschrieben: Bei einem Flanschdurchmesser von 160 mm
beträgt das Saugvermögen $S(N_2) = 1,9\,m^3s^{-1}$, und der LHe-Bedarf, je nach der Temperatur T_k, 0,3 bis $1\,dm^3/h$.

Eine Kryopumpe für eine $20\,m^3$-Raumkammer ist in Abb.9.12 dargestellt [9.3].
Die konusförmige 20 K-Fläche wird mit Helium nach dem Verdampferprinzip gekühlt, und der innen geschwärzte, außen polierte Strahlungsschutz mit einem LN_2-
Bad. Das Saugvermögen beträgt $S(N_2) = 12\,m^3s^{-1}$, der LHe-Bedarf $1\,dm^3/h$ und
der LN_2-Bedarf $2,5\,dm^3/h$.

Weitere Anwendungen des Verdampferprinzips, insbesondere auf dem Gebiet der
Kryostatentechnik hat Klipping in [1.13] zusammenfassend dargestellt. Die Vorteile
des Verfahrens sind:
- Im Bereich 2,5 bis 293 K ist jede Temperatur mit hoher Konstanz und im Dauerbetrieb einstellbar;
- außer der Verdampfungsenthalpie wird auch die Enthalpie des Gases ausgenutzt;

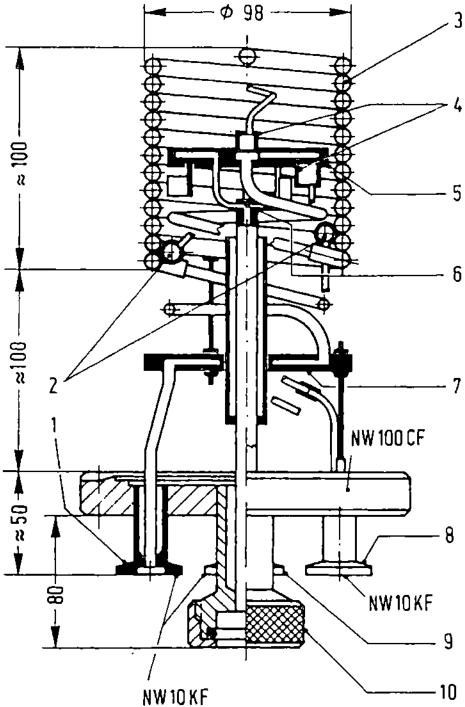

Abb. 9.11. Kryopumpe nach dem Verdampferprinzip mit zwei Kondensatoren von unterschiedlicher Temperatur: Innere Kondensatorplatte $2,5\,\mathrm{K}$, zylindrischer Kondensator $18\,\mathrm{K}$, Typ Leybold-Heraeus; $S(N_2) = 5\,\mathrm{m}^3\mathrm{s}^{-1}$, $S(H_2) = 2,5\,\mathrm{m}^3\mathrm{s}^{-1}$. Nach Klipping [9.16]. 1 He-Abgas, 2 Dampfdruck-Meßkammer, 3 äußere Rohrschlange, 4 Dampfdruck-Meßkammer, 5 innere Kühlplatte, 6 Verteilerkreuz für He-Einspeisung, 7 Strahlungsschutzplatte, 8 Anschluß der Meßkammer (4), 9 Anschluß der Meßkammer (2), 10 He-Einlaß.

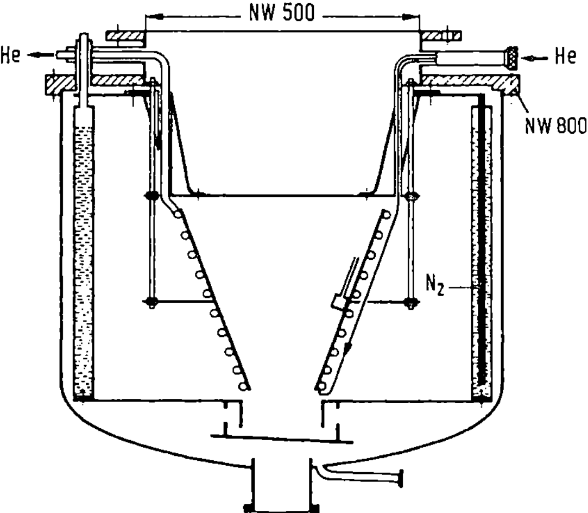

Abb. 9.12. Kryopumpe, bei der die konusförmige $20\,\mathrm{K}$-Fläche nach dem Verdampferprinzip und die $77\,\mathrm{K}$-Abschirmung durch ein $\mathrm{LN_2}$-Bad gekühlt wird, Typ Leybold-Heraeus. Nach Forth et al. [9.3].

- ein zweites Kältemittel (LN_2) wird im allgemeinen nicht benötigt;
- die Anordnung ist in jeder Lage montierbar;
- auch an schwer zugänglichen Stellen läßt sich ein hohes spezifisches Saugvermögen verwirklichen;
- Erschütterungsfreiheit unter den Bedingungen der Kaltgaskühlung.

Wie die genannten Daten zeigen, ist der LHe-Bedarf der Verdampferkryopumpen bei gegebenem Saugvermögen höher als der von Bad-Kryopumpen, weil die Transferverluste wegen der kontinuierlichen LHe-Nachlieferung entsprechend größer sind.

9.3 Refrigerator-Kryopumpen

Wird die Kryofläche, und gegebenenfalls auch das Baffle, in einen geschlossenen Tieftemperaturprozeß integriert, so gelangt man zur Refrigerator-Kryopumpe, der zweifellos technisch sinnvollsten Lösung. Sie ermöglicht

- die vollständige Automation des Pumpsystems und damit die integrale Steuerung von Prozessen in der Vakuum-Verfahrenstechnik,
- bei geeigneter Bauweise und für $S \gtrsim 10\,m^3s^{-1}$ die wirtschaftlichste Lösung des Pumpsystems, und schließlich
- die Realisierung hoher Saugvermögen $S \gtrsim 100\,m^3s^{-1}$, wie sie in Großanlagen benötigt werden.

Die Bedeutung dieser Sachverhalte ist in Anbetracht der in Forschung und Anwendung vorherrschenden Tendenz nach großen Saugvermögen, kurzer Pumpzeit und niedrigen Drücken evident.

Die für $T \leqslant 20\,K$ geeigneten Tieftemperaturprozesse und der Bereich ihrer Kälteleistung sind die folgenden [9.17 - 9.19]:

1. Gifford-McMahon-Prozeß: $T_{min} = 7\,K;$ 1 - 20 W bei 20 K;
2. Stirling-Prozeß: $T_{min} = 12\,K;$ 10 - 400 W bei 20 K;
3. Brayton-Prozeß (Gas-Kältekreislauf):   0,1 - 10 kW bei 20 K;
4. Claude-Prozeß (Flüssigkeits-Kältekreislauf):   0,1 - 10 kW bei 4 K.

Bei diesen Prozessen wird die Kälte dadurch erzeugt, daß das Arbeitsmedium, im allgemeinen Helium, während der Entspannung Arbeit auf Kosten seiner inneren Energie verrichtet. Um die an Kryofläche und Baffle anfallenden Wärmeleistungen abzuführen, werden diese Komponenten entweder direkt vom Arbeitsmedium durchströmt oder über thermisch gut leitende Kontaktflächen, Wärmetauscher oder cold pipes (Thermosiphon) an den Kältekreislauf angeschlossen.

Eine für die Kryopumpe spezifische Forderung an die Kälteanlage besteht darin, daß diese die Kälteleistungen $\dot{Q}_K$ und $\dot{Q}_B$ für die Kryofläche und das Baffle nach Abschn. 8.5

- bei unterschiedlichem Niveau: $T_k \leqslant 20\,\mathrm{K}$, $T_b = 80$ bis $100\,\mathrm{K}$, und
- in unterschiedlicher Quantität: $\dot{Q}_B : \dot{Q}_K \simeq 50 : 1$

liefern muß. Das Verhältnis $\dot{Q}_B/\dot{Q}_K$ beträgt bei serienmäßigen Refrigeratoren nur etwa 5 bis 10, so daß das erzielbare Saugvermögen kleiner ausfällt, als es beim optimalen Wert $\dot{Q}_B/\dot{Q}_K \simeq 50$ sein könnte. Daher kann es im Interesse eines hohen Saugvermögens zweckmäßig sein, eine zusätzliche LN_2-Kühlung des Baffles oder auch – bei größeren Anlagen – separate Refrigeratoren für Baffle und Kryofläche zu verwenden.

9.3.1 Gifford-McMahon-Prozeß und Refrigeratoren [1.7; 9.20 – 9.24]

Das System nach Abb.9.13a enthält die zwei Arbeitsräume V_w und V_k, von denen im Betriebszustand der obere warm und der untere kalt ist. Beide sind über den Regenerator R verbunden, und zwischen ihnen wird der Verdrängerkolben D gesteuert hin- und herbewegt. Längs des Regenerators R, eines Wärmespeichers großer spezifischer Wärmekapazität und Wärmeaustauschfläche, herrscht im stationären Zustand das Temperaturgefälle $T_w - T_k$. Hoch- und Niederdruckseite des Kompressors K werden über die gesteuerten Ventile h und n abwechselnd an das System angeschlossen. Befindet sich der Verdränger D in der unteren Totpunktlage und herrscht im System der Niederdruck p_n, so beginnt folgender Zyklus:

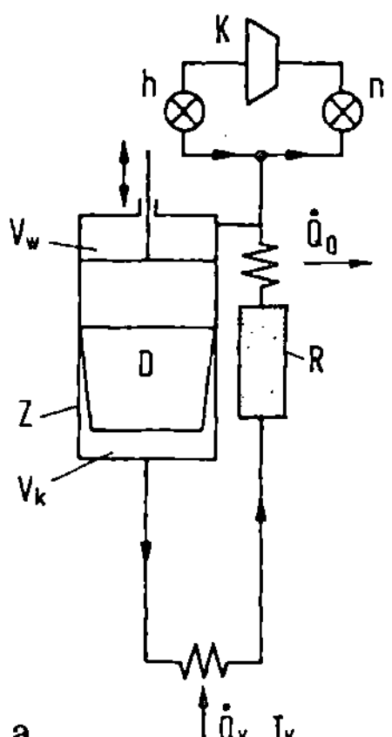

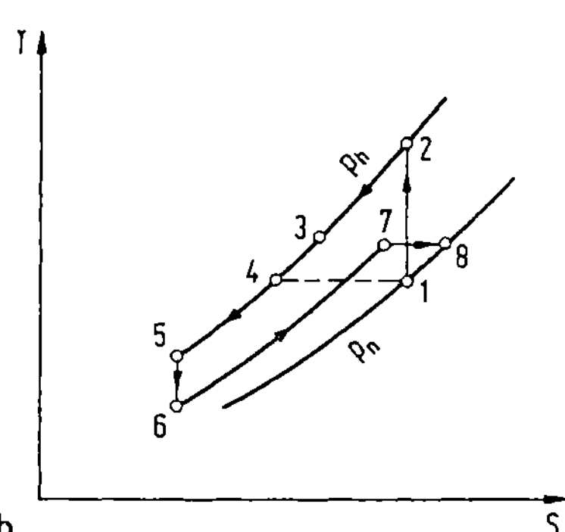

Abb.9.13. Gifford-McMahon-Prozeß [1.7]. a) einstufiger Refrigerator, schematisch; b) Temperatur-Entropie-Diagramm, schematisch. Z Gehäuse, D Verdrängerkolben, V_w warmer Arbeitsraum, V_k kalter Arbeitsraum, R Regenerator, K Kompressor, h Hochdruck, n Niederdruck.

1. Füllen des warmen Arbeitsraumes mit Druckgas

Die über h als erste einströmende Gasmenge findet ein großes Druckgefälle vor;
sie wird durch das nachdrängende Gas adiabat und quasi-isentrop komprimiert und
auf eine Temperatur oberhalb der Einlaßtemperatur von 300 K erwärmt (Abb. 9.13b,
Zustandsänderung 1 → 2). Später folgende Gasmengen werden wegen des abnehmenden Druckgefälles weniger stark erwärmt. Dennoch ist die Temperatur in V_w nach
der Durchmischung höher als 300 K; der Zustand möge zwischen 3 und 4 liegen.

2. Umfüllen vom warmen in den kalten Arbeitsraum

Der Verdränger D bewegt sich in die obere Totpunktlage, wodurch die Gasmenge
von V_w über R nach V_k strömt. Dieses Umfüllen bewirkt eine Druckabnahme, so
daß weiteres Druckgas nachgeliefert und dadurch das obere Regeneratorende erwärmt wird (Zustand 3). Die Gasmenge, die in den kalten Arbeitsraum gelangt,
wird isobar auf dessen Temperatur T_k abkühlt (Zustand 5).

3. Entspannung des Gases im kalten Arbeitsraum

Das System wird mit der Niederdruckseite n von K verbunden, und Gas strömt
mit mäßiger Geschwindigkeit durch den Regenerator R. Das Gas in V_k wird quasi-
isentrop entspannt. Hierbei verrichtet es Arbeit, indem es das ausströmende Gas
vor sich her schiebt und sich abkühlt (Zustand 6). Eine dieser Arbeit äquivalente
Wärme Q_k kann dem zu kühlenden Objekt entzogen werden. - In dieser Phase besteht eine Analogie zur Methode von Simon [9.25], bei der auf 20 K vorgekühltes
Helium durch eine einmalige Entspannung sich bis zur teilweisen Verflüssigung ab-
kühlte.

4. Auslassen des Gases

Der Verdränger D kehrt in die untere Totpunktlage zurück. Das ausströmende Gas
erwärmt sich im Regenerator R (Zustand 7) und wird anschließend über das verbleibende Druckgefälle in den Leitungen isenthalp entspannt (Zustand 8).

Am Ende des Zyklus tritt das Gas mit einer höheren Temperatur aus als der, die
es bei der Entnahme aus dem Druckbehälter hatte. Die dieser Temperaturdifferenz
entsprechende Enthalpiedifferenz des Arbeitsgases entspricht einerseits der an die
Umgebung abgeführten Wärme Q_0 und zum anderen nach dem ersten Hauptsatz der
im kalten Arbeitsraum V_k aufgenommenen Wärme Q_k.

Mehrstufige Refrigeratoren entstehen nach Abb. 9.14 durch Serienschaltung der Regeneratoren und durch Verwendung von Verdrängerkolben unterschiedlichen Durchmessers, aber gleichen Hubes. Mit drei Stufen erreichte man Temperaturen bis zu
6,5 K herab [9.26]. Bei den Miniatur-Refrigeratoren (in bis zu dreistufiger Ausführung) sind die Verdrängerkolben zu einem Differentialkolben zusammengefaßt,

und in diesem die Regeneratoren untergebracht [9.27] (Abb.9.15). Eine interessante Variante, die auch als modifizierter Solvay-Prozeß aufgefaßt werden kann, hat
Longworth [9.28] angegeben.

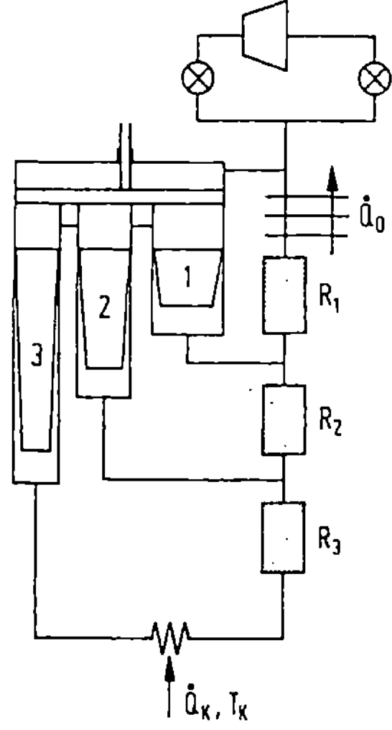

Abb.9.14. Dreistufiger Gifford-McMahon-
Refrigerator, schematisch [9.26]. 1, 2,
3 Verdrängerkolben, R_1 bis R_3 Regeneratoren.

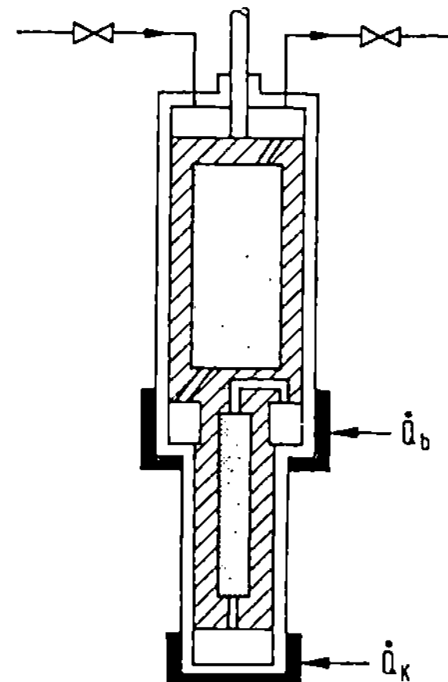

Abb.9.15. Zweistufiger Gifford-Mc-
Mahon-Refrigerator in miniaturisier-
ter Ausführung, schematisch [9.27].

Vorteile des Gifford-McMahon-Prozesses: Niedrige Kolbenfrequenzen (50 bis
100 min^{-1}) und ein niedriges Druckverhältnis (3 bis 4) bedingen einen erschütte-
rungsarmen Lauf, eine geringe mechanische Belastung des Verdrängungskolbens
und eine hohe Betriebssicherheit.

9.3.2 Kryopumpen mit Gifford-McMahon-Refrigerator

Turner und Hogan [9.29] beschrieben als erste eine Refrigerator-Kryopumpe, die
durch einen zweistufigen Gifford-McMahon-Kryogenerator von 1 W bei 15 K gekühlt wird und ein LN_2-gekühltes Baffle enthält. Das Saugvermögen für Luft betrug
$S = 3,2$ m^3/s, und zur Beseitigung der schwerkondensierbaren Komponenten diente
eine Ionen-Zerstäuberpumpe von $0,05$ m^3/s.

Einen anderen Weg beschritten Winkler et al. [9.30; 9.31] bei der Entwicklung von
Refrigerator-Kryopumpen für die Vakuum-Verfahrenstechnik. Bei Aufdampfprozes-
sen z.B. können so große H_2-Mengen freiwerden, daß das Saugvermögen für H_2 etwa ebenso groß sein muß wie das für Luft. Die Verwendung einer zusätzlichen Pumpe für H_2 aber würde den Kostenaufwand gegenüber dem bisher üblichen - durch

Diffusionspumpe + LN_2-Baffle gegebenen – Maß erheblich erhöhen und dadurch den Einsatz der Refrigerator-Kryopumpe in der Verfahrenstechnik ausschließen. Eine Lösung, die sowohl den Bedingungen des H_2-Pumpens als auch denen der Wirtschaftlichkeit gerecht wird, gelang durch Hinzufügen einer Adsorptionsstufe zur Kondensationspumpe. Als Adsorbens erwies sich dabei Aktivkohle als besonders geeignet: Diese hat eine hohe Sorptionskapazität (Abschn. 5.7), und die Temperaturen zum Aktivieren (60 °C) und zum Regenerieren (Zimmertemperatur; daher nur Abschalten des Kryogenerators) sind vergleichsweise niedrig.

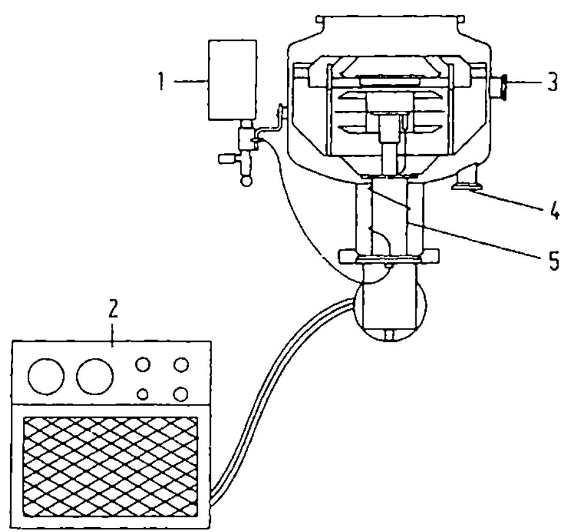

Abb.9.16. Refrigerator-Kryopumpe mit Gifford-McMahon-Kryogenerator und Aktivkohle-Adsorptionsstufe, Typ Balzers RKP 401 Z: $S(N_2) = 6\,m^3s^{-1}$, $S(H_2) = 3,8\,m^3s^{-1}$, NW 400 [9.30 - 9.32]. 1 H_2-Dampfdruckthermometer, 2 Kompressor, 3 Anschluß für Vakuummeter, 4 Anschluß der Vorvakuumpumpe, 5 Kryogenerator.

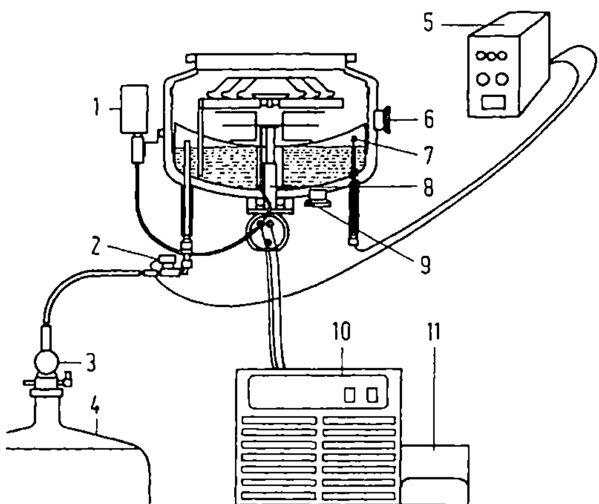

Abb.9.17. Refrigerator-Kryopumpe mit Gifford-McMahon-Kryogenerator, Aktivkohle-Adsorptionsstufe und LN_2-gekühltem Baffle, Typ Balzers RKP 400: $S(N_2) = 8\,m^3s^{-1}$, $S(H_2) = 5,5\,m^3s^{-1}$, NW 400 [9.30 - 9.32]. 1 H_2-Dampfdruckthermometer, 2 LN_2-Ventil, 3 LN_2-Heber, 4 LN_2-Vorratsbehälter, 5 LN_2-Nachfüllsystem, 6 Anschluß für Vakuummeter, 7 Niveaufühler, 8 Kryogenerator, 9 Anschluß für Vorvakuumpumpe, 10 Kompressor, 11 Transformator.

Die Autoren entwickelten zwei Versionen: Eine hinsichtlich der Kälteversorgung autonome Kryopumpe nach Abb.9.16 und eine mit LN_2-gekühltem Baffle nach Abb.

Tabelle 9.3. Daten einiger Refrigerator-Kryopumpen mit Gifford-McMahon-Kryogenerator. Typ Balzers [9.32]

System		Ohne LN_2-Kühlung		Mit LN_2-Kühlung					
Typ RKP		161	401 Z	160	400	500	630	800	1000
Nennweite	mm	160	400	160	400	500	630	800	1000
Kälteleistung bei 20 K	W	4	4	2	2	4	4	4	4
Saugvermögen für N_2, Luft	m^3s^{-1}	1,7	6	1,7	8,0	12	18	26	40
H_2	m^3s^{-1}	1,2	3,8	1,2	5,5	8	12	15	25
H_2O	m^3s^{-1}	2,0	14	2,0	15	25	42	65	100
Ar	m^3s^{-1}	1,3	5	1,3	6,5	9,5	13	20	32
Ne	m^3s^{-1}	0,3	1,2	0,3	1,5	2	3	3,3	5
He $(10^{-3}Pa)$	m^3s^{-1}	0,2	0,8	0,2	1,0	1,4	2	2,2	3,5
Max. Gasstrom im Dauerbetrieb									
N_2, Luft	$Pa\,m^3s^{-1}$	0,35	0,3	0,2	0,2	0,8	0,8	0,8	0,8
H_2	$Pa\,m^3s^{-1}$	0,12	0,1	0,1	0,1	0,2	0,2	0,2	0,2
Pumpkapazität für N_2, Luft	$Pa\,m^3$	$6\cdot10^4$	$1\cdot10^5$	$6\cdot10^4$	$2,3\cdot10^5$	$3,3\cdot10^5$	$3,8\cdot10^5$	$4\cdot10^5$	$5\cdot10^5$
bei $10^{-2}Pa$　　H_2	$Pa\,m^3$	$8\cdot10^2$	$1,5\cdot10^3$	$9\cdot10^2$	$3,8\cdot10^3$	$7\cdot10^3$	$7,5\cdot10^3$	$8\cdot10^3$	$1\cdot10^4$
LN_2-Verbrauch	$kg\,h^{-1}$	–	–	0,35	1,0	1,4	1,8	1,8	3
Abkühlzeit auf 20 K	min	70	100	70	105	90	140	150	180
Leistungsaufnahme	kW	2	2	1	1	2	2	2	2

9.17. Der zweistufige Kryogenerator ist an der Vakuumkammer befestigt und über flexible Leitungen, mechanisch entkoppelt, mit dem Helium-Kompressor verbunden. Am kalten Ende des Kryogenerators ($T_k \geq 12\,K$) sind die Kryoflächen aus poliertem Ag-Blech befestigt, die an Stellen, die vor Wärmestrahlung geschützt sind und von den Gasteilchen erst nach mehrfachen Wandstößen erreicht werden, mit Aktivkohle belegt sind. Das Baffle aus geschwärztem Kupfer sowie die innen geschwärzte und außen polierte Schutzwand sind an der wärmeren Temperaturstufe angebracht und, im Falle der LN_2-Zusatzkühlung, mit dem LN_2-Reservoir im Kontakt.

In der Tabelle 9.3 sind die Daten einiger Pumpen zusammengestellt, und in Abb. 8.3 einige S,p-Kurven angegeben. Das Saugvermögen wächst mit der Nennweite des Anschlußflansches; die Werte $S(N_2)$ liegen zwischen 1 und $40\,m^3s^{-1}$, und die Saugvermögen für H_2 betragen jeweils etwa 2/3 des Wertes für N_2. Auch auf die Edelgase übt das Aktivkohlepanel eine Pumpwirkung aus, wie dies speziell für Helium bei $T_k = 12$ bis $15\,K$ nach [9.33] auch zu erwarten ist. Die Werte des maximalen Gasstromes Q_{max} in Tabelle 9.3 gelten für den Dauerbetrieb; bei noch unbelegter Kryofläche sind sie nach Abschn. 8.6 um den Faktor 6 größer. Die Werte der Pumpkapazität $\overline{Q}$ bestimmen, wie in Abschn. 8.8 diskutiert, die maximal mögliche Betriebsdauer t_{max}. Die Vakuumkammer kann bei laufender Kryopumpe ausgeheizt werden, und der erreichbare Enddruck p_u ist von der Größenordnung $10^{-8}\,Pa$.

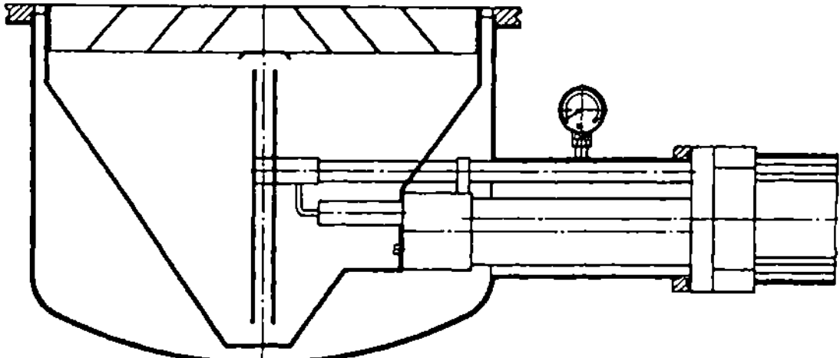

Abb. 9.18. Refrigerator-Kryopumpe mit Gifford-McMahon-Kryogenerator und Aktivkohle-Adsorptionsstufe, Typ Leybold-Heraeus RPK 5000: $S(N_2) = 5\,m^3s^{-1}$, $S(H_2) = 4,5\,m^3s^{-1}$, NW 400 [9.34].

Refrigerator-Kryopumpen mit ebenfalls einer Aktivkohle-Adsorptionsstufe, aber von anderer geometrischer Struktur haben in der Folge Forth et al. [9.34 - 9.36] und Schäfer [9.158] bei Leybold-Heraeus, Longworth [9.37] bei Air Products sowie Denison [9.38] und de Rijke [9.157] bei Perkin-Elmer-Ultek und Welsh et al. [9.165] bei Varian entwickelt. Bei den Pumpen von Forth et al. nach Abb. 9.18 und 9.19 besteht die Kryofläche aus zwei parallelen, senkrecht zur Baffleebene orientierten Ag-Platten, die innen mit Aktivkohle belegt und außen poliert sind. Die geschwärzten Streifenbaffle (aus geraden Blechen) verhindern, daß die Kryoflächen direkt von der

300 K-Strahlung getroffen werden. Die autonome Pumpe nach Abb.9.18 ist mit einem Kryogenerator ausgestattet, der bei 20 K 2 W Kälteleistung liefert, und die Pumpe mit LN_2-Kühlung nach Abb.9.19 mit einem Kryogenerator, der 1 W bei 20 K und 3 bis 5 W bei 100 K erzeugt. Diese beiden Pumpen haben bei gleicher Nennweite (400 mm) weitgehend gleiche Daten: $S(N_2) = 5\,m^3s^{-1}$, $S(H_2) = 4,5\,m^3s^{-1}$, maximaler Gasstrom $Q_{max} = 0,5$ bis $0,1\,Pa\,m^3s^{-1}$, Pumpkapazität für H_2 $\overline{Q} = 1\cdot 10^3\,Pa\,m^3$; die S,p-Kurve (RPK 5000) ist in Abb.8.3 dargestellt.

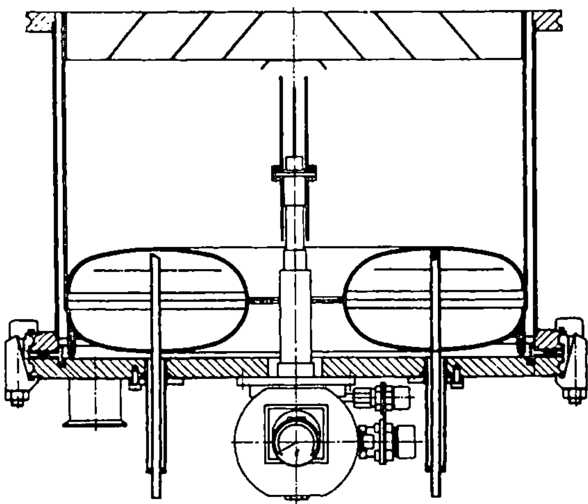

Abb.9.19. Refrigerator-Kryopumpe mit Gifford-McMahon-Kryogenerator, Aktivkohle-Adsorptionsstufe und LN_2-gekühltem Baffle, Typ Leybold-Heraeus: $S(N_2) = 5\,m^3s^{-1}$, $S(H_2) = 4,5\,m^3s^{-1}$, NW 400 [9.34].

9.3.3 Stirling-Prozeß und -Refrigeratoren

Bei diesem Prozeß wird die Kälte durch adiabate Expansion des Arbeitsgases erzeugt, und hierzu ein System benutzt, in dem Kompressor und Expansionsmaschine – im Gegensatz zum Brayton-Prozeß – zu einer Einheit zusammengefaßt sind [9.39]. Die von Köhler et al. [9.40; 9.41] angegebene Anordnung nach Abb.9.20a enthält zwei Kolben, den Haupt-(2) und den Verdrängerkolben (5), die periodisch mit etwa 90° Phasenverschiebung von einer gemeinsamen Kurbelwelle angetrieben werden. Zwischen dem Kompressionsraum (3) und dem Expansionsraum (8) liegt der Regenerator (6), längs dessen im stationären Zustand ein Temperaturgefälle herrscht. Ausgehend von der Position 1 durchläuft das Arbeitsgas, Helium oder ggf. Wasserstoff, den folgenden Kreisprozeß, der den einzelnen Positionen entsprechend auch im T,S-Diagramm Abb.9.20b dargestellt ist:

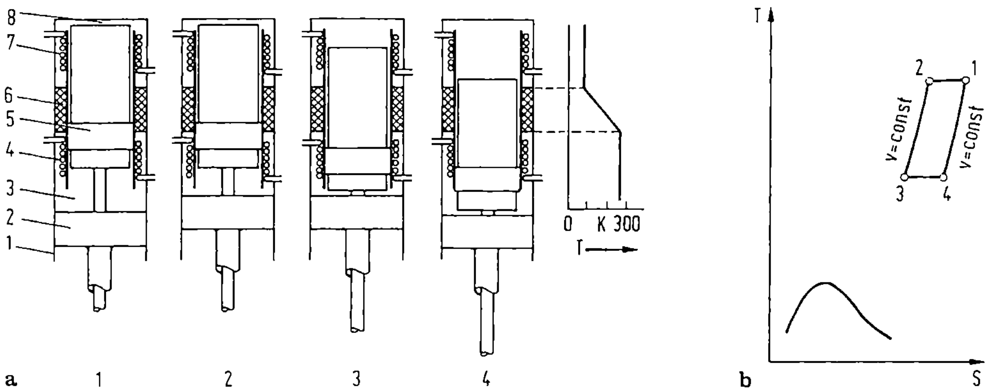

Abb.9.20. Stirling-Prozeß: a) einstufiger Refrigerator, schematisch; b) T,S-Diagramm, nach [9.40; 9.41]. 1 Gehäuse, 2 Hauptkolben, 3 Kompressionsraum, 4 Kühler, 5 Verdränger, 6 Regenerator, 7 Wärmeübertrager, 8 Expansionsraum.

I. <u>Kompression.</u> Das Arbeitsgas wird komprimiert, und die Kompressionswärme durch den Kühler (4) abgeführt (Position 2).

II. <u>Umfüllen des Gases vom Kompressions- in den Expansionsraum.</u> Der Verdrängerkolben bewegt sich abwärts, so daß das Gas den Regenerator in Aufwärtsrichtung durchströmt und sich bei konstantem Volumen abkühlt (Position 3).

III. <u>Expansion.</u> Verdränger- und Hauptkolben bewegen sich gemeinsam abwärts. Das Gas expandiert isotherm und verrichtet dabei Arbeit; eine dieser Arbeit äquivalente Wärmemenge kann dem zu kühlenden Objekt entzogen werden (Position 4).

IV. <u>Umfüllen des Gases vom Expansions- in den Kompressionsraum.</u> Der Verdränger bewegt sich aufwärts. Das Gas durchströmt den Regenerator bei konstantem Volumen in Abwärtsrichtung und erwärmt sich wieder (Position 1).

Im Regenerator wird das Temperaturgefälle mit jedem neuen Zyklus erhöht, bis sich schließlich der stationäre Zustand einstellt. Der Verdränger schiebt das Arbeitsgas – von Druck- und Reibungsverlusten abgesehen – kräftefrei zwischen beiden Räumen hin und her. Der Hauptkolben nimmt die vom Kältemittel bei der Expansion verrichtete Arbeit auf. Die Kälteleistung beträgt im stationären Zustand $\dot{Q} = f \oint p\,dV_e$, wobei f die Zahl der Zyklen pro Sekunde und V_e das Volumen des Expansionsraumes ist.

Die niedrigste Temperatur ist dadurch gegeben, daß $\dot{Q}$ gleich den Wärmeverlusten wird, zu denen vor allem der Verlust durch Wärmeleitung im Regenerator gehört. Beide Kolben werden im <u>warmen</u> Teil des Arbeitsraumes geführt und gedichtet. Der Prozeß, der einen hohen mittleren Druck (etwa 30 bar) und hohe Arbeitsfrequenzen (etwa 1500 min^{-1}) zuläßt, zeichnet sich durch einen hohen thermodynamischen Wirkungsgrad aus.

Mit der <u>einstufigen</u> Maschine wird als niedrigste Temperatur etwa 40 K erreicht,
und es steht bei 77 K genügend Kälteleistung zur Kondensation von N_2 bzw. Luft
zur Verfügung, aus der LN_2 durch eine nachgeschaltete Trennsäule gewonnen wird.
Modelle mit einer Kälteleistung bis zu etwa 25 kW bei 77 K wurden bei Philips entwickelt. Die zur Kühlung der Baffle von Kryopumpen und der Strahlungsschilde viel
verwendete A-Maschine von Philips hat folgende Daten: Kälteleistung 800 W bei
80 K, Leistungsaufnahme 9 kW, Kühlwasserbedarf $0,75 \text{ m}^3/\text{h}$. Die Kälteleistung
kann auf die zu kühlenden Objekte durch angekoppelte Gaskreisläufe übertragen werden, in denen das Gas (z.B. Helium) mit einem Gebläse umgewälzt wird (Abb.9.26).

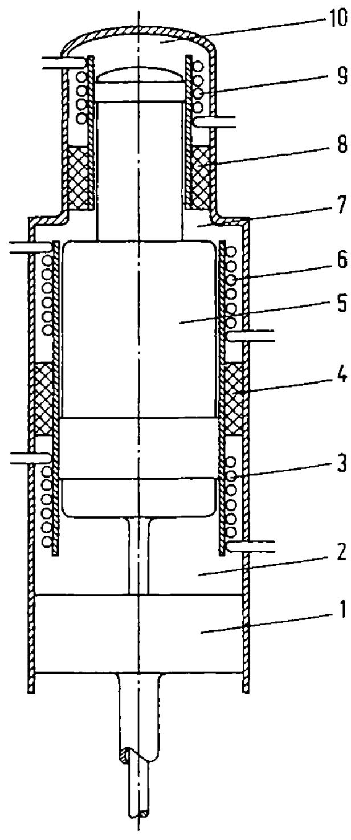

Abb.9.21. Zweistufiger Stirling-Philips-
Refrigerator, nach [9.42]. 1 Hauptkolben, 2 Kompressionsraum, 3 Kühler,
4 erster Regenerator, 5 Verdränger,
6 erster Wärmeübertrager, 7 erster Expansionsraum, 8 zweiter Regenerator,
9 zweiter Wärmeübertrager, 10 zweiter
Expansionsraum.

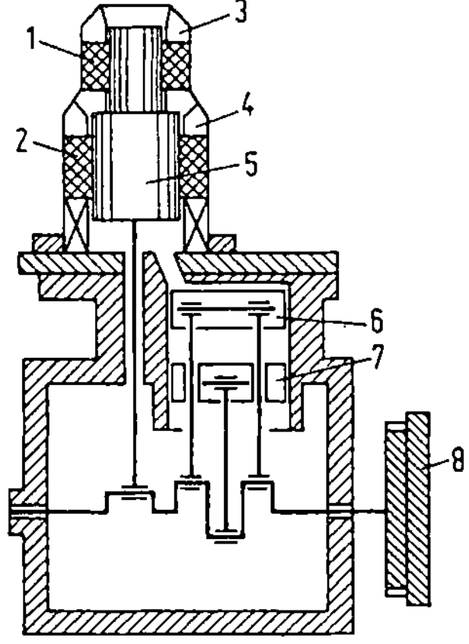

Abb.9.22. Zweistufige Gaskältemaschine, Typ Philips K 20, schematisch
[9.44]. 1, 2 Regeneratoren, 3 untere
Temperaturstufe, $T \approx 20$ K, 4 obere
Temperaturstufe, $T \approx 80$ K, 5 Verdränger, 6 Kolben, 7 Gegenkolben,
8 Schwungrad.

Der von Prast et al. [1.8; 9.42; 9.43] entwickelte <u>zweistufige</u> Refrigerator vom
Typ Philips A 20 enthält einen als Differentialkolben ausgebildeten Verdränger und
zwei Regeneratoren (Abb.9.21). Der untere Regenerator besteht aus einem Filz
von feinem Bronzedraht, der obere aus feinem Blei-Granulat. Am ersten Wärme-

übertrager ist z.B. eine Kälteleistung von 260 W bei 80 K verfügbar, und am zweiten 70 W bei 20 K. Die Leistungsaufnahme beträgt 11 kW, der Kühlwasserbedarf $0,75\,m^3 h^{-1}$. Auch hier wird die Kälteleistung durch angekoppelte Gaskreisläufe übertragen (Abb.9.26).

Speziell für die Kryopumpe wurde die zweistufige Gaskältemaschine K 20 von Philips entwickelt, die z.B. 8 W Kälteleistung bei 20 K und 100 W bei 100 K erzeugt [9.44] (Abb.9.22). Die Kryofläche und das Baffle werden durch direkten Kontakt mit den Expansionsräumen über passende Flansche gekühlt. Die Grundplatte der Vakuumkammer wird auf den Wasserkühler aufgeflanscht. Die Leistungsaufnahme beträgt 3 kW, der Kühlwasserbedarf $0,3\,m^3 h^{-1}$ und die Endtemperatur $T \leqslant 13\,K$.

9.3.4 Kryopumpen mit Stirling-Philips-Refrigerator

Forth et al. [9.34 - 9.36] entwickelten mehrere Kryopumpen, die mit dem Kryogenerator K 20 betrieben werden. Abbildung 9.23 stellt die autonome Kryopumpe RPK 5000/K 20 dar, die im Prinzip wie die nach Abb.9.18 aufgebaut ist, eine Aktivkohle-Sorptionsstufe enthält und 400 mm Nennweite hat. Das Saugvermögen beträgt $S(N_2) = 5\,m^3 s^{-1}$ bzw. $S(H_2) = 8\,m^3 s^{-1}$, und die Adsorptionskapazität für H_2 $3 \cdot 10^3\,Pa\,m^3$ bei $p = 7 \cdot 10^{-2}\,Pa$ [9.35]. – Abbildung 9.24 zeigt eine Kryopumpe,

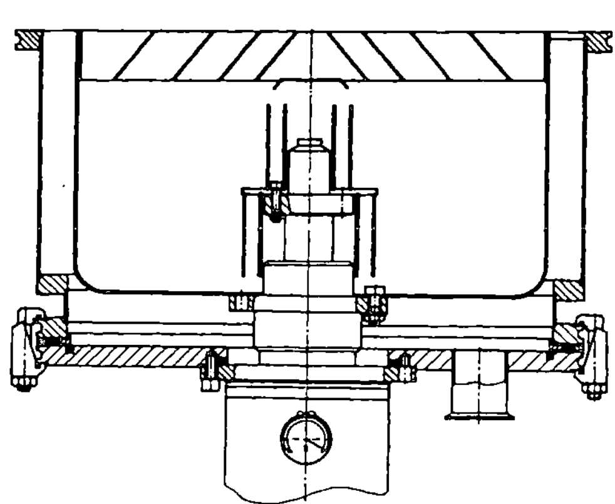

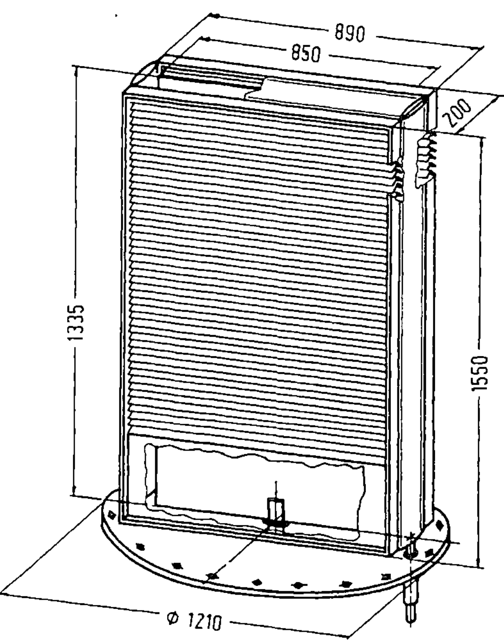

Abb.9.23. Refrigerator-Kryopumpe mit Gaskältemaschine K 20 und Aktivkohle-Adsorptionsstufe, Typ Leybold-Heraeus: $S(N_2) = 5\,m^3 s^{-1}$, $S(H_2) = 5\,m^3 s^{-1}$, NW 400 [9.36].

Abb.9.24. Refrigerator-Kryopumpe mit Gaskältemaschine K 20 und LN_2-gekühltem Baffle, Typ Leybold-Heraeus: $S(N_2) = 70\,m^3 s^{-1}$ [9.36].

bei der nur die auf beiden Seiten pumpende Kryofläche von $1,1\,m^2$ durch den K 20-Kryogenerator, das Chevronbaffle aber durch einen LN_2-Strom gekühlt wird [9.36]. Um die Abkühlzeit abzukürzen, ist die Tieftemperaturstufe der K 20 mit einer Kühlspirale versehen, die eine gewisse Zeit von LN_2 durchströmt und dann evakuiert wird. Das Saugvermögen beträgt $70\,m^3s^{-1}$. Da diese Pumpe in Langzeitexperimenten eingesetzt wird, verzichtet man auf eine Sorptionsstufe und beseitigt die nicht kondensierbaren Gase durch eine Turbomolekularpumpe (Abb. 10. 11).

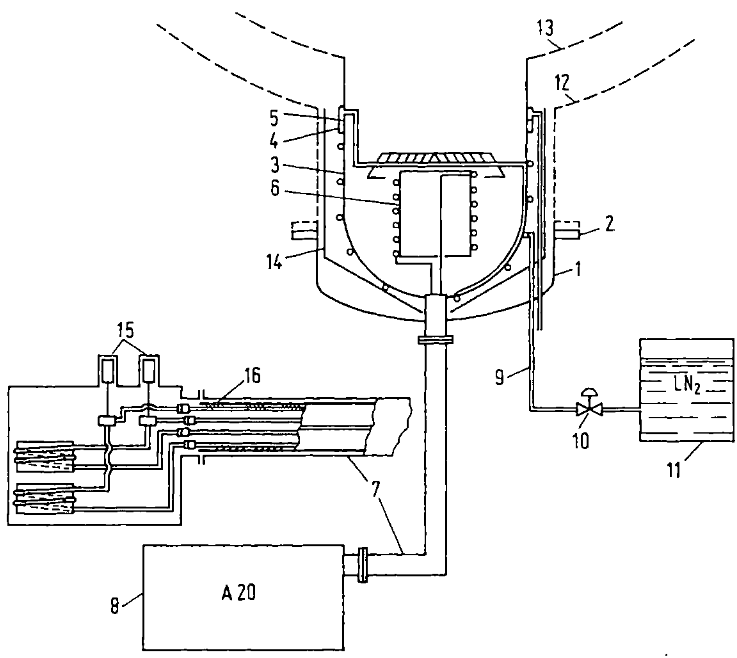

Abb.9.25. Refrigerator-Kryopumpe mit Kryogenerator Philips A 20 und LN_2-gekühlter Abschirmung, Typ L'Air Liquide CM 1250, $S(N_2) = 50\,m^3s^{-1}$ [7.22]. 1 Gehäuse, innen poliert, 2 Flansch, 3 Baffle (geschwärzt) und Abschirmung (innen geschwärzt, außen poliert), 4 LN_2-Zuleitung, 5 LN_2-Niveaufühler, 6 15 K-Kryofläche, 7 Transferleitung, 8 Philips-Refrigerator A 20, 9 LN_2-Transferleitung, 10 Elektroventil, 11 LN_2-Tank, 12 Vakuumkammer, 13 Kaltwand, 14 Strahlungsschild, 15 Gebläsemotor, 16 Superisolation.

Bei der Pumpe CM 1250 nach Abb.9.25 dient der Kryogenerator A 20 zur Kühlung der 15 K-Kryofläche, auf die die Kälteleistung von 70 W über die Transferleitung PGH 105 übertragen wird [7.22]. Die Pumpe erreicht im Übergangsgebiet bei 0,3 Pa ein maximales Saugvermögen von $50\,m^3s^{-1}$ und dient dazu, den Bereich zwischen dem Endruck der Vorpumpe und dem Startdruck der Titan-Sublimationspumpe einer Raumkammer zu überbrücken.

Die Kryopumpe für die Kammer eines Ringbeschleunigers [9.44; 9.45] ist mit zwei Kryogeneratoren, einer A 20- und einer A-Maschine für das 20 K- bzw. 80 K-Niveau

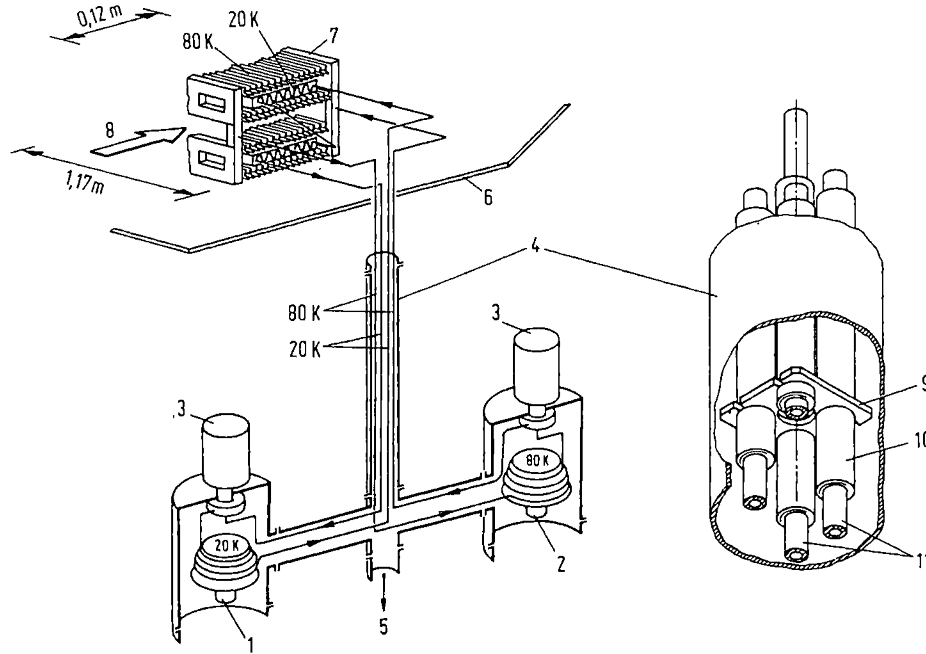

<u>Abb.9.26.</u> Refrigerator-Kryopumpe mit den zwei Kryogeneratoren A 20 und A von Philips für das 20 K- und das 80 K-Niveau [9.44; 9.45]. 1 Zweistufiger Kryogenerator Philips A 20, 2 einstufiger Kryogenerator Philips A, 3 Gebläse, 4 Transferleitung, 5 zur Hochvakuumpumpe, 6 Behälterwand, 7 Kryopumpenstruktur, 8 Teilchenstrahl, 9 Spacer, 10 Superisolation, 11 Helium-Hin-und Rückleitung.

ausgestattet (Abb.9.26). Dieses Beispiel illustriert die Eigenschaft der Kryopumpe, an schwer zugänglichen Stellen ein hohes Saugvermögen - in diesem Fall $10\,\mathrm{m}^3\mathrm{s}^{-1}$ für N_2 - zu erzeugen.

Schließlich sei noch auf die $60\,\mathrm{m}^3\mathrm{s}^{-1}$-Kryopumpe der Raumkammer nach Abb.9.32 hingewiesen [7.23]. Hier wird die Wärme von der Kryofläche zum A 20-Kryogenerator durch einen mit Wasserstoff gefüllten Thermosiphon übertragen: Der Wasserstoff kondensiert an der A 20 und strömt als Flüssigkeit, der Schwerkraft folgend, zur Kryofläche, wo er verdampft, und kehrt dann als Dampf zur A 20 zurück.

Über Untersuchungen zur Wärmeübertragung mit dem Thermosiphon ist in [9.46; 9.47] berichtet.

9.3.5 Brayton-Prozeß und -Refrigeratoren

Das Arbeitsgas beschreibt hier den folgenden Kreislauf (Abb.9.27):

- Annähernd isotherme Kompression von p_0 auf p_1 im Kompressor K nebst nachgeschaltetem Kühler (1', 1),

- isobare Abkühlung des Hochdruckgases im Gegenstromwärmetauscher (1, 2),
- adiabate Entspannung in der Expansionsmaschine E unter Verrichtung von Arbeit ($\dot{W}_e$), verbunden mit einer Abkühlung (2, 2''),
- isobare Aufnahme von Wärme ($\dot{Q}$) im zu kühlenden Objekt (2'', 2'),
- isobare Erwärmung des Niederdruckgases im Wärmetauscher (2', 1').

Die Enthalpiebilanz lautet

$$\dot{Q} = \dot{W}_e - \dot{m}(h_1 - h_{1'}) \qquad\qquad (9.3)$$

mit $\dot{Q} = \dot{m}(h_{2'} - h_{2''})$ und $\dot{W}_e = \dot{m}(h_2 - h_{2''})$. Für He und H_2 von 300 K ist der Term $\dot{m}(h_1 - h_{1'})$ positiv und um so größer, je größer $\Delta T = T_1 - T_{1'}$, d.h. die Gegenströmerverluste sind. Kälte wird also erzeugt, d.h. $\dot{Q}$ ist positiv, wenn die auf die Expansionsmaschine übertragene Leistung $\dot{W}_e$ größer als jener Enthalpieterm ist. Der Wärmestrom $\dot{Q}$ wird bei von $T_{2''}$ nach $T_{2'}$ gleitender Temperatur aufgenommen, und man bezeichnet $T_{2'}$ als die Temperatur, bei der $\dot{Q}$ verfügbar ist. Im T,S-Diagramm Abb.9.29b wird der einstufige Prozeß durch den Linienzug 1'1 2 2''2'1' dargestellt. Muhlenhaupt und Strobridge [9.48] haben für die Gase He, p-H_2 und N_2 eine numerische Analyse des Prozesses unter Variation der relevanten Parameter durchgeführt. Durch optimale Wahl dieser Parameter kann das Verhältnis: Kompressorleistung $\dot{W}_k = (\dot{m}RT_1/M\eta_k)\ln p_1/p_0$ zu Kälteleistung $\dot{Q}$, zu einem Minimum gemacht werden (η_k = Kompressor-Wirkungsgrad).

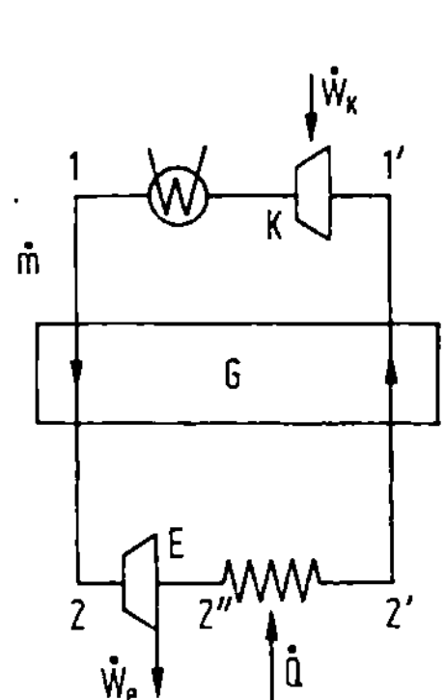

Abb.9.27. Brayton-Prozeß (Gaskältekreislauf). K Kompressor, E Expansionsmaschine, G Gegenstromwärmetauscher.

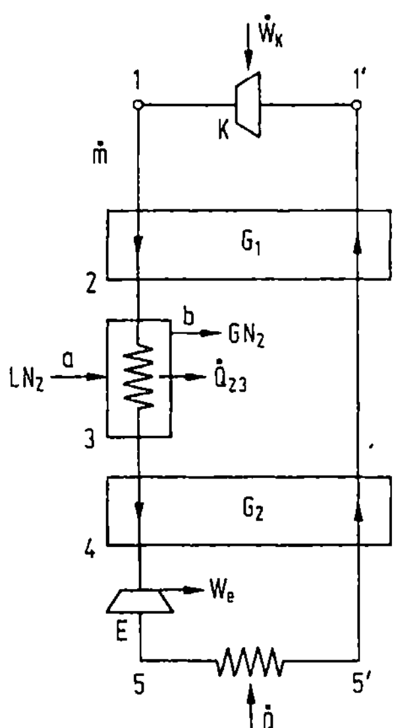

Abb.9.28. Brayton-Prozeß mit LN_2-Vorkühlung. K Kompressor, E Expansionsmaschine, G_1, G_2 Gegenstromwärmetauscher.

Um einen Gas-Kältekreislauf mit Helium bei $T \lesssim 20\,K$ zu betreiben, arbeitet man
nach einem der drei folgenden Schemata:

1. Brayton-Kreis mit 80 K-Vorkühlung nach Abb.9.28:

Gegenüber (9.3) ist zur Enthalpiebilanz auf der rechten Seite die Kälteleistung der
Vorkühlung $\dot{Q}_{23} = \dot{m}(h_2 - h_3) = \dot{m}_{LN_2}(h_b - h_a)$ hinzuzufügen. Aberle et al. [9.49]
beschrieben einen solchen Refrigerator, der 1 kW Kälteleistung bei 18 K für die
Kryopumpe in einer Raumkammer des Lewis Research Center der NASA liefert; er
hat - mit den Bezeichnungen der Abb.9.29 die folgenden Daten:

$$\dot{Q} = 1,0\,kW \text{ bei } T_{5'} = 18\,K, \quad T_5 = 11,3\,K, \quad T_4 = 22,4\,K,$$

$$p_1 = 21,5\,bar, \quad p_{1'} = 1\,bar, \quad \dot{m} = 750\,m^3_{NTP}h^{-1}, \quad \dot{W}_k = 100\,kW \ .$$

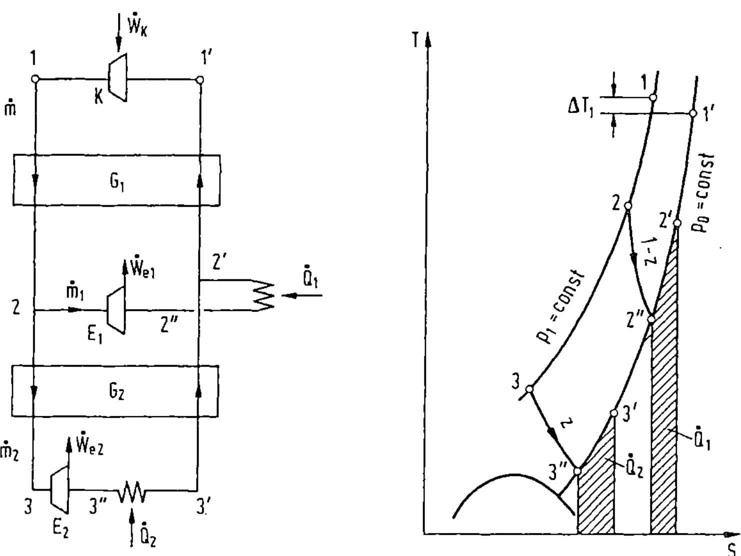

Abb.9.29. Zwei parallel geschaltete Brayton-Kreise und zugehöriges T,S-Diagramm.
K Kompressor, E_1, E_2 Expansionsmaschinen, G_1, G_2 Gegenstromwärmetauscher.

2. Zwei parallel geschaltete Brayton-Kreise nach Abb.9.29:

Mit diesem zweistufigen Refrigerator wird Kälte auf zwei Temperaturniveaus erzeugt.
Im Prinzip wäre es möglich, der Forderung der Kryopumpe entsprechend ein Kälte-
leistungsverhältnis $\dot{Q}_1/\dot{Q}_2 = 50$ bis 100 zu erzielen. Solche Refrigeratoren wurden
aber - allein schon wegen des bei diesem $\dot{Q}_1/\dot{Q}_2$ ungünstigen thermodynamischen
Wirkungsgrades - nicht gebaut. Man legt den Refrigerator auf $\dot{Q}_1/\dot{Q}_2 \approx 5$ aus und
benutzt $\dot{Q}_1$ zur Kühlung des Strahlungsschildes für die Komponenten auf tieferer Temperatur.

3. Zwei in Serie geschaltete Expansionsstufen nach Abb.9.30:

Die Enthalpiebilanz dieses Kreises lautet:

$$\dot{Q}_1 + \dot{Q}_2 = W_{e1} + W_{e2} - \dot{m}(h_1 - h_{1'}) \; . \tag{9.4}$$

Die Serienschaltung zweier Expansionsstufen findet bei größeren Kälteleistungen $\dot{Q}_2$ zwischen 0,1 und mehr als 10 kW bei $T \lesssim 20\,K$ vielfältige Anwendungen [9.50 - 9.53]. Als Beispiel sei der von Pagani et al. [9.52] entwickelte Refrigerator "Jülich I" genannt, der - mit Expansionsturbinen ausgerüstet - Teil einer Mehr-zweck-Kälteanlage ist; er besitzt mit den Bezeichnungen der Abb.9.30 die Daten:

$$\dot{Q}_2 = 1,0\,kW, \quad T_{5''} = 14\,K, \quad T_{5'} = 15\,K, \quad T_5 = 20\,K, \quad T_3 = 50\,K.$$

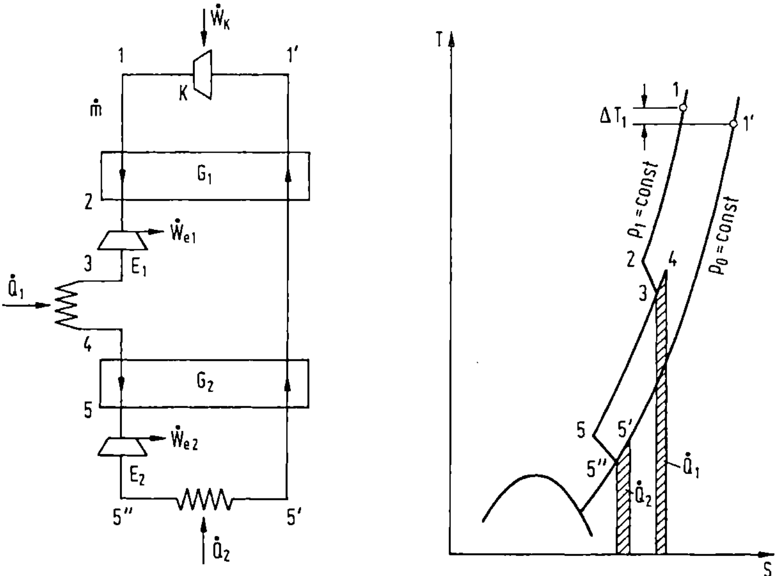

Abb.9.30. Brayton-Prozeß mit zwei Expansionsmaschinen in Serie, und zugehöriges T,S-Diagramm.

Im Bereich der genannten Kälteleistungen hat sich auch die Aufspaltung des Refrigerators in einen Turbinenkreislauf zur Kälteproduktion und einen thermisch ange-koppelten Belastungskreislauf nach Abb.9.31 bewährt. Beispiele sind in [9.52; 9.53] diskutiert.

9.3.6 Kryopumpen mit Brayton-Refrigerator

Die von Omelka [7.23] beschriebene Raumkammer der Philco-Ford Corp. hat ei-nen Durchmesser von etwa 12 m (Abb.9.32). Das Vakuumsystem enthält die folgen-den Pumpen:

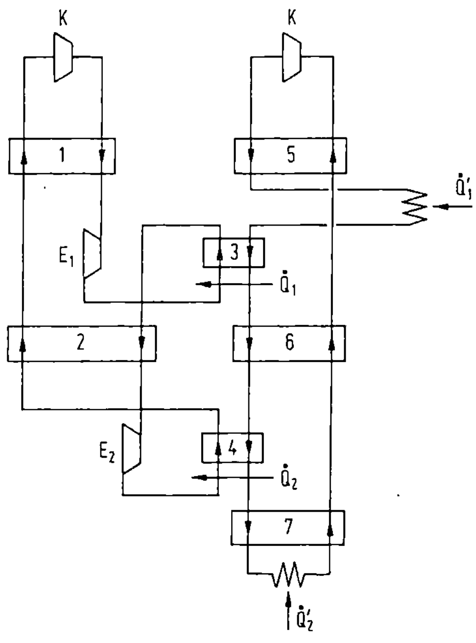

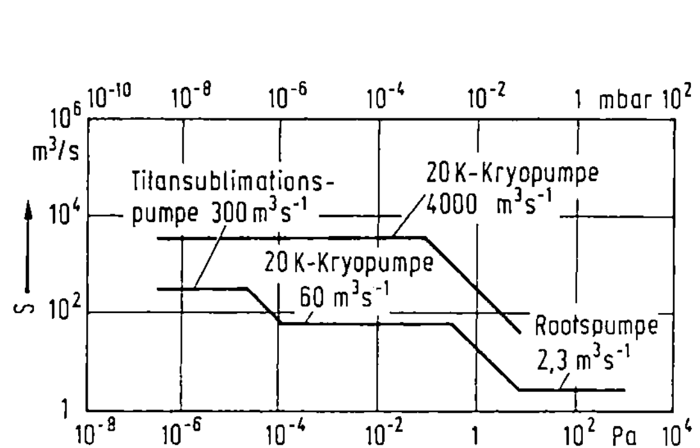

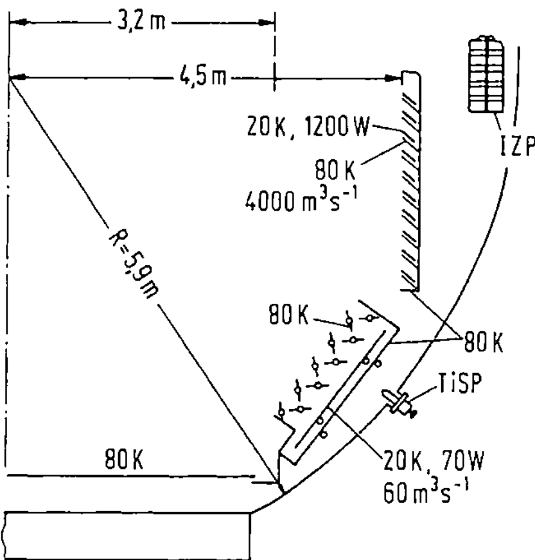

Abb.9.31. Aufspaltung des Kältemittelkreislaufes in einen Brayton-Kreis (links) zur Kälteproduktion und einen thermisch angekoppelten Belastungskreis [9.52; 9.53].

Abb.9.32. Das Vakuumsystem der Philco-Ford Corporation Raumkammer, bestehend aus einer 4000 m³s⁻¹ Kryopumpe mit Brayton-Refrigerator, einer 60 m³s⁻¹-Kryopumpe mit Stirling-Philips-Refrigerator A20, einer 300 m³s⁻¹-Titan-Sublimationspumpe (TiSP) mit 80 K-Getterfläche und 2,8 gh⁻¹ maximaler Sublimationsrate sowie einer 3 m³s⁻¹-Ionenzerstäuberpumpe (IZP). Nach Omelka [7.23].

• Eine 4000 m³s⁻¹-Kryopumpe, die als Santeler-Konfiguration (Abb.2.20c) auf einer Zylinderfläche von 9 m Durchmesser und 5,5 m Höhe untergebracht ist. Damit die 20 K-Flächen nicht von der vom Testobjekt ausgehenden Strahlung getroffen werden, darf dieses nicht über die bei R = 3,2 m liegende Grenze hinausragen. Die 20 K-Flächen werden durch einen 1200 W-Brayton-Refrigerator gekühlt, und die

80 K-Flächen durch LN_2 aus einem Tank. Der maximale Gasstrom beträgt Q_{max} = 300 $Pa\,m^3s^{-1}$, und der maximale Arbeitsdruck p_{max} = 0,08 Pa.

- Eine 60 m^3s^{-1}-Kryopumpe, die bereits in Abschn. 9.3.4 besprochen wurde. Sie dient dazu, die Lücke zwischen dem Enddruck der Vorpumpe und dem Startdruck der 4000 m^3s^{-1}-Hauptpumpe bzw. dem der Titan-Sublimationspumpe zu überbrücken.
- Eine Titan-Sublimationspumpe von S = 300 m^3s^{-1} zum Pumpen des Wasserstoffes.
- Eine Ionenzerstäuberpumpe von S = 3 m^3s^{-1} zur Beseitigung der Edelgase; ihre Magnete sind vakuumdicht eingekapselt.

Das Vorvakuumsystem besteht aus vier 460 m^3h^{-1}-Rotationspumpen, denen zur Kammer hin vier 2100 m^3h^{-1}-Rootspumpen mit LN_2-Fallen folgen. Nach dem Vorevakuieren bei gekühlten LN_2-Fallen werden sämtliche 80 K-Flächen gekühlt, dann die 60 m^3s^{-1}-Kryopumpe und schließlich die anderen Pumpen in Betrieb genommen. Der Enddruck beträgt, einer Leck- und Ausgasungsrate von $1 \cdot 10^{-3}$ $Pa\,m^3s^{-1}$ entsprechend, einige 10^{-7} Pa.

Ein weiteres Beispiel ist das von John und Hardgrove [9.54; 9.55] entwickelte UHV-System des Goddard Space Flight Center (Abb. 9.33). Das "all cryogenic"-System besteht aus drei Vakuumkammern: Der äußeren von 1 m Durchmesser und 1,5 m Höhe, der mittleren mit LN_2-gekühlter Wand und Aluminium-Dichtungen sowie der

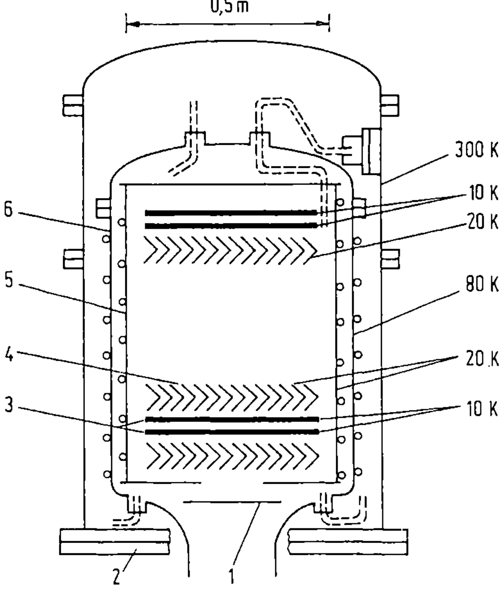

Abb. 9.33. Dreikammer-UHV-System des Goddard Flight Center mit Kryopumpen, die durch zwei Helium-Kältekreisläufe von 20 K bzw. 10 K gekühlt werden. Nach John und Hardgroove [9.54; 9.55]. 1 Plattenventil, 2 Grundplatte, 3 Kryosorptionspanel, 10 K, 4 Chevronbaffle, 20 K, 5 innere Kammer, GHe-gekühlt, 6 mittlere Kammer, LN_2-gekühlt.

inneren Kammer, deren Wand durch GHe auf 20 K gekühlt wird. Die innere Kammer enthält zwei durch 20 K-Baffle abgeschirmte Sorptionspanel: Diese bestehen
aus einer 6 mm-Aluminiumplatte mit 1,5 mm tiefen Rillen, die mit Linde-Moleku-
larsieben 5 A gefüllt sind. Auf der Rückseite tragen sie angeschweißte Kühlrohre
(ΔT_{max} = 1 K bei 125 mm Rohrabstand), die von GHe bei Temperaturen bis zu 10 K
herab durchströmt werden. Die He-Kältekreisläufe für 10 bzw. 20 K sind an je einen 200 W-CTi-Refrigerator angeschlossen. Das Ausheizen des Testvolumens und
das Aktivieren der Molekularsiebe erfolgt durch Zirkulation von heißem N_2 (250 °C,
24 h) durch die Rohrleitungen. Anschließend wird die Kammer durch LN_2 und dann
durch 20 K-Helium abgekühlt, das Sorptionspanel aber noch warm gehalten, damit
es nicht von höher kondensierenden Gasen belegt wird. Zuletzt wird der 10 K-Kreis
in Betrieb genommen. – Anwendungen der Anlage sind das Testen von Komponenten
für die Raumfahrt bei niedrigen Drücken ($< 10^{-10}$ Pa) und unter dem Einfluß von
Temperaturzyklen. Nachteilig ist die geringe Flexibilität in experimenteller Hinsicht; daher wurde in einer später gebauten Anlage auf die Schutzvakua verzichtet,
und die Kühlung der Sorptionspanel auf LHe umgestellt.

9.3.7 Claude-Prozeß

Der Claude-Prozeß kann als Brayton-Prozeß mit nachgeschalteter Joule-Thomson-
Stufe aufgefaßt werden. Das Arbeitsgas wird durch den Brayton-Prozeß auf eine Temperatur unterhalb seiner Inversionstemperatur T_i abgekühlt und anschließend in der
JT-Stufe verflüssigt. Die Kälteleistung steht bei der Temperatur des flüssigen Kältemittels in Form der Verdampfungswärme zur Verfügung. Bei dem Refrigerator
nach Abb. 9.34 wälzt der Kompressor K den Massenstrom $\dot{m}$ um, der nach Passieren des Verbrauchers 2-3 (Strahlungsschirm) auf der Hochdruckseite bei 4 in zwei
Ströme geteilt wird, die sich auf der Niederdruckseite bei 5' wieder vereinigen.
Der eine Teilstrom $(1-z)\,\dot{m}$ wird über die Expansionsmaschine E geleitet, und der
andere $z\dot{m}$ über das Joule-Thomson-Ventil (JT) und den Verbraucher 7-7'. Von
den beiden Verbrauchern, in unserem Fall der Abschirm- und der Kryopumpenflä-
che, werden die Wärmeströme $\dot{Q}_1 = \dot{m}(h_2 - h_3)$ und $\dot{Q}_2 = \dot{m}z(h_{7'} - h_7)$ zugeführt.
Die Enthalpiebilanz

$$\dot{Q}_1 + \dot{Q}_2 - \dot{W}_e + \dot{m}(h_1 - h_{1'}) = 0 \qquad\qquad (9.5)$$

besagt, daß die Leistung der Expansionsmaschine $\dot{W}_e = \dot{m}(1-z)(h_4 - h_{5'})$ die Summe
$\dot{Q}_1 + \dot{Q}_2$ der Kälteleistungen zuzüglich des Enthalpieterms $\dot{m}(h_1 - h_{1'})$ kompensie-
ren muß. Da die JT-Entspannung isenthalp verläuft, ist die bei $T_{5'}$ verfügbare Kälteleistung $\dot{Q}' = \dot{m}z(h_{5'} - h_5) = \dot{Q}_2$ gleich der am Verbraucher 77' verfügbaren Kälteleistung; m.a.W.: Durch die JT-Stufe wird die im Brayton-Kreis bei $T_{5'}$ erzeugte Kälteleistung $\dot{Q}' = \dot{Q}_2$ auf das tiefere Temperaturniveau T_7 verlagert.

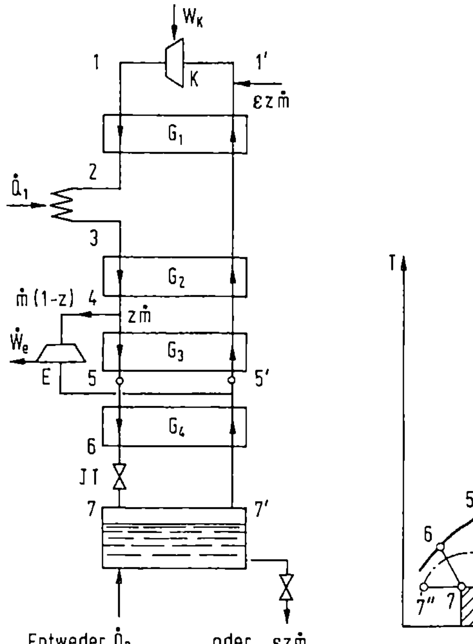
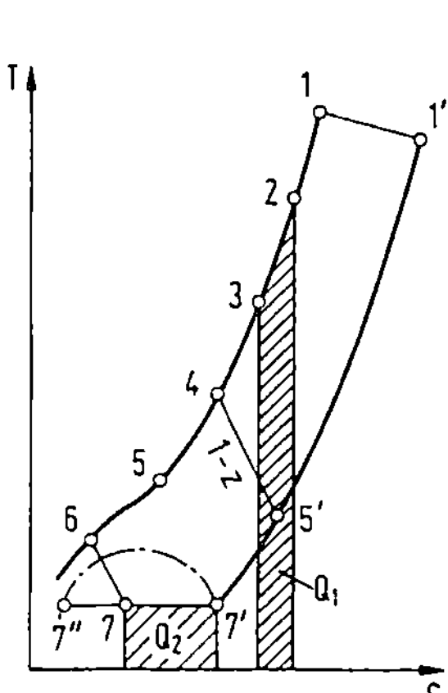

Abb.9.34. Claude-Prozeß (Flüssigkeitskältekreislauf) für den Betrieb als Refrigerator mit der Kälteleistung Q̇₂ bei der Temperatur T₇ oder als Verflüssiger mit der Verflüssigungsrate εzṁ. Das T,S-Diagramm bezieht sich auf den Refrigeratorbetrieb. K Kompressor, G_1 bis G_4 Gegenstromwärmetauscher, E Expansionsmaschine, JT Joule-Thomson-Ventil.

Die gebrochenen Kurven in Abb.9.35 stellen für He und H_2 die Kälteleistung $\dot{Q}_2/z\dot{m}$ pro Einheit des Massenstromes als Funktion der Daten $T = T_5$ und $p = p_1$ beim Eintritt in die JT-Stufe unter den Bedingungen $p_{1'} = 1$ bar und $T_5 = T_{5'}$ dar. Die Kälteleistung $\dot{Q}_2$ ist um so größer, je niedriger T_5 ist, und es existiert ein optimaler Druck p_1, der mit abnehmendem T_5 fällt.

Das Verhältnis Kompressorleistung W_k zu Kälteleistung $\dot{Q}_2$ kann durch optimale Wahl des Hochdruckes p_1, der Zwischentemperaturen und des Verzweigungsfaktors z zu einem Minimum gemacht werden. Muhlenhaupt und Strobridge [9.56] haben eine numerische Analyse des Claude-Prozesses mit einer Expansionsmaschine und He als Arbeitsgas durchgeführt. In diesem Falle liegen die günstigsten Werte des Hochdruckes p_1 zwischen 15 und 40 bar, die der Temperatur T_4 am Eingang der Expansionsmaschine zwischen 25 und 30 K, und die des Verzweigungsfaktors z zwischen 0,4 und 0,6. Unter den Bedingungen: $p_1 = 25$ bar, $z = 0,5$, $\eta_e = 0,7$, $\eta_k = 0,5$, $\Delta T_1 = T_1 - T_{1'} = 5$ K, $\Delta T_2 = T_5 - T_{5'} = 1$ K, $\dot{Q}_1 = 0$ erhält man einen spezifischen Leistungsbedarf $\dot{W}_k/\dot{Q}_2 = 900$ W/W. Dieser Wert läßt sich in der folgenden Weise reduzieren:

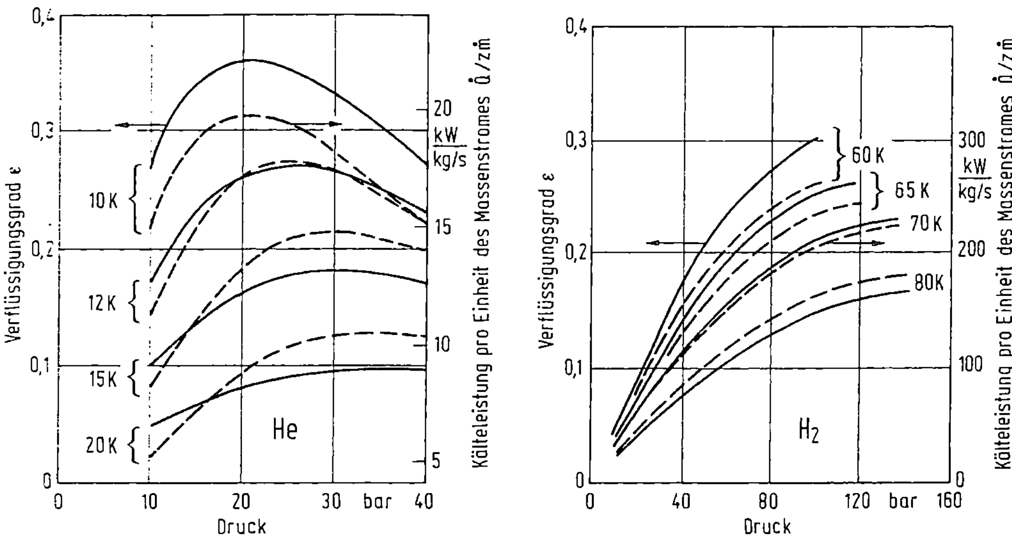

Abb.9.35. Kälteleistung $\dot{Q}$ pro Einheit des Massenstromes $z\dot{m}$ und Verflüssigungsgrad ε als Funktion von p und T beim Eintritt in die Joule-Thomson-Stufe. a) für He, b) für H_2.

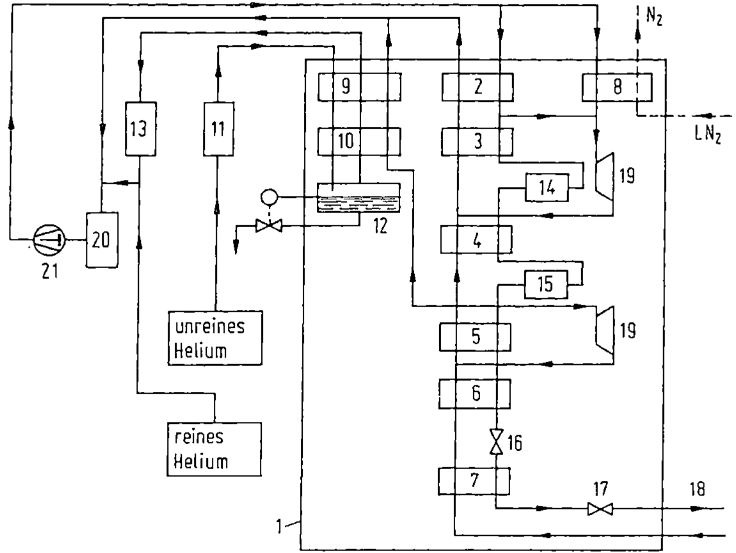

Abb.9.36. Helium-Refrigerator/Verflüssiger, Typ Linde Standard I, vereinfachtes Schema. Kälteleistung 25 bis 50 W bei 4,5 K oder 6 bis 25 dm³/h LHe Verlüssigungsrate. 1 Cold Box, 2 bis 10 Wärmeaustauscher, 11 Trockner und Adsorber für CO_2, automatisch wechselnd, 12 Kondensator, Vorreinigung durch Kondensation von N_2/O_2 bis herab zu 1 ‰, 13 Adsorber für N_2/O_2 auf weniger als 1 ppm, automatisch wechselnd, 14 Adsorber für N_2/O_2, 15 Adsorber für Ne/H_2, 16 Zwischenexpansionsventil, 17 Joule-Thomson-Ventil, 18 Transferleitung für LHe, 19 Expansionskolbenmaschine, 20 Niederdruckpuffer, 21 Kompressor.

- Vorkühlen des Hochdruckgases mit LN_2. Man erreicht dann $\dot{W}_k/\dot{Q} \approx 500$.
- Verwendung von zwei Expansionsmaschinen, parallel (Abb.9.36) oder in Serie
  (Abb.9.30), wobei zusätzlich mit LN_2-Vorkühlung gearbeitet werden kann. Man
  erreicht Werte bis zu $\dot{W}_k/\dot{Q} \approx 300$ herab.

9.3.8 Helium-Refrigerator/Verflüssiger nach dem Claude-Prozeß

Alle Verflüssiger der Kryotechnik haben, von den reinen Kondensationssystemen abgesehen, als tiefste Temperaturstufe ein Expansionssystem, und zwar: Ein JT-Ventil, einen Expansionsejektor [9.57] oder eine Zweiphasen-Expansionsmaschine
[9.58]. Die so beschaffenen Flüssigkeitskältekreisläufe lassen sich sowohl als Verflüssiger als auch als Refrigerator betreiben.

Ein Claude-Prozeß nach dem Schema Abb.9.34 arbeitet als Helium-Verflüssiger,
wenn man die im Abscheider 7 anfallende Flüssigkeit mit einem Vakuumheber kontinuierlich entnimmt und einen ebenso großen He-Strom $\varepsilon z \dot{m}$ bei 1' einspeist. Der
sich aus der Massen- und der Enthalpiebilanz ergebende Verflüssigungsgrad
$\varepsilon = (h_{5'} - h_5)/(h_{5'} - h_7)$ nimmt - ähnlich wie die Kälteleistung $\dot{Q}_2$ im Refrigeratorbetrieb - mit sinkender Vorkühltemperatur T_5 zu und erreicht bei einem be-
stimmten Druck ein Maximum (Abb.9.35).

Bei der Beurteilung kombinierter Anlagen ist es von Interesse, die Verflüssigungsraten in den beiden Betriebsfällen Verflüssiger und Refrigerator miteinander zu vergleichen. Hierzu ein Beispiel: Der in die JT-Stufe mit $T_5 = 12\,K$, $p_1 = 25$ bar eintretende He-Strom möge $z\dot{m} = 1\,g/s$ betragen, was beim Verzweigungsfaktor $z = 0,5$
einem Gesamtstrom $\dot{m} = 2\,g/s \,\hat{=}\, 40,4\,m^3(NTP)/h$ entspricht. Im Refrigeratorbetrieb
beträgt nach Abb.9.35 die Kälteleistung $\dot{Q} = 17,9\,W$ bei $4,2\,K$, der aufgrund der Verdampfungswärme des LHe eine Verflüssigungsrate von $24,7\,dm^3/h$ entspricht. Im
Verflüssigerbetrieb ist nach Abb.9.35 $\varepsilon = 0,27$; d.h. $13,5\,\%$ des umgewälzten Stromes $\dot{m}$ werden verflüssigt, und die Verflüssigungsrate beträgt $7,8\,dm^3/h$: Dieser
Wert ist 3,2mal kleiner als die Verflüssigungsrate beim Refrigerator; in der Praxis
begegnet man Faktoren zwischen 3 und 5. Dieser Sachverhalt hat seinen Grund darin, daß beim Verflüssiger wegen der Flüssigkeitsentnahme die Vorkühlung des
Hochdruckgases durch das Niederdruckgas beeinträchtigt ist gegenüber der Vorkühlung beim Refrigerator.

Ein Verflüssiger nach Abb.9.34 hat den betrieblichen Nachteil, daß sich Verunrei-
gungen im zu verflüssigenden Helium in fester Form in den Expansionsmaschinen
und Ventilen abscheiden können. Andererseits lehren die Erfahrungen in Laboratorien mit vielen Verbrauchern und großem LHe-Bedarf, daß Luftverunreinigungen im
zurückkehrenden He-Gas unvermeidlich sind. Dieser Situation tragen die Neuentwick-
lungen einiger Firmen Rechnung; hierfür ein Beispiel:

Die Helium-Kälteanlage Standard I der Firma Linde besitzt einen Claude-Kreislauf, in den das zuvor von seinen Verunreinigungen (H_2O, CO_2, O_2, N_2, Ne und H_2) befreite Helium eingespeist wird (Abb.9.36) [9.59; 9.60]. Der Claude-Kreis enthält zwei parallel geschaltete Expansionskolbenmaschinen. Da sich die Adsorptionsgefäße des Reinigungssystems automatisch umschalten und regenerieren, ist ein kontinuierlicher Verflüssigungsbetrieb möglich. Die Anlage liefert 6 bis $25\,dm^3/h$ LHe oder 25 bis 50 W Kälteleistung bei 4,5 K, wobei der jeweilige Wert davon abhängt, ob mit einem oder zwei 30 kW-Kompressoren sowie ohne oder mit LN_2-Vorkühlung gearbeitet wird. Zusatzeinrichtungen ermöglichen:

1. Refrigeratorbetrieb unter überkritischem Druck des LHe,

2. die Erzeugung von He II von 1,8 K durch einen Vakuumkreis,

3. die Umschaltung des Refrigerators auf 300 W bei 20 K, und

4. die Kühlung einer Abschirmung auf 80 K.

9.3.9 Helium-Refrigerator/Verflüssiger mit Ejektorstufe

Der von Rietdijk [9.57] eingeführte Expansionsejektor vereinigt die Funktion eines JT-Ventils mit der einer Dampfstrahlpumpe. Daher wird im Ejektor E der Anlage nach Abb.9.37 das auf 15 K vorgekühlte Hochdruck-Helium entspannt und zum Teil

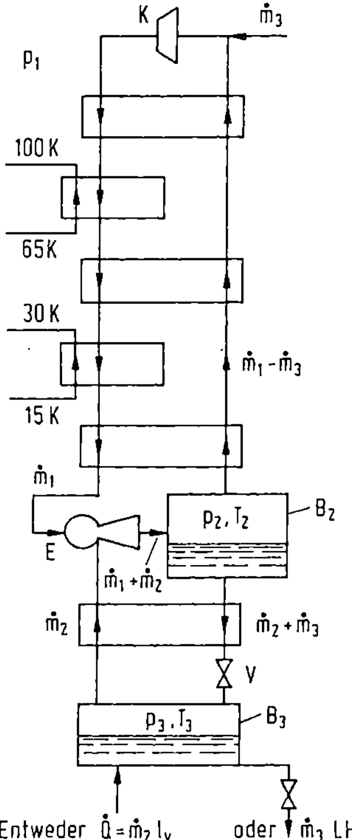

Abb.9.37. Helium Refrigerator/Verflüssiger mit Expansionsejektor (E), nach Rietdijk [9.57].

als Flüssigkeit im Behälter B_2 abgeschieden. Zum anderen wird im Diffusor von E die kinetische Energie des sich entspannenden Gases zum Teil in Druckenergie zurück verwandelt, so daß in B_2 bei der Temperatur T_2 ein Druck $p_2 \approx 1,6$ bar herrscht, der dazu benutzt wird, den Teilstrom $\dot{m}_2$ über das Entspannungsventil V und den unteren Behälter B_3 mit $p_3 < p_2$ zum Ansaugstutzen von E und dann nach B_2 zurückzuführen. Beim Refrigeratorbetrieb steht in B_3 eine $\dot{m}_2$ entsprechende Kälteleistung $\dot{Q} = \dot{m}_2 l_v$ bei $T_3 < T_2$ zur Verfügung. Beim Verflüssigerbetrieb geht zusammen mit $\dot{m}_2$ auch die Verflüssigungsrate $\dot{m}_3$ von B_2 nach B_3 über, wo sie entnommen wird.

Nach diesem Prinzip baut die Firma Philips den He-Verflüssiger PL He 209, der bei 28 kW Leistungsaufnahme $10\,\mathrm{dm^3 h^{-1}}$ LHe erzeugt und mit zwei Kryogeneratoren A 20 ausgerüstet ist [9.62].

Die Firma Sulzer baut Helium-Refrigeratoren/Verflüssiger der Serie TCF 200, die zwei Ejektorstufen enthalten. Zur Kälteerzeugung dienen zwei Gaslager-Kaltgasturbinen in Serie. Je nach der Leistung des verwendeten zweistufigen, ölfrei verdichtenden Labyrinth-Kolbenkompressors liegen die Kälteleistungen zwischen 100 und 400 W bei 4,4 K, und die LHe-Raten zwischen 25 und $100\,\mathrm{dm^3 h^{-1}}$ [9.63; 9.64].

Helium-Kälteanlagen mit Ejektor haben folgende Vorteile:
- Temperaturen unterhalb 4,2 K werden ohne zusätzliche Vakuumpumpe erreicht. So erhielten Haisma et al. [9.65] Temperaturen T_3 bis zu 1,75 K herab, wobei die Drücke $p_1 = 31$ bar, $p_2 = 1,2$ bar und $p_3 = 14$ mbar betrugen.
- Mit dem Ejektor kann nach Quack [9.64] auch die Zirkulation von LHe durch Rohrleitungen unter überkritischem Druck aufrecht erhalten werden (Abb.9.41e), so daß LHe-Zentrifugalpumpen für diesen Zweck entbehrlich werden.
- Die Irreversibilität der JT-Entspannung wird größtenteils vermieden, und der Ansaugdruck p_2 ist größer als beim Claude-Prozeß; daher Einsparungen bezüglich Kompressoren, Wärmeaustauschern und Leistungsbedarf.

9.3.10 Kryopumpen mit Helium-Refrigeratoren bei T = 4,2 K und darunter

Die Kühlung der Kryoflächen durch LHe kann unter Verwendung eines LHe-Refrigerators erfolgen durch
- direkten Kontakt mit dem Flüssigkeitsabscheider, oder
- einen an diesen angekoppelten Kältemittelkreislauf,
so daß außer der Badkühlung auch die Verdampferkühlung und die Kühlung durch einen Heliumstrom unter überkritischem Druck ($p > 2,3$ bar) möglich sind.

9.3.10.1 Badkühlung bei 4,2 K und Kühlung nach dem Verdampferprinzip

Eine Refrigerator-Kryopumpe mit Badkühlung liegt in der von Mark und Sommers [9.66] beschriebenen Raumkammer nach Abb.9.38 vor: Die Wand des unteren Teils, des eigentlichen Testraumes, wird durch das Heliumbad auf 4,2 K gekühlt; sie besitzt ein Saugvermögen für N_2 von etwa $200\,m^3s^{-1}$. Der obere Teil der Kammer wird durch einen separaten Kältekreislauf auf 30 K gehalten. Wie die Druck-Zeit-Kurve zeigt, werden Drücke unterhalb 10^{-11} Pa in weniger als einer Stunde nach Beginn der LHe-Zufuhr zur auf 30 K vorgekühlten Kammer erreicht. Das Experiment demonstriert die drei folgenden Effekte: Die erhebliche Senkung der Ausgasungsrate durch die Erniedrigung der Wandtemperatur von 30 K auf 4,2 K, die Desorption von Gas durch die auf die 4,2 K-Wand fallende Strahlung des Sonnensimulators, und schließlich die beim Wiederaufwärmen der Wand infolge thermischer Desorption auftretenden Druckspitzen, die jeweils bestimmten Bindungsenergien entsprechen [1.15; 9.67].

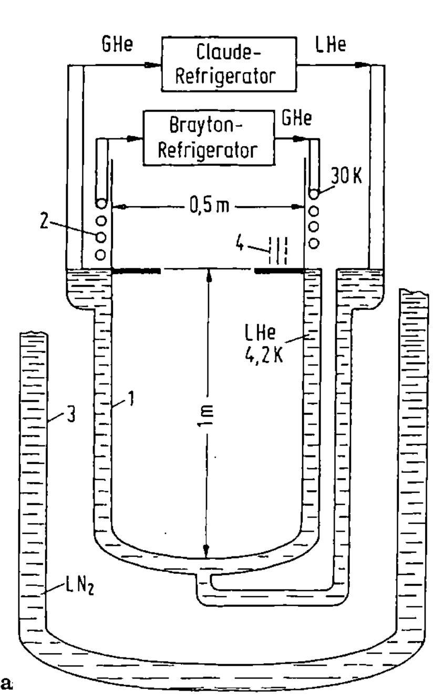

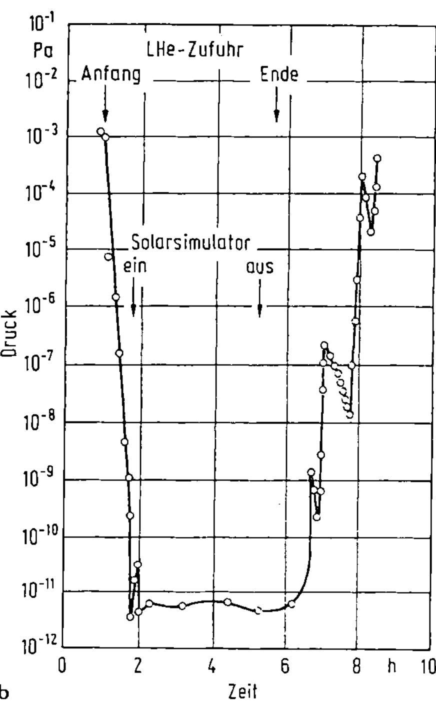

Abb.9.38. Refrigerator-Kryopumpe für eine Raumkammer nach Mark et al. [9.66]. Der Testraum wird durch ein LHe-Bad gekühlt, das ein Claude-Refrigerator aufrechterhält, und der darüber liegende Teil durch einen Brayton-Refrigerator bei T = 30 K. 1 Testraum, LHe-gekühlt, 2 Vorkühlspiralen, 30 K, 3 Abschirmung LN_2-gekühlt, 4 Ionisationsvakuummeter.

Bei großen Anlagen stellt sich die Frage nach der gleichzeitigen Versorgung mehrerer Verbraucher durch einen zentralen LHe-Refrigerator. Hierfür gibt es zwei Lösungen: Im ersten Fall arbeitet der Refrigerator auf einen entsprechend großen Tank, von dem aus das LHe den einzelnen Bad- oder Verdampfer-Kryopumpen geregelt zugeführt wird. Mit dem Füllstand des Tanks als Gebergröße wird die Kälteleistung des Refrigerators geregelt. Für die Abkühlperioden sind Umgehungsleitungen vorgesehen. – Im zweiten Fall nimmt man die JT-Entspannung erst im Verbraucher vor, d.h. in der Bad-Kryopumpe bzw. dem LHe-Vorratsgefäß der Verdampfer-Kryopumpe.

9.3.10.2 Badkühlung bei $T < 4,2\,K$

Um Temperaturen unterhalb von $4,2\,K$ zu erzeugen, ist über dem LHe-Bad ein Vakuum herzustellen. Hierfür gibt es die folgenden Möglichkeiten:

1. Man verwendet einen Refrigerator mit Ejektorstufe; Temperaturen bis $1,75\,K$ herab wurden realisiert (Abschn. 9.3.9).

2. Man betreibt den Kompressor des Refrigerators (mit JT-Stufe) ansaugseitig bei $p < 1$ bar. Mit kommerziellen Kompressoren kann man etwa 0,8 bar, d.h. $4,0\,K$ herstellen.

3. Man fügt zum Claude-Kreis des Refrigerators einen Vakuumkreis hinzu und gelangt auf Temperaturen unter $1,8\,K$.

Ein Beispiel für die beiden letzten Möglichkeiten ist das Vakuumsystem der in der Planung begriffenen Fusionsmaschine JET [9.8]. Wie in Abschn. 10.3 näher ausgeführt wird, sind zwei Typen von Kryopumpen mit unterschiedlichen Funktionen und Betriebsbedingungen vorgesehen:

• Die Injektorleitungen enthalten 48 Pumpen ICP nach Abb.9.39, die für H_2 ein Saugvermögen von je $100\,m^3s^{-1}$ haben und bei einem H_2-Ansaugdruck von 10^{-4} Pa arbeiten. Die Pumpen werden mit LHe von $4,0\,K$ gekühlt, das vom Refrigerator (Abb.9.40a) aus mit 1,3 bar Anfangsdruck über eine etwa 100 m lange Transferleitung zu den Pumpen und von hier als Gas von 0,8 bar zurück zur Ansaugseite des Kompressors geführt wird. Das unterkühlte LHe von $4,0\,K$ und 1,3 bar wird durch den thermischen Kontakt des Abscheiders mit dem LHe-Bad von $4,0\,K$ und 0,8 bar erzeugt, das durch einen Teilstrom des Hochdruckgases über ein JT-Ventil gespeist wird und mit der Ansaugseite des Kompressors verbunden ist.

• Zum Evakuieren des Torus sind 16 Pumpen nach Abb.9.4 von je $26\,m^3s^{-1}$ Saugvermögen für H_2 bei $p \leqslant 10^{-8}$ Pa vorgesehen; sie werden durch LHe von $2,5\,K$ gekühlt. Da die thermische Belastung der Transferleitung (150 W) groß gegen die der 16 Pumpen (13 W) ist, ist es zweckmäßig, die Temperatursenkung von 4,0 auf $2,5\,K$ nicht im Refrigerator, sondern bei den Kryopumpen und das Nachfüllen nicht kontinuierlich, sondern der Standzeit entsprechend einmal pro Woche vorzunehmen. Da-

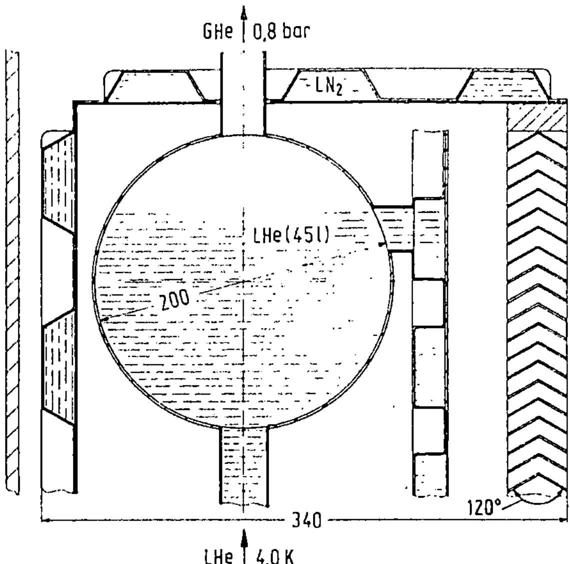

Abb.9.39. Kryopumpe für das Injektorsystem der JET-Fusionsmaschine nach Abb.
10.21. Kühlung der Kondensationsfläche durch einen LHe-Strom von 4,0 K, den der
Refrigerator nach Abb.9.40 liefert, Typ Leybold-Heraeus: $S(H_2)$ = 100 m³s⁻¹, nach
Frank et al. [9.8].

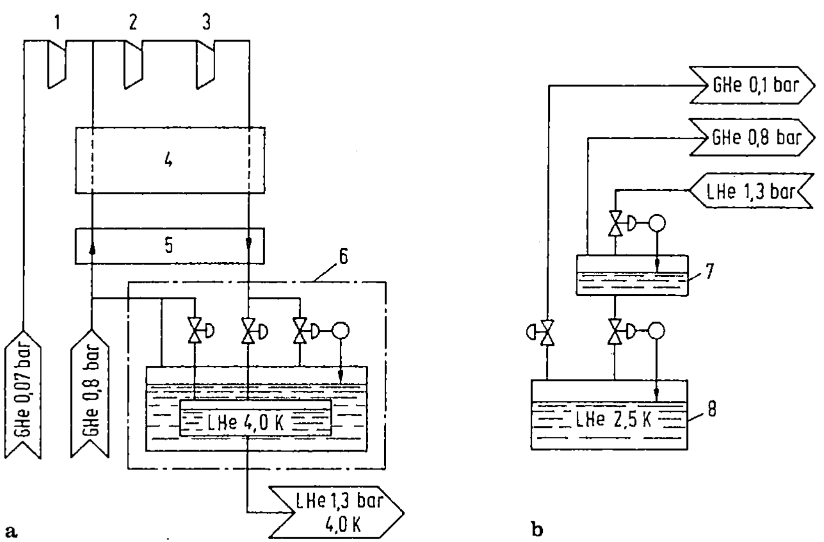

Abb.9.40. a) Helium-Refrigerator mit 1. einer Anordnung zur Unterkühlung des
LHe (4,0 K, 1,3 bar), um die Kryopumpe nach Abb.9.39 zu betreiben, und 2. einem Vakuumkreis, um die Kryopumpen nach Abb.9.4 mit LHe von 2,5 K zu ver-
sorgen. b) Anordnung zur Versorgung der Kryopumpen nach Abb.9.4 mit LHe von
2,5 K durch Entspannung des unterkühlten LHe von 1,3 bar auf 0,1 bar. Nach
Frank et al. [9.8]. 1 Vakuumpumpe, 2, 3 Kompressoren, 4 Refrigerator, 5 Gegenstromwärmetauscher, 6 Unterkühlungsstufe, 7 Flash-Gas-Separator, 8 Kryopumpe.

her wird das LHe von 4,0 K und 1,3 bar bis zur Kryopumpe geführt und hier nach
Abb.9.40b zunächst in einem Flashgas-Separator auf 0,8 bar entspannt und anschließend in den LHe-Behälter geleitet, der durch die Vakuumpumpe auf dem 2,5 K
entsprechenden Druck von 0,10 bar gehalten wird. Die Vakuumpumpe gibt das geförderte Helium an die Ansaugseite des Kompressors weiter.

Wenn auch Temperaturen im Bereich des superfluiden Helium $(T < T_\lambda = 2,17\,K)$ bisher von der Kryopumpe nicht gefordert werden, so verdienen doch in diesem Zusammenhang die bisher gebauten Claude-Refrigeratoren [9.69 - 9.72] für 300 W bei
1,8 K wegen ihrer interessanten Lösungen kryo-vakuumtechnischer Probleme besondere Beachtung.

9.3.10.3 Kühlung eines Kryopanels durch einen Heliumstrom unter überkritischem Druck

Es gibt mehrere Möglichkeiten, ein Kryopanel mit Kühlkanälen, wie es etwa bei der
Anordnung Abb.9.33 oder bei anderen großflächigen Kryopumpen vorliegt, an den
Kreislauf eines He-Refrigerators anzuschließen; das Helium im Kryopanel hält man
dann im allgemeinen unter einem überkritischen Druck $p > p_{crit} = 2,27$ bar.

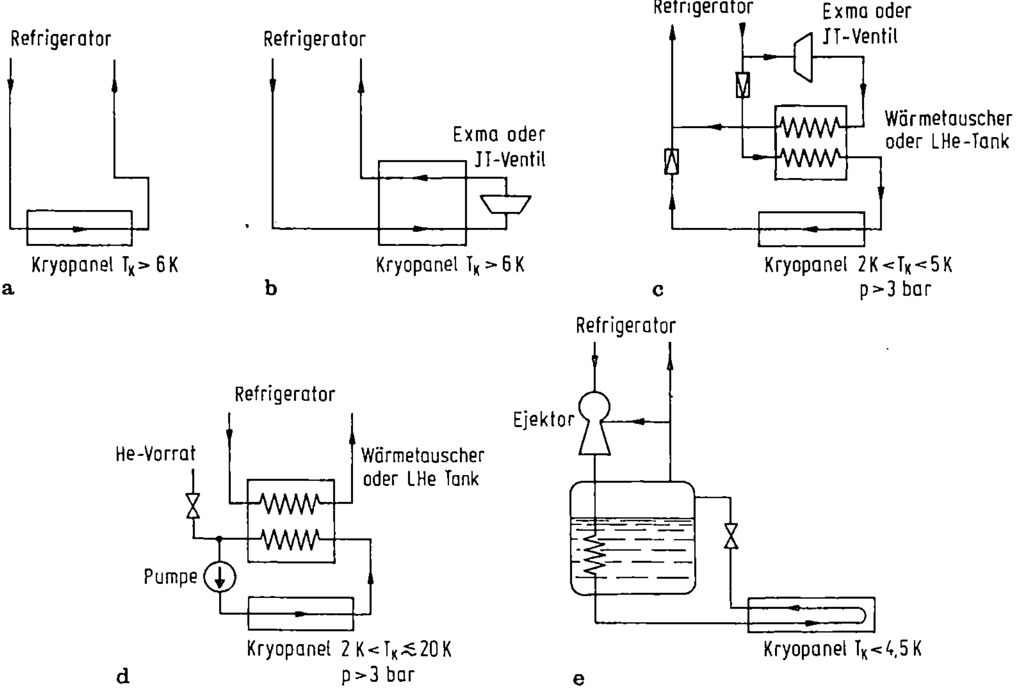

Abb.9.41. Verschiedene Möglichkeiten, ein Kryopanel mit Kühlkanälen an den Kreislauf eines Helium-Refrigerators anzuschließen.

Die ersten beiden der in Abb. 9.41 dargestellten Methoden gestatten, Temperaturen
des Kryopanels $T_k > 6\,K$ herzustellen. Im Fall a wird das Kryopanel direkt in den
Kältemittelkreislauf einbezogen; die Anwendungen des Brayton-Prozesses in
Abschn. 9.3.6 sind Beispiele hierfür. Im Fall b bildet das Kryopanel den Wärmetauscher der untersten Expansionsstufe des Refrigerators [9.73]. Dieses für supraleitende Kabel gedachte Konzept dürfte auch für Kryopumpen mit langen Kühlkanälen von Interesse sein.

Die drei folgenden Methoden gestatten, Temperaturen des Kryopanels im Bereich
des flüssigen Helium $(T_k < T_{crit} = 5,22\,K)$ zu erzeugen. Wenn dieses dann unter
einem überkritischen Druck steht, d.h. als unterkühlte Flüssigkeit vorliegt, bestehen gegenüber der Badkühlung die folgenden Vorteile: Keine Blasenverdampfung,
besserer Wärmeübergang und größere Sicherheit bezüglich der Realisierung vor-
ausberechneter Temperaturdifferenzen zwischen Kältemittel und Kryopanel [8.15;
9.74; 9.160]. Im Fall c wird der LHe-Strom auf der Hochdruckseite des Refrigerators in zwei Komponenten aufgeteilt, von denen die eine zur Kälteproduktion dient
und die andere, mit jener thermisch gekoppelt, das Kryopanel kühlt. Beim Austritt
aus dem Kryopanel wird das LHe auf den Ansaugdruck des Kompressors entspannt,
wobei ein Teil verdampft. Den dadurch entstehenden Verlust vermeidet man im
Fall d: Hier handelt es sich um ein geschlossenes Überdrucksystem, in dem das
LHe durch eine Zentrifugalpumpe umgewälzt wird. Diese Anordnung, die für alle
gewünschten Betriebstemperaturen geeignet ist, hat den Vorteil großer Flexibilität.
Im Fall e schließlich wird nach Quack [9.64] ein Ejektor benutzt, um das LHe durch
die Kühlkanäle zu treiben.

Zur Berechnung des Kältekreises dienen die Gleichungen der Kontinuität, des Druckabfalls Δp und der Enthalpiezunahme Δh in der Rohrleitung des Kryopanels:

$$\dot m = A \rho u \, , \quad \Delta p = \xi \rho u^2 L/2D \, , \quad \dot Q = \dot m \Delta h = \dot m \bar c_p \Delta T \, , \tag{9.6}$$

wobei A der Querschnitt, L die Länge, D der Durchmesser der Rohrleitung und
$\xi = 0,19\,Re^{-0,2}$ der Reibungsfaktor für turbulente Strömung sind. Die maximale
Temperaturdifferenz ΔT_{max}, die gegenüber der Eintrittstemperatur T_a des LHe im
Kryopanel auftritt, setzt sich aus den folgenden Anteilen zusammen:

$$\Delta T_{max} = T_{max} - T_a = \Delta T + \Delta T_u + \Delta T_b + \Delta T_d \, ; \tag{9.7}$$

darin bedeuten:
   ΔT die Temperaturerhöhung des LHe nach (9.6), wobei für $\dot Q$ die Summe der
      thermischen Belastungen zu setzen ist;

ΔT_u die Temperaturdifferenz zwischen dem strömenden LHe und der Rohrwand
gemäß den Gesetzen des Wärmeüberganges [8.15; 9.74; 9.156];

$\Delta T_b = \dot{q}b^2/(2\lambda a)$ die Übertemperatur, die nach Abb.9.42 in der Entfernung b
vom Kühlkanal auftritt; $\dot{q}$ ist die thermische Belastung pro Quadratmeter
des Kryopanels und λ seine Wärmeleitfähigkeit [1.18];

ΔT_d der Temperaturanstieg in der Kondensatschicht der Dicke d gemäß (8.16).

Die Gln.(9.6) und (9.7) sind auch auf die Berechnung von LN_2-gekühlten Profilen
anwendbar, wenn diese vom Kältemittel in einer Einphasenströmung durchsetzt
werden (s. Abschn. 10.1.5).

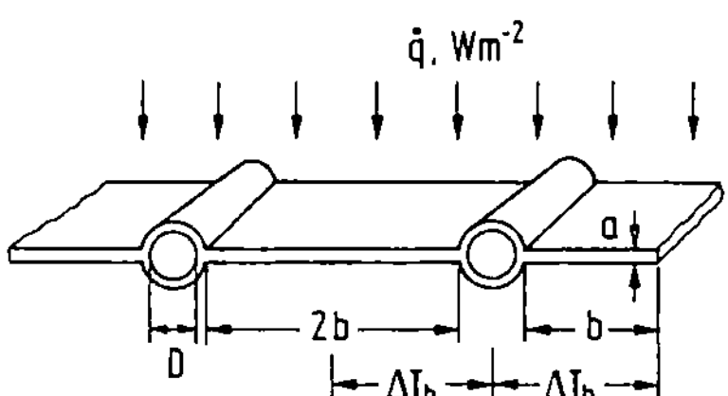

Abb.9.42. Zur Berechnung eines Kryopanels mit Kühlkanälen.

9.4 Komponenten von Kälteanlagen

9.4.1 Expansionskolbenmaschinen

Die Expansionskolbenmaschine enthält in einem mit Ein- und Austrittsventil versehenen Zylinder einen Arbeitskolben, der sich mit einem sehr geringen Spiel bewegen kann. Die Kolbenkräfte werden über eine dünne Zug- oder Kolbenstange auf einen elektrischen Bremsgenerator oder eine hydraulische Bremse übertragen. Die
technologischen Schwierigkeiten liegen darin, daß die Schmierung des Kolbens nur
durch das Arbeitsgas möglich ist und außerdem eine gute thermische Isolierung des
Expansionsraumes bestehen muß. Zwei Konstruktionen, die von Collins [9.75;
9.76] und die von Doll und Eder [9.61] haben weite Verbreitung gefunden.

Die Kolbenmaschine nach Collins [9.76] besitzt bei neueren Ausführungen einen
mit Teflonringen oder Plastiküberzug versehenen Kolben, der hängend an einer dünnen Kolbenstange geführt und durch die Spaltströmung zentriert wird. Zur Übertra-
gung der Energie auf das Kurbelgetriebe sowie zur mechanischen Steuerung der beiden Flachventile für den Gasein- bzw. auslaß werden dünne Zugstangen benutzt. Die
Drehzahl beträgt 100 bis 300 min^{-1}, die maximale Leistung 1,7 kW bei 20 K und
der Wirkungsgrad $\eta_e = 0,5$ bis $0,7$, wobei letzterer gleich dem Verhältnis: tat-
sächlicher Enthalpieabfall in der Maschine zu Enthalpiedifferenz bei isentroper Entspannung ist.

Eine interessante Weiterentwicklung ist die "Zweiphasen"-Kolbenmaschine [9.58],
die an die Stelle des JT-Ventils gesetzt werden kann. Das mit 6,5 K eintretende
Helium verläßt die langsam (mit 30 min^{-1}) laufende Maschine nach quasi-isentro-
per Entspannung als Flüssigkeit-Dampf-Gemisch. Mit dieser Maschine konnten Verflüssigungsrate, Kälteleistung und damit thermodynamischer Wirkungsgrad der Kälteanlage C Ti 2000 der Firma Cryogenic Technology um den Faktor 1,3 bis 1,4 erhöht werden.

Bei der ventillosen Expansionsmaschine nach Doll und Eder [9.61] wirkt der Kolben zugleich als Steuerschieber für den Ein- und Austritt des Gases (Abb.9.43).
Die zwischen den Ringkanälen B und C dauernd herrschende Spaltströmung bewirkt
in Verbindung mit einem speziellen Profil der Kolbenlauffläche die Gasschmierung
und die Stabilisierung des Kolbens. Die Kolbenkräfte werden über die in einer Ku-
gelpfanne gelagerte Druckstange auf das Kurbelgetriebe übertragen. Die Drehzahl
beträgt 600 bis 1500 min^{-1}, der Gasdurchsatz 50 m^3(NTP)/h bei einem Hubvolu-
men von 50 cm^3, der Wirkungsgrad η_e mehr als 0,7 bei einem Druckgefälle von
25 auf 1,5 bar.

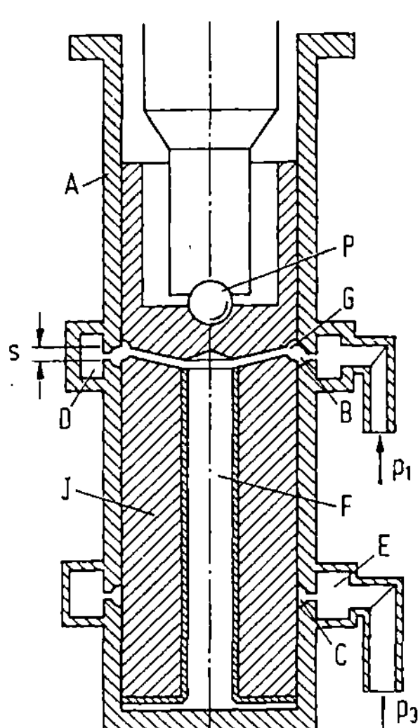

Abb.9.43. Expansionskolbenmaschine nach Doll und
Eder [9.61] (Quelle: Zentralinstitut für Tieftempera-
tur-Forschung, Garching). A Zylinder, B Ringspalt für Hochdruck, C Ringspalt für Niederdruck,
D Gaseintrittskammer, E Gasaustrittskammer,
F zentrale Bohrung, G Kolbenringspalt, J Kolben, P Kugelgelenk.

9.4.2 Expansionsturbinen

Meist werden einstufige Zentripetalturbinen verwendet [9.77]; als Beispiel zeigt
Abb.9.44 die mit dynamischen Gaslagern ausgestattete Expansionsturbine der Firma Sulzer. Die im Rotor erzeugte Leistung wird in einem direkt gekuppelten Zentri-
fugalverdichter dissipiert. Drei Typen dieser Turbinen existieren mit einem Rotor-
durchmesser zwischen 16 und 45 mm, einer maximalen Drehzahl zwischen $3 \cdot 10^5$

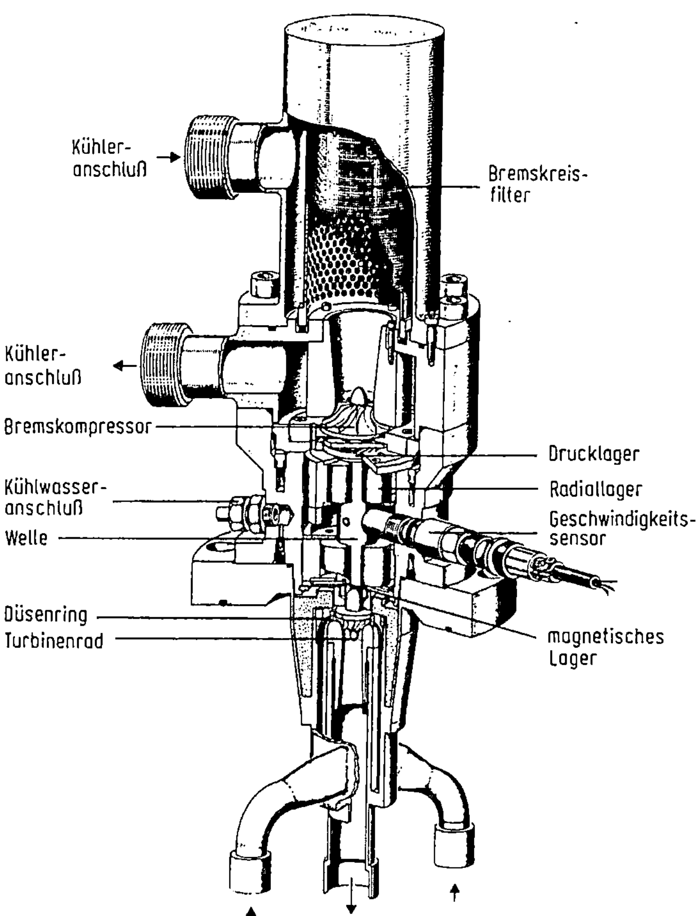

<u>Abb.9.44.</u> Gasgelagerte Expansionsturbine, Typ Sulzer [9.64].

und $1,6 \cdot 10^5 \, \text{min}^{-1}$, einer Leistung zwischen 0,1 und 40 kW und einem Wirkungsgrad zwischen 0,6 und 0,8. Die untere Grenze für den wirtschaftlichen Einsatz
der Turbinen liegt bei $\dot{Q}$ = 100 W bei 4,2 K bzw. 25 dm^{3}h^{-1} LHe [9.64].

9.4.3 Kompressoren

Für Gasdurchsätze zwischen etwa 5 und $10^4 \, \text{m}^3$(NTP)/h verwendet man im allgemeinen Kolbenkompressoren, deren Wirkungsgrad η_k zwischen 0,5 und 0,7 liegt.
Man unterscheidet:

- Labyrinthgedichtete Kompressoren, bei denen das geförderte Gas nicht mit Öl in
  Berührung kommt, so daß sich Einrichtungen zur Fernhaltung von Öldämpfen er-
  übrigen [9.78; 9.79];

- Trockenlauf-Kompressoren mit Kunststoff-Kolbendichtungen, z.B. aus Teflon-
  Graphit [9.80];

– Ölgeschmierte Kompressoren mit nachgeschalteten Ölfiltern und Adsorbern [9.59].
Für höhere Gasdurchsätze (10^3 bis 10^6 m^3(NTP)/h und mäßige Drücke verwendet
man Turbokompressoren.

9.4.4 Cold Box

Alle Bauelemente, die unterhalb Umgebungstemperatur arbeiten, sind in einem Iso-
lierbehälter (cold box) aus rostfreiem Stahl bei einem Druck $p < 10^{-3}$ Pa untergebracht. Das Vakuum wird durch Diffusionspumpen mit LN$_2$-gekühltem Baffle, Turbomolekularpumpen oder, in neuerer Zeit, Kryopumpen erzeugt. Um den Wärmeein-
fall durch Strahlung möglichst gering zu halten, werden Wärmetauscher mit großem
Verhältnis von Austauschfläche zu Volumen (1500 bis 2000 m^2/m^3) verwendet: Alu-
minium-Platten-(plate-fin) oder aus Kupferrohren gewickelte (shell tube) Wärmetauscher [9.81; 9.82]. Weitere Mittel zur Senkung des Einfalls von Strahlung sind
Strahlungsschilde auf einer Zwischentemperatur $T < 100$ K und Umwickeln der Bauteile mit Superisolationsfolien. Ferner ist darauf zu achten, daß der Einfluß der
Festkörperwärmeleitung gering bleibt. Die Expansionsmaschinen werden leicht zugänglich angeordnet, so daß sie leicht gewartet werden können. Vor der Inbetriebnahme werden alle Bauteile einer Dichtigkeitsprüfung mit einem Halogen- oder He-
lium-Leckdetektor unterzogen [2.34; 2.70; 9.83].

Die Betriebsdauer der Kälteanlage zwischen routinemäßigen Revisionen beträgt für
Anlagen mit Expansionsturbinen mehr als 10 000 h, und für Anlagen mit Kolbenex-
pansionsmaschinen oder Stirling- oder Gifford-McMahon-Kryogeneratoren etwa
3000 h [9.19].

9.5 Meßeinrichtungen für Kryopumpen und Kälteanlagen

Zur Aufrechterhaltung eines ungestörten Betriebes sind Meßgeräte für die Größen:
Temperatur, Druck, Standhöhe der Kryoflüssigkeit und Gasdurchsatz erforderlich.

9.5.1 Messung tiefer Temperaturen

Temperaturskalen. Die thermodynamische (absolute) Temperatur ist bekanntlich
durch den zweiten Hauptsatz definiert. Zur Festlegung der thermodynamischen Temperaturskala bedarf es noch eines Fixpunktes, der durch den Tripelpunkt des Was-
sers bei $T = 273,16$ K definiert ist. Da dieser Tripelpunkt bei $0,01\,°$C liegt, lautet
die Umrechnung zwischen Kelvin- und Celsius-Skala: $T(K) = t(°C) + 273,15$.

Zur Realisierung der absoluten Temperaturskala dient i.a. das Helium-Gasthermo-
meter konstanten Volumens [9.84 – 9.86], das für Routinemessungen im Laborato-

rium und in der Praxis nicht geeignet ist. Daher benutzt man Sekundärthermometer,
die aufgrund der folgenden praktischen Temperaturskalen geeicht werden, die sich
ihrerseits mit größtmöglicher Genauigkeit an die thermodynamische Skala anschlie-
ßen:

- Die Internationale Praktische Temperaturskala vom Jahre 1968, die IPTS 68, die
  zwischen 13,81 und 900 K gilt und durch ein Standard-Platin-Widerstandsthermo-
  meter realisiert wird, das nach bestimmten Vorschriften gebaut und geeicht wird
  [9.87] (Tabelle A.4a).
- Die "Échelle Provisoire de Temperature de 1976", die EPT-76, die den Bereich
  0,5 K bis 27 K überdeckt und durch die Fixpunkttemperaturen nach Tabelle A.4b ·
  definiert ist [9.169]. Die auf Wasserstoff bezogenen Fixpunkttemperaturen dieser
  Skala weichen von denen der IPTS-68 etwas ab, weil inzwischen Diskrepanzen gegenüber der früheren Festlegung beobachtet wurden. Als Sekundärthermometer für
  diesen Bereich eignet sich z.B. das Germanium-Widerstandsthermometer.

Thermometer. In der Tabelle 9.4 sind verschiedene in der Kryotechnik gebräuchli-
che Sekundärthermometer mit ihren wichtigsten Eigenschaften aufgeführt; bei den
genannten Bezugsquellen sind im allgemeinen auch die passenden Meßgeräte erhältlich.

Bei den Widerstandsthermometern dient der elektrische Widerstand R als Meßgrö-
ße für T; er kann auf folgende Weise gemessen werden:
- Potentiometrisch mit Kompensator und Normalwiderstand,
- mit einer Widerstandsbrücke, z.B. der Mueller-Brücke,
- durch den Spannungsabfall bei bekanntem, konstantem Strom mit einem Digitalvoltmeter oder einem Kompensationsschreiber.

Der Widerstand der Zuleitungsdrähte läßt sich ggf. durch ein Drei- oder Vierleiter-
system eliminieren. In den Abb.9.45 bis 9.47 sind R,T-Kennlinien verschiedener
Widerstandsthermometer dargestellt. Weitere Informationen, auch solche über den
Einfluß von äußeren Magnetfeldern, findet man über Platinthermometer in [9.90;
9.91], über Rhodium-Eisen-Thermometer in [9.92], über Kohlethermometer in
[9.93 - 9.95], über Germanium-Thermometer in [9.96; 9.97], über Thermistor-
thermometer in [9.98; 9.99] und über Halbleiterthermometer in [9.100].

Das kapazitive Thermometer beruht auf der Temperaturabhängigkeit der Dielektrizitätskonstanten - in diesem Fall, der Glaskeramik $SrTiO_3$; passende Kapazitätsmeß-
brücken sind erhältlich. In Magnetfeldern beträgt die Fehlanzeige bis $B = 14\,T$
($= 140\,kG$) herauf weniger als $1\,mK$ [9.101].

Die Thermospannungen $E = E(T)$ verschiedener Thermoelemente sind in Abb.9.48
dargestellt. Zur Messung von E verwendet man in der Praxis anstelle des unhand-

Tabelle 9.4. Thermometer für tiefe Temperaturen

	Meß-bereich K	Volumen des Sensors cm^3	Meß-leistung µW	Meßge-nauigkeit mK	Reproduzier-barkeit mK	Bezugs-quellen[e]
Widerstandsthermometer:						
Platin, gekapselt[a]	20 – 600	< 1	1 – 100	10[*]	1	1, 2, 3, 10
Rhodium-0,5 At.% Fe, gekapselt	4 – 300	< 1	1 – 100	10[*]	1	3
Kohlewiderstand	10^{-2} – 50	10^{-2}	< 10	10[*]	1	4, 5, 6
Germanium[b], gekapselt	< 0,1 – 100	10^{-1}	< 0,1	10[*]	0,1	7, 8, 13, 10
Thermistor	< 1 – 400	10^{-2}	< 10	10[*]	1	6, 9
Halbleiterdioden, GaAs und Si	< 1 – 400	10^{-2}	< 1	10[*]	1	10
Kapazitive Thermometer, SrTiO$_3$	10^{-2} – 60	10^{-1}	→ 0	10[*]	1	10
Thermoelemente:					δT/T:	
Cu-Konstantan	50 – 800	10^{-4}	→ 0	[**]	0,5%	1, 2, 11
Cu-AuCo 2,1 At.%	20 – 300	10^{-4}	→ 0	[**]	1%	1, 2, 11
Chromel-AuFe 0,03 – 0,07 At.%	1 – 500	10^{-4}	→ 0	[**]	0,5%	1, 2, 11
Normalsilber[c]-AuFe 0,03 At.%	1 – 20	10^{-4}	→ 0	[**]	0,5%	1, 2, 11
Dampfdruckthermometer[d] mit ^{3}He	1,0 – 3,3					
^{4}He	1,6 – 5,0	1	→ 0	10[*]	1	6, 12
H$_2$	13,9 – 23					

[*] Von der Eichmethode abhängig.
[**] Keine Absolutmessung.
[a] Mit Helium als Austauschgas.
[b] Dotiert mit As, Sb, In, oder Ga.
[c] Ag + 0,37 At.% Au.
[d] Der Meßbereich entspricht Dampfdrücken zwischen 10 mbar und 2 bar bei ^{4}He und H₂ bzw. 1,1 bar bei ^{3}He. Weitere Füllgase s. [9.106; 9.107].

[e] Bezugsquellen:
1 Heraeus, 2 Degussa, 3 Rosemont-Engineering, 4 Allen-Bradley, 5 Speer Carbon, 6 Leybold-Heraeus, 7 Cryocal, 8 Solitron, 9 Keystone Carbon, 10 Lake Shore Cryotronics, 11 Sigm. Cohn, Mt Vernon, 12 Wallace Tiernan, 13 Honeywell

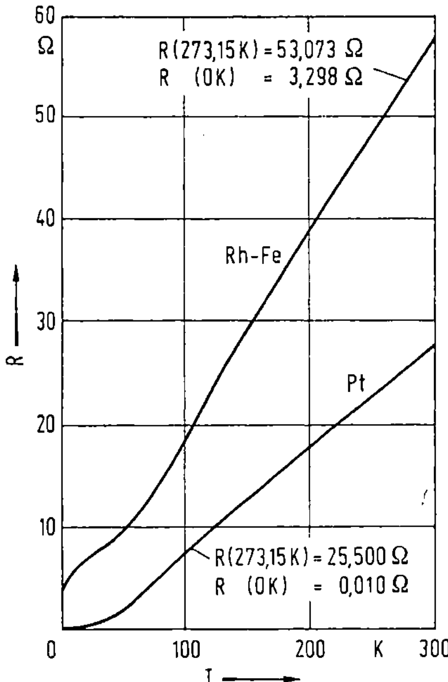

Abb. 9.45. R, T-Charakteristiken eines Pt-Thermometers und eines Rh-Fe-Thermometers [9.92].

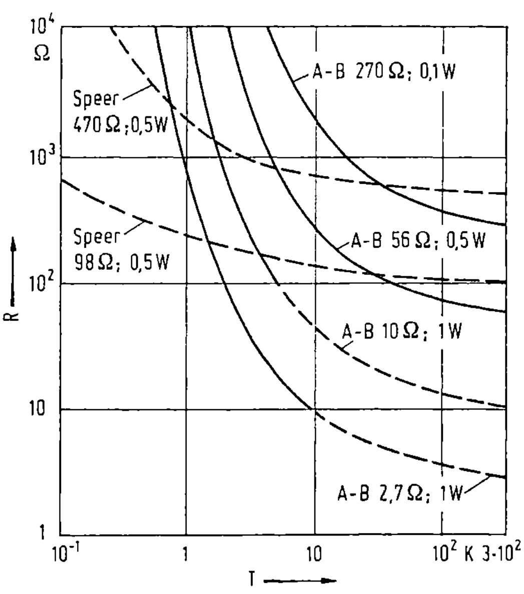

Abb. 9.46. R, T-Charakteristiken einiger Kohlewiderstandsthermometer, Typ Allen-Bradley (A-B) und Speer.

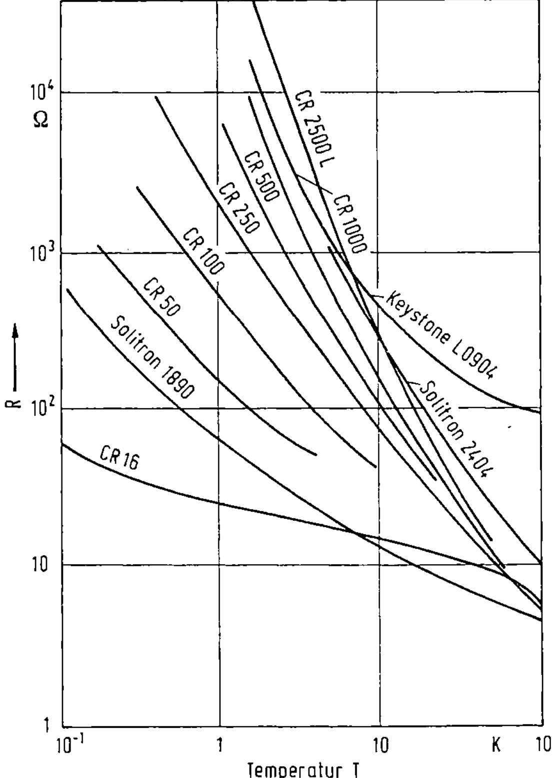

Abb. 9.47. R, T-Charakteristiken einiger Germanium-Thermometer, Typ Solitron und Cryocal (CR), sowie eines Thermistors, Typ Keystone.

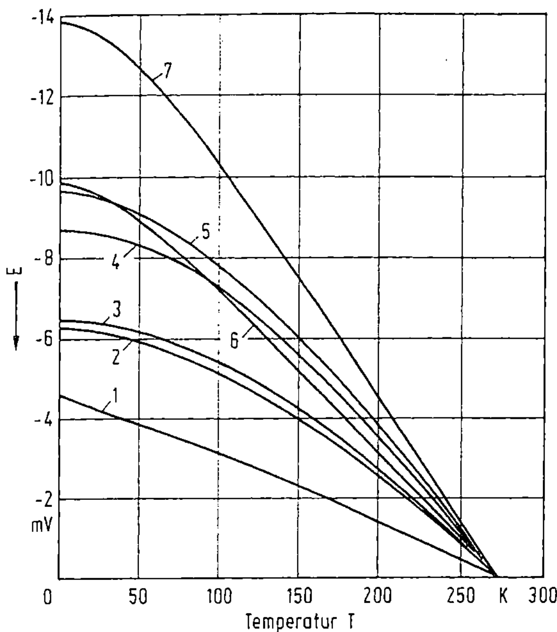

Abb. 9.48. Thermospannungen von Tieftemperatur-Thermoelementen [9.102].
1 Chromel-AuFe 0,03, 2 Kupfer-Konstantan, 3 Chromel-Alumel, 4 Eisen-Konstantan, 5 Nickelchrom-Konstantan, 6 Kupfer-AuCo 2,1, 7 Nickelchrom-AuCo 2,1, $T_0 = 273,15\,K$.

lichen Kompensators besser einen Kompensationsschreiber mit konstanter Gegenspannung oder ein Digitalvoltmeter. Eine konstante Referenztemperatur T_0 wird durch Tripelpunktzellen ($\Delta T_0 \simeq 1\,mK$), Kältebäder oder Eispunktthermostaten mit Peltierelementen ($\Delta T_0 \simeq 50\,mK$) dargestellt. Die Thermospannung E kann auf 10 nV genau gemessen werden. Wegen des Einflusses von Inhomogenitäten und Chargenabweichungen der Drähte ist für Präzisionsmessungen jedes Thermoelement individuell zu eichen [9.102; 9.103]. Thermoelemente mit einem Schenkel aus einer Au-Co-Legierung sind zwar besonders empfindlich, reagieren aber auf Temperaturzyklen mit einer Verschlechterung der Reproduzierbarkeit, die etwa $\Delta T/T = 10^{-2}$ beträgt [9.104; 9.105].

Das Dampfdruckthermometer besteht nach Abb. 9.49 aus einem Meßfühler vom Volumen V, das die kondensierte Meßsubstanz enthält und über die abgeschirmte Kapillare K mit dem Manometer M verbunden ist, das sich auf Umgebungstemperatur T_0 befindet. Das Manometer ist ein Feinvakuummeter mit dem Meßbereich 0 bis etwa 2 bar und einer vom Umgebungsdruck unabhängigen Anzeige bzw. der Möglichkeit, dessen Änderungen zu korrigieren. Auf Reinheit der Füllgase ist zu achten sowie darauf, daß das Meßsystem vor dem Einfüllen sorgfältig evakuiert und gespült wird.

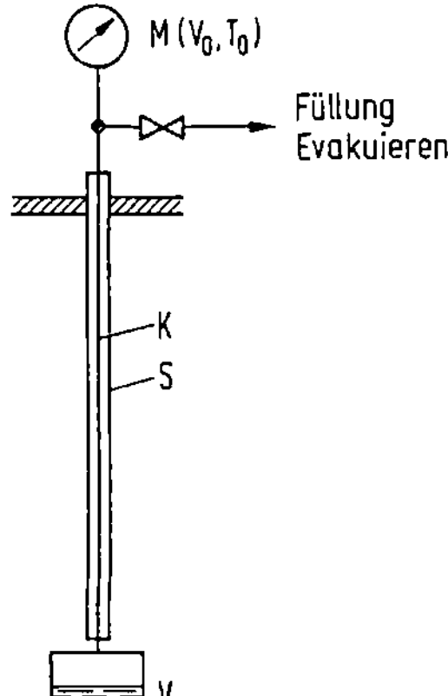

Abb.9.49. Dampfdruckthermometer, schematisch.
M Manometer vom Volumen V_0 bei der Temperatur
T_0, K Kapillare, S Abschirmung, V_M Volumen des
Fühlers.

Bei dem geschlossenen Dampfdruckthermometer nach Klipping und Schmidt [9.106]
ist die eingefüllte Gasmenge so bemessen, daß das Volumen $V \simeq 1\,cm^3 \ll V_0$ bei
der tiefsten zu messenden Temperatur fast völlig mit Flüssigkeit und bei der höchsten nur noch zu einem kleinen Bruchteil gefüllt ist. Die Autoren haben eine Reihe
von Füllgasen angegeben, die - von drei Lücken: 5,2 bis 13,9 K, 30 bis 63 K und
130 bis 134 K, abgesehen - den Bereich zwischen 0,1 und 300 K überdecken. Die
Dampfdruckkurven sind in [9.106; 9.107] in tabellierter Form angegeben.

Beträgt das Produkt aus Kapillarradius r und Dampfdruck p weniger als rp =
0,1 mm Pa = 10^{-3} mm mbar, dann ist die thermomolekulare Druckdifferenz zu
berücksichtigen. Da nach den Ergebnissen von Edmonds et al. [2.5] die in [9.108]
für die Helium-Isotope berechnete thermomolekulare Korrektur unsicher ist, sollte man besser nach Gonano et al. [9.109] den Dampfdruck p in situ mittels eines
Membranmanometers mit kapazitiver Anzeige messen.

<u>Zur Kalibrierung der Thermometer</u> empfiehlt es sich, die Anweisungen der IPTS 68
[9.87] hinsichtlich Realisierung der Fixpunkte, Kontrolle der Siedepunkte und Prü-
fung der Reinheit der flüssigen Kältemittel zu beachten. Soll die Eichung bei den
Fixpunkttemperaturen (Tabelle A.4) durch eine solche bei Zwischentemperaturen ergänzt werden, so benutzt man zweckmäßig einen kombinierten Bad/Verdampfer-Kryo-
staten in in Verbindung mit einem kalibrierten Sekundärthermometer.

<u>Temperatur-Meßstellen.</u> Bei der Anbringung von Temperaturfühlern an Kaltflächen
sind drei Bedingungen zu erfüllen: Guter thermischer Kontakt, Abschirmung gegen
Wärmestrahlung, weitgehende Vermeidung von zu- oder abfließenden Wärmeströ-
men durch Meßleitungen. Die folgenden Beispiele dienen zur praktischen Anleitung
bei vergleichbaren Aufbauten.

Abbildung 9.50a zeigt einen Kohlewiderstand, der in eine Nut der Kaltfläche eingeklebt und durch eine Deckplatte (oder eine metallisierte Folie) gegen Strahlung geschützt wird [9.110]. Als Kleber bewähren sich Epoxidharz, Fortafix oder Vakuum-
fett in einer Dicke von 0,1 mm. Um die Wärmezuleitung längs der Anschlußdrähte
zu reduzieren, werden diese an der Kaltfläche "thermisch verankert". Bemessungs-
grundlagen zur thermischen Verankerung findet man in [9.111; 9.112]. Das Beispiel in Abb.9.50b zeigt einen Kohlewiderstand, der lösbar in einer Kapsel unter
Helium als Austauschgas untergebracht ist [9.110].

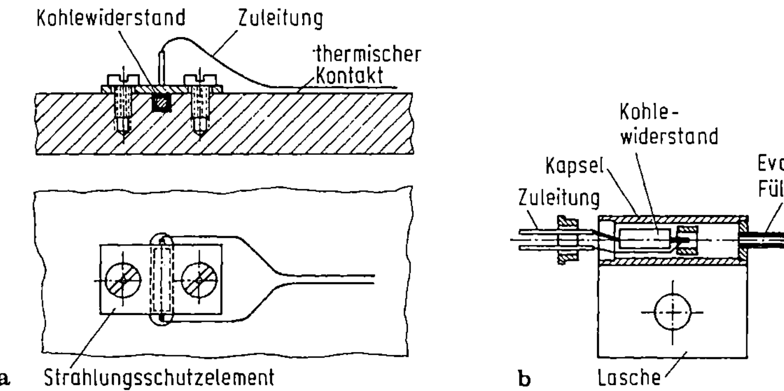

Abb.9.50. Temperatur-Meßstellen. Der Temperatursensor ist a) eingeklebt und
b) lösbar in einer Kapsel unter Austauschgas untergebracht, nach Walter [9.110]
(Quelle: Fritz-Haber-Institut, Berlin).

Gekapselte Temperaturfühler lassen sich vielfach in die Bohrung einer Schraube einsetzen und mit einem Sprengring halten [9.113]. Oftmals werden gekapselte kommerzielle Fühler auch fest auf einer Schraube montiert.

Bei ausheizbaren UHV-Apparaturen muß der Temperaturfühler, der die Ausheiz-
temperatur nicht verträgt, aus der entsprechenden Bohrung der Kryofläche herausgezogen werden können. Eine Anordnung hierfür ist in Abb.9.51a dargestellt [9.110].
Das Rohr zum Einführen des Fühlers ist gebogen, um die direkte Wärmeeinstrah-
lung zu verhindern, und außerdem bei 77 K "thermisch abgefangen". Die Isolier-
scheiben behindern die Konvektion im Austauschgas. Der angegebene Wärmestrom
von 15 mW geht über das Einführrohr zur Kryofläche, nicht aber zum Temperaturfühler.

Schließlich zeigt Abb.9.51b die konstruktive Lösung eines Dampfdruckthermometers
mit abwärts führender Kapillare. Der über diese fließende Wärmestrom von 15 mW
belastet ebenfalls nur die Kryofläche und beeinflußt nicht die Anzeige des Thermome-
ters [9.110].

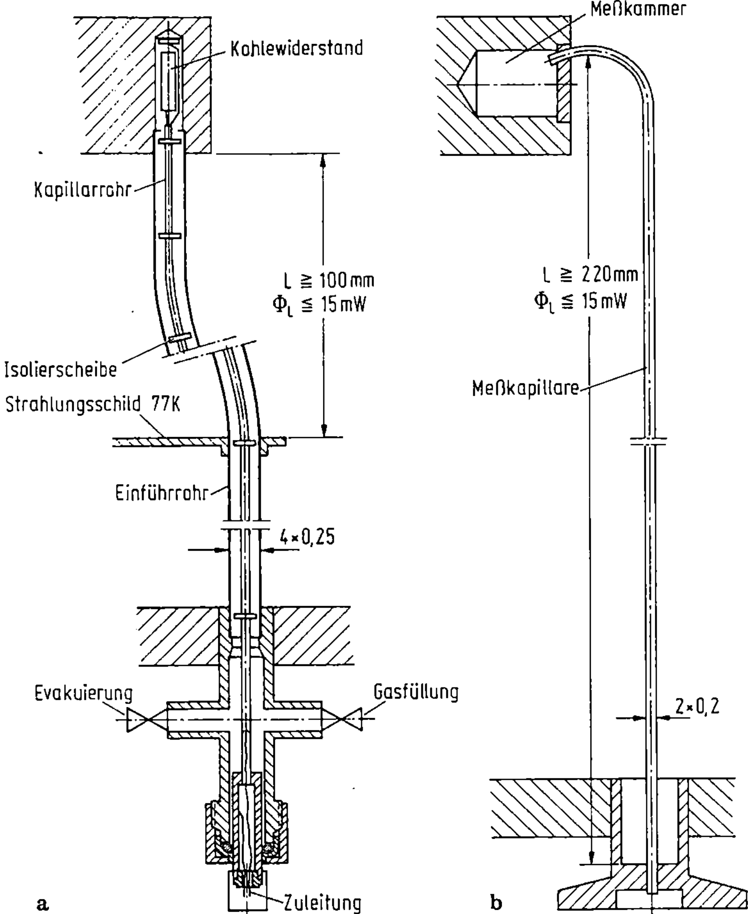

Abb.9.51. Temperatur-Meßstellen. a) Der Temperatursensor kann vor dem Ausheizen aus der Kammer herausgezogen werden; b) Meßkammer eines Dampfdruckthermometers, nach Walter [9.110] (Quelle: Fritz-Haber-Institut, Berlin).

9.5.2 Druckmessung

Die Probleme der Druckmessung im nicht-isothermen Behälter sind in Abschn. 2.2.2 behandelt. Einzelheiten über Geräte zur Total- und zur Partialdruckmessung im Vakuumbereich findet man in [1.14 - 1.17; 2.34; 2.70], und über Geräte für den Hochdruckbereich in [1.9 - 1.12; 9.114].

9.5.3 Standhöhenmessung flüssiger Kältemittel

Man unterscheidet:

1. Geräte, mit denen eine bestimmte Flüssigkeitshöhe beidseitig eingegrenzt wird,
   wie etwa:

- Schwimmer, für LHe und LH_2 wenig geeignet;
- optischer Tauchstab nach dem Prinzip des Lichtleiters;
- akustisches Tauchrohr, das die Pulsationen im LHe-Spiegel überträgt [9.115];
- Fühler des Dampfdruckthermometers, gefüllt mit Argon für LN_2 bzw. Neon für LH_2;
- Fühler in Form eines Widerstands- oder Kapazitätsthermometers; sowie

2. Geräte zur kontinuerlichen Niveaumessung, die nach folgenden Prinzipien arbeiten:
- hydrostatische Druckdifferenz zwischen Boden und Dampfraum des Vorratsbehälters, z.B. Hampson-Meter [9.114];
- Gewicht der Flüssigkeit, z.B. mit Dehnungsstreifen am elastischen Boden gemessen;
- Kapazität eines ins Kältemittel eingetauchten Zylinderkondensators, die wegen der unterschiedlichen Dielektrizitätskonstanten von Flüssigkeit und Dampf eine lineare Funktion der Steighöhe ist;
- der elektrische Widerstand eines ins Flüssigkeitsbad eingetauchten dünnen, vertikalen Drahtes, einer Kette von Kohlewiderständen oder - im Fall von LHe - eines Supraleiters, hängt ebenfalls von der Standhöhe ab.

9.5.4 Messung des Gasdurchsatzes

Die Methoden zur Messung des Gasstromes Q, den die Kryopumpe aufnimmt, sind zusammen mit der Bestimmung des Saugvermögens S in Abschn. 2.2.4 dargestellt. Der Durchsatz $\dot{m}$ der Kälteanlage wird nach bekannten Verfahren mit Normalblenden, Venturi-Rohren, Rotametern oder Turbinen mit elektrischem Ausgang gemessen [9.114].

9.6 Speicherbehälter für flüssige Kältemittel

9.6.1 Thermische Isolation

Man unterscheidet nicht-evakuierte Isolierungen aus porösen Materialien (wie Perlit, Silica Aerogel, Schaum- und Faserstoffen) und evakuierte Isolierungen, die von der einfachen Vakuumisolation über die Isolation durch poröse Stoffe bis zur Vielschichten- oder "Superisolation" reichen (Abb.9.52). In Abb.9.53 ist der Einfluß des Gasdruckes p auf die (zwischen 300 und 77 K gemessene) effektive Wärmeleitfähigkeit λ_{eff} verschiedener Isolationen dargestellt: Der λ_{eff}-Wert einer nicht-evakuierten Pulverisolation ist annähernd gleich dem des ruhenden Gases; ihre Wirkung besteht also im wesentlichen darin, die Konvektion zu unterbinden. Beim Evakuieren sinkt der λ_{eff}-Wert, sobald die freie Weglänge der Gasteilchen die freie Di-

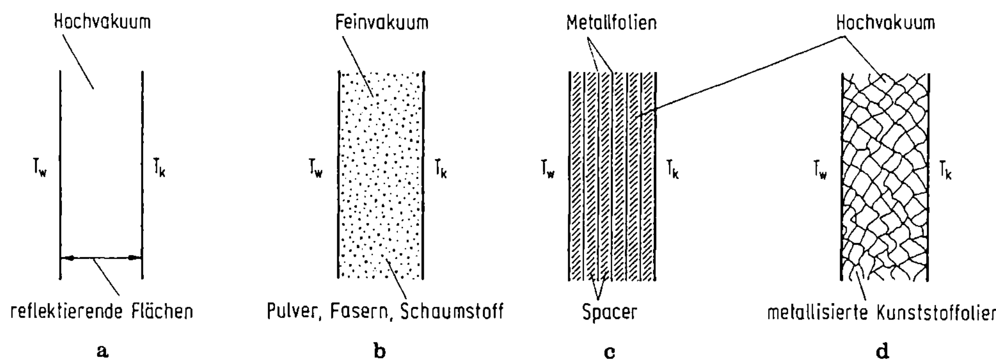

Abb.9.52. Verschiedene Arten der thermischen Vakuumisolierung. a) einfache Hochvakuumisolierung, b) Isolierung durch poröse Stoffe, c) und d) Vielschichten- oder Superisolationen.

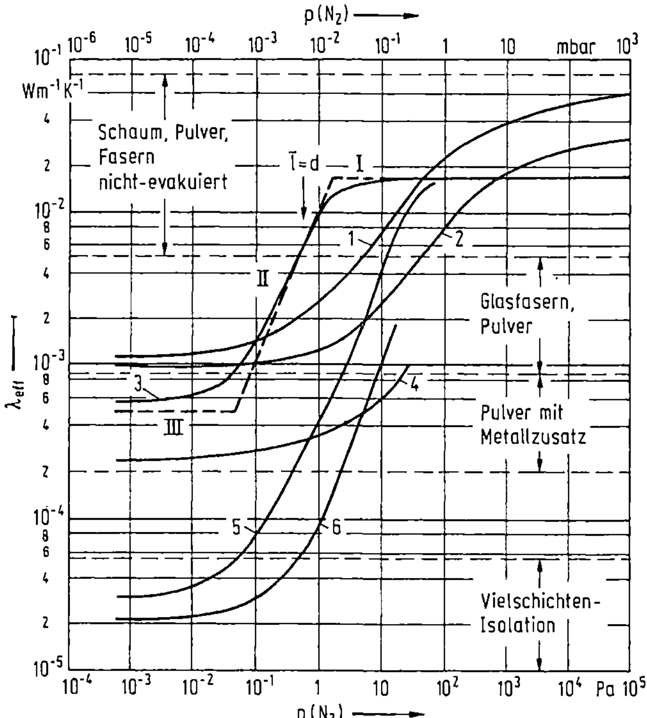

Abb.9.53. Effektive Wärmeleitfähigkeit in Abhängigkeit vom Druck $p(N_2)$ für verschiedene Isolationen zwischen 300 K und 77 K. Kurven 1, 2, 4, 6 [9.118]; Kurven 3, 5 [9.119]. Die Kurventeile I, II und III sind unter den der Kurve 3 entsprechenden Bedingungen (d = 12,5 mm, e_1 = e_2 = 0,04, T_1 = 300 K, T_2 = 77 K, Füllgas Stickstoff) berechnet. 1 Glasfaser 64 kg m^{-3}; 2 Perlit-Pulver 100 kg m^{-3}; 3 Vakuum-Isolation e_1 = e_2 = 0,04, d = 12,5 mm; 4 Santocel-Pulver + Cu-Pulver 180 kg m^{-3}; 5 Al-bedampftes Mylar 25 cm^{-1}, d = 12,5 mm; 6 Al-Folien + Glasfasergewebe, 25 cm^{-1}.

stanz zwischen den Körnern überschreitet; dann ist nach (8.7) $\lambda_{eff} \sim p$. Bei $p <$
10^{-3} Pa erreicht λ_{eff} eine untere Grenze, die durch den Wärmetransport durch
Festkörperleitung und Wärmestrahlung gegeben ist. Dieser Wärmetransport ist bei
der Superisolation mit ihrer Vielzahl hochreflektierender Schichten, die untereinander einen nur geringen Kontakt haben, erheblich niedriger als bei den Pulverisola-
tionen. Man unterscheidet zwei Typen der Superisolation:

- Die Metallfolienisolation (Abb.9.52c): Etwa 6 μm dicke Folien aus Al, Cu oder
  Ni werden, durch Spacer (Gewebe, Netze, Fasern) getrennt, aufeinander ge-
  schichtet. Mit Rücksicht auf die Evakuierung werden sie vielfach perforiert, wobei der Lochdurchmesser etwa 3 mm und der Lochabstand etwa 25 mm beträgt.
- Metallisierte Kunststoffolien (Abb.9.52d): Folien der Dicke $d \gtrsim 6$ μm aus Mylar
  (ausheizbar bis 130 °C) oder Teflon (ausheizbar bis 200 °C) oder Polyimid (ausheizbar bis 400 °C) werden ein- oder beidseitig mit Al oder Au etwa 0,05 μm
  dick bedampft, ggf. perforiert und glatt oder geknittert verwendet.

Es gibt eine optimale Packungsdichte von 10 bis 30 Folien pro Zentimeter, bei
der λ_{eff} ein Minimum erreicht. Der Wert λ_{eff} steigt mit der Temperatur T_1 der
warmen Fläche etwa wie T_1^3, hängt aber nur wenig von der Temperatur T_2 der kalten Fläche ab. - Zusammenfassende Darstellungen über die thermischen Isolationen
der Kryotechnik und ihre verschiedenen Techniken liegen in [9.116 - 9.118; 9.163;
9.164; 1.12] vor.

9.6.2 Vorratsbehälter für flüssigen Stickstoff

Die Behälter für 10 bis etwa 1000 dm^3 LN_2 oder andere höher siedende Kältemittel
haben sich in ihrem Aufbau seit der Einführung der Superisolation grundlegend geändert. Die traditionelle Bauweise in der Form eines Dewar-Gefäßes aus Kupfer oder
Edelstahl, das in einem Schutzbehälter hängend untergebracht ist, wurde durch eine
etwa 5 mal leichtere Aluminium-Konstruktion abgelöst: Der kugel- oder zylinderförmige Innenbehälter ist mit Superisolation umwickelt und mit dem Außenbehälter
verschweißt; der Zwischenraum ist evakuiert, und das Vakuum wird durch ein an
der gekühlten Fläche angebrachtes Adsorptionsmittel oder Getter verbessert [9.164].
Die LN_2-Verlustrate beträgt beispielsweise beim 25 dm^3-Behälter weniger als 4 %
des Nennvolumens pro Tag.

Größere LN_2-Mengen von etwa 1 bis mehr als 10 m^3 werden in andersartig gebauten Speichern aufbewahrt, die entweder als stationäre Tanks oder für den Transport
auf Tankwagen installiert sind: Der kugel- oder zylinderförmige Behälter ist durch
schlecht wärmeleitende Stützen in einem Außenbehälter fixiert; der Zwischenraum
enthält evakuiertes Perlitpulver, und der Druck von 0,1 bis 1 Pa wird mit einer
mechanischen Pumpe in Abständen von einigen Monaten immer wieder hergestellt.

Die LN_2-Verlustrate beträgt bei den kleinsten Tanks etwa 2,5 % pro Tag und 0,5 pro Tag bei den größten. Die Tanks sind mit einem Niveaumesser, einem Sicherheitsventil und einer Einrichtung zum Abfüllen ausgestattet.

9.6.3 Vorratsbehälter für flüssiges Helium

Behälter für LHe und LH_2 werden aus Edelstahl in den folgenden Ausführungen gebaut [1.11; 9.159]:

- Der kugel- oder zylinderförmige Innenbehälter ist, an dünnwandigen Halsrohren hängend, isoliert angeordnet. Diese Behälter werden als transportable Speicher für etwa 5 bis 500 dm^3 und als stationäre bis zu etwa 5 m^3 Fassungsvermögen gebaut.

- Der kugel- oder zylinderförmige Innenbehälter ist durch Abstützungen geringer Wärmeleitung im Außenbehälter befestigt. Diese Behälter werden als transportable Speicher für etwa 0,5 bis 50 m^3 und als stationäre für etwa 1 bis 100 m^3 Fassungsvermögen gebaut.

Die Isolierung erfolgt nach dem Schema zweier konzentrischer Dewar-Gefäße, wobei das äußere als LN_2-gekühlter Hohlraum oder als abgasgekühlter Strahlungsschirm mit Superisolation ausgebildet ist. In den evakuierten Zwischenräumen, deren Oberflächen hochglanzpoliert sind, wird das Vakuum für längere Zeit durch tiefgekühlte Adsorptionsmittel aufrecht erhalten. Vor dem Füllen mit LHe wird mit LN_2 gekühlt. Der LHe-Verlust pro Tag beträgt zum Beispiel etwa 0,5 % des Nennvolumens bei 500 dm^3 und erreicht 0,2 % bei den größten Behältern.

9.7 Transfersysteme für Kältemittel

9.7.1 Transferleitungen, Kupplungen und Dichtungen

Transferleitungen. Für LN_2 werden im Großverbraucher- und im Tankwagenbetrieb unisolierte Leitungen verwendet, im Laboratorium jedoch Schaumstoffschläuche oder vakuumisolierte Leitungen und zuweilen auch solche mit Superisolation. Für LHe verwendet man immer vakuumisolierte Leitungen. Man unterscheidet starre und flexible, ein- und mehrteilige Leitungen, solche mit Superisolation, mit LN_2- und abgasgekühltem Strahlungsschirm sowie mit und ohne Ventil.

Als Beispiel zeigt Abb. 9.54 den Aufbau einer starren Transferleitung mit einem Kompensator (5) zum Ausgleich der thermischen Kontraktion und einem mit einem Sicherheitsventil kombinierten Ventil (7) zum Evakuieren. Flexible Transferleitungen besitzen einen inneren und einen äußeren Wellschlauch und dazwischen eine Teflonwendel zur Wahrung der Distanz, ggf. auch Superisolation.

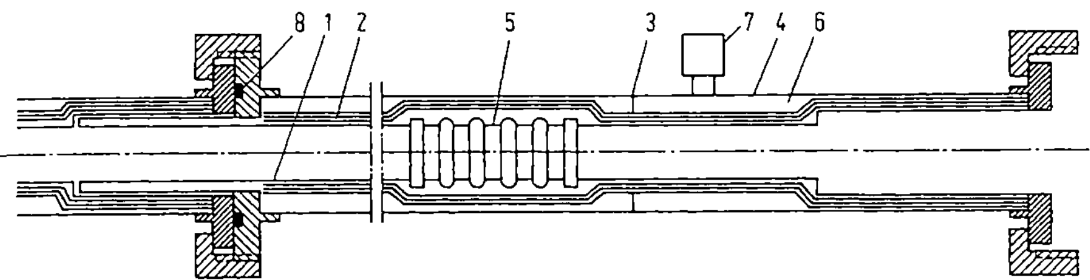

Abb. 9.54. Vakuumisolierte Transferleitung mit Johnston-Kupplung. 1 Innenrohr,
2 Superisolation, 3 Spacer, 4 Außenrohr, 5 Kompensator, 6 Vakuumraum, 7 kom-
biniertes Vakuum- und Sicherheitsventil, 8 Gummidichtung der Johnston-Kupplung.

Kupplungen werden benötigt, um vakuumisolierte Transferleitungen miteinander zu
verbinden oder an Vakuumanlagen anzuschließen. Man unterscheidet drei Grundfor-
men:

- Beide Leitungen befinden sich in getrennten Vakuumräumen, und die Dichtung
  liegt auf Umgebungstemperatur. Beispiel: Die Kupplung nach Johnston [9.120]
  (Abb.9.54, linke Seite).

- Beide Leitungen befinden sich in getrennten Vakuumräumen, und die Dichtung ist
  im Betrieb auf tiefer Temperatur (Abb.9.55a).

- Beide Leitungen befinden sich im gleichen Vakuumraum, und die Dichtung ist im
  Betrieb auf tiefer Temperatur (Abb.9.55b).

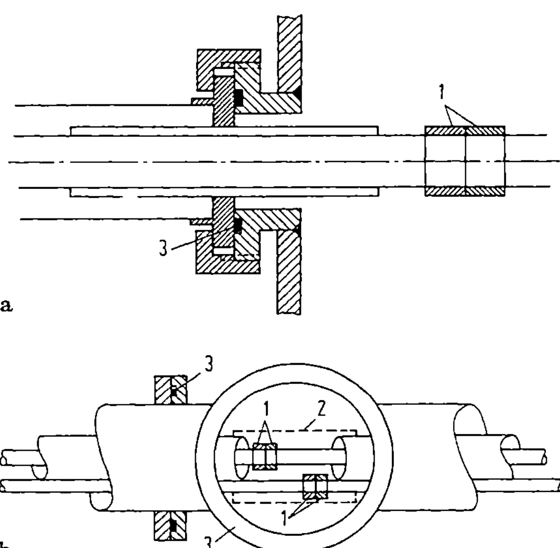

Abb.9.55. Kupplung von Kältemittelleitungen mit Hilfe lösbarer Tieftemperatur-
Verbindungen. a) Die Vakuumräume sind getrennt, b) die Vakuumräume sind verbunden. 1 Lösbare Verbindung, 2 demontierbarer Strahlungsschild, 3 0-Ring.

Dichtungen. Für lösbare Verbindungen bei tiefen Temperaturen kommen, ebenso
wie in der UHV-Technik, nur Metalldichtungen in Betracht, und zwar insbesondere:
- Die Indium-Dichtung, die Temperaturzyklen zwischen 300 K und 4 K standhält
  und sich auch He II gegenüber als dicht erweist [9.122; 9.123; 9.161];
- die Conoseal-Dichtung mit konusförmigem Dichtungsring und einer lichten Weite
  zwischen 3 und 2000 mm [9.124];
- die S-Ring-Dichtung mit S-förmigem Dichtungsring und einer lichten Weite zwischen 10 und mehr als 350 mm [9.125];
- die ABF-Kupplung [9.126], eine Messerschneidenkupplung für lichte Weiten zwischen 0,8 und mehr als 50 mm;
- der Helicoflex-Dichtungsring [9.127], eine Edelstahlspirale mit einer Metallum-
  kleidung aus rostfreiem Stahl, Al oder Cu in lichten Weiten zwischen 4 und
  6000 mm; und schließlich
- die Conflat (CF)-Dichtung [9.128; 9.129], bei der ein flacher Ring aus Cu oder
  versilbertem Cu [9.130] zwischen Flanschen mit einem Messerschneidenprofil
  angewendet wird.

Die fünf letzten (kommerziell erhältlichen) Dichtungen besitzen Leckraten kleiner
als $3 \cdot 10^{-9} \, Pa \, m^3 s^{-1}$ ($= 3 \cdot 10^{-8} \, mbar \, dm^3 s^{-1}$).

In diesem Zusammenhang sei noch auf die Anwendung von Metalldichtungen auf Glasfenster bei tiefen Temperaturen hingewiesen, und ferner auf die Möglichkeit der
Kompressionsdichtungen mit Partnermetallen (Al/Cu, Al/rostfreier Stahl, rostfreier Stahl/Invar) unterschiedlicher thermischer Ausdehnung [9.131; 9.132].

Weitere Bauelemente der Kryotechnik sind in [1.9 - 1.12] behandelt.

9.7.2 Systeme zum Abfüllen von Kryoflüssigkeiten

Beim Abfüllen der Kryoflüssigkeit aus einem Vorratsbehälter in einen anderen Be-
hälter macht man von den folgenden Möglichkeiten des Bewegungsantriebs Gebrauch:
- Überdruck im Vorratsbehälter, erzeugt durch:
  • Einleiten von arteigenem, komprimiertem Gas,
  • Verdampfen von Kryoflüssigkeit durch die von außen eindringende Wärme oder
    durch eine Heizspirale; Beispiele sind die Anordnungen nach Abb. 9.57 bis 9.59.
  Der Überdruck sollte wegen der Verdampfung bei der Entspannung (flash loss)
  nicht höher sein als 1 bar bei LN_2 bzw. 0,1 bar bei LHe.
- Kältemittelpumpen: Es stehen Zentrifugal-, Turbo- und Kolbenpumpen zur Verfü-
  gung, die entweder in der Förderleitung oder als Eintauchsystem im Behälter installiert werden und für LN_2 in [9.133], für LH_2 in [9.134] und für LHe in
  [9.135; 9.155; 9.166] beschrieben sind.

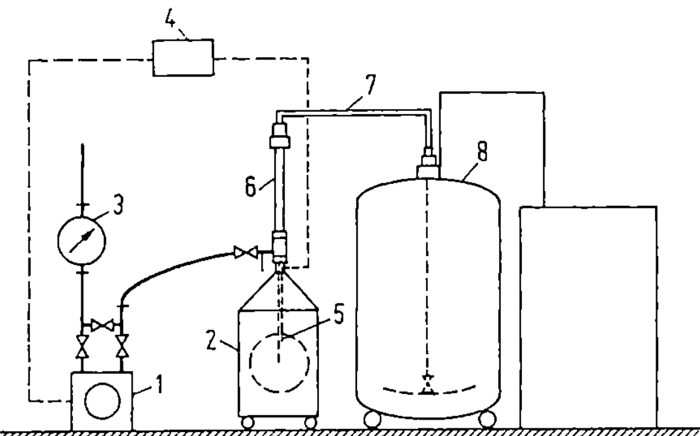

Abb.9.56. LHe-Abfüllsystem nach Klipping und Walter [9.110] (Quelle: Fritz-Haber-Institut, Berlin). 1 rotierende Vakuumpumpe, 2 LHe-Behälter, 3 Gasuhr, 4 Steuergerät, 5 Niveaufühler, 6 Heber mit Ventil, 7 Heber mit Ventil, 8 Sammelbehälter.

- Unterdruck im Abfüllbehälter: Als Beispiel zeigt Abb.9.56 das Schema eines LHe-Abfüllsystems nach Klipping et al. [9.110]. Um den Behälter 2 zu füllen, wird seine Heberleitung 6 mit der Heberleitung 7 des Sammelbehälters 8 gekuppelt, und seine Abgasleitung an die Vakuumpumpe 1 angeschlossen. Die beiden Heberleitungen 6 und 7 besitzen je ein Ventil, das zu Beginn des Abfüllens geöffnet und nach Beendigung wieder geschlossen wird. Ist der Behälter 2 gefüllt, so wird die Pumpe 1 durch den Niveaufühler 5 abgeschaltet, und die Heberleitung 7 abgekuppelt. - Abfülleinrichtungen für LN_2 sind in [9.136 - 9.139] beschrieben.

9.7.3 Automatische Nachfüllvorrichtungen

Dies sind Abfüllsysteme mit der zusätzlichen Aufgabe, das Niveau - und im Falle von LHe bei $T < 4,2\,K$ auch die Temperatur - des Kältemittelbades konstant zu halten.

Nachfüllsysteme für LN_2

Die Abbildungen 9.57a und b zeigen zwei Nachfüllsysteme nach Klipping [9.140], bei denen der Überdruck im Vorratsgefäß durch Öffnen eines Ventils abgebaut und dadurch das Nachfüllen unterbrochen wird, sobald das Soll-Niveau erreicht ist. Dies geschieht bei dem mechanischen System (Abb.57a) durch ein dampfdruckgesteuertes Ventil in Verbindung mit einem mit Ar gefüllten Cu-Rohr als Niveaufühler, und bei dem elektrischen System (Abb.57b) durch ein Magnetventil in Verbindung mit einem elektrischen Niveaufühler. Die Niveauschwankungen betragen $\pm\,5\,mm$.

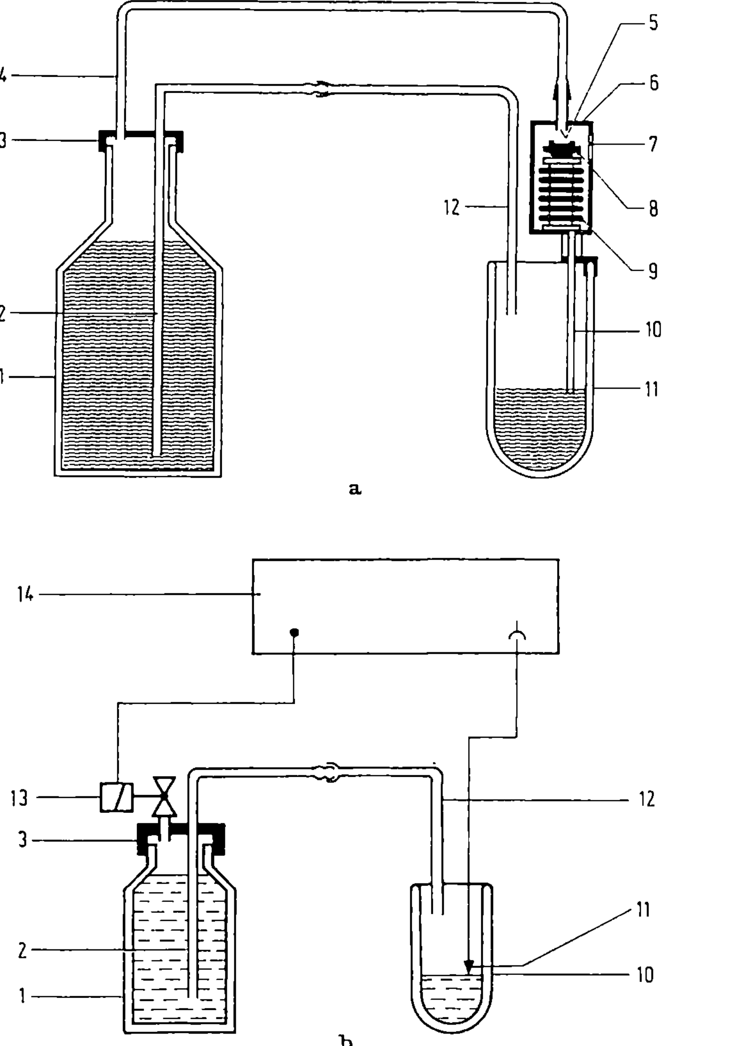

Abb.9.57. a. Mechanisches LN_2-Nachfüllsystem, Typ Leybold-Heraeus, nach Klipping [9.140]. 1 Vorratsgefäß, 2 Vakuummantelheber, 3 gasdichter Kannendeckel, 4 Entlüftungsleitung, 5 Ventilsitz, 6 dampfdruckgesteuertes Ventil, 7 Entlüftungsöffnung, 8 Ventilteller mit Gummidichtung, 9 Federungskörper, 10 Meßfühlerrohr, 11 LN_2-Gefäß, 12 Schlauch.
b. Elektrisches LN_2-Nachfüllsystem, Typ Leybold-Heraeus, nach Klipping [9.140]. 1 Vorratsgefäß, 2 Vakuummantelheber, 3 Kannendeckel, 10 LN_2-Gefäß, 11 Niveaufühler, 12 Schlauch, 13 elektromagnetisches Steuerventil, 14 Netzgerät.

Nachfüllsysteme für Helium I

• Badtemperatur $T = 4,2\,K$: Bei der Anordnung nach Elsner et al. [9.141] (Abb. 9.58) gelangt das LHe vom Vorratsgefäß 1 zum LHe-Bad durch die Leitung 5, an deren Ende sich das Ventil 9 befindet, das zusammen mit dem Niveaufühler 10 (Kohlewiderstand) das Nachfüllen regelt. Das Ventil 9 ist von einer Sintermetall-

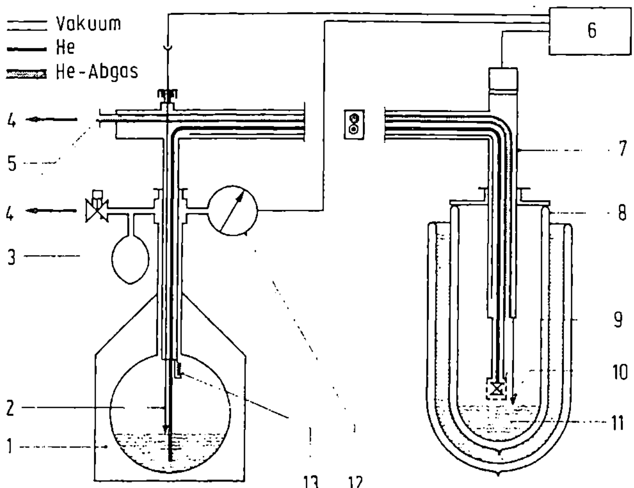

Abb.9.58. LHe-Nachfüllsystem für $T = 4,2\,K$, Leybold-Heraeus Kryokonstanter A, nach Elsner et al. [9.141; 9.142]. 1 Helium-Vorratsgefäß, 2 Peilstab mit Niveaufühler (Kohlewiderstand), 3 Überströmventil, 4 zum Rückgewinnungssystem, 5 Anschluß an Abgasleitung, 6 Netz- und Regelgerät, 7 Vakuummantelheber mit abgekühltem Strahlungsschutz, 8 Kryostat, 9 Auslaßventil mit Sinterkörper, 10 Niveaufühler (Kohlewiderstand), 11 Heliumbad, 12 Kontaktmanometer, 13 Heizer.

kappe umgeben, die eine Phasentrennung bewirkt und dadurch sonst im Raum 11 auftretende Turbulenzen verhindert. Der Überdruck in 1 wird durch das Ventil 3 eingestellt und ggf. durch das Heizelement 13 erhöht.

● Badtemperatur zwischen $4,2$ und $2,18\,K$, Abb.9.59 [9.141]: Die vorangehende Anordnung wird ergänzt durch die an die Abgasleitung angeschlossene rotierende Pumpe 1 sowie ein Druckregelsystem, bestehend aus einem elektrodynamischen Regelventil 4 [9.14], einem Druckaufnehmer 7 und einem Verstärker 5. Die Niveauschwankungen sind kleiner als $1\,mm$, und $\Delta T/T < 10^{-3}$.

Nachfüllsystem für Helium II

Für superfluides Helium $(T < T_{\lambda} = 2,18\,K)$ ist das Nachfüllsystem nach Abb.9.59 nicht geeignet, weil die nachgelieferte Flüssigkeit wärmer als das Bad ist, was wegen der hohen Wärmeleitfähigkeit des He II zu nicht ausregelbaren Schwankungen der Badtemperatur führt. Elsner et al. [9.143; 9.144] ergänzten daher die Anordnung Abb.9.59 durch ein Zwischenbad, in dem das nachgelieferte LHe vor seinem Eintritt in das Bad auf dessen Druck p_1 entspannt wird. Dieses Zwischenbad befindet sich in einem Gefäß, dessen Boden aus einem porösen Stopfen, einem Superfilter, von etwa $1\,\mu m$ Porenweite besteht. Wie die Durchflußkennlinien des Superfilters in Abb.9.60 zeigen, ist es praktisch gesperrt, solange der Druck p_2 im Zwischenbad größer als der Druck p_1 im Bad ist; hingegen ist es für den Flüs-

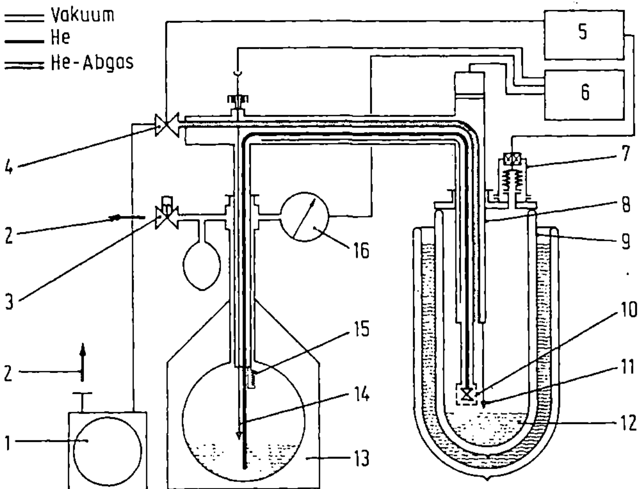

Abb. 9.59. LHe-Nachfüllsystem für Temperaturen zwischen 4,2 und 2,18 K, Leybold-Heraeus Kryokonstanter B, nach Elsner et al. [9.141; 9.142]. 1 Vakuumpumpe, 2 zum Rückgewinnungssystem, 3 Überströmventil, 4 elektrodynamisches Regelventil, 5 Druckregelgerät, 6 Netz- und Regelgerät, 7 Druckaufnehmer mit elektrischem Weggeber, 8 Vakuummantelheber, 9 Kryostat, 10 Auslaßventil mit Sinterkörper, 11 Niveaufühler (Kohlewiderstand), 12 Heliumbad, 13 Helium-Vorratsgefäß, 14 Peilstab mit Niveaufühler (Kohlewiderstand), 15 Heizer, 16 Kontaktmanometer.

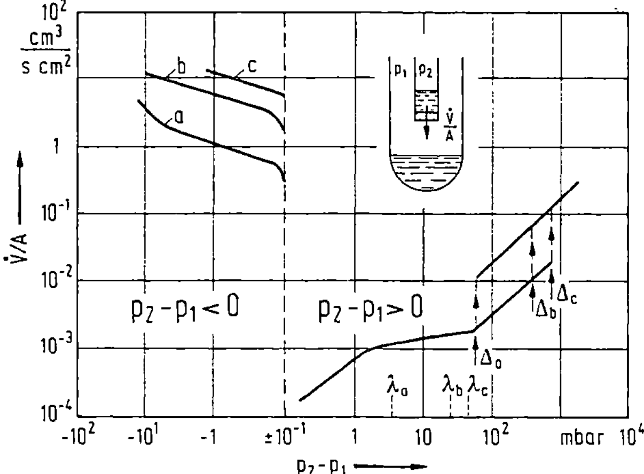

	p_1 mbar	T_1 K
(a)	46,9	2,14
(b)	25,4	1,93
(c)	5,0	1,51

Abb. 9.60. Durchflußkennlinien eines Superfilters von 1 μm Porendurchmesser, 5 mm Dicke und 40 mm Durchmesser. Volumendurchsatz $\dot{V}/A$ als Funktion der Differenz $p_2 - p_1$ der Drücke über dem oberen Zwischenbad und dem unteren Bad für verschiedene konstante Drücke p_1. Nach Elsner [9.142].

sigkeitstransport geöffnet, sobald p_2 den Wert p_1 unterschreitet. Das derart modifizierte Nachfüllsystem arbeitet bei Badtemperaturen zwischen 2,18 und 1,2 K.

Die Ventilwirkung des Superfilters beruht auf dem thermomechanischen (Fontänen-) Effekt im He II.

9.7.4 Helium-Rückgewinnung

Zur Rückgewinnung des aus Bad-Kryopumpen, Kryostaten etc. abdampfenden Helium sind komplette Anlagen erhältlich, die aus einem Gasspeicher, einem Hochdruckkompressor und einem Hochdruckspeicher (Flaschenbatterie) bestehen. Als Gasspeicher dient im allgemeinen ein Ballon aus gummiertem Textilgewebe von 1 bis 30 m^3 Speichervolumen; er enthält ein Sicherheitsventil und eine Kontakteinrichtung zur druckabhängigen Steuerung des Kompressors. Der Kompressor mit einem Durchsatz zwischen 3 und 50 Normal m^3/h und einem Enddruck von 200 bar befördert das Helium in Stahlflaschen, aus denen es zur Verflüssigung wieder entnommen wird.

9.8 Abkühlen und Wiederaufwärmen der Kryoflächen

Um einen Körper der Masse m von T_1 auf T_2 abzukühlen, muß ihm die thermische Energie

$$E_t = m \int_{T_2}^{T_1} c_p(T)dT = m[h(T_1) - h(T_2)] \tag{9.8}$$

entzogen werden (Tabelle 9.5).

Tabelle 9.5. Abzuführende Wärmemenge $E_t/m = \int_{T_1}^{T_2} c_p dt$ bei der Abkühlung von Metallen. Nach [8.2]

Abkühlung	Aluminium kJ/kg	Edelstahl kJ/kg	Kupfer kJ/kg
von 300 K auf 80 K	16,1	78	73,6
von 80 K auf 20 K	9,3	4,3	6,0
von 20 K auf 4,2 K	0,05	0,03	0,03

Bei der Bad-Kryopumpe ist man, ebenso wie beim Bad-Kryostaten, in erster Linie daran interessiert, die Abkühlung auf $T_s = 4,2$ K mit einer möglichst geringen LHe-Menge zu erreichen. Die Masse m_{fl} des Kältemittels, die benötigt wird, um den Festkörper der Masse m von T_1 auf T_s abzukühlen, hängt wesentlich davon ab, wie der Abkühlungsprozeß geführt wird: Im ungünstigsten Fall wird nur die Verdampfungsenthalpie l_v des Kältemittels ausgenutzt. Dann ist

$$\left(\frac{m_{fl}}{m}\right)_{max} = \frac{\int_{T_s}^{T_1} c_p(T)dT}{l_v} \; . \tag{9.9}$$

Im günstigsten Fall wird außer der Verdampfungsenthalpie auch der Kälteinhalt des
Dampfes ausgenutzt, d.h. die Enthalpiedifferenz des Dampfes, genommen zwischen
der jeweiligen Festkörpertemperatur T und der Siedetemperatur T_s des Kältemittels. Dann ist

$$\left(\frac{m_{fl}}{m}\right)_{min} = \int\limits_{T_s}^{T_1} \frac{c_p(T)\,dT}{l_v + \int\limits_{T_s}^{T} c_p'(T')\,dT'} \quad , \qquad\qquad (9.10)$$

wobei T' die Temperatur des Dampfes und c_p' seine spezifische Wärmekapazität
bedeuten.

Jacobs [9.145] hat diese Ausdrücke als Funktion der Anfangstemperatur T_1 für die
Metalle Cu, Al und Edelstahl und jeweils die Kältemittel LHe, LH_2 und LN_2 durch
numerische Integration berechnet. Ergebnisse der Rechnung sind in Tabelle 9.6 zusammengestellt: Um beispielsweise 1 kg Cu von 300 K auf 4,2 K abzukühlen, benötigt man bei Ausnutzung nur der Verdampfungsenthalpie 28 dm^3 LHe, bei zusätzlicher Ausnutzung der Dampfenthalpie jedoch nur 0,8 dm^3 LHe. Wird das Kupfer
durch LN_2 auf 77 K vorgekühlt, dann erniedrigen sich die Werte auf 2,16 bzw.
0,16 dm^3 LHe. Der starke Einfluß der LN_2-Vorkühlung auf den LHe-Bedarf ist eine
Folge des T^3-Gesetzes der spezifischen Wärmekapazität der Festkörper. Um den
LHe-Bedarf für das Abkühlen möglichst niedrig zu halten, sind die folgenden Gesichtspunkte zu beachten:
- Dünnwandige Konstruktionen und Materialien geringer spezifischer Wärmekapazität für sowohl den LHe-Behälter wie die Transferleitung;
- Vorkühlen des LHe-Behälters auf annähernd 80 K durch Strahlungsausgleich mit
  dem LN_2-gekühlten Baffle und/oder durch Beschicken einer Vorkühlspirale mit
  LN_2;
- Wegen des Wärmeüberganges nicht zu große Transferrate;
- Einleiten des LHe in der Nähe des LHe-Spiegels, um den Kälteinhalt des Dampfes
  möglichst gut auszunutzen;
- Vermeidung des Wärmetausches zwischen einströmendem LHe und entweichen-
  dem Dampf. Auch die ins Gefäß eintauchende Transferleitung muß vakuumisoliert
  sein, wie dies beispielsweise bei den Nachfüllvorrichtungen für flüssiges Helium
  nach Abb.9.58 und 9.59 der Fall ist.

Theoretisch und experimentell wurde die Abkühlzeit in den Arbeiten [9.146 - 9.149]
behandelt.

Bei den Refrigerator-Kryopumpen ist man an einer kurzen Abkühlzeit interessiert.
Auf den Abkühlvorgang wirkt sich hier die Tatsache günstig aus, daß die Kältelei-

Tabelle 9.6. Kältemittelverbrauch für die Abkühlung von Metallen. Nach [9.145]

Kältemittel		Helium						Wasserstoff				Stickstoff	
Endtemperatur des Metalls K		4,2						20,4				77,3	
Anfangstemperatur des Metalls K		300		77		20		300		77		300	
Ausnutzung der	Metall	$\frac{kg}{kg_{met}}$	$\frac{dm^3}{kg_{met}}$	$\frac{kg}{kg_{met}}$	$\frac{dm^3}{kg_{met}}$	$\frac{kg}{kg_{met}}$	$\frac{dm^3}{kg_{met}}$	$\frac{kg}{kg_{met}}$	$\frac{dm^3}{kg_{met}}$	$\frac{kg}{kg_{met}}$	$\frac{dm^3}{kg_{met}}$	$\frac{kg}{kg_{met}}$	$\frac{dm^3}{kg_{met}}$
Verdampfungs-enthalpie	Aluminium	8,0	64,0	0,40	3,20	0,0015	0,012	0,38	5,35	0,020	0,28	0,81	1,0
	Edelstahl	3,8	30,4	0,18	1,44	0,0013	0,010	0,20	2,82	0,010	0,14	0,43	0,53
	Kufper	3,5	28,0	0,27	2,16	0,0025	0,020	0,17	2,39	0,013	0,18	0,37	0,46
Verdampfungs- und Dampfent-halpie	Aluminium	0,20	1,60	0,030	0,24			0,075	1,06	0,010	0,14	0,51	0,64
	Edelstahl	0,10	0,80	0,014	0,11			0,037	0,52	0,005	0,07	0,27	0,34
	Kupfer	0,10	0,80	0,020	0,16			0,035	0,49	0,007	0,10	0,23	0,29

stung $\dot{Q}$ des Refrigerators mit der Temperatur T des Verbrauchers steigt. Theoretisch sollte $\dot{Q}$ annähernd proportional zu T wachsen, doch muß man in der Praxis mit Rücksicht auf einen optimalen Wirkungsgrad η im stationären Betrieb ein weniger starkes Anwachsen von $\dot{Q}$ mit T in Kauf nehmen. Als grober Richtwert gilt, daß das 2- bis 3fache der Nennleistung des Refrigerators für das Abkühlen des Verbrauchers zur Verfügung steht. Daraus und aus der abzuführenden Wärmemenge E_t kann die Abkühlzeit abgeschätzt werden; die Grundlagen für eine detailliertere Betrachtung sind in [9.81] dargestellt. Um die Abkühlzeit abzukürzen, macht man von einer Vorkühlung der Kryoflächen durch LN_2 Gebrauch. Ferner gibt es die Möglichkeit, die Kälteleistung des Refrigerators durch Einspeisen von LN_2 in sein Rohrsystem, wie in Abb.9.28 und 9.36 schematisch dargestellt, erheblich zu steigern. Da dann auch der Kälteinhalt des N_2-Dampfes ausgenutzt werden kann, reichen z.B. nach Tabelle 9.6 $300\,dm^3$ LN_2 zur Vorkühlung von $1000\,kg$ Kupfer oder Edelstahl aus. – Bei den kommerziell erhältlichen Refrigerator-Kryopumpen von etwa $10\,m^3s^{-1}$ Saugvermögen beträgt die Abkühlzeit etwa $1\,h$ [9.30; 9.36]; dies ist eine Zeit, wie sie übrigens auch eine Diffusionspumpe des gleichen Saugvermögens zur Inbetriebnahme benötigt.

Zum <u>Wiederaufwärmen</u> auf Raumtemperatur muß der Kaltfläche eine Energie gemäß (9.8) bzw. Tabelle 9.5 zugeführt werden. Bei großen Anlagen, wie etwa Raumkammern, erfolgt dies auf elektrischem Wege oder durch einen heißen N_2-Strom, der durch die Rohre der Kaltwand geleitet wird. Die Aufwärmzeit wird dadurch gegenüber der bei alleinigem Strahlungsausgleich mit der Kammerwand abgekürzt, und die Kondensation von Feuchtigkeit beim Fluten vermieden.

9.9 Leistungsbedarf von Kälteanlagen

Zur quantitativen Beschreibung von Kälteanlagen benutzt man den Begriff der Exergie E, der technischen Arbeitsfähigkeit des Arbeitsmediums [9.150]. Die spezifische Exergie e ist die durch

$$de = dh - T_0 ds \, , \qquad e_0 = 0$$
$$e_x = (h_x - h_0) - T_0(s_x - s_0)$$

$$(9.11)$$

definierte Zustandsgröße, wobei h und s die spezifische Enthalpie bzw. Entropie bedeuten. Die Größe e_x bedeutet die auf die Masseneinheit des strömenden Stoffes bezogene maximale Arbeit, die man aus einem zwischen dem Zustand x und dem Umgebungszustand ($T_0 = 300\,K$, $p_0 = 1\,bar$) geführten Prozeß gewinnen kann. Der thermodynamische Wirkungsgrad η_{td} ist durch η_{td} = nutzbare Exergie/aufgewendete Exergie definiert. Auf den Refrigerator angewandt, findet man für den thermodynamischen Wirkungsgrad

$$\eta_{td} = \frac{(T_0/T) - 1}{\dot{W}_k/\dot{Q}} \qquad (9.12)$$

das Verhältnis: Leistungsbedarf des Carnot-Prozesses zu tatsächlichem Leistungsbedarf; und auf den Verflüssiger angewandt, den Ausdruck:

$$\eta_{td} = \frac{e_L}{\dot{W}_k/\dot{m}} = \frac{(h_b - h_0) - T_0(s_b - s_0)}{\dot{W}_k/\dot{m}} \quad , \qquad (9.13)$$

d.h. das Verhältnis: Verflüssigungsarbeit des idealen Verflüssigers zu tatsächli-
cher Verflüssigungsarbeit. Die Tabelle 9.7 gibt für beide Fälle den spezifischen
Leistungsbedarf für $\eta_{td} = 1$ an.

Tabelle 9.7. Spezifischer Leistungsbedarf bei verlustfreier (re-
versibler) Prozeßführung

Kryoflüssigkeit	T_s in K	Refrigerator W/W	Verflüssiger Wh/dm^3
Helium	4,2	70,4	236
Wasserstoff	20,4	13,7	278
Stickstoff	77,4	2,88	173

Bei kombinierten Anlagen für Verflüssiger- und Refrigeratorbetrieb hat η_{td} für
beide Betriebsweisen etwa den gleichen Wert. So berechnet man z.B. für die Kälteanlage Linde VR 24, die bei 46 kW Leistungsaufnahme 80 W bei 4,5 K oder 24 dm^3
LHe/h liefert, in beiden Fällen $\eta_{td} = 0,12$.

In Abb.9.61 ist der thermodynamische Wirkungsgrad η_{td} für eine Reihe von Refrigeratoren als Funktion der Kälteleistung $\dot{Q}$ dargestellt. Dabei handelt es sich um
Anlagen, die teils serienmäßig gefertigt werden, teils für spezielle Zwecke entwik-
kelt wurden, die ferner nach unterschiedlichen Prozessen und bei unterschiedlichen
Temperaturen arbeiten. Trotz der relativ großen Streuung zeigt sich deutlich eine
Abnahme von η_{td} mit sinkendem $\dot{Q}$. Der Grund hierfür besteht in erster Linie darin, daß mit abnehmenden Abmessungen der kalten Bauelemente das Verhältnis: aus
der Umgebung einfallender Wärmestrom zu produzierter Kälteleistung (wegen des
steigenden Verhältnisses Oberfläche zu Volumen) - wächst. Bemerkenswert ist die
bereits von Strobridge [1.11; 9.151] konstatierte Tatsache, daß ein auffallender
Vorteil irgend eines Kälteprozesses hinsichtlich η_{td} nicht existiert. - Der Einfluß
der Arbeitstemperatur T auf η_{td} ist wegen der großen Streuung der η_{td}-Werte
schwierig zu erfassen. Im Mittel ist η_{td} für das LN_2-Niveau größer als für das

LH_2- und das LHe-Niveau; in praxi kann nach [9.151; 9.152] für das 80 K-Niveau die gebrochene η_{td}-Kurve und für das 20 K- sowie das 4 K-Niveau die ausgezogene η_{td}-Kurve in Abb.9.61 angenommen werden. Mit diesen η_{td}-Kurven erhält man für die Arbeitstemperaturen T = 4,5 K, 20 K und 80 K die in Abb.9.62 dargestelltten Kurven für den spezifischen Leistungsbedarf $\dot{W}_k/\dot{Q}$, der $1/\eta_{td}$ mal größer als der des idealen Prozesses ist.

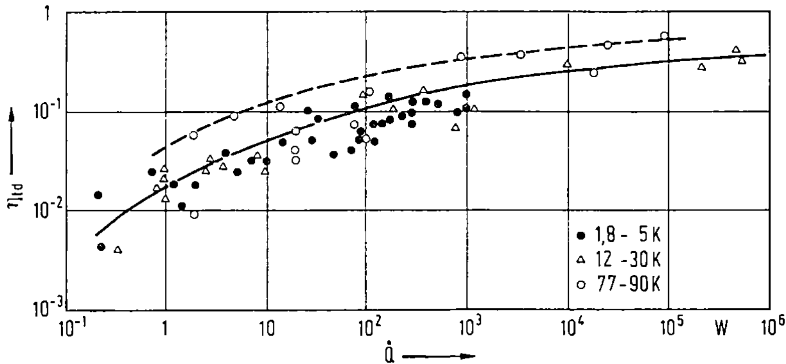

Abb.9.61. Thermodynamischer Wirkungsgrad η_{td} von Refrigeratoren als Funktion der Kälteleistung $\dot{Q}$.

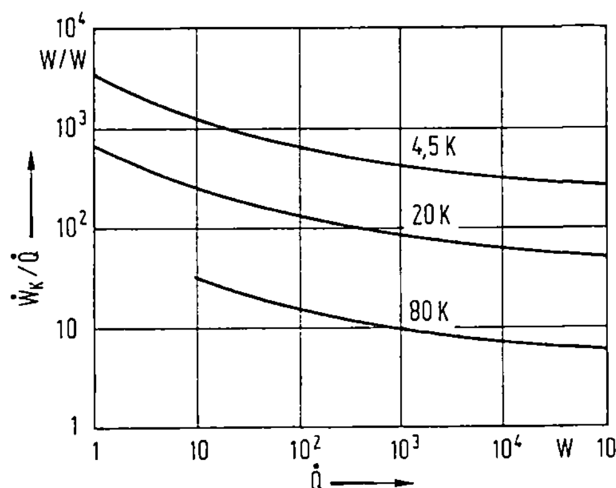

Abb.9.62. Spezifischer Leistungsbedarf $\dot{W}_k/\dot{Q}$ von Refrigeratoren als Funktion der Kälteleistung $\dot{Q}$ und der Betriebstemperatur T.

9.10 Wirtschaftlichkeitsbetrachtungen

Investitionskosten von Kryopumpen. Refrigerator-Kryopumpen sind für $S \geqslant 1\,m^3s^{-1}$ billiger als Turbomolekular- und Ionenzerstäuberpumpen und für $S \geqslant 10\,m^3s^{-1}$ billiger als Diffusionspumpen mit LN_2-Baffle [9.31]. Letzteres ist ein für die Anwendung wichtiger Fortschritt gegenüber der Situation vor einigen Jahren, als eine $10\,m^3s^{-1}$-Refrigerator-Kryopumpe noch 2,5mal teurer als eine Diffusionspumpe gleichen Saugvermögens war [9.5]. Billiger im Anschaffungspreis als die Refrige-

rator-Kryopumpe sind bei gegebenem S die Bad-Kryo- und die Titan-Sublimationspumpe; dafür sind beide jedoch teurer in den Betriebskosten. Außerdem ist bei der
Titan-Sublimations- und der Ionenzerstäuberpumpe sowie bei der Kombination aus
beiden die Begrenztheit ihres Einsatzes bei höheren Drücken zu berücksichtigen.

Wichtig ist schließlich noch die Tatsache, daß das Vorvakuumsystem für die Kryopumpe im allgemeinen keine über das sonst übliche Maß hinaus gehenden Investitionen verlangt, weil nach Abschn. 8.9 bei geeigneter Führung des Evakuierungspro-
zesses Ölrotationspumpen genügen.

Betriebskosten. Diese Kosten umfassen die Aufwendungen für die Betriebsmittel
(Strom, Wasser, LHe, LN_2, Titan-Quellen etc.) sowie die für Abschreibung, Zin-
sen, Wartung, Reparatur etc.. Die Betriebsmittelkosten können von Ort zu Ort sehr
verschieden sein; die Aufzählung der wichtigsten Aufwendungen für eine Bad-Kryopumpe, eine Diffusionspumpe und eine Refrigerator-Kryopumpe von je $10\,\mathrm{m}^3\mathrm{s}^{-1}$
Saugvermögen soll daher hier genügen:

Die Bad-Kryopumpe benötigt etwa $0,5\,\mathrm{dm}^3\mathrm{h}^{-1}$ LHe und $2\,\mathrm{dm}^3\mathrm{h}^{-1}$ LN_2.

Die Diffusionspumpe erfordert $10\,\mathrm{kW}$ Heizleistung, $6\,\mathrm{dm}^3\mathrm{h}^{-1}$ LN_2 und $3\,\mathrm{m}^3\mathrm{h}^{-1}$
Kühlwasser.

Die Refrigerator-Kryopumpe mit LN_2-Kühlung verbraucht $1,5\,\mathrm{kW}$ als Leistung für
den Kompressor, der vielfach luftgekühlt ist und dann kein Kühlwasser benötigt, sowie $2\,\mathrm{dm}^3\mathrm{h}^{-1}$ LN_2.

Die autonome Refrigerator-Kryopumpe benötigt für den Kompressor $5\,\mathrm{kW}$ und
$0,3\,\mathrm{dm}^3\mathrm{h}^{-1}$ Kühlwasser.

Auch ohne die Kosten im einzelnen zu beziffern, ist evident, daß die Betriebskosten
in der Reihenfolge: Bad-Kryopumpe, Diffusionspumpe, Refrigerator-Kryopumpe
abnehmen. Wird z.B. eine $5\,\mathrm{m}^3\mathrm{s}^{-1}$-Refrigerator-Kryopumpe in einem Chargenbe-
trieb eingesetzt, so werden ihre gegenüber der Diffusionspumpe höheren Investitionskosten bereits in zwei Jahren durch die geringeren Betriebskosten kompen-
siert [9.35]. Wichtig in diesem Zusammenhang ist noch die Tatsache, daß Refrigerator-Kryopumpen hinsichtlich ihrer Betriebssicherheit den Diffusions- und den
Turbomolekularpumpen nicht nachstehen.

10 Anwendungen der Kryo-Vakuumtechnik

Dieser Abschnitt wird mit einigen Problemen der Weltraumforschung begonnen, weil die Kryo-Vakuumtechnik hier erstmals in großem Maßstab angewendet wurde und sich daher die Gelegenheit bietet, zwei für alle Anwendungen wichtige Entwicklungen darzustellen:

- Die verschiedenen LN_2-Kühlsysteme für die Abschirmflächen (Abb. 10.4 bis 10.6) und
- die verschiedenen Vakuumsysteme zur Realisierung der bekannten Forderung eines "clean, dry and empty system" (Abb. 10.8, Systeme II bis V).

10.1 Weltraumforschung

10.1.1 Umgebungsbedingungen des Weltraumes

Die Kryo-Vakuumtechnik ist für die Weltraumforschung von besonderer Bedeutung, weil zum einen Vakuum und tiefe Temperaturen wichtige Umgebungsbedingungen des Weltraumes sind und zum anderen Kryopumpen extrem gute Vakua bei großem Saugvermögen in großen Kammern herzustellen erlauben.

Außer Vakuum und Kälte sind für das Verhalten des Satelliten im Weltraum vor allem die elektromagnetische Strahlung und seine Bewegung relativ zu den Quellen dieser Strahlung maßgebend. Hierzu einige Daten:

- <u>Vakuum</u>: Wenn man sich von der Erde entfernt, nimmt der Druck ab. In Höhen oberhalb 60 km ist der Druck kleiner als 100 Pa, oberhalb 600 km kleiner als 10^{-6} Pa und oberhalb 1200 km kleiner als 10^{-8} Pa. Im interplanetaren Raum beträgt der Druck 10^{-11} bis 10^{-12} Pa. Der Weltraum wirkt daher als vollkommene Teilchensenke. – Mit steigender Höhe ändern sich ebenfalls die Temperatur und infolge Photoionisation durch die Sonnenstrahlung auch die chemische Zusammensetzung der Atmosphäre. Diese besteht an ihrem Rande praktisch nur noch aus H-Atomen und -Ionen, die in den Weltraum diffundieren [10.1; 10.2].

• <u>Die Kälte des Weltraumes</u>: Die Gleichgewichtstemperatur eines passiven Körpers in weiter Entfernung von allen Sternen beträgt 3 bis 4 K. Der Weltraum wirkt als vollkommene Senke für elektromagnetische Strahlung.

• <u>Elektromagnetische Strahlungen</u>: Die Strahlung der Sonne hat am Rande der Erdatmosphäre die Intensität $1,40 \text{ kW m}^{-2}$ (= 1 Solarkonstante), einen Kollimationswinkel von 32 min und eine spektrale Verteilung nahe der eines schwarzen Körpers von 6000 K. Die Albedostrahlung beträgt $0,48 \text{ kW m}^{-2}$, und die Eigenstrahlung der Erde $0,23 \text{ kW m}^{-2}$. Diese beiden Daten sind Maximalwerte; die jeweiligen Intensitäten dieser diffusen Strahlungen hängen u.a. von der Position des Satelliten relativ zur Erde und zur Sonne ab [10.1; 10.2].

10.1.2 Laboratoriumsanlagen für die Weltraumforschung

Die Anlagen, bei denen Kryo- und Vakuumtechnik eine Rolle spielen, kann man in drei Gruppen einteilen [10.3; 10.4]:

• <u>Weltraumsimulationskammern,</u> in denen die wichtigsten Umweltbedingungen mit möglichst guter Annäherung nachgebildet werden (Abb.10.1a). Diese Anlagen dienen dem Solar-Simulationstest, bei dem der thermische Haushalt des Satelliten untersucht wird. Zu diesem Zweck wird die Temperaturverteilung zunächst am thermischen Modell gemessen, das solange variiert wird, bis die Ergebnisse befriedigend sind. Für das einwandfreie Arbeiten aller Geräte im Satelliten sind Temperaturen im Bereich + 10 bis + 30 °C anzustreben [10.4]. Später werden diese Messungen am Prototyp und schließlich am Flugmodell wiederholt, wobei die Geräte voll im Betrieb sind. Aufgrund der Meßergebnisse wird nach der Methode des mathematischen Modells [10.5] die Temperaturverteilung im Satelliten für verschiedene Positionen im Orbit berechnet, wobei auch die Fehler korrigiert werden, die durch Unvollkommenheiten der Simulation entstanden.

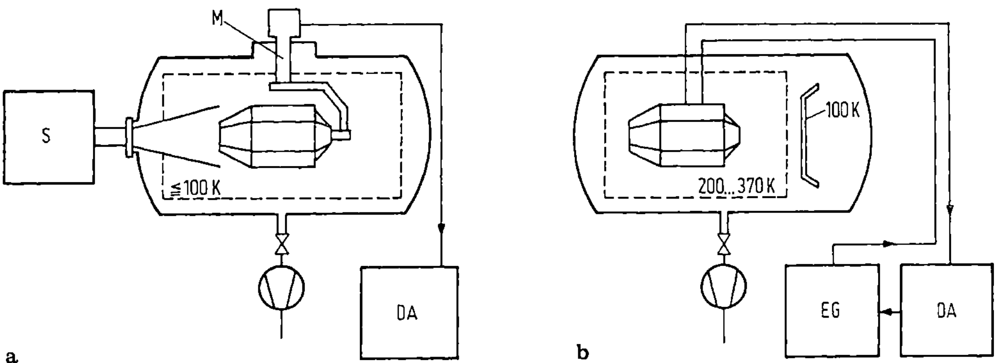

Abb.10.1. Testanlagen für Raumfahrzeuge, schematisch. a) Solarsimulationstest, b) Thermal-Vakuum-Test (Quelle: DFVLR, Köln). S Sonnensimulator, M Bewegungsantrieb, DA Daten-Aufnahmesystem, EG Externe Stromversorgung.

• <u>Vakuum-Temperatur-Kammern</u>, bei denen der Satellit im Vakuum Zyklen zwischen Extremwerten der Temperatur (etwa -70 bis +90 °C) durchläuft (Abb. 10.1b). Dieser Thermal-Vakuum-Test wird ebenfalls an den drei Exemplaren des Satelliten durchgeführt. Die Erfahrung zeigt, daß sich bei diesem Test die anfälligen Komponenten mit hoher Wahrscheinlichkeit durch "malfunctions" zu erkennen geben [10.6]. Man baut auch kombinierte Anlagen für beide Tests; Beispiele sind die Anlagen des CNES in Toulouse [7.22] und der IABG in Ottobrunn/München (Abb. 10.3) [10.7].

• <u>Spezialanlagen</u>, in denen nur eine oder zwei der Umweltbedingungen nachgebildet werden, wie etwa Anlagen zur

- Untersuchung des aerodynamischen Verhaltens von Modellen bei hohen Mach-Zahlen, auch im Bereich der Molekularströmung, im Niederdruck-Windtunnel (Abb. 10.7) [10.8; 1.4; 1.5];
- Untersuchung von Grenzflächenvorgängen unter extrem niedrigen Drücken, etwa von Adhäsion, Friktion, Kaltverschweißung beweglicher Teile wie Antennen, Sensoren, Werkzeuge [10.9; 10.10];
- Untersuchung des Einflusses der Bestrahlung mit extremem UV oder energiereichen Teilchen auf Solarzellen und andere Materialien [10.11; 10.12];
- Entwicklung von chemischen Triebwerken, von Ionen- oder Plasmaantrieben, wofür Anlagen mit großen Kondensationsflächen bei tiefen Temperaturen benötigt werden [10.13 - 10.15];
- Entwicklung von Vakuum- und Tieftemperatur-Systemen für spezielle Forschungsprojekte, wie etwa: Molekulare Strömungsfelder in der Raumkammer [2.54; 10.16 - 10.18], das Weltraumlaboratorium Spacelab [10.19 - 10.26] und das für dieses vorgesehene Infrarot-Teleskop bei 1,6 K (GIRL-Projekt, s. Abschn. 10.5.1) [10.27 - 10.28].

10.1.3 Simulation des Kältehintergrundes des Weltraumes

Die Simulation der thermischen Senke des Weltraumes geschieht durch eine Kaltwand, die das Testvolumen umgibt. Aus ökonomischen Gründen wird die Kaltwand nicht auf 4 K, sondern auf 80 bis 100 K gehalten. Der dadurch in der Satellitentemperatur entstehende Fehler, der etwa 1 K beträgt, wird durch die spätere Korrekturrechnung ausgeglichen.

Das Testvolumen muß optisch dicht sein, die Evakuierung aber trotzdem gestatten; die Kaltwand ist daher wie ein Baffle konstruiert. Als Materialien werden rostfreier Stahl, Kupfer oder Aluminium angewandt. Bei großen Kammern bevorzugt man Al wegen des geringen spezifischen Gewichtes, der geringen Wärmekapazität und der Möglichkeiten des Strangpressens und des Schweißens.

Bei kompakten ebenen Flächen werden die Kühlkanäle durch aufgeschweißte Rohre oder durch aufgeblasene Platinen (Abb.10.2a) erzeugt. Zylindrische Flächen werden aus stranggepreßten Al-Profilen zusammengesetzt (Abb.10.2b und c). Baffle-artige ebene Flächen können aus Al-Rohren mit angeschweißten Al-Blechen gefertigt werden (Abb.10.2d und e).

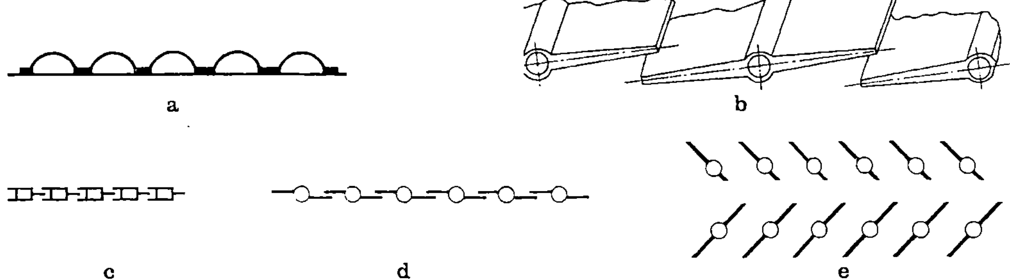

Abb.10.2. Verschiedene Aluminium-Profile für den Bau von Kalt- und Thermalwänden: a) und b) nach [10.29]; c) bis e) nach [10.7] (Quelle: Sulzer).

Die innere Seite der Kaltwand muß wegen ihrer Funktion als thermische Senke einen möglichst großen Absorptionskoeffizienten a für Strahlung haben. Dies erreicht man durch Eloxieren oder durch einen Lack optischer Qualität, der zugleich tieftemperaturbeständig sein muß. Werte a = 0,95 im Spektralbereich 0,2 bis 50 µm sind herstellbar. Die Außenseite der Kaltwand und die Innenseite der Kammerwand werden poliert (e = 0,1 bis 0,2), um die durch Strahlung absorbierte Leistung gering zu halten.

Zur thermischen Belastung der Kaltwand tragen bei: Die Strahlung des Sonnensimulators, die direkt sowie nach Reflexion am Testobjekt auf die Kaltwand trifft; die Wärmestrahlungen des Testobjektes, des Bewegungsantriebes, der Fenster, der Kammerwand etc. und schließlich die Wärmeleitung über Aufhängungen und Abstützungen. Die thermische Belastung ist also von Ort zu Ort verschieden.

Die Kühlung der Kaltwand erfolgt entweder mit flüssigem (LN_2) oder mit gasförmigem Stickstoff (GN_2). Handelt es sich um eine kombinierte Anlage, bei der im Thermal-Vakuum-Test die Kaltwand auch geheizt wird, so bezeichnet man diese als Thermalwand.

10.1.4 Beispiel einer Thermalwand

Abbildung 10.3 zeigt die für das Testen der Helios-Satelliten gebaute Raumkammer ISA der IABG in Ottobrunn/München [10.7]. Der zylindrische Teil der Thermalwand von 3,5 m Durchmesser und fast 5 m Höhe ist aus ebenen Ringen aufgebaut,

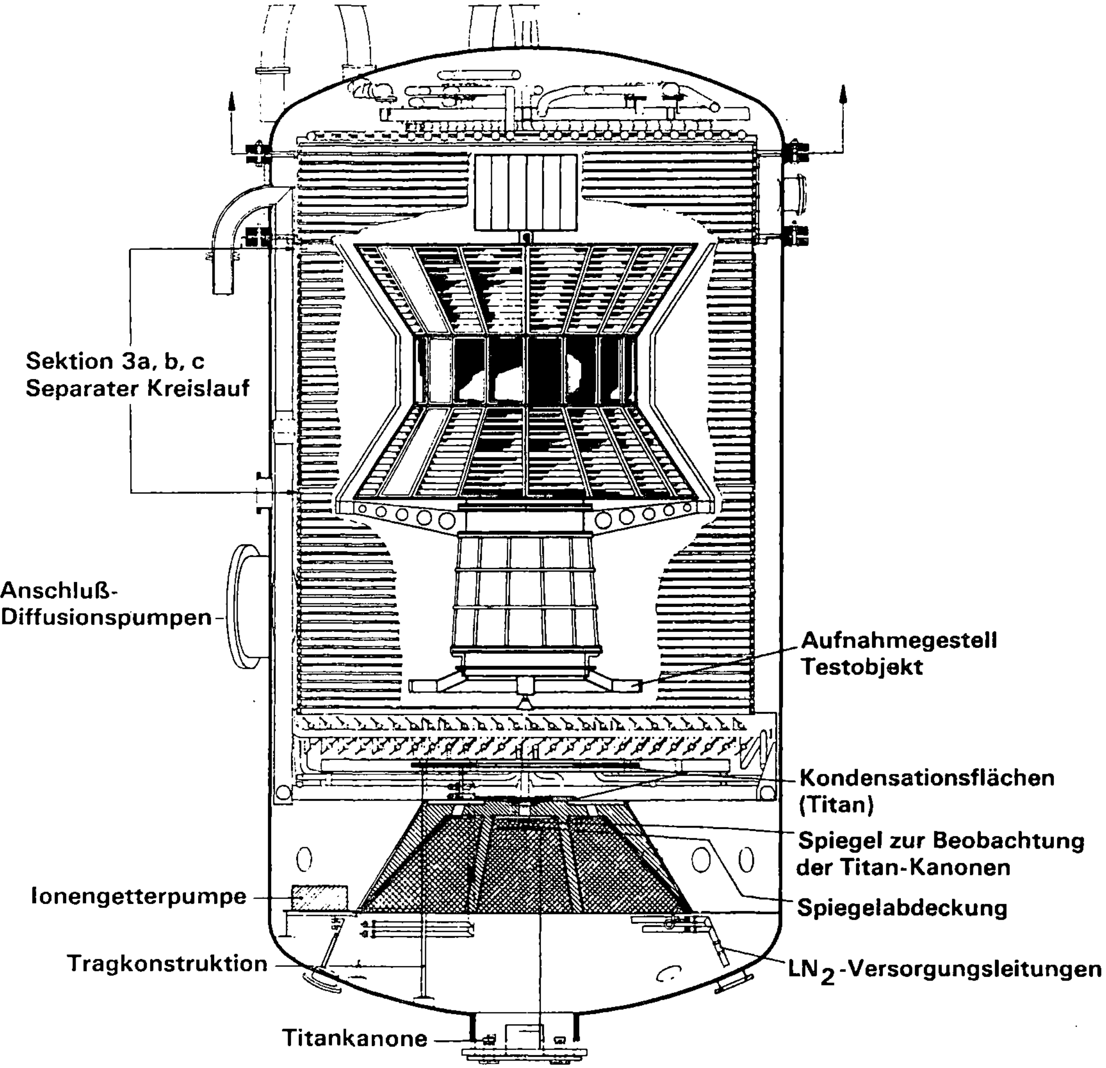

Abb.10.3. Infrarot-Raumsimulations- und Thermal-Vakuum-Kammer ISA der IABG in Ottobrunn/München mit Helios-Satellit, System Sulzer [10.7].

die aus stranggepreßten Aluminiumprofilen nach Abb.10.2c gefertigt sind. Diese Ringe sind über Formstücke an vertikale Rohre angeschweißt, die außerhalb der Thermalwand liegen. Über diese Rohre wird das Kühlmedium (GN$_2$) zu- bzw. abgeführt. An drei solcher Rohrsysteme (a, b, c) sind die Thermalwandringe in zyklischer Folge (a, b, c, a, b, ...) angeschlossen. Dadurch wird eine gute örtliche Homogenität der Temperatur erreicht. Die Rohrsysteme sind vakuumisoliert durch einen Zwischenring aus rostfreiem Stahl von 4 m Durchmesser geführt; sie sorgen für mechanische Stabilität und nehmen die wechselnden thermischen Spannungen auf.

Lösbare Verbindungen existieren im Vakuumraum nicht. Der zylindrische Teil besteht aus zwei etwa gleich hohen Sektionen, die getrennt und mit unterschiedlicher Kälteleistung versorgt werden können. Die untere Endfläche ist als gespaltenes Chevronbaffle nach Abb. 10.2e und die obere als kompakte Fläche mit Kühlkanälen ausgebildet. Unterer und zylindrischer Teil sind am Zwischenring aufgehängt. Der obere, ebene Teil wird nebst einem kurzen zylindrischen Teil vom oberen Deckel der Kammer getragen, durch den auch die Zuleitungen geführt sind. An ihrer Innenseite ist die Thermalwand durch Aufspritzen des Lackes 3 M Velvet Black Coating Nextel 401-010 von Minnesota geschwärzt, und an ihrer Außenseite hochglanzpoliert.

10.1.5 Systeme zur Kühlung der Kaltwand auf 80 bis 100 K durch LN_2

Bei diesen Kühlsystemen dient ein LN_2-Tank als Puffer und Verbindungsstelle zwischen Erzeugung der Kälte und deren Verteilung in der Kaltwand. Die Beschaffung bzw. Ergänzung des LN_2-Vorrats ist möglich durch: 1. Anlieferung von LN_2 im Tankwagen, 2. teilweise oder vollständige Rückverflüssigung in einer Kälteanlage, 3. eine eigene Luftzerlegungsanlage. Welche der Möglichkeiten gewählt wird, ist eine ökonomische Frage. - Man unterscheidet die vier in Abb. 10.4 dargestellten LN_2-Verteilungssysteme [10.29 - 10.33]:

10.1.5.1 LN_2-Verdampfersysteme

Der LN_2 wird entweder durch Druck, der auf den Tank gegeben wird (Abb. 10.4a), oder durch eine Umwälzpumpe (4) (Abb. 10.4b) durch das Leitungssystem der Kalt-

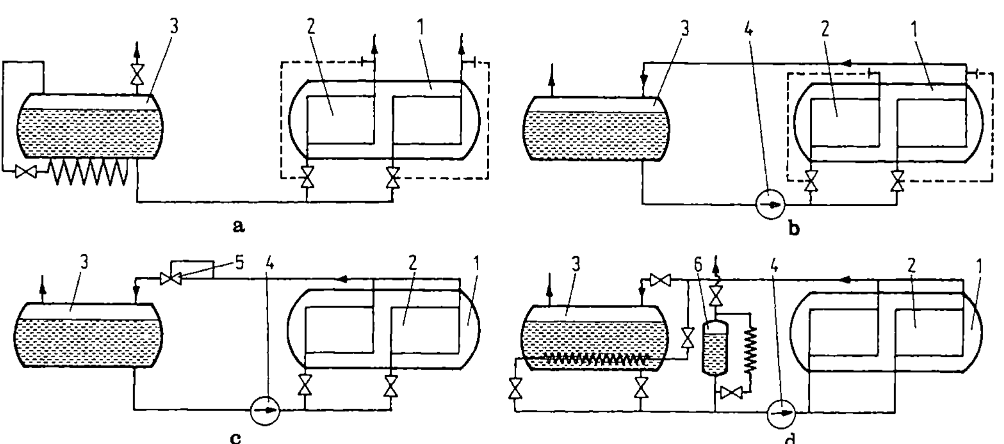

Abb. 10.4. Verschiedene Systeme zur Kühlung der Kaltwand auf 80 bis 100 mit LN_2 [10.29 - 10.33]: a), b) LN_2-Verdampfersysteme ohne bzw. mit LN_2-Umwälzpumpe, c) offenes und d) geschlossenes Überdrucksystem (Quelle: DFVLR, Köln). 1 Vakuumkammer, 2 Kaltwand, 3 LN_2-Vorratstank, 4 LN_2-Umwälzpumpe, 5 Drosselventil, 6 Druckspeicher.

wand gedrückt. Die Kälteleistung ist durch das Produkt aus der Verdampfungsenthalpie des LN_2 und der pro Zeiteinheit verdampfenden LN_2-Menge gegeben. Dieses
Verfahren kann den Nachteil haben, daß gerade an Stellen hohen Wärmeeinfalls viel
Gas erzeugt wird, das durch Dampfsackbildung die LN_2-Zufuhr blockiert, wodurch
heiße Stellen gebildet werden. Dieser Nachteil kann durch geeignete Führung der
Kältemittel-Kanäle und, im Fall Abb. 10.4b, durch Überdimensionierung der Umwälzpumpe vermieden werden.

Als Beispiel ist in Abb. 10.12 der Raumsimulator HBF 2 der ESTEC in Nordwijk
dargestellt [10.30]. Die vertikal stehende, zylindrische Raumkammer ist etwa
7 m hoch und besitzt ein sphärisches Testvolumen von 2 m Durchmesser. Die Kaltwand aus Al ist in 6 Sektionen aufgebaut, teils aus Strangpreßprofilen, teils aus
Al-Blech mit aufgeschweißten Rohren. Der LN_2 steht im Tank unter einem Überdruck von 2 bar, tritt unten in die Sektionen ein und verdampft oben in die freie
Luft. Ein Temperaturfühler am Auslaßrohr steuert in jeder Sektion das am Einlaß
gelegene Ventil derart, daß die Sektionen immer bis zum Auslaßstutzen mit LN_2
gefüllt sind. Nach Beendigung des Experiments werden die Sektionen durch Anschluß an eine Druckgasleitung in den Tank hinein entleert und anschließend durch
elektrische Heizleiter, die zwischen Kaltwand und Kammerwand liegen, auf Raumtemperatur angewärmt. Bei einem Simulationstest mit 1 Solarkonstanten wird
$340 \, dm^3 h^{-1}$ LN_2 verbraucht.

10.1.5.2 Offenes LN_2-Überdrucksystem

Erhöht man den Druck über dem LN_2 von 1 auf 5 bar, so steigt sein Siedepunkt von
77 auf 94 K und liegt das Kältemittel als unterkühlte Flüssigkeit vor. Beim offenen
Überdrucksystem nach Abb. 10.4c erfolgt diese Druckerhöhung mit einer Kreiselpumpe, in der sich beim Kompressions- und Fördervorgang der LN_2 etwas erwärmt. Beim Durchströmen der Kaltwand nimmt der LN_2 unter Temperaturerhöhung
die von ihr abzuführende Wärme auf. Eine Phasentrennung wird vermieden, solange
die Temperaturdifferenz zwischen Eintritt in die Kreiselpumpe und Austritt aus der
Kaltwand kleiner als die Siedepunkterhöhung bleibt, die dem Druckunterschied an
diesen beiden Stellen entspricht. Vor dem Rückfluß in den Tank wird der LN_2 in einem Expansionsventil auf Atmosphärendruck entspannt. Hierbei verdampft eine gewisse Menge LN_2, die wegen der Verluste durch die Entspannung (flash loss) etwa
15 % größer ist als bei einem Verdampfersystem der gleichen thermischen Belastung.

Wichtig für die Dimensionierung der LN_2-Kanäle ist die Tatsache, daß der LN_2-
Durchsatz beim Überdrucksystem bedeutend größer als beim Verdampfersystem unter sonst gegebenen Bedingungen ist. Das Verhältnis der Durchsätze beträgt
$l_v : c_p \Delta T$, d.h. für $\Delta T = 2 K$ wird es 50.

Ein Beispiel für ein offenes LN_2-Überdrucksystem ist der Raumsimulator HBF 3
der ESTEC in Noordwijk (Abb.10.11) [10.30; 10.31]. Die Vakuumkammer, die
eine Höhe von 7,8 m und im oberen Teil einen Druchmesser von 5 m hat, ist vollständig mit einer Kaltwand ausgekleidet. Diese besteht teils aus stranggepreßten
Al-Profilen, teils aus Al-Platten mit angeschweißten Rohren (25 mm Durchmesser) und ist in fünf Sektionen unterteilt. Der LN_2-Vorrat befindet sich in zwei
Tanks von je 50 m^3 Inhalt. Der niedrigste LN_2-Spiegel liegt 2,5 m oberhalb der
zwei parallel geschalteten Zentrifugalpumpen von 7 m^{3}h^{-1} Durchsatz, von denen
die eine als Reserve im Störungsfall dient; diese Niveaudifferenz ist zur Vermeidung von Kavitation in der Pumpe unerläßlich [10.34]. Der LN_2 tritt mit 6 bar
und 80 K in die Sektionen der Kaltwand und in das Kühlsystem des Bewegungsantriebes ein. Die LN_2-Fördermenge wird durch pneumatische Ventile derart geregelt,
daß die Temperatur am Ausgang aller Sektionen 87 K beträgt. Der LN_2 wird dann
von 4 bar auf 1,25 bar entspannt und in den Tank zurückgeleitet. - Die Kälteleistung ist auf 20 kW bei 80 K ausgelegt, was einem LN_2-Verbrauch von etwa
500 dm^{3}h^{-1} entspricht. Zum Aufwärmen der Kaltwand dient GN_2, der durch ein
Wasserbad von 98 °C angewärmt und durch ein Gebläse bei 5 bar umgewälzt wird.

10.1.5.3 Geschlossenes LN_2-Überdrucksystem

Der beim System nach Abschn. 10.1.5.2 auftretende LN_2-Entspannungsverlust wird
beim geschlossenen Überdrucksystem nach Abb.10.4d vermieden. Die gewünschte
Unterkühlung des LN_2 wird hier durch den Druckspeicher 6 erreicht: Mit z.B.
p = 5 bar im Druckspeicher hebt man das Druckniveau des gesamten Kreislaufs um
4 bar an, das durch eine entsprechende Regelung konstant gehalten wird. Die Kreiselpumpe 4 dient nur dazu, den Druckabfall in der Kaltwand zu überwinden, wodurch
auch die Gefährdung durch Kavitation reduziert wird. Die Temperaturerhöhung des
LN_2 innerhalb der Kaltwand wird durch Abkühlung im LN_2-Bad von 78 K wieder
rückgängig gemacht. Im einfachsten Fall stellt der Tank selbst dieses Kältebad dar.
In anderen Fällen verwendet man ein Kältebad, das vom Tank gespeist wird, etwa
den Kühler 4 in Abb.10.5 [10.33]. In beiden Systemen verdampft im Kältebad eine
LN_2-Menge, die, von den Verlusten in den Leitungen und der Kreiselpumpe abgesehen, der Wärmeaufnahme in der Kaltwand entspricht.

Anlagen mit einem geschlossenen LN_2-Überdrucksystem sind vielfach mit einem
GN_2-System zur Aufrechterhaltung eines Thermalwandbetriebes kombiniert. Auf
ein Anwendungsbeispiel soll daher erst später (in Abschn. 10.1.6.1) eingegangen
werden.

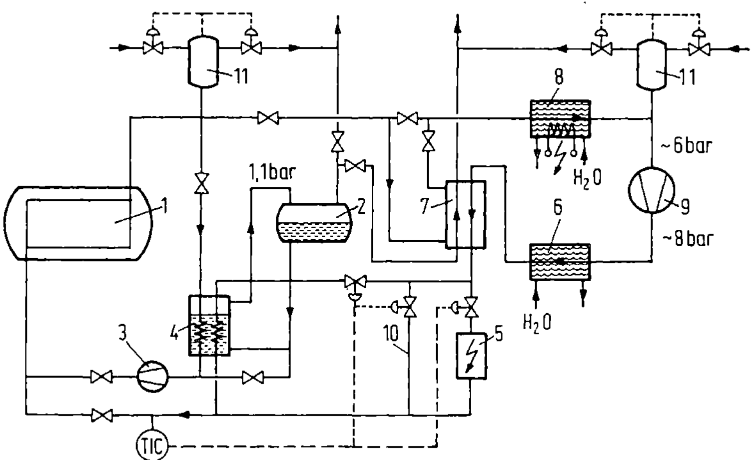

Abb. 10.5. Temperiersystem für eine Thermalwand mit einem LN_2-Badkühler [10.33; 10.36] (Quelle: Linde). 1 Thermalwand, 2 LN_2-Vorratstank, 3 LN_2-Umwälzpumpe, 4 LN_2-Badkühler, 5 Erhitzer, 6 Wasserkühler, 7 Wärmetauscher, 8 Erhitzer, 9 Kompressor, 10 Bypass, 11 Druckspeicher.

10.1.6 Temperiersysteme für Thermalwände mit gasförmigem Stickstoff

Um Temperaturen der Thermalwand zwischen 100 K und Raumtemperatur zu erzeugen, verwendet man als Kältemittel gasförmigen Stickstoff, der entweder durch Wärmeübergang an ein LN_2-Bad oder durch LN_2-Injektion gekühlt wird. Temperaturen der Thermalwand oberhalb Raumtemperatur erhält man durch Heizen des GN_2-Stromes.

10.1.6.1 Temperiersystem mit LN_2-Badkühler

Ein solches System ist in Abb. 10.5 als Ergänzung zu einem LN_2-Überdruckkreislauf - bestehend aus LN_2-Pumpe (3), Thermalwand (1), LN_2-Badkühler (4) und Druckspeicher (11) - dargestellt [10.33]. Nach Abschalten dieses LN_2-Kreislaufs kann der GN_2-Kreislauf in Betrieb genommen werden: Der vom Kompressor (9) geförderte Gasstrom wird nach Passieren des Wasserkühlers (6) im Wärmeübertrager (7) vorgekühlt. Ein Teil des Stromes wird dann über den LN_2-Badkühler (4), und ein anderer über den Bypass (10) geleitet. Die Teilströme werden mit Hilfe des Temperaturfühlers TIC und der Regelventile so eingestellt, daß am Eingang der Thermalwand die gewünschte Temperatur herrscht.

Um Temperaturen oberhalb Raumtemperatur herzustellen, wird der Wärmetauscher (7) nicht mehr gekühlt, sondern ein Teil des Gasstromes im Erhitzer (5) erwärmt, und ein anderer über den Bypass (10) geführt. Beide Teilströme werden wieder so geregelt, daß am Eingang der Thermalwand die gewünschte Temperatur entsteht. Der Wasserkühler (8) mit elektrischer Heizung sorgt dafür, daß der in den Kompressor eintretende Stickstoff annähernd Raumtemperatur hat.

Ein Beispiel für ein geschlossenes LN_2-Überdrucksystem, das mit einem LN_2-Bad-
kühler-Temperiersystem nach Abb.10.5 kombiniert ist, stellt der Raumsimulator
des CNES in Toulouse dar [7.22; 10.35]: Die Hauptkammer von 7 m Durchmesser
und 8 m Höhe nimmt den Satelliten auf, und die Nebenkammer von 5,5 m Druchmesser und 9 m Länge den Spiegel des Sonnensimulators (off-axis system) und das Vakuumsystem. Die Wände beider Kammern sind mit Thermalwandprofilen bedeckt.
Der LN_2-Kreislauf wird durch eine $70\,m^3$/h-Kreiselpumpe bei 4 bar Druckdifferenz und 2 K Temperaturdifferenz zwischen Ein- und Ausgang der Thermalwand angetrieben. Der GN_2-Kreislauf wird durch drei Turbokompressoren von je
$10^4\,m^3$(NTP)/h bei 4,7 bar Ansaug- und 6,8 bar Ausstoßdruck aufrechterhalten
[10.36]. - Drei Betriebsfälle sind möglich:
- Solarsimulationstest: Die Thermalwandtemperatur ist in der Hauptkammer entweder 80 K oder zwischen 100 und 300 K variabel, in der Nebenkammer hingegen stets 80 K.
- Thermal-Vakuumtest: In der Hauptkammer 100 bis 360 K, in der Nebenkammer
  80 K, oder 100 bis 360 K.
- Entgasen: In beiden Kammern herrscht eine Temperatur von 460 K.

10.1.6.2 Temperiersystem mit LN_2-Injektionskühler

Die Kühlung des zirkulierenden GN_2-Stromes erfolgt dadurch, daß ihm in einer
Mischkammer geregelt LN_2 zugesetzt wird. Um den Druck im Mittel konstant zu
halten, wird an der wärmsten Stelle des Kreislaufs die Stickstoffmenge, die injiziert wurde, wieder abgeblasen. Da außer der Verdampfungsenthalpie des LN_2 die
Enthalpiedifferenz des GN_2 zwischen der jeweiligen Temperatur und 77 K ausge-
nützt wird, ist dieses Verfahren thermodynamisch den Methoden überlegen, die nur
von der Verdampfungsenthalpie Gebrauch machen.

Dieses Temperiersystem soll am Beispiel des Raumsimulators ISA der IABG in
Ottobrunn/München erläutert werden (Abb.10.6) [10.7]: Das System enthält zwei
gleichartig aufgebaute GN_2-Kreisläufe, von denen der eine an die zylindrischen Sektionen und der andere an die beiden Endflächen der bereits in Abschn. 10.1.4 er-
wähnten Thermalwand angeschlossen ist. Die Kühlung des Gasstromes erfolgt im
Injektionskühler E, der eine Metallgewebepackung (Typ Sulzer) enthält und in den
die LN_2-Menge, der gewünschten Gastemperatur zwischen 100 und 300 K entsprechend, geregelt injiziert wird.

Der GN_2-Strom wird durch das Rootsgebläse R (Typ Sulzer RP 300, $3400\,m^3$/h) aufrecht erhalten. Der maximale Betriebsdruck von 3 bar (absolut) ergibt sich aus den
Forderungen, daß einerseits bei der tiefsten Temperatur (100 K) noch eine ausreichende Differenz von der Verflüssigungstemperatur bestehen muß, andererseits die
Leistungsgrenze des Rootsgebläses nicht überschritten wird. Die Kompressionswär-

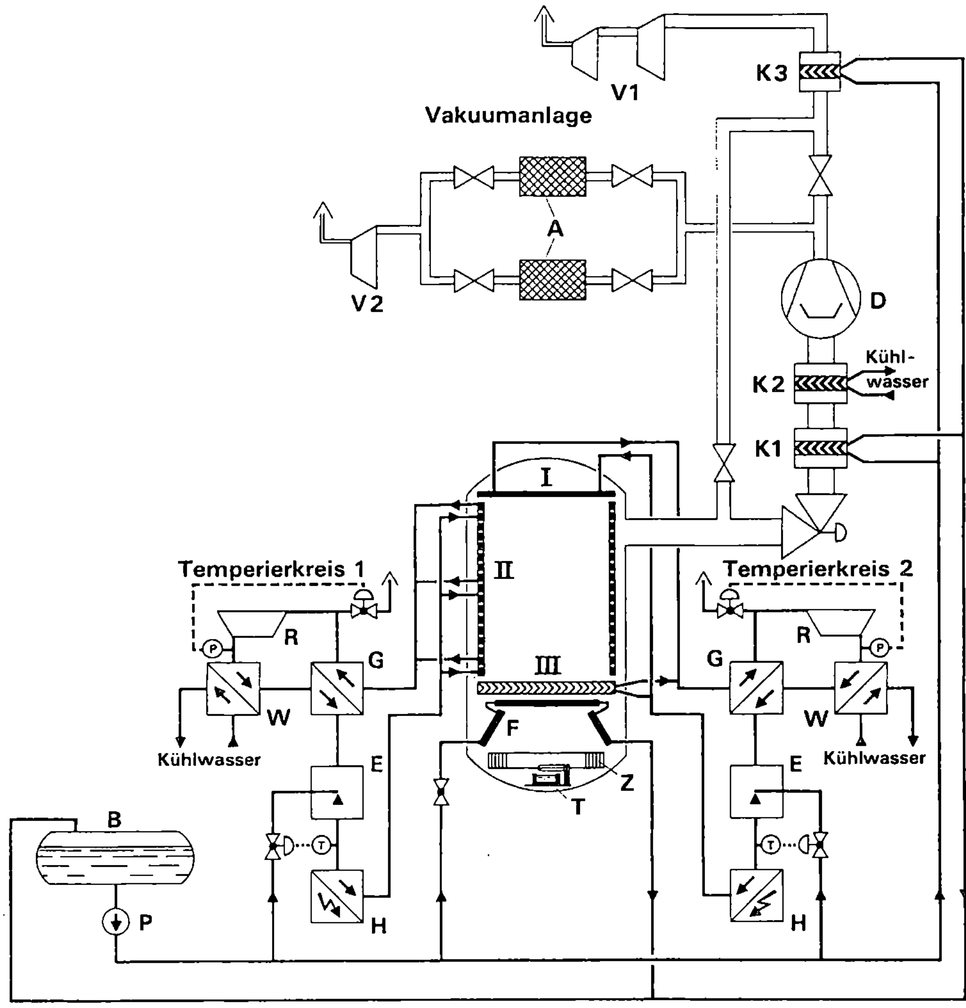

Abb.10.6. Temperiersystem mit LN_2-Injektionskühler für die Thermalwand der Raum-simulationskammer ISA nach Abb.10.3, System Sulzer [10.7]. A Adsorptionsfilter, B LN_2-Vorratstank, D Diffusionspumpe, E Einspritzkühler, F Pumpfläche, G Ge-genstrom-Wärmetauscher, H elektrischer Erhitzer, K Kühlfalle, P LN_2-Pumpe, R Umwälzgebläse, T Titan-Sublimator, V Vorvakuum-Pumpe, W Wasserkühler, Z Ionenzerstäuberpumpe, I, II, III Thermalwand.

me wird durch den Wasserkühler W abgeführt, der gleichzeitig als Schalldämpfer wirkt; die Ansaugtemperatur von 30 °C wird mit dem Gegenstrom-Wärmetauscher G erreicht. Vom Wasserkühler W kommend tritt der Gasstrom mit 30 °C ein, wird im Injektionskühler E auf etwa 97 K abgekühlt und tritt in die Kaltwand mit 100 K ein. Die Austrittstemperatur beträgt 104 K. Der Gasstrom in jeder Sektion wird durch je ein Drosselventil ferngeregelt.

Beim Arbeiten im Bereich 300 bis 370 K (bzw. beim Anwärmen auf Raumtempera-tur nach vorausgegangener Kühlung) bleibt das Einspritzventil geschlossen. Die ge-

wünschte Temperaturerhöhung erhält man durch Abschalten des Wasserkühlers W,
also Abgabe der Kompressionswärme an die Thermalwand, oder, falls dies nicht
ausreicht, durch zusätzliches Aufheizen im elektrischen Erhitzer H.

10.1.7 Simulation des Vakuums des Weltraumes

Im Jahre 1958 nahmen Bailey und Chuan [1.4; 1.5] den Niederdruck-Windtunnel
nach Abb.10.7 in Betrieb und demonstrierten erstmals die Möglichkeit, mit großflächigen Kryopumpen hohe Saugvermögen zu realisieren. Die 20 K-Fläche besteht
aus sechs sternförmig angeordneten, mit Kühlkanälen versehenen Flächen von insgesamt $6\,m^2$, die in einem durch ein Ventil absperrbaren Behälter untergebracht
sind. Später wurden LN_2-gekühlte Strahlungsschilde hinzugefügt [10.8]. Das Saugvermögen beträgt $S = 300\,m^3 s^{-1}$, der Enddruck $p_u = 7 \cdot 10^{-4}\,Pa$ und die Kälteleistung des Helium-Refrigerators $\dot{Q} = 350\,W$ bei 20 K. Weitere Anlagen dieser Art
sind in [10.31] beschrieben. Im Betrieb wird im allgemeinen reiner Stickstoff eingelassen, dessen aerodynamische Eigenschaften nur wenig von denen der Luft ab-
weichen, und ein Druck zwischen 10 und $10^{-3}\,Pa$ aufrechterhalten. Unter diesen
Bedingungen bedarf es keiner besonderen Maßnahmen zum Abpumpen der bei 20 K
nicht kondensierbaren Gase H_2, Ne und He. Im Gegensatz hierzu müssen in den
Raumsimulatoren diese Gase abgepumpt werden.

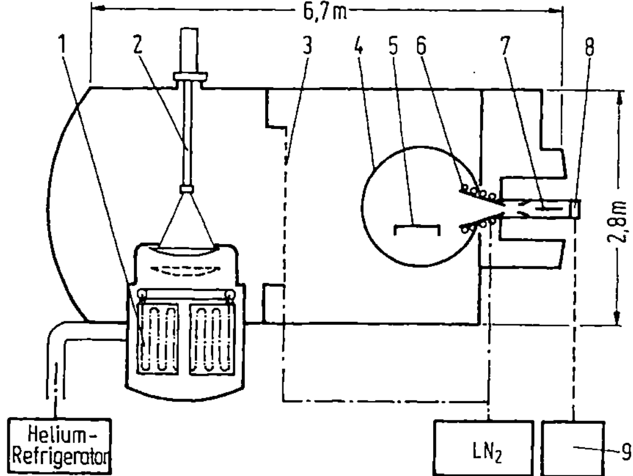

Abb.10.7. Niederdruck-Windtunnel nach Bailey und Chuan [1.5; 10.8]. 1 Kryopanel, 2 Federbalgventil, 3 Nachkühler, 4 Tür, 5 Probenhalter, 6 Düse, 7 elektrischer Erhitzer, 8 Ventil, 9 Gasstrommessung

Das Vakuumsystem I

Zu Beginn dieser Entwicklung wurde in den USA das Schema I der Abb.10.8 ver-
folgt: Die 80 K-Kaltwand wurde durch Flächen von 10 bis 20 K derart erweitert,
daß großflächige Kryopumpenstrukturen nach Litton (Abb.2.20a) oder nach Santeler

(Abb.2.20c) entstanden. Die nichtkondensierbaren Gase H_2, Ne und He wurden durch Diffusionspumpen mit LN_2-gekühlten Fallen entfernt.

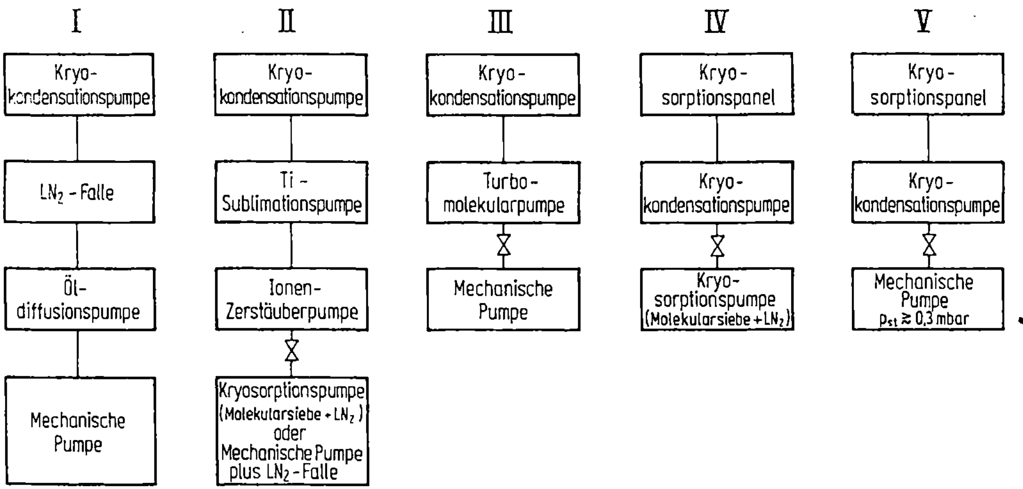

Abb.10.8. Die verschiedenen Vakuumsysteme, die in Verbindung mit Kryopumpen verwendet werden, schematisch.

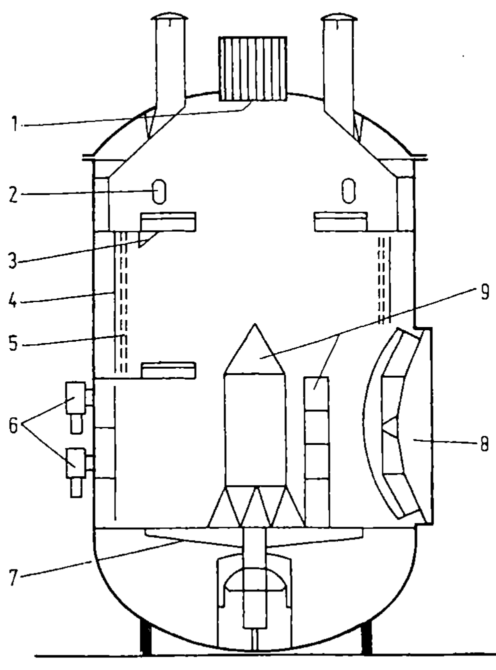

Abb.10.9. Der größte Weltraumsimulator der Welt: Houston Chamber A im Manned Space Flight Centre (MSFC) der NASA in Houston/Texas. Höhe 40 m, Druchmesser 22 m, Saugvermögen $S(N_2) = 7 \cdot 10^3 \ m^3 s^{-1}$ [10.38; 10.39] (Quelle: NASA, Houston/Texas). 1 Sonnensimulator, 2 Fenster, 3 Televisionskamera, 4 Kaltwand, LN_2-gekühlt, 5 Kryoflächen, GHe-gekühlt, 6 Oldiffusionspumpen, 7 Mondsimulator, 8 Tür, 13 m Druchmesser, 9 Testobjekt mit Stromversorgung.

Die Houston Chamber A des NASA-MSFC ist mit 40 m Höhe und 22 m Druchmesser die größte Raumkammer der Welt (Abb.10.9) [10.38; 10.39]. Sie wurde für Experimente an den Mondlandefahrzeugen des Apollo-Programms verwendet, wobei sich auch Astronauten während der Dauer eines späteren Mondaufenthalts in der Kammer befanden. Daher ist die Anlage "man-rated", d.h. mit allen Sicherheitseinrichtungen für jeden denkbaren Notfall versehen: So hält sich ständig eine Rettungsmannschaft in einer Schleuse auf; die Kammer kann in weniger als 30 s belüftet werden. Sie enthält zwei Sonnensimulatoren und eine drehbare simulierte Mondoberfläche, deren Temperatur zwischen 90 und 400 K variierbar ist. Der Testraum ist von geschwärzten Al-Flächen umgeben, die durch ein offenes Überdrucksystem nach Abb. 10.4c gekühlt werden. Die Kryoflächen von $180\,m^2$ werden durch vier He-Refrigeratoren von insgesamt 7 kW Kälteleistung bei 13 K gekühlt, wodurch ein Saugvermögen für N_2 von $7000\,m^3s^{-1}$ erreicht wird. Außen an der Kammer befinden sich 18 Diffusionspumpen von je $50\,m^3s^{-1}$ mit DC 705 als Treibmittel. Der Enddruck beträgt $10^{-5}\,Pa$, und der Arbeitsdruck $10^{-3}\,Pa$.

Die Chamber Mark I des AEDC ist mit 25 m Höhe und 12,8 m Druchmesser die zweitgrößte Raumkammer der Welt. Das Testvolumen ist von Kryostrukturen nach Santeler umgeben, zu deren Kühlung zwei He-Refrigeratoren von zusammen 8 kW Kälteleistung bei 13 K sowie ein offenes LN_2-Überdrucksystem mit Rekondensation dient [9.55]. Die Abb. 10.10 gestattet einen Blick in das Innere der Kammer. Das

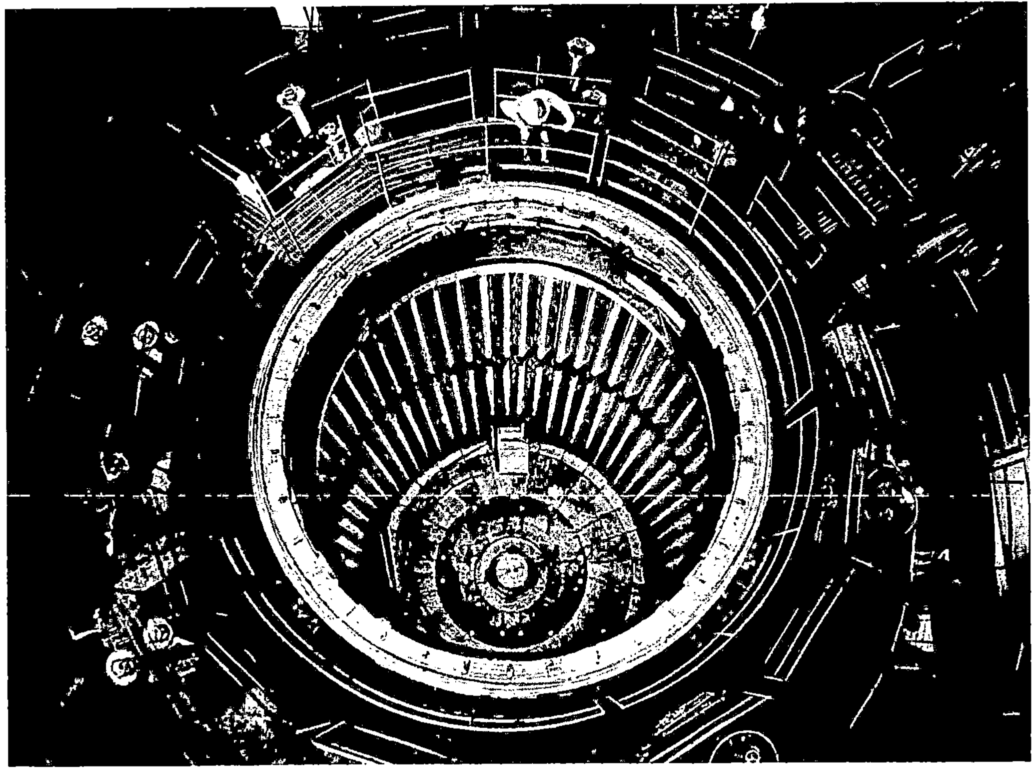

Abb. 10.10. Blick von oben in die Mark I Chamber des US Air Force AEDC Tullahoma/Tenn.: Höhe der Kammer 25 m, Druchmesser 12,8 m, Saugvermögen der Kryopumpe $S(N_2)$ = $3 \cdot 10^4\,m^3s^{-1}$ (Official US Air Force Photo).

Saugvermögen der Kryofläche $S(N_2) = 3 \cdot 10^4 \, m^3 s^{-1}$ ist derart groß, daß das Abgas brennender Raketentriebwerke unter Aufrechterhaltung eines Hochvakuums abgepumpt werden kann. In dieser Kammer wurden die Raketenmotore erprobt, welche die Landungen und die Starts auf dem Mond ermöglichten.

Das Vakuumsystem II

Das Vakuumsystem I hat - ebenso wie das der ersten europäischen Raumsimulatoren, die bis 1969 sämtlich nur mit Diffusionspumpen evakuiert wurden - den erheb-
lichen Nachteil, daß das Vakuum Ölmoleküle und leichtere Kohlenwasserstoffe enthält, die das Testobjekt kontaminieren. Dieser von Yerkes [10.10] und anderen er-
kannte Effekt wurde später ausführlich von Sänger et al. [10.40; 10.41] mit einem
Molekularstrahl-Detektor mit eingebautem Massenspektrometer untersucht. Auf
diese Weise gelang es, in der Raumkammer HBF 3 (vor ihrem Umbau) die Quellen
der Kohlenwasserstoffe, ihre Ergiebigkeit und ihre Massenverteilung zu ermitteln.
Folgende Substanzen wurden nachgewiesen:
- Diffusionspumpenöl DC 704, das durch Rückströmung in die Kammer gelangt und
  hier Niederschläge von mehreren Monoschichten bildet;
- Rotationspumpenöl, das beim Vorevakuieren durch Rückströmung in die Kammer
  eintritt, wenn $p < 10 \, Pa$ ist;
- Hydrauliköl aus dem Bewegungsantrieb;
- Kohlenwasserstoffe aus gewissen Baumaterialien des Satelliten und aus dem (da-
  mals verwendeten) Lack der Kaltwand.

Erfahrungen dieser Art hatten weitreichende Konsequenzen hinsichtlich Konstruktion der Kammer, Auswahl der Materialien für Kammer und Satellit, Methode des
Vorevakuierens und Aufbau des Vakuumsystems. Yerkes et al. [7.19; 10.10]
führten 1965 das Vakuumsystem II nach Abb. 10.8 mit der folgenden Pumpenkombination ein:
- 20 K-Kryopumpe, die einen großen Teil der Kammeroberfläche bedeckt und die
  Hauptpumpe (mit dem größten Saugvermögen für N_2) darstellt,
- Titan-Sublimationspumpe mit 80 K-Getterfläche, die sich außerhalb der Kaltwand
  befindet und vor allem zum Pumpen des H_2 dient,
- Ionenzerstäuberpumpe vom Edelgastyp [10.42; 10.43], die sich ebenfalls außerhalb der Kaltwand befindet und zum Pumpen der Edelgase dient.

Das Vorevakuieren erfolgt mit:
- Sorptionspumpen, jedoch nur bei kleinen Kammern ($\lesssim 1 \, m^3$), oder
- Rotations- und Rootspumpen mit nachgeschalteten LN_2- und Adsorptionsfallen, wobei zwecks Vermeidung der Rückströmung nur bis zu einigen 10 Pa herab evakuiert wird und eine

_ 20 K-Kryopumpe dazu dient, das Intervall bis zum Startdruck der Titan-Sublimations- und der Ionenzerstäuberpumpe (10^{-2} Pa) zu überbrücken. - An Stelle einer separaten Kryopumpe verwendet man dazu auch die Hauptkryopumpe oder, besser noch, eine Spot-Kryopumpe [10.44], d.h. eine kleinflächige Pumpe hohen maximalen Arbeitsdruckes; in diesem Fall führt man die Kälteleistung des Refrigerators zunächst der Spot- und anschließend der Hauptkryopumpe zu.

Yerkes et al. [10.10] bauten bei der Boeing Company verschiedene Anlagen mit diesem Vakuumsystem: Zunächst wurde bei der sphäroidalen Kammer A von 15 m Höhe und 12 m maximalem Druchmesser jede der drei Diffusionspumpen ersetzt durch eine Titan-Sublimationspumpe von 200 $m^3 s^{-1}$ für N_2, eine 15 K-Kryopumpe von 10 $m^3 s^{-1}$ für N_2 und eine Ionenzerstäuberpumpe von 0,2 $m^3 s^{-1}$ für He. Im Testraum befindet sich eine 200 m^2 große Kryoflächenstruktur nach Litton, die durch einen Refrigerator von 2 kW Kälteleistung bei 20 K gekühlt wird und ein Saugvermögen für N_2 von 3000 $m^3 s^{-1}$ besitzt; der Enddruck beträgt $1 \cdot 10^{-7}$ Pa.

Von den weiteren Anlagen mit einem solchen Vakuumsystem, die Yerkes et al. bauten, ist die Kammer C zu erwähnen, die als UHV-System zum Testen von Komponenten, etwa den Antennen für das Apollo-Programm diente. Diese Kammer von 3 m Druchmesser und 3 m Höhe wird durch die folgende Pumpenkombination evakuiert: 15 K-Kryopumpe vom Typ Santeler und $S(N_2)$ = 500 $m^3 s^{-1}$, Titan-Sublimationspumpe von 100 $m^3 s^{-1}$, Ionenzerstäuberpumpe von 1 $m^3 s^{-1}$ für He. Die Kammer enthält Metalldichtungen, ist bis 370 °C ausheizbar und erlaubt, Experimente bei Drücken kleiner als 10^{-9} Pa durchzuführen.

Weitere Beispiele für das Vakuumsystem II sind die in Abschn. 9.3.6 beschriebene Raumkammer nach Abb. 9.32 [7.23] sowie die im Jet Propulsion Laboratory der NASA gebaute Molsink Chamber [10.45], bei der es sich darum handelt, die Selbstkontamination des Testobjektes durch Readsorption desorbierter Teilchen (Abschn. 2.3.5) gering zu halten. Der sphärische Testraum von 2,5 m Durchmesser ist vollständig von Kryoflächen nach Santeler umgeben, während außerhalb Titan-Sublimationspumpen von 7000 $m^3 s^{-1}$ sowie Ionenzerstäuberpumpen angeordnet sind.

In Europa wurde das Vakuumsystem II durch den Umbau der Raumkammer HBF 3 der ESTEC (European Space and Technology Centre, Noordwijk) eingeführt [7.31; 10.7]: Die ursprünglich vorhandenen vier Diffusionpumpen von je 50 $m^3 s^{-1}$ wurden ersetzt durch:
- Vier Titan-Sublimationspumpen, Typ Sogev (Abb. 7.1), im Testraum insgesamt $S(N_2)$ = 80 $m^3 s^{-1}$,
- 44 Ionenzerstäuberpumpen, zusammen $S(N_2)$ = 4,8 $m^3 s^{-1}$,
- eine 20 K-Kryopumpe von 3 $m^3 s^{-1}$ mit einer Turbomolekularpumpe von 0,25 $m^3 s^{-1}$ als Vorpumpe.

Diese Pumpen sind ohne Ventile an die Kammer angesetzt. Nach dem Umbau waren der Enddruck mit 10^{-6} Pa zwei Größenordnungen und der Partialdruck der Kohlenwasserstoffe drei Größenordnungen niedriger als zuvor [7.31].

Der zu jener Zeit in Toulouse am CNES (Centre National d'Etudes Spatiales) gebaute Raumsimulator erhielt ein ähnliches Vakuumsystem: Zwei Titan-Sublimationspumpen, Typ Sogev nach Abb.7.1, eine 20 K-Kryopumpe, Typ L'Air Liquide CM 1250 nach Abb.9.25 sowie eine Turbomolekularpumpe von $0,65\,\mathrm{m}^3\mathrm{s}^{-1}$ [7.22].

Das Vakuumsystem III

Sänger [10.46] beobachtete an der Raumkammer HBF 3, daß die Kombination Kryopumpe und Turbomolekularpumpe, d.h. das Vakuumsystem III nach Abb.10.8 gegenüber dem System II, abgesehen vom einfacheren Aufbau und den geringeren Kosten, nach folgenden Vorteil bietet:

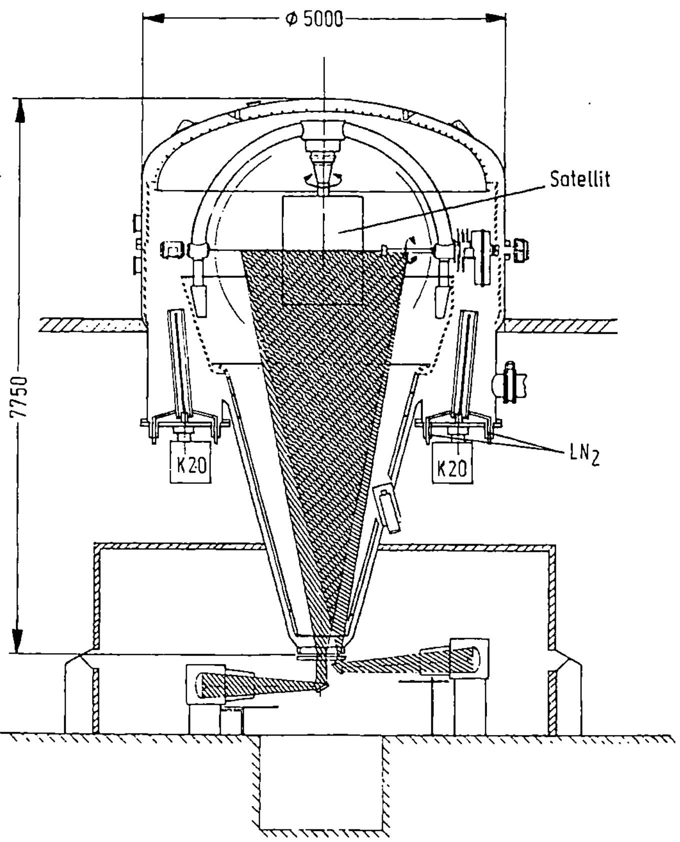

Abb.10.11. Raumsimulator HBF 3 der ESTEC nach Umstellung auf das Vakuumsystem III nach Abb.10.8 und Einbau von zwei Refrigerator-Kryopumpen von je $70\,\mathrm{m}^3\mathrm{s}^{-1}$ nach Abb.9.24 [9.36] (Quelle: Leybold-Heraeus).

Nach dem Einbau eines Testobjektes erreicht man bedeutend rascher den gewünschten Arbeitsdruck, weil das sonst notwendige Entgasen der Titan-Sublimations- und der Ionenzerstäuberpumpen entfällt. Nach diesen günstigen Ergebnissen wurden fünf Anlagen der ESTEC auf dieses Vakuumsystem umgestellt. Man wählte Refrigerator-Kryopumpen von Leybold-Heraeus, die mit dem Philips-Kryogenerator K 20 und einer LN_2-Kühlung ausgestattet si nd [9.36]:

- Die Raumkammer HBF 3 (Abb.10.11) erhielt zwei Kryopumpen nach Abb.9.24 von je 70 $m^3 s^{-1}$ Saugvermögen für N_2; sie sind auf einem NW 1000-Flansch montiert und ohne Ventil angesetzt.

- Die Raumkammer HBF 2 (Abb.10.12) erhielt eine Kryopumpe von $S(N_2)$ = 60 $m^3 s^{-1}$; sie besteht aus einer rechteckigen Kryofläche in einem LN_2-gekühlten Gehäuse, das ohne Ventil über einen NW 1500-Flansch angeschlossen ist.

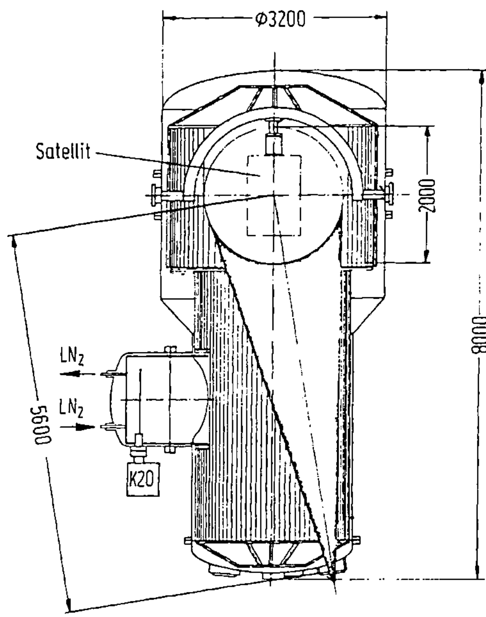

Abb.10.12. Raumsimulator HBF 2 der ESTEC nach Umstellung auf das Vakuumsystem III nach Abb.10.8 und Einbau einer Refrigerator-Kryopumpe, Typ Leybold-Heraeus $S(N_2)$ = 60 $m^3 s^{-1}$, nach [9.36].

- Die zwei Vakuum-Temperatur-Kammern VTC A und B (Abb.10.13) sowie eine Korona-Kammer erhielten je eine Kryopumpe von $S(N_2)$ = 17 $m^3 s^{-1}$. Die Pumpen bestehen aus einer rechteckigen Kryofläche in einem NW 600-Gehäuse, das durch ein Streifenbaffle abgeschirmt ist, und sind über ein NW 600-Ventil angesetzt.

Die (nicht gezeichneten) Turbomolekularpumpen von 0,2 $m^3 s^{-1}$ Saugvermögen sind jeweils an das Gehäuse der Kryopumpe angeflanscht. Die ölgelagerten Turbomolekularpumpen müssen bekanntlich bei noch laufendem Rotor geflutet werden, um ein Übertreten von Ölmolekülen auf die Ansaugseite zu vermeiden [10.47; 10.48]. Eine

wichtige Neuerung ist die magnetisch gelagerte und daher öldampffreie Turbomolekularpumpe nach Frank und Usselmann [10.49].

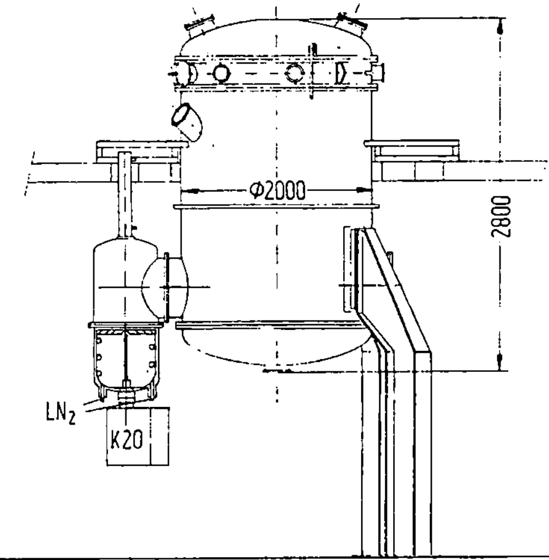

Abb.10.13. Vakuum-Temperatur-Kammer
VTC A der ESTEC nach Umstellung auf
das Vakuumsystem III nach Abb.10.8 und
Einbau einer Refrigerator-Kryopumpe, Typ
Leybold-Heraeus $S(N_2) = 17\,m^3s^{-1}$, nach
[9.36].

Die Vakuumsysteme IV und V

In der Raumsimulation wurde das Problem des Pumpens von H_2, Ne und He durch
die Systeme II und III so befriedigend gelöst, daß andere Methoden wie Kryosorption, Kryotrapping oder Kondensation bei $T < 3\,K$ bisher hier keinen Eingang fanden. Anders ist die Situation, wenn es sich um spezielle Aufgaben der Weltraumforschung oder auch um Anwendungen auf anderen Gebieten handelt.

Das "all cryogenic"-System IV nach Abb.10.8 mit der LN_2-gekühlten Sorptionspumpe auf der Vorvakuumseite wird zur Erzeugung extrem niedriger Drücke in nicht zu
großen Kammern angewendet; die Anlagen nach den Abb.9.33, 10.26 und 10.30
sind Beispiele hierfür.

Das System V nach Abb.10.8 mit mechanischer Vorpumpe (s. Abschn.8.9) bevorzugt man bei größeren Anlagen oder auch, der größeren Flexibilität wegen, bei
Chargenprozessen der Vakuum-Verfahrenstechnik; Beispiele folgen in Abschn. 10.4.

10.2 Teilchenstrahlsysteme

10.2.1 Forderungen an das Vakuumsystem

Um die für eine gegebene Teilchenstrahl-Apparatur erforderlichen Vakuumbedingungen festlegen zu können, muß man alle Wechselwirkungen betrachten, die zwischen
Teilchenstrahl und Restgas auftreten und das Funktionieren der Anlage stören können; dabei sind auch die durch diese Wechselwirkungen an der Kammerwand ausge-

lösten sekundären Reaktionen zu berücksichtigen. Als störende Einflüsse sind im
Fall elektrisch geladener Teilchen zu nennen [10.50 - 10.52]:

• Die <u>Streuung</u> am Restgas, wobei Kern- und Coulomb-Streuung sowie jeweils elastische und unelastische Streuung zu unterscheiden sind. Der maximal zulässige
Restgasdruck, der in erster Linie durch die zulässige Auffächerung (Emittanzver-
größerung) des Strahls gegeben ist, hängt von der Natur des Restgases sowie von
der Art, der Energie und dem durchlaufenen Weg des Teilchens ab. So betragen
z.B. beim 28 GeV-Protonen-Synchrotron (PS) des CERN die Zeit zur Beschleunigung etwa 1 s, und der maximal zulässige Druck (in N_2-Aequivalenten) 10^{-3} Pa.
Der Intersecting Storage Ring (ISR) des CERN, in dem die 28 GeV-Protonen eine
Lebensdauer von Tagen haben sollen, erfordert dementsprechend Drücke unterhalb
10^{-8} Pa.

• <u>Ionisation.</u> Wird das Restgas ionisiert, so werden die in Freiheit gesetzten Elektronen von einem Strahl positiver Ionen eingefangen, wodurch dieser neutralisiert
und schließlich instabil wird. Dieser Effekt setzt für das 28 GeV-PS eine obere
Druckgrenze von 10^{-4} Pa und für den ISR eine solche von 10^{-9} Pa (sofern nicht
Extraktionsfelder für die Beseitigung der negativen Raumladung sorgen).

• <u>Wandreaktionen.</u> Die bei der Ionisation des Restgases entstehenden positiven
Ionen verursachen beim Aufprall auf die Kammerwand eine Zerstäubung, verbunden mit einer Desorption von Gas. Daher steigt z.B. im ISR mit der Erhöhung des
zirkulierenden Protonenstromes auch der Druck, bis der Strahl bei einer gewissen
kritischen Stromstärke zerstört wird. Anfangs betrug diese Stromstärke 4 A; durch
ein einmaliges Reinigen der Kammer mittels Glimmentladung und durch Ausheizen
(300 °C, 24 h) nach jedem Fluten konnte die Desorptionsrate so weit herabgesetzt
werden, daß der vorgesehene Protonenstrom von 20 A mit ausreichender Lebensdauer erreicht wird [2.94]. - Eine andere Wandreaktion, die durch Synchrotronstrahlung bewirkte Desorption von Gas, bestimmt bei Elektronen-Zirkularbeschleu-
nigern und -Speicherringen die Güte des Vakuums [10.53 - 10.55].

Da die Wände der Teilchenstrahlgeräte stets gut entgast sind, ist das benötigte Saugvermögen im allgemeinen relativ gering, und zwar $S \lesssim 1 \, m^3 s^{-1}$ pro Quadratmeter
Kammerwand. Daher wendet man in den meisten Fällen Turbomolekular-, Ionenzer-
stäuber- und Titansublimationspumpen an. Wird jedoch in einer bestimmten Region
ein hohes Saugvermögen gefordert - um etwa einen besonders niedrigen Druck zu
erzeugen oder einen hohen Gasanfall zu bewältigen - so macht man von der Kryopumpe Gebrauch. Beispiele aus den folgenden Anwendungsgebieten erläutern dies.

10.2.2 Teilchenbeschleuniger und Speicherringe

Als erstes Beispiel wird in Abb. 10.14 der CERN Intersecting Storage Ring ISR, in
dem zwei Protonenstrahlen von je 28 GeV zur "head-on"-Kollision gebracht werden,

betrachtet. Die Vakuumkammer des ISR besteht im wesentlichen aus zwei konpla-
naren, ringförmigen Rohren, die zwischen den Polen von Ablenk- und Fokussie-
rungsmagneten liegen und einen teils kreisförmigen (160 mm Druchmesser), teils
elliptischen (160 × 52 mm) Querschnitt haben. Jeder Ring ist in symmetrischer
Weise derart gegenüber einem Kreis deformiert, daß er den anderen in 8 Punkten
schneidet. An allen 8 Intersektionen können Kollisionsexperimente durchgeführt
werden. Mit 300 Ionenzerstäuberpumpen von je $0,4\,m^3 s^{-1}$ Saugvermögen wurde
$1 \cdot 10^{-8}$ Pa erreicht [10.50]. Nach Hinzufügen von 600 Titan-Sublimationspumpen,
durch die das Saugvermögen verdreifacht wurde, sank der Enddruck auf $3 \cdot 10^{-9}$ Pa
[10.51; 10.52]. Um den Druck in einer der Intersektionen (I 6) weiter zu senken,
installierten Benvenuti und Calder [10.56] zusätzlich zwei 2,3 K-Bad-Kryopumpen
nach Abb.9.2 mit je $11,5\,m^3 s^{-1}$ Saugvermögen für H_2. Damit konnte der Enddruck
auf weniger als $1 \cdot 10^{-10}$ Pa erniedrigt, und der vorher noch vorhandene (von der
Titan-Sublimationspumpe erzeugte) CH_4-Anteil von $1 \cdot 10^{-10}$ Pa zum Verschwinden
gebracht werden. Dieser Enddruck, der allein durch die H_2-Abgabe der 300 K-Kam-
merwand gegeben ist, dürfte der niedrigste bisher in einer Großanlage erzielte
Druck sein.

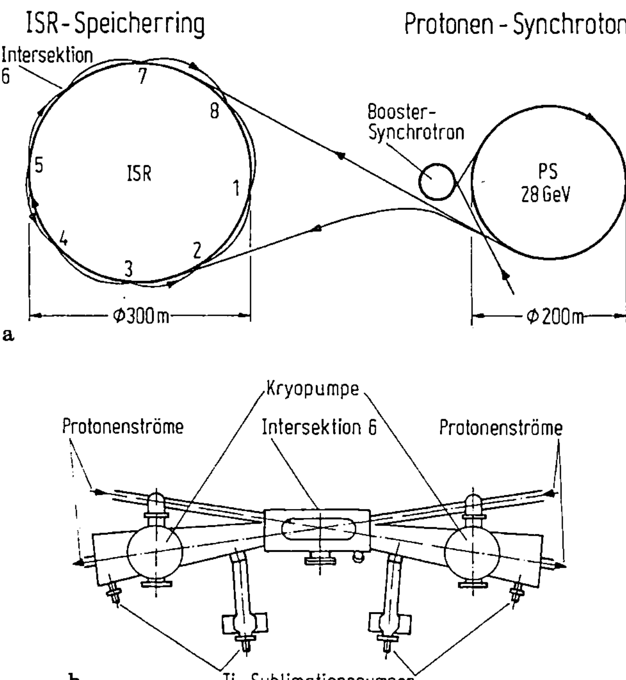

Abb.10.14. Der CERN-ISR-Protonen-Speicherring (a) und das Vakuumsystem an
der Intersektion 6 (b), schematisch. Nach zusätzlicher Installation von zwei Bad-
Kryopumpen nach Abb.9.2 mit $S(H_2) = 11,3\,m^3 s^{-1}$ und $T_k = 2,3 K$ konnte hier der
Druck auf weniger als $1 \cdot 10^{-10}$ Pa erniedrigt werden; nach [10.56].

Um diese H_2-Abgabe und damit auch den Druck noch weiter zu senken, muß man die zur Intersektion führenden Rohre auf eine tiefe Temperatur bringen und in die Kryopumpe integrieren. Es entsteht dann eine "lineare" Kryopumpe. Die von Benvenuti et al. [10.57] für diesen Zweck entwickelte Pumpe nach Abb. 10.15 ist eine lineare Version der Kryopumpe nach Abb. 9.3. Das Saugvermögen für H_2 beträgt $6\,m^3 s^{-1}$, wovon die Hälfte an jeder der beiden Eintrittsflächen von $100\,cm^2$ wirksam ist. Durch den Einbau dieser Pumpen könnte der Druck in der Intersektionszone vermutlich auf 10^{-12} Pa gesenkt werden.

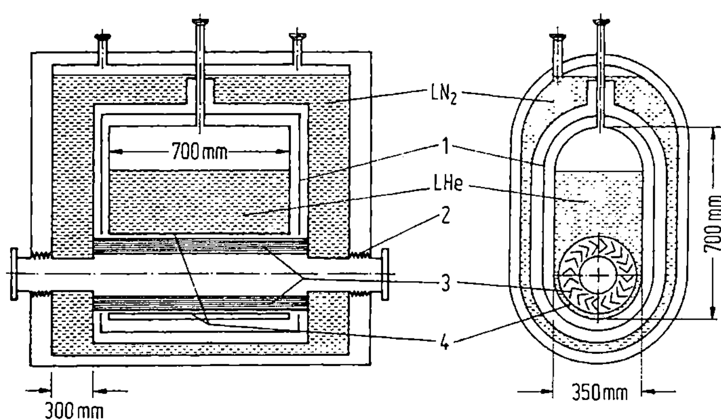

Abb. 10.15. Lineare Kryopumpe nach Benvenuti und Blechschmidt [10.57] für Anwendungen in Teilchenbeschleunigern und Speicherringen (Quelle: CERN).
1 Zwischenschirm, 2 Faltenbalg, 3 Chevronbaffle, 4 Kondensationsfläche.

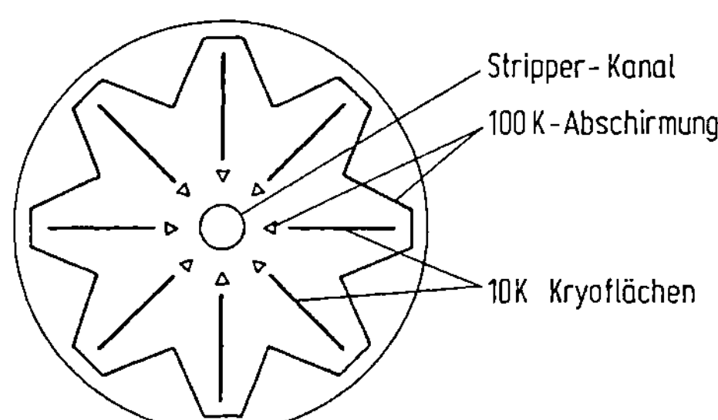

Abb. 10.16. Lineare Kryopumpe nach Halliday [10.58] für den Stripper-Kanal eines 30 MeV-Tandem-Beschleunigers.

Halliday [10.58] beschreibt einen 30 MeV-Tandem-van de Graaff-Beschleuniger für schwere Ionen, bei dem der Umladungs-(Stripper-)Kanal von einer linearen Kryopumpe nach Abb. 10.16 mit 10 K-Kondensationsflächen umgeben ist.

Der 500 MeV-Protonen-Ringbeschleuniger SIN besitzt innerhalb der Vakuumkammer die in Abb. 9.26 dargestellte, den Strahl umschließende Kryopumpe [9.44; 9.45].

Der 15 MeV-Deuteronen-Linearbeschleuniger Lancelot am CRN in Valduc wird zur
Neutronenproduktion durch d, T-Reaktion verwendet [9.5]. Um ein hohes Saugvermögen zwischen dem Duoplasmatron und dem Eingang in die Beschleunigungsstrek-
ke zu erzielen und zum anderen das Tritium zurückzugewinnen, ist hier eine Bad-
Kryopumpe installiert.

Flesch et al. [10.59] wenden im Beschleuniger Saturne II des CEA-CEN in Saclay
eine Refrigerator-Kryopumpe an, die mit einem zweistufigen Gifford-McMahon-
Kryogenerator betrieben wird.

Supraleitende Kavitäten in Linearbeschleunigern stellen zugleich lineare Kryopumpen hohen Saugvermögens dar, wie Garvin [10.60] in seinem Review-Artikel aus-
führt. Flécher [10.61] diskutiert am Beispiel des 60 MeV-Protonenbeschleunigers
in Karlsruhe die an den Kavitäten bei 1,8 K auftretenden Oberflächenprobleme, und
zwar besonders die Oberflächenverschmutzung, das Funkensprühen und die Strah-
lenschäden.

Ein Target in Form einer Kryopumpe für einen Strahl aus kondensiertem Wasserstoff entwickelten Bartenev et al. [10.62]. Das Target, das durch einen Verflüssiger vom Typ CTi 1400 mit LHe gekühlt wird, wird am Hauptbeschleuniger des National Accelerator Laboratory in Batavia/Illinois für Experimente zur Proton-Pro-
ton-Wechselwirkung eingesetzt.

Halama und Aggus [10.63] diskutieren Probleme, die mit der Verwendung von Kryopumpen beim Intersecting Storage Accelerator ISABELLE in Brookhaven zusammen-
hängen.

10.2.3 Plasma-Windkanal

Plasmastrahlen werden zum Studium von Plasmamechanismen, zur Untersuchung
von Plasma-Triebwerken und bei Simulationsexperimenten in der Ionosphärenfor-
schung verwendet. In der Anlage nach Abb. 10.17 entstehen quasi-kontinuierliche
Plasmastrahlen durch Beschleunigung von Plasma mittels elektromagnetischer
Wanderwellen; die Teilchendichte beträgt $10^{19}\,m^{-3}$ und die Geschwindigkeit bis
zu $10^5\,ms^{-1}$ [10.64]. Die Bad-Kryopumpe in der Form eines Hohlzylinders mit
konischer Bohrung hat die Aufgabe, während des Gaseinlasses von etwa $10^{-2}\,gs^{-1}$
in der Umgebung des Plasmastrahls einen Druck von $10^{-1}\,Pa$ aufrechtzuerhalten.
Das Saugvermögen für H_2 beträgt $90\,m^3s^{-1}$ und der LHe-Verbrauch $5\,dm^3h^{-1}$.
– Ein anderes Beispiel, bei dem eine Bad-Kryopumpe von $S(N_2) = 8\,m^3s^{-1}$ bei
Temperaturen zwischen 4,2 und 2,7 K benutzt wird, beschreibt Thibault [9.5].

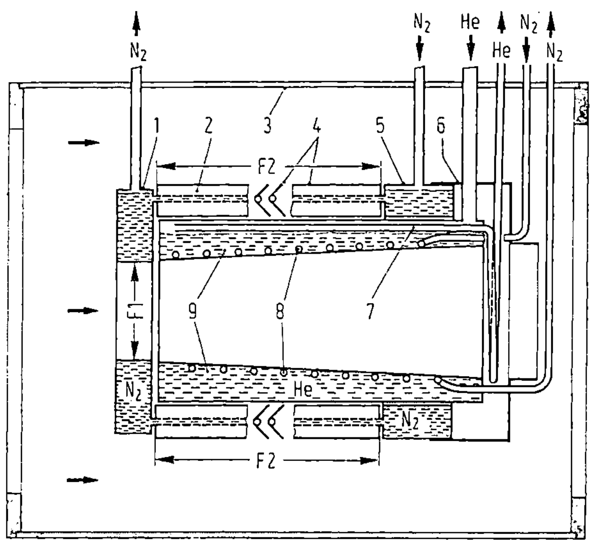

Abb. 10.17. Bad-Kryopumpe in der Form eines Hohlzylinders mit konischer Bohrung für einen Plasma-Windkanal, System Leybold-Heraeus $S(H_2) = 90\,m^3s^{-1}$, nach Bieger et al. [10.64]. 1 N_2-Abgas, 2 Baffle, 3 Behälterwand, 4 Baffle, 5 LN_2-Einlaß, 6 Gehäuse, 7 He-Abgas, 8 Spirale zum Vorkühlen mit LN_2, 9 LHe.

10.2.4 Elektronenmikroskopie und Elektronendiffraktion

Elektronenstrahlgeräte benötigen ein von Kohlenwasserstoffen freies Vakuum, weil diese unter dem Einfluß der Elektronenbestrahlung Abscheidungen von Kohlenwasserstoffpolymerisaten auf dem Objekt bewirken [10.65]. Außerdem muß das Pumpsystem von Vibrationen sowie von störenden magnetischen und elektrischen Feldern frei sein. Aus diesen Gründen werden zum Evakuieren von Transmissions- und Scanning-Elektronenmikroskopen vielfach Bad- oder Verdampfer-Kryopumpen verwendet, wofür in [9.5] Beispiele genannt sind.

Eine weitere oft gestellte Forderung ist die Kühlung des Objektes auf tiefe Temperaturen, wobei es vor Kontamination durch die Gasatmosphäre zu schützen ist. Diesen Schutz erreicht man, indem man das Objekt möglichst vollständig mit einem Kondensationsschild von $T \leqslant 20\,K$, also mit einer Kryopumpe umgibt.

Hörl [10.66] entwickelte ein Kühlsystem nach Art einer Bad-Kryopumpe für Objekttemperaturen zwischen 4,2 und 2,5 K. Mit diesem System, das mit einer Einrichtung zur Erzeugung dünner Schichten in situ kombiniert ist, wurden interessante Ergebnisse über die Struktur von Aufdampfschichten sowie von Gaskondensaten erzielt. Ein Kühlsystem mit ähnlichen Eigenschaften für ein Scanning-Elektronenmikroskop beschreiben Stöhr et al. [10.67].

Das in Abb.10.18 dargestellte Kühlsystem nach Boersch et al. [10.68] ist nach
Art eines Verdampferkryostaten aufgebaut und erlaubt, Objekttemperaturen zwischen 293 und 2,5K kontinuierlich einzustellen. Mit dieser Methode wurden bemerkenswerte Fortschritte auf dem Gebiet der Wechselwirkung zwischen Elektronen und Materie erzielt [10.69].

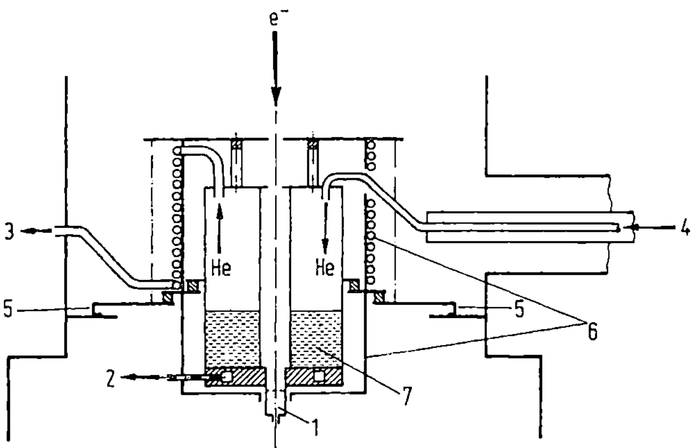

Abb.10.18. Objektkühlung im Elektronenmikroskop nach Art einer Verdampfer-
Kryopumpe, nach Boersch et al. [10.68]. 1 Objektkammer, 2 zum Dampfdruck-
manometer, 3 zur Rotationspumpe, 4 LHe-Zuleitung, 5 Zentrierung, 6 abgasgekühlter Strahlungsschutz, 7 Kühlkammer

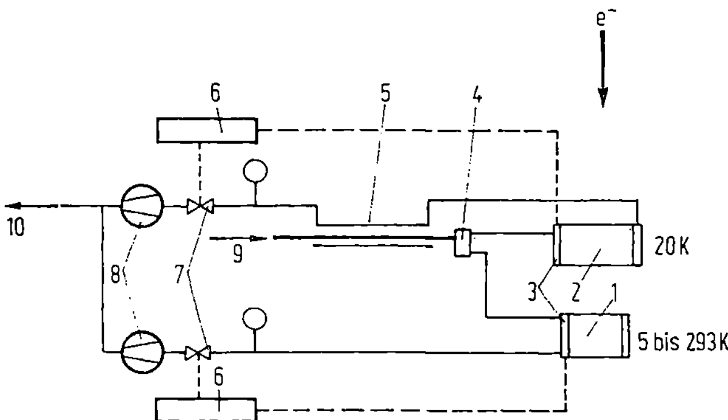

Abb.10.19. Zweikreis-Verdampfersystem zur Kühlung eines Kondensationsschildes
auf 20 K und des Objektes im Elektronenmikroskop auf Temperaturen bis 5 K herab.
Nach Klipping et al. [9.14] (Quelle: Fritz Haber-Institut, Berlin). 1 Objektkammer, 2 Kondensationsschild, der in Wirklichkeit die Objektkammer eng umschließt,
3 Temperaturfühler, 4 Verzweigungskammer, 5 abgasgekühlter Strahlungsschutz
für die He-Zuleitung, 6 Regelgeräte, 7 Regelventile, 8 Vakuumpumpen, 9 He-Ein-
tritt, 10 He-Austritt.

Das Einkreis-Kühlsystem hat den Nachteil, daß mit steigender Objekttemperatur
auch die Temperatur des Kondensationsschildes zunimmt. Um diese Temperatur konstant auf 20 K zu halten, entwickelten Klipping et al. [9.14] das Zweikreis-System

nach Abb.10.19: Von dem in das Gerät eintretenden Heliumstrom wird ein Teil
durch den 20 K-Kondensationsschild und der andere durch den Objektkühlkopf geleitet. Beide Ströme werden ihrer jeweiligen Soll-Temperatur entsprechend geregelt. Um Siedestöße durch verdampfendes Helium, die das Auflösungsvermögen
beeinträchtigen würden, zu vermeiden, wird die Kaltgaskühlung nach Abschn. 9.2.2
in Verbindung mit einem elektromagnetischen Regelventil angewandt. Innerhalb der
Objektkammer wird 10^{-8} Pa erreicht, selbst wenn außerhalb ein Druck von 10^{-3} Pa
herrscht.

Bemerkenswerte Ergebnisse erzielten I. Dietrich et al. [10.190] bei der Entwicklung von Elektronenmikroskopen, bei denen ein LHe-System nicht nur zur Vakuumerzeugung und Objektkühlung, sondern auch zur Kühlung supraleitender Linsen dient.

10.2.5 Massenspektrometer

Auch hier fordert man ein von Kohlenwasserstoffen freies Vakuum und die Abwesenheit von Vibrationen sowie störenden magnetischen oder elektrischen Feldern. Daher werden Massenspektrometer vielfach mit Kryopumpen ausgestattet [9.5]. Powers et al. [9.10] verwenden eine Bad-Kryopumpe mit einer Adsorptionsstufe aus
Molekularsieben, um das Vakuum im Massenspektrometer eines Satelliten aufrechtzuerhalten.

Eine weitere Forderung besteht darin, an der Wand der Ionenquelle störende Effekte, etwa ionen-induzierte Desorption oder Rekombination, zu vermeiden. Daher
haben Offermann und Trinks [10.70] die Wand der Ionenquelle eines für die Ionos-
phärenforschung bestimmten Massenspektrometers auf unter 10 K gekühlt, so daß
alle auftreffenden Teilchen außer Wasserstoff und Helium kondensieren. Die Kühlung erfolgt durch LHe unter überkritischem Druck, das in einem Tank in der Ra-
kete mitgeführt wird. Bei diesen Experimenten ist es außerdem wichtig, die Ein-
trittsblende des sich mit Überschallgeschwindigkeit bewegenden Spektrometers auf
T < 20 K zu kühlen, weil sich hier sonst Verdichtungsstöße ausbilden, durch die
der Dissoziations- und der Ionisationsgrad des eintretenden Gases gegenüber den
an sich herrschenden Werten verändert werden. Stursberg et al. [10.71] und Offermann et al. [10.72; 10.73] konnten dies durch Experimente im Plasma-Windkanal verifizieren.

An der Kernforschungsanlage Jülich wird das QQDDQ-Spektrometer Big Karl mit
einem Kryopumpensystem ausgestattet [10.74].

10.2.6 Atom- und Molekularstrahlen

Sie werden zum Studium von Teilchen-Teilchen- und Teilchen-Festkörper-Kollisio-
nen angewandt. Stöße zwischen neutralen Teilchen dienen zur Bestimmung der inter-
molekularen Potentiale, Stoßvorgänge zwischen neutralen Teilchen und festen Ober-

flächen sind einerseits von fundamentalem Interesse; zum anderen spielen sie in
der Anwendung eine Rolle, wie etwa bei den Wechselwirkungen zwischen den Teilchen der oberen Atmosphäre und der Satellitenoberfläche oder auch beim Konden-
sationsvorgang an Kryoflächen.

Die tiefen Temperaturen dienen hier, vom Kryopumpen abgesehen, auch dazu, die
Targets zu kühlen, den Strahl zu fokussieren, die Empfindlichkeit der Detektoren
zu erhöhen und - im Fall thermischer Atomstrahlen - die Strahlquelle zu kühlen.
Interessante Untersuchungen über die Streuung _thermischer_ Atomstrahlen (Neon
von einigen meV) an LiF-Einkristallflächen haben Hörl et al. [10.75] durchgeführt.

Eine Anlage zur Erzeugung _aerodynamischer_ Molekularstrahlen zeigt Abb.3.6
[3.20]. Aus einer Hochdruck-Gasquelle wird das Gas über eine Düse in eine Vakuumkammer hinein expandiert. Es entsteht eine Überschallströmung, die sich
unter Abnahme der Dichte gegen einen konischen Skimmer ausbreitet, dessen Blen-
dendurchmesser von der Größenordnung der lokalen mittleren freien Weglänge ist.
Daher kann die Strömung hinter dem Skimmer als frei molekular betrachtet werden. Da die lokale Temperatur niedriger als die der Quelle (300 bis 2500 K) ist,
sind die regellosen (random) Molekülgeschwindigkeiten viel kleiner als die Strö-
mungsgeschwindigkeiten, so daß der resultierende Strahl bereits gut fokussiert ist.
Nach Passieren eines Kollimators ist der Strahl weitgehend monoenergetisch und
von hoher Intensität. Bei einer Gaseinlaßrate von 0,01 g/s können Strahlintensitä-
ten von 10^{18} Molekülen $\text{ster}^{-1}\text{s}^{-1}$ erreicht werden. Die Wände der Kammern sind
auf tiefer Temperatur (77 bzw. 20 K), damit Streuprozesse im Strahl möglichst
vermieden und die am Testobjekt gestreuten Moleküle mit dem Massenspektrometer
einwandfrei detektiert werden können [3.39; 3.40; 10.78]. In der von Hands et al.
[10.76; 10.77] gebauten Anlage befindet sich die Kammerwand auf 4,2 K; ihre
Kühlkanäle stehen mit einem Heliumbad in Verbindung, und das LHe zirkuliert in
freier Konvektion durch die Kanäle.

10.3 Plasmaphysik und thermonukleare Fusion

10.3.1 Wand- und Vakuumprobleme der Plasmakammer

Das Energieproblem durch thermonukleare Fusion auf praktisch unbegrenzte Zeit
zu lösen, ohne daß dabei - wie beim Spaltungsreaktor-radioaktiver Müll anfiele,
ist ein bedeutsames Ziel der Plasmaphysik. Ein auf der D,T-Reaktion

$$^2_1\text{D} + {}^3_1\text{T} \rightarrow {}^4_2\text{He}\,(3,5\,\text{MeV}) + {}^1_0\text{n}\,(14,1\,\text{MeV})$$

beruhender Fusionsreaktor wird wahrscheinlich dem Flußdiagramm Abb.10.20 gemäß arbeiten: Als Brennstoffe führt man der Anlage Deuterium und Lithium zu, und
als Produkte erhält man elektrische Energie, Abwärme und Helium. Das Lithium in

Form von ^{6}Li dient dazu, das zur Reaktion erforderliche Tritium zu produzieren. Daher ist die Plasmakammer von einem Mantel (blanket) mit dem eutektischen Gemisch 2LiF - BeF$_2$ bei 900 K (oder einer anderen Li-Verbindung) umgeben, in dem sich die Neutronen durch n, 2n-Reaktion multiplizieren und nach Abbremsung Tritium erbrüten; Be wirkt als Moderator. Die frei werdende thermische Energie wird auf ein geeignetes Medium (Helium) übertragen, das sie einem konventionellen Kraftwerk zuführt. Ein Reaktor für 5 GW thermische Leistung wird täglich 1 kg D$_2$, 1,5 kg T$_2$ und 3 kg ^{6}Li verbrauchen und außer dieser Leistung 4 kg ^{4}He produzieren; die torusförmige Plasmakammer dürfte dann einen kleinen Radius r = 3,6 m und einen großen Radius R = 10,5 m haben [10.79].

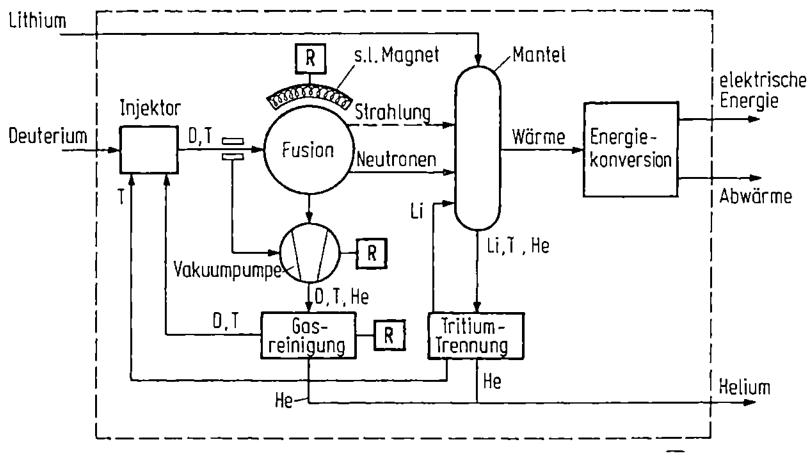

Abb. 10.20. Flußdiagramm eines Fusionsreaktors [10.96] (Quelle: European Atomic Energy Community). R Refrigerator, s.l. Magnet: supraleitender Magnet.

Die ideale Zündtemperatur, bei der die durch Kernfusion freigesetzte Leistung gleich dem Leistungsverlust durch Bremsstrahlung ist, beträgt T_{id} = 4,6 · 10^7 K $\triangleq$ 4,0 keV [10.80; 10.81]. In Wirklichkeit wird die Temperatur, oberhalb deren die Leistungsbilanz positiv ist, höher als T_{id} sein, weil Verluste durch Diffusion von Teilchen zur Wand sowie, bei magnetischem Einschluß, durch Zyklotron- bzw. Synchrotronstrahlung zu berücksichtigen sind. Zu diesen prinzipiell unvermeidlichen Verlusten kommen noch solche durch Verunreinigungen des Plasmas hinzu. Diese Verluste kommen durch die Wechselwirkungen der Fremdatome bzw. -moleküle mit den geladenen Teilchen und der elektromagnetischen Strahlung des Plasmas zustande; die Wechselwirkungen umfassen: Anregung, Dissoziation, Ionisation, Umladung und Bremsstrahlung der Verunreinigungen des Plasmas. Die Verluste wachsen mit einer Potenz x $\gtrsim$ 2 der Ladungszahl Z_i der Verunreinigung und mit deren Konzentration n_i. Ihre Ursache haben die Verunreinigungen nur zum Teil in der Restgasatmosphäre, zum anderen aber in den Plasma-Wand-Wechselwirkungen [10.82 – 10.86], wie etwa:

- Photodesorption von an der Wand adsorbierten Teilchen,
- Zerstäubung (sputtering) von Wandmaterial durch
  - Ionen des Füllgases, des Heliums und der Verunreinigungen
  - 14 MeV Neutronen (im Fall des Reaktors),
  - schnelle Neutralteilchen, die durch Umladung entstanden.
- Blistering, wobei Blasen von zuvor implantiertem Gas bersten und Cluster von
  Wandmaterial fortgeschleudert werden [10.87; 10.88].

Trotz der Bemühungen, Materialien für die Plasmakammer zu finden, die in gerin-
gerem Maße durch das Plasma erodiert werden als die im Beschleunigerbau üblichen (stainless steel 316, Werkstoff 1.4311, Inconel; Permeabilität $\mu_{rel} < 1,01$
bei 0,1 T), wird man nicht ohne Divertor auskommen [10.89; 10.90]: Dabei wird
durch ein Multipolfeld eine dünne Schale des Magnetflusses, die den Bereich zwischen Kammerwand und Separatrix umfaßt, aus der Plasmakammer heraus- und
in die Divertorkammer hineingeführt. Daraus resultiert folgendes:

● Die aus dem Plasma herausdiffundierenden Ionen gelangen in diese magnetische
Flußschale (scrape-off layer) und folgen den Feldlinien bis in die Divertorkammer,
wo sie Ladung und Energie an die Kollektorplatten abgeben und als D,T-Gas, Verunreinigung bzw. Helium mittels geeigneter Pumpen extrahiert werden.

● Neutralteilchen, die von der Wand (Zerstäubung etc.), aus dem Plasma oder
aus der Divertorkammer (Rückströmung) kommen, werden in der Flußschale mit
hoher Wahrscheinlichkeit ionisiert und in die Divertorkammer geleitet.

● Der Ionenfluß an der Kammerwand wird durch den Divertor um eine Größenordnung gesenkt, und damit auch die Zerstäubung durch Ionen.

● Durch die Verringerung des Zustromes von Verunreinigungen wird die mögliche
Zyklusdauer der Entladung verlängert.

Zwischen den einzelnen Zyklen werden verbliebene Verunreinigungen durch Evakuieren des Plasmaraumes entfernt. Die auswechselbaren Kollektorplatten sind einem
intensiven Teilchenbombardement ausgesetzt und müssen bei starker Zerstäubung
etwa 10 % der Reaktorleistung aufnehmen, was entsprechende Kühlprobleme mit
sich bringt.

Damit der Divertor das Plasma hinreichend vor Verunreinigungen schützt, muß das
Plasma opak, d.h. der Ionisierungsweg $\bar{l}$ klein gegen den Radius r der Plasmasäu-
le sein. Diese Bedingung kann aber erst durch Plasmen mit hinreichend großen Werten der Ionendichte n und des Plasmaradius r erfüllt werden; es muß $n\,r \gtrsim 10^{20}\,m^{-2}$
sein [10.91]. Dies ist der eine Grund für die Forderung nach Anlagen mit größeren
Plasmadimensionen als bisher.

Der andere Grund besteht darin, daß die bisher bestenfalls erzielten Werte der Ionentemperatur $T_i \cong 1\,keV$ und des Lawson-Parameters $n\tau \cong 10^{18}\,m^{-3}s$ (τ = Einschlußzeit, confinement time) um den Faktor 10 bzw. 100 kleiner sind, als es für eine positive Leistungsbilanz nötig wäre [10.92]. Um diesem Ziel näher zu kommen, sind die Heizmethoden zu verbessern und die Einschlußzeit zu verlängern, was auch nur durch Vergrößerung des Plasmaradius auf $r \gtrsim 2\,m$ gelingen dürfte.

10.3.2 Forderungen an das Vakuumsystem

Das erforderliche Saugvermögen läßt sich aufgrund der für den 5 GW-Reaktor genannten Daten abschätzen: Rechnet man mit einem Gasdurchsatz $\dot{m}$, der 10 mal größer als der Verbrauch ist, dann ist $\dot{m} = 0,3\,gs^{-1} \cong 3 \cdot 10^{22}$ Teilchen $s^{-1} \cong 1 \cdot 10^2\,Pa\,m^3 s^{-1}$, und beim (mittleren) Ansaugdruck $p = 10^{-2}\,Pa$ das in der Plasmakammer erforderliche Saugvermögen $S = 1 \cdot 10^4\,m^3 s^{-1}$, was etwa $10\,m^3 s^{-1}$ pro Quadratmeter Kammeroberfläche bedeutet. In Wirklichkeit wird das benötigte Saugvermögen noch größer sein, weil weitere Pumpen im Divertor und im Injektorsystem hinzukommen und Strömungswiderstände in Form von Pumpstutzen und Ventilen zu berücksichtigen sind.

Das zu pumpende Gas besteht aus Wasserstoff- und Helium-Isotopen. Die Experimente werden anfangs mit H_2- und D_2-Plasmen und später mit D,T-Gemischen durchgeführt. Bei der D,T-Reaktion entsteht ^4He, und durch β-Zerfall des Tritium ^3He.

Der Enddruck muß wegen der Verluste durch Verunreinigungen möglichst niedrig sein; man fordert $10^{-8}\,Pa$.

Weitere Forderungen an das Vakuumsystem lauten:
- Kontaminations- und ölfreies Vakuum;
- Ausheizbarkeit der Vakuumkammer;
- Vereinbarkeit mit den Umgebungsbedingungen: D,T-Plasma, Neutronen- [10.93] und Photonenstrahlung, Magnetfelder des Reaktors;
- Eignung für das Arbeiten mit Tritium;
- Rückgewinnung der überschüssigen Prozeßgase;
- wartungsfreier Langzeitbetrieb;
- niedrige Investitions- und Betriebskosten.

Das Saugvermögen und die Kammeroberfläche der bis 1974 gebauten Plasmaanlagen sind um zwei Größenordnungen kleiner als im obigen Beispiel; Titan-Sublimations- und Turbomolekularpumpen genügten den Anforderungen [10.94; 10.95]. Im Zusammenhang mit den seither in Europa [9.8; 10.96 - 10.100], den USA [10.101-10.105] und den UdSSR [10.106] projektierten großen Plasmaanlagen, deren Ab-

messungen denen künftiger Reaktoren nahe kommen, hat sich die Situation geändert.
Insbesondere die Forderungen nach extrem hohem Saugvermögen, sauberer Restgasatmosphäre und Rückgewinnung der überschüssigen Prozeßgase, zum anderen die
inzwischen gemachten Fortschritte im Kryopumpen von Wasserstoff und Helium
– all diese Fakten lassen Kryopumpen, ggf. in Kombination mit magnetisch gelager-
ten Turbomolekularpumpen, als die technisch und ökonomisch sinnvollste Lösung für
Fusionsmaschinen erscheinen, wie das Beispiel im folgenden Abschnitt zeigt.

10.3.3 Das Vakuumsystem des Joint European Torus (JET)

Bei dieser Anlage vom Typ Tokamak nach Abb.10.21 handelt es sich um ein Projekt
der European Atomic Energy Community [10.96]. Das Plasma wird in einem Torus
vom kleinen Radius $r = 1,7\,m$ und dem großen Radius $R = 3,2\,m$ erzeugt und durch
Magnetfelder im Gleichgewicht gehalten. Für die zusätzliche Plasmaheizung sind

Abb.10.21. Fusionsmaschine Joint European Torus (JET) vom Typ Tokamak [10.96]
(Quelle: European Atomic Energy Community).

Injektoren zum Einschießen schneller neutraler Teilchen vorgesehen, die ihre Energie auf das Plasma übertragen und dabei ionisiert werden. Der doppelwandig ausgebildete Torus besteht aus einer Reihe von Sektionen aus Inconel 600, die durch flexible Wellrohre aus Inconel 625 verbunden sind [10.97]; er ist mittels Metalldichtungen zusammengesetzt und auf 500 °C ausheizbar. Das Ausheizen wird mit einer Reinigung durch Glimmentladung kombiniert [2.94; 2.102]. Zum Vakuumsystem haben Frank et al. [9.8], Klipping et al. [10.98] und Boissin und Thibault [10.99] Projekte ausgearbeitet, die sich zunächst auf die erste Phase der Experimente, das Pumpen von H_2 und D_2, beziehen.

Kryopumpen werden benötigt, um 1. im Torus Vakuum zu erzeugen, 2. in den Injektoren gestreutes Gas zu kondensieren und 3. im Doppelmantel des Torus ein Zwischenvakuum von 10^{-4} Pa aufrechtzuerhalten. Die Daten der Torus- und der Injektorpumpen nach [9.8] sind in der Tabelle 10.1 aufgeführt. Bezieht man das gesamte Saugvermögen von $7600\,m^3s^{-1}$ auf die Torusoberfläche von $250\,m^2$, so erhält man $30\,m^3s^{-1}$ pro Quadratmeter Kammeroberfläche.

Tabelle 10.1. Kryopumpen der JET-Fusionsmaschine [9.8]

	Anzahl Pumpen	S(H_2) pro Pumpe m^3s^{-1}	S(H_2) total m^3s^{-1}	Druck Pa	LHe-Temperatur K	Kälteleistung u. Kältemittelbedarf — LHe-Temperatur pro Pumpe W	total W	total dm^3h^{-1} LHe	LN$_2$-Temperatur pro Pumpe kW	total kW	total m^3h^{-1} LN$_2$
Torus	16[a]	26	410	10^{-8}	2,5	0,81	13	23	0,34	5,4	0,12
Injektor	48[b]	100	4800	10^{-4}	4,0	1,66	80	110	2,0	48	1,06
	+24[c]	50	2400	10^{-4}	4,0	0,61	14	19			

[a] Nach Abb.9.4.   [b] Nach Abb.9.39.   [c] Zirkulare Kryopumpen

Torus-Kryopumpen. Am Torus befinden sich vier horizontale Pumpstutzen, an denen je zwei Pumpen nach Abb.9.4 in "Top-Position" und je zwei Pumpen in "Bottom-Position" angebracht sind. Die Temperatur des LHe-Bades beträgt 2,5 K, so daß der Dampfdruck von H_2 von der Größenordnung 10^{-10} Pa ist und der von D_2 und T_2 noch niedriger (Abb.3.10). Nach dem Evakuieren auf 10^{-8} Pa wird das Prozeßgas eingelassen, die Entladung bei 10^{-1} bis 10^{-3} Pa gezündet und 1 bis 30 s lang aufrechterhalten; dies wird nach je 6 min wiederholt. Nach 1000 Entladungen in etwa 7 Tagen beträgt die Kondensatmenge pro Pumpe 10^3 Pa m^3, was einer Kondensatdicke von etwa 0,05 mm entspricht. Die Kryopumpen werden dann unter Anwendung von Turbomolekularpumpen regeneriert.

Injektor-Kryopumpen. An jedem der vier Pumpstutzen befinden sich sechs Injektorleitungen mit je zwei Platten-Kryopumpen nach Abb.9.39 und einer zirkularen Kryopumpe von 0,35 m lichter Weite. Die Temperatur des LHe-Bades beträgt 4,0 K, der
Dampfdruck von H_2 bei dieser Temperatur etwa 10^{-5} Pa und die bis zum Zeitpunkt
der Regenerierung pro Pumpe aufgenommene Kondensatmenge $1,4 \cdot 10^4$ bzw.
$0,8 \cdot 10^4$ Pa m^3. - Cluster-Injektorsysteme mit Kryopumpen haben Boissin und Thibault [10.99] und Obert [10.107] vorgeschlagen.

Die thermische Belastung der Kryopumpen ist aus zwei Gründen größer als sonst:
Durch die Plasmastrahlung werden die Toruspumpen, und durch den Neutronenfluß
(10^{20} pro Puls) im Fall der D,T-Experimente sämtliche Kryopumpen zusätzlich
belastet. Da dieser Neutronenfluß die thermische Belastung des Heliumbades annähernd verdoppelt, wird man später das LHe-Bad durch ein Kryopanel mit unter-
kühltem LHe-Strom (Abb.9.40) ersetzen.

Das LHe-Kühlsystem nach Abb.9.40 wurde bereits in Abschn.9.3.10 erläutert;
die LN_2-Versorgung wird nach einem der Schemata in Abb.10.4 erfolgen. Bei einem künftigen Fusionsreaktor wird das Kühlsystem für die Kryopumpen nur Teil
eines umfassenderen Systems sein, weil der Kryotechnik als weitere Aufgaben die
Reinigung der Prozeßgase sowie die Trennung von Deuterium und Tritium durch
Tieftemperatur-Destillation [10.100] und die Kühlung der supraleitenden Magnete
[10.108] zufallen.

10.3.4 Zum Kryopumpen von Deuterium, Tritium und Helium

In einer späteren Phase der Experimente ist das Vakuumsystem so zu modifizieren,
daß D_2, T_2, ^{3}He und ^{4}He gepumpt werden können. Arbeiten in dieser Richtung lau-
fen in verschiedenen Laboratorien. Chou et al. [10.109] zeigten, daß D_2-T_2-Gemi-
sche durch Kondensation bei 4,2 K gepumpt werden können; der Dampfdruck von
D_2 bei dieser Temperatur beträgt $4 \cdot 10^{-9}$ Pa, und der von T_2 ist noch niedriger
[3.27; 10.110]. Das aus dem T_2 entstehende ^{3}He sowie zugemischtes ^{4}He werden durch Kryotrapping mittels D_2 bei 4,2 K nicht wirksam genug entfernt [6.17]
(Tabelle 6.3); zu ihrer Beseitigung muß man entweder die Mischkondensation bei
tieferer Temperatur vor sich gehen lassen oder bei T = 4,2 K die Kryosorption anwenden. Letzteres haben Fisher et al. [10.111] mit Gemischen aus 95 % D_2 und
5 % ^{4}He und einer Kryopumpe mit Molekularsieb-Adsorptionsstufe erfolgreich aus-
probiert; dabei mußte allerdings das innere Baffle der Pumpe nach Abb.9.5 bei
T < 6,6 K (statt 20 K) betrieben werden, weil sonst das Deuterium am Sorptionspanel kondensiert und dessen Wirkung auf das Helium blockiert. Zur Zeit ist eine solche Kryopumpe mit einem 2 m^2 großen Sorptionspanel und einem Saugvermögen
von etwa 100 m^{3}s^{-1} für D_2 und He in Oak Ridge im Bau [10.114]. - Die Kryosorption von D_2 an Molekularsieben 5A haben Fischer und Watson [10.112] studiert.

Nach Dillow et al. [10.104] müssen Gemische aus Helium und Wasserstoff-Isotopen so gepumpt werden, daß die einzelnen Komponenten an separaten Kühlflächen fixiert werden, die separate Kühlsysteme mit definierter Temperatur besitzen. Dadurch wird vermieden, daß

- die Pumpwirkung der Kryosorptionsflächen auf Helium durch die Kondensation anderer Komponenten zerstört wird, oder
- schon adsorbiertes Helium durch Adsorption von Wasserstoff (Austauschreaktion wegen der höheren Adsorptionsenthalpie) wieder in Freiheit gesetzt wird [10.113].

Um diese Schwierigkeiten zu umgehen, wird auch die Kombination: Kryopumpen in den Injektoren und (magnetisch gelagerte) Turbomolekularpumpen am Torus - diskutiert.

10.4 Dünne Schichten und Mikroelektronik

10.4.1 Methoden der Schichtenfertigung

Im Vakuum erzeugte dünne Schichten verwendet man in der optischen Industrie als komplexe optische und elektrooptische Systeme, in der elektronischen Industrie als Widerstände, Kondensatoren, Leitungen, Halbleiterlemente und integrierte Kreise sowie in der Maschinen- und Apparate-Industrie zur Materialvergütung bezüglich Korrosion, Adhäsion, Reibung und Abrieb. Die wichtigsten Verfahren sind:
1. Aufdampfen des Schichtmaterials durch Widerstandsheizung oder Elektronenbombardement mit den Varianten: Aufdampfen im Hochvakuum, reaktive Kondensation und reaktives Verdampfen in einer Gasatmosphäre [3.43; 2.89; 10.115];
2. Kathodenzerstäubung (sputtering) mit ihren verschiedenen Varianten [10.115; 10.116];
3. Ion Plating, ein Sammelbegriff für verschiedene Verfahren, bei denen das Substrat während der Schichtbildung (durch Aufdampfen oder Kathodenzerstäubung) einem Ionenbombardement ausgesetzt ist [10.117 - 10.119];
4. Ionen-Implantation, ein Verfahren zur Dotierung von Halbleitern mittels Ionenstrahlen [10.120 - 10.122];
5. Schneiden, Ätzen und andere Bearbeitungen der Schichten durch Elektronen-, Ionen- oder Laser-Strahlen [10.123].

Die unter 1 bis 3 genannten Prozesse werden in Beschichtungsanlagen, und die übrigen in entsprechenden Strahlgeräten ausgeführt. Die seit 1970 in der Mikroelektronik erzielten Fortschritte bezüglich Senkung sowohl der Abmessungen als auch der Kosten sind vor allem der Computer-kontrollierten Fabrikation im Scanning-Elektronenstrahl-System zu verdanken [10.124; 10.125].

10.4.2 Forderungen an die Vakuumsysteme

Allen Verfahren gemeinsam ist die Forderung nach Freiheit des Vakuums von Kohlenwasserstoffen, die einen schädlichen Einfluß auf die Qualität der Schichten haben können. In der industriellen Fertigung werden eine weitgehende Automation und eine ausreichende Wirtschaftlichkeit gefordert.

In den Strahlsystemen sind die für ihr Funktionieren notwendigen Vakuumbedingungen aufrechtzuerhalten. So etwa im Kathodenraum des Scanning-Elektronenstrahlgerätes ein Druck von 10^{-4} Pa bzw. 10^{-8} Pa, je nachdem, ob es mit einer La B_6-Glühkathode oder – zur Erzielung einer höheren Auflösung – mit einer Feldemissionskathode aus Wolfram ausgestattet ist; man verwendet hier teils Ionenzerstäuberpumpen, teils Bad-Kryopumpen mit einem Sorptionspanel [10.126].

An den Druck und das Saugvermögen im Arbeitsraum der Beschichtungs- bzw. der Strahlanlagen werden im allgemeinen keine extremen Forderungen gestellt. Bei den Hochvakuumverfahren liegt der Arbeitsdruck, von Spezialfällen abgesehen, zwischen 10^{-5} und 10^{-2} Pa, und bei den Verfahren in einer Gasatmosphäre zwischen 10^{-2} und 10^{3} Pa. Das Saugvermögen beträgt 1 bis 3 $m^3 s^{-1}$ pro Quadratmeter Kammeroberfläche. Auch bei den Verfahren in einer Gasatmosphäre wird zu Beginn ein Hochvakuum in der Kammer hergestellt; während des Gaseinlassens kann das Saugvermögen gedrosselt werden.

Industrielle Beschichtungsanlagen sind in vielen Fällen mit Öl-Diffusionspumpen ausgerüstet, weil diese bis vor kurzem die wirtschaftlichste Lösung darstellten. Zur Verminderung der Öl-Rückströmung ist über der Pumpe ein LN_2-gekühltes Baffle angeordnet, das zwar die Pumpzeit wegen seiner Wirkung auf den Wasserdampf beträchtlich reduziert, die Rückströmung aber für viele Anwendungen nicht ausreichend senkt. Die Rückströmung hat ihre Ursache in Streuprozessen zwischen Öl- und Gasmolekülen. Nach Rettinghaus [10.127] erreicht die Rückströmungsrate ein Maximum bei einigen 10^{-4} Pa, in einem Druckbereich also, der bei Hochvakuumprozessen einmal pro Arbeitszyklus durchlaufen wird und bei den Verfahren mit Gasatmosphäre sogar ständig vorliegen kann. Auch das Risiko einer Öl-Kontamination durch Ausfall des Kühlwassers, der LN_2- oder der elektrischen Versorgung ist in Betracht zu ziehen. Aus diesen Gründen werden jetzt immer häufiger "trockene" Pumpmethoden gefordert. Kryopumpen finden daher immer mehr Eingang in die Schichtenfertigung, und es stehen hierfür Anlagen sowohl mit Bad- wie mit Refrigerator-Kryopumpen serienmäßig zur Verfügung.

Bei gewissen Sputtering-Prozessen in der Halbleiterfertigung, die in einer Argon-Atmosphäre von etwa 10^{3} Pa (10 mbar) stattfinden, werden nach Wheeler [10.128] auch LN_2-gekühlte Sorptionspumpen verwendet.

10.4.3 Beschichtungsanlagen mit Kryopumpen

Die in Abb. 10.22 dargestellte Beschichtungsanlage B Ak 550 vom Balzers ist mit einer Bad-Kryopumpe nach Abb. 9.1 ausgestattet, deren Saugvermögen $5\,m^3 s^{-1}$ für N_2 und $10\,m^3 s^{-1}$ für H_2 beträgt [9.1; 10.129]. Die Anlage ist sowohl für Aufdampfprozesse als auch, nach Einsetzen entsprechender Komponenten, für die anderen Beschichtungsverfahren geeignet. Abweichend von der konventionellen Grundplatte/Glocke-Bauweise besteht die Anlage aus einer kubischen Prozeßkammer und einer Pumpenkammer. Die Anlage kann daher so aufgestellt werden, daß die Prozeßkammer von einem staubfreien Raum (clean room) aus zugänglich ist, während der übrige Teil sich im Service-Raum befindet [10.130]. Das Baffle zwischen beiden Kammern schützt die Pumpe und den Ventilsitz während des Aufdampfens vor Kontamination und vor Strahlung von der Dampfquelle und der Substratheizung. Das pneumatische Ventil in Form einer Abdeckhaube besitzt drei Positionen: 1. ganz offen, für das Hochvakuumpumpen, 2. gedrosselt, für das Glimmentladungsreinigen oder für die Verfahren mit Gasatmosphäre, 3. geschlossen, für das Starten der Kryopumpe oder das Fluten der Kammer. Zum Vorevakuieren auf etwa 40 Pa (s. Abschn. 8.9) dient eine Drehschieberpumpe. Die Dichtungen bestehen aus Viton.

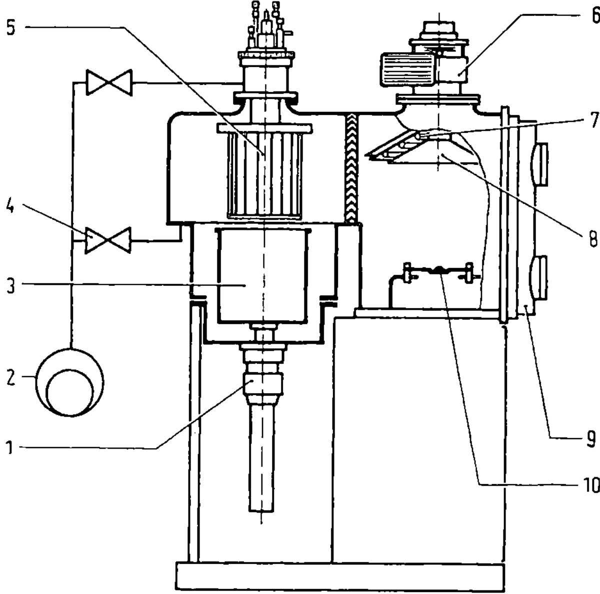

Abb. 10.22. Beschichtungsanlage Balzers BAk 550 mit Bad-Kryopumpe Kry 5000, $S(N_2) = 5\,m^3 s^{-1}$, $S(H_2) = 10\,m^3 s^{-1}$ [10.129; 9.1]. 1 pneumatische Hubvorrichtung, 2 mechanische Vorpumpe, 3 Abdeckhaube, 4 Bypass, 5 Bad-Kryopumpe, 6 Drehantrieb für Substrathalterung, 7 Substratheizung, 8 Substrathalterung, 9 Tür zur Bedampfungskammer, 10 Bedampfungsquelle.

Beschichtungsanlagen mit Bad-Kryopumpen, die eine Kryosorptionsstufe enthalten, haben Thibault [9.5], Cardinne et al. [10.131] und Farrow [9.11] beschrieben. In allen drei Fällen benutzt man zum Vorevakuieren eine LN_2-gekühlte Sorptionspumpe.

Die Beschichtungsanlage BAk 551 von Balzers nach Abb. 10.23 enthält eine Refrigerator-Kryopumpe und ist im übrigen analog zur Anlage Abb. 10.22 aufgebaut [9.30; 9.31]. Das Saugvermögen der mit einem Gifford-McMahon-Refrigerator betriebenen Pumpe RKP 500 mit Sorptionsstufe und LN_2-Kühlung beträgt $12\,m^3s^{-1}$ für N_2, $8\,m^3s^{-1}$ für H_2 und $25\,m^3s^{-1}$ für H_2O (Tabelle 9.3).

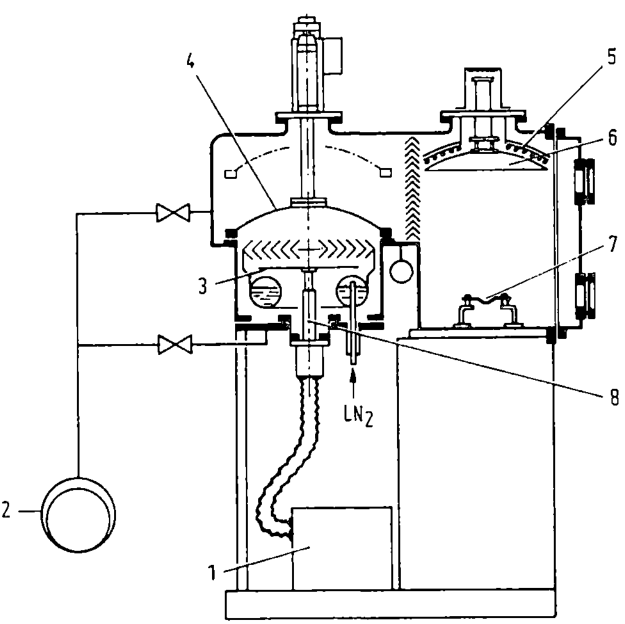

Abb. 10.23. Beschichtungsanlage Balzers BAk 551 mit Refrigerator-Kryopumpe RKP 500, die eine Adsorptionsstufe und ein LN_2-gekühltes Baffle besitzt; $S(N_2)$ = $12\,m^3s^{-1}$, $S(H_2)$ = $8\,m^3s^{-1}$ [9.30; 9.31]. 1 Kompressor, 2 mechanische Vorpumpe, 3 Refrigerator-Kryopumpe, 4 Ventil, 5 Substratheizung, 6 Substrathalterung, 7 Bedampfungsquelle, 8 Kryogenerator.

Rüthlein et al. [9.35] berichten über eine Beschichtungsanlage, die mit der Refrigeratorkryopumpe RPK 5000 von Leybold-Heraeus (Abb. 9.23) ausgerüstet ist. Diese mit der Philips-Kältemaschine K 20 betriebene Pumpe hat das Saugvermögen S = $5\,m^3s^{-1}$ für N_2 und $5\,m^3s^{-1}$ für H_2.

10.4.4. Ergebnisse in der Schichtenfertigung

Die Auspumpkurve beim "Clean, dry, empty"-Test. Die Auspumpkurve $p = p(t)$ ist bekanntlich nicht allein durch das effektive Saugvermögen und die Abmessungen der

Kammer bestimmt, sondern auch durch die eingebauten Komponenten und die Vor-
geschichte der Anlage. Daher wird die Auspumpkurve, allgemeiner Konvention gemäß, durch den "Clean,dry,empty"-Test bestimmt: Die Kammer wird ohne Einbau-
ten bis zum Enddruck evakuiert und dann, nachdem die Wände auf 50 °C (z.B. mittels Wasserzirkulation) gebracht wurden, bis auf Atmosphärendruck geflutet und
10 min lang offen gehalten. Dann beginnt das Auspumpen (t = 0 in Abb. 10.24), indem man gleichzeitig auf Vorevakuieren und Kühlen der Wand mit Leitungswasser
schaltet. Die Kurven 1 und 2 der Abb. 10.24 zeigen die so erhaltenen Auspumpkurven für die Anlagen BAk 551 bzw. BAk 550, bei denen der Druck von 10^{-4} Pa nach
5 bzw. 7 min unterschritten wird. Fremdschichten auf den Wänden setzen die
Pumpzeit im allgemeinen herauf (Kurve 3). Der Enddruck, der sich nach mehr
als 24 h einstellt, ist von der Größenordnung 10^{-7} Pa.

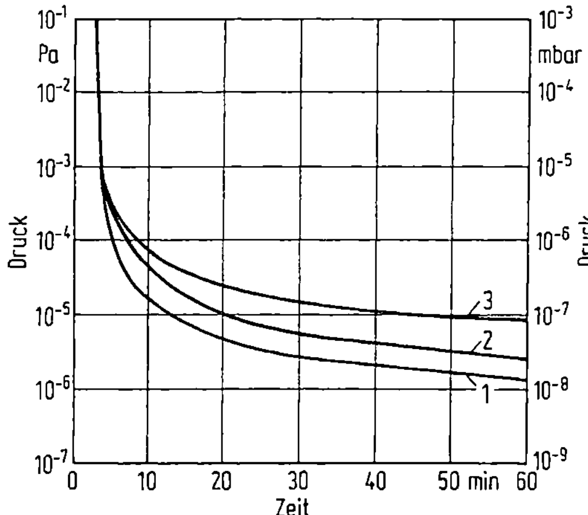

Abb. 10.24. Auspumpkurven von Beschichtungsanlagen nach [10.129; 10.135].
1 - BAk 551 nach Abb. 10.23 beim "Clean,
dry,empty"-Test, 2 - BAk 550 nach Abb.
10.22 beim "Clean,dry,empty"-Test,
3 - BAk 550 bei mit Chrom belegten Wänden.

Restgasatmosphäre. Die Restgasanalyse der Anlage BAk 550 nach diesem Test
(Abb. 10.25a) zeigt, daß H_2O gegenüber den Komponenten H_2, N_2, O_2, CO und
CO_2 vorherrschend ist. Die weniger hohen Linien 130, 95, 60, 36 und 35 rühren
vom Reinigungsmittel Trichloräthylen her, und die Linien 186 und 93 von der Rhe-
niumkathode des Massenspektrometers. Bemerkenswert ist, daß weder leichte
noch schwere Kohlenwasserstoffe auftreten, die Kryopumpe also bei der gewählten
Methode des Vorevakuierens ein "trockenes" Vakuum erzeugt. In einem Gegenver-
such ersetzten Hengevoss et al. [10.129] die Kryopumpe durch eine Diffusionspumpe mit LN_2-gekühltem Baffle und fanden nach dem "Clean,dry,empty"-Test im Massenspektrum die für das Treibmittel DC 704 charakteristischen Linien 391, 375,
313 und 259. Da der Dampfdruck des DC 704 bei 300 K etwa 10^{-6} Pa beträgt,
wächst eine Monoschicht dieses Silikonöls in ungefähr 100 s.

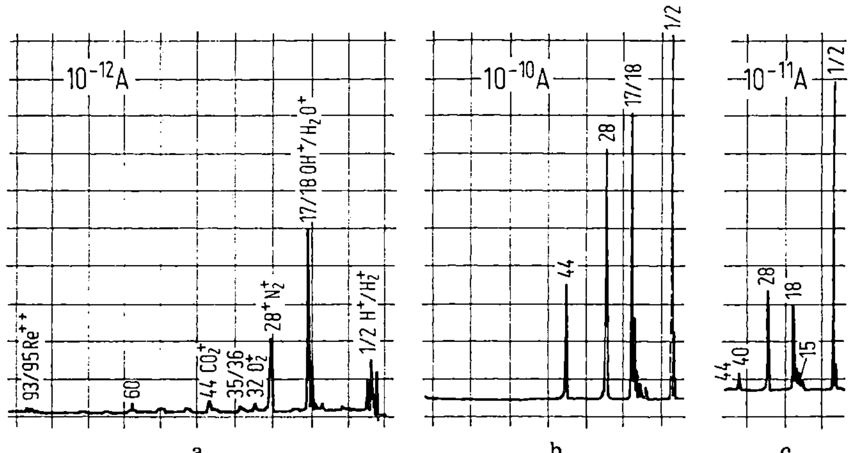

a   b   c

Abb. 10.25. Analyse der Restgasatmosphäre in der Beschichtungsanlage Balzers
BAk 550 nach Abb. 10.22 [10.129]. a) nach dem "Clean, dry, empty"-Test, p_{total} =
$5 \cdot 10^{-7}$ Pa, b) Substratheizung in Betrieb, p_{total} = $7 \cdot 10^{-5}$ Pa, c) während des Auf-
dampfens von Chrom, p_{total} = 0,7 bis $1 \cdot 10^{-5}$ Pa.

Anwendung der "40°-Technik". Diese Technik, eine dem "Clean, dry, empty"-Test
ähnliche Prozedur, wird im Interesse einer kurzen Chargenzeit angewandt: Die
Kammerwände werden unmittelbar vor dem Fluten auf 40 bis 50 °C (z.B. bei den
Anlagen BAk 550 und 551 mittels Wasserzirkulation) aufgeheizt, um die von der
Kammer im geöffneten Zustand adsorbierte Menge Wasserdampf gering zu halten.
Auf das Fluten und Beschicken der Kammer folgen das Vorevakuieren auf 40 Pa
(0,4 mbar) und das Öffnen des Ventils zur Pumpe. Wenn der Druck den Wert von
10^{-4} Pa unterschreitet, folgen beim Aufdampfprozeß: Reinigen durch Glimmentladung in Argon bei 1,3 Pa, Heizen des Substrathalters, Entgasen der Dampfquelle
unter langsamer Temperatursteigerung, Kühlen der Kammerwand mittels Leitungswasser und schließlich Aufdampfen der Schicht. Die Abb. 10.25b und c zeigen Mas-
senspektrogramme, die während des Zyklus einer Chrom-Bedampfung aufgenommen wurden. Während des Heizens der Substrathalter und des Entgasens der Dampfquelle steigt der Totaldruck gegenüber dem Wert, der sonst herrschen würde, an.
Als Hauptkomponente tritt H_2 auf, und es folgen dann H_2O, CO und CO_2 (Abb.
10.25b). Wenn die Verdampfung (mit einer Wachstumsrate der Cr-Schicht von
10 nm/s) einsetzt, sinken der Totaldruck und die Partialdrücke, einerseits wegen
der abnehmenden Gasabgaberate und zum anderen wegen der Getterwirkung der entstehenden Aufdampfschicht. Im Massenspektrum Abb. 10.25c erscheinen die Linien
M = 40 (Ar) und M = 16 (CH_4). Das in Freiheit gesetzte Argon wurde während der
Glimmentladung durch Ionenimplantation aufgenommen, und das Methan entsteht
durch Reaktion des im Cr enthaltenen C mit H_2.

10.4.5 Erfahrungen bei Chargenprozessen

a) Mit Bad-Kryopumpen

Farrow [9.11] berichtet, daß in einer Bedampfungs- und Sputteringanlage, die eine Bad-Kryopumpe vom Typ Excalibur (Abb.9.5) enthält, 480 Chargen mikroelektronischer Schaltkreise in 30 Tagen gefertigt werden, bevor das Sorptionspanel durch ein vierstündiges Ausheizen bei 250 °C regeneriert werden muß.

Mongodin et al. [10.132] beschreiben eine Beschichtungsanlage, die eine Bad-Kryopumpe mit Gaskondensat-Adsorptionsstufe vom Typ L'Air Liquide CM 500 (Abb.9.6) sowie eine 14 kW- 240 °-Elektronenstrahlkanone enthält und für die Fabrikation von Metalloxid-Halbleitern (MOS) geeignet ist.

Über Ergebnisse, die mit der Anlage B Ak 550 in der Fertigung von Schichten aus Mo, W, Re und Os mit der hohen Kondensationsrate von 0,6 µm/min und Graphit als Substrat erzielt wurden, hat Freller [10.133] berichtet.

b) Mit Refrigerator-Kryopumpen

Becker [10.134] verwendet das UHV-System nach Abb.10.26, um epitaxiale, dotierte Siliziumfilme durch Molekularstrahltechnik in Chargen von einem Tag herzustellen. Das Vorvakuum in der 80 dm^3-Kammer wird in zwei Stufen erzeugt, und zwar mit einer Stickstoff-Aspiratorpumpe, die den Druck in 10 min von 1 bar auf 67 mbar erniedrigt, und zwei Sorptionspumpen mit Molekularsieben und LN$_2$, die den Druck in 5 min weiter auf 0,1 Pa senken. Die Refrigerator-Kryopumpe von $S(N_2) = 2,2 \, m^3 s^{-1}$, die eine Aktivkohle-Adsorptionsstufe und eine LN$_2$-Kühlung des Baffles enthält, erzeugt in weiteren 15 min 10^{-6} Pa. Nach 12stündigem Ausheizen bei 150 °C wird $3 \cdot 10^{-8}$ Pa erreicht. Dann folgt das Sputter-Reinigen mit Argon von 10^{-2} Pa (bei gedrosselter Kryopumpe) und anschließend das Aufdampfen mit einer 2 kW-Elektronenkanone bei Drücken zwischen 10^{-6} und 10^{-7} Pa. In Abständen

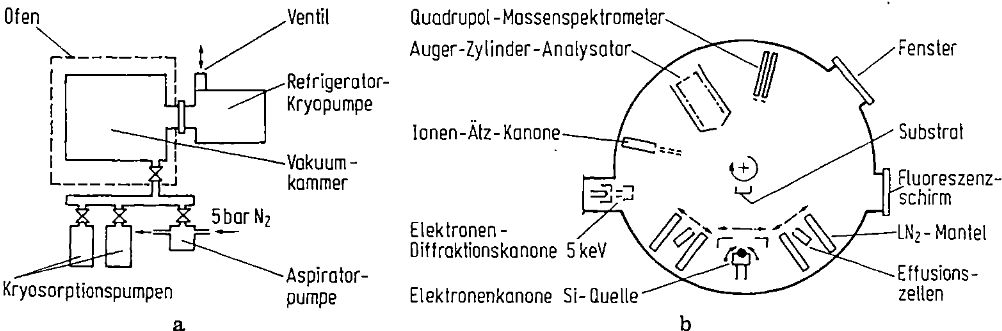

Abb.10.26. Vakuumsystem nach Becker [10.134] zur Herstellung epitaxialer, dotierter Siliziumfilme. a) Schema des Pumpsystems, b) Schema der Vakuumkammer.

von einigen Wochen wird die Refrigerator-Kryopumpe durch Aufwärmen auf 300 K
regeneriert; in dieser Zeit hat die Adsorptionsstufe so viel Helium, das vom Vorevakuieren her zurückbleibt, aufgenommen, daß dessen Partialdruck 10^{-6} Pa überschreitet.

Ritter [10.135] hat beobachtet, daß für die Fertigung reflexionsvermindernder
MgF_2-Schichten in der Anlage BAk 551 eine Chargenzeit von 15 min ausreicht,
während unter sonst gleichen Bedingungen, aber mit einer Diffusionspumpe mit
LN_2-Baffle anstelle der Refrigerator-Kryopumpe hierzu 25 min nötig sind. Die
Überlegenheit der Kryopumpe ist darin begründet, daß ihr Saugvermögen ($12\,m^3s^{-1}$
für N_2) 2,4 mal größer als das der Kombination Diffusionspumpe plus Baffle bei
gleicher Pumpenöffnung ist.

Für Chargenprozesse, bei denen große Mengen Wasserstoff frei werden, ist die
Sorptionskapazität der Refrigerator-Kryopumpe von Belang. So entsteht beim Aufdampfen von 10 g Al etwa $1\,Pa\,m^3\,H_2$ [9.30]; dies ist ein Vielfaches der im Al enthaltenen H_2-Menge, weil zusätzlich eine H_2-Abgabe der Dampfquelle und der Substratheizung und ferner eine H_2-Produktion durch Reaktion des verdampfenden
Aluminiums (oder auch anderer reaktiver Materialien) mit dem an der Wand adsorbierten H_2O-Dampf auftritt. Mit der Anlage BAk 551, deren Pumpe eine Sorptionskapazität von $7000\,Pa\,m^3\,H_2$ besitzt, kann man mehr als 1000 Aufdampfprozesse von je 10 g Al ausführen, bevor die Pumpe regeneriert werden muß; man
braucht sie dann nur abzuschalten und an die Vorvakuumpumpe anzuschließen.

Ähnlich günstige Ergebnisse erzielten Kienel et al. [10.136] beim Verdampfen von
Al mit einer 6 kW- 240°-Elektronenstrahlkanone in der Aufdampfanlage A 700 Q
von Leybold-Heraeus, die mit der Refrigerator-Kryopumpe RPK 5000 nach Abb. 9.23
ausgestattet ist.

Visser et al. [10.137] betreiben ein Al Si-Magnetron-Sputtering-System mit einer
Refrigerator-Kryopumpe, die eine Aktivkohle-Adsorptionsstufe enthält und mit einer K 20-Kältemaschine gekühlt wird. Das System arbeitet einwandfrei bis zu
$0,4\,Pa$ Argon und $3,3\,Pa\,m^3s^{-1}$ Durchsatz, ohne daß das Saugvermögen gedrosselt
werden muß. Daher bleibt auch zum Pumpen der Verunreinigungen das volle Saugvermögen bis $0,4\,Pa$ herauf erhalten.

Dennison et al. [10.138] vergleichen das Betriebsverhalten einer Refrigerator-Kryopumpe mit Adsorptionsstufe mit dem einer Turbomolekularpumpe gleichen Saugvermögens $S(N_2) = 1\,m^3s^{-1}$ aufgrund massenspezifischer Druck-Zeit-Kurven. Dabei
ist die Refrigerator-Kryopumpe insofern überlegen, als sie bereits <u>ohne</u> LN_2-
Kühlung ihres Baffles für die meisten Gase etwa die gleichen Auspumpkurven wie
die Turbomolekularpumpe <u>mit</u> LN_2-gekühltem Baffle ergibt und Wasserstoff erheblich rascher pumpt als jene.

10.4.6 Folgerungen für die Vakuum-Verfahrenstechnik

Ebenso wie in der Schichtenfertigung dürften sich Refrigerator-Kryopumpen mit
Adsorptionsstufe auch auf vielen anderen Gebieten der Vakuum-Verfahrenstechnik
durchsetzen. Hierfür sprechen folgende Fakten:

- Refrigerator-Kryopumpen ermöglichen die völlige Automation des Pumpsystems
  und damit die Einführung integraler Prozeßsteuerungen;
- sie haben unter allen Pumpen bei gegebenem Flanschdurchmesser das größte
  Saugvermögen und ergeben daher die niedrigste Chargenzeit;
- sie liefern ein "trockenes", d.h. von Kohlenwasserstoffen freies Vakuum, was
  in vielen Fällen für die Qualität des Produktes von entscheidender Bedeutung ist;
- sie benötigen ein Vorvakuumsystem, das nicht komplizierter oder aufwendiger
  als das der Diffusionspumpe ist;
- ihre Betriebskosten sind bei gegebenem Saugvermögen niedriger als die der Diffusionspumpen (Abschn. 9.9);
- ihre Investitionskosten sind für $S \gtrsim 10\,m^3s^{-1}$ kleiner als die der Diffusionspumpe einschließlich LN_2-Baffle (Abschn. 9.10);
- in ihrer Betriebssicherheit stehen sie aufgrund mehrjähriger Erfahrungen an
  Produktionsanlagen den Diffusionspumpen nicht nach [9.31; 10.134; 10.135].

Damit sind die Barrieren überwunden, die dem Einsatz von Refrigerator-Kryopumpen in der Vakuum-Verfahrenstechnik lange Zeit im Wege standen.

10.5 Verschiedene weitere Anwendungen

10.5.1 Helium II-Kühlsysteme für Infrarot-Teleskope

In den USA und in Europa werden z.Z. IR-Teleskope für 1 bis 1000 μm Wellenlän-
ge entwickelt, die an Bord des NASA Space Shuttle bzw. des ESA Spacelab geflo-
gen werden sollen und die Aufgabe haben, astronomische Beobachtungen (Temperaturen, Dichten und Elementhäufigkeiten in Sternentstehungsgebieten, Molekülwol-
ken, interstellare Materie, Galaxien hoher Leuchtdichte) und aeronomische Beobachtungen (Spurengase der Erdatmosphäre und Luftverschmutzung, Wärmehaus-
halt, Zusammensetzung und Dynamik der Erdatmosphäre) zu machen. In Deutsch-
land ist das German Infrared Laboratory (GIRL) in der Entwicklung, an der verschiedene Forschungszentren und Industriefirmen beteiligt sind [10.27].

Die kryotechnischen Forderungen an dieses Gerät lauten: Das IR-Teleskop ist für
die Dauer einer Mission von vier Wochen im Weltraum auf 1,6 K zu halten, und die
thermische Belastung beträgt etwa 0,5 W. Zu diesem Zweck wird superfluides Helium von 1,6 K in einem 400 dm^3-Tank im Gerät mitgeführt, dessen Aufbau Abb.
10.27 schematisch zeigt. Das f/10-Teleskop mit einem 0,5 m-Primärspiegel ist

auf einer Platte montiert, die in direktem Kontakt mit dem He II-Behälter steht.
Unterhalb der Platte sind die folgenden Instrumente untergebracht: Detektor-Array,
Vielkanal-Polarimeter, Ebert-Fasti-Spektrometer, Michelson-Interferometer und
das gepulste Lasersystem Lidar. Die Oberseite der Platte trägt ein auf 1,6 K gekühltes Baffle mit der Eintrittsöffnung. Tank und Baffle sind von drei abgasgekühl-
ten Strahlungsschilden umgeben, zwischen denen sich Superisolation befindet. Die
Höhe des Gerätes beträgt 3,7 m, der Druchmesser 1,2 m und die Masse 400 kg;
die Nachweisgrenze für IR-Strahlung hat die Größenordnung 10^{-15} W.

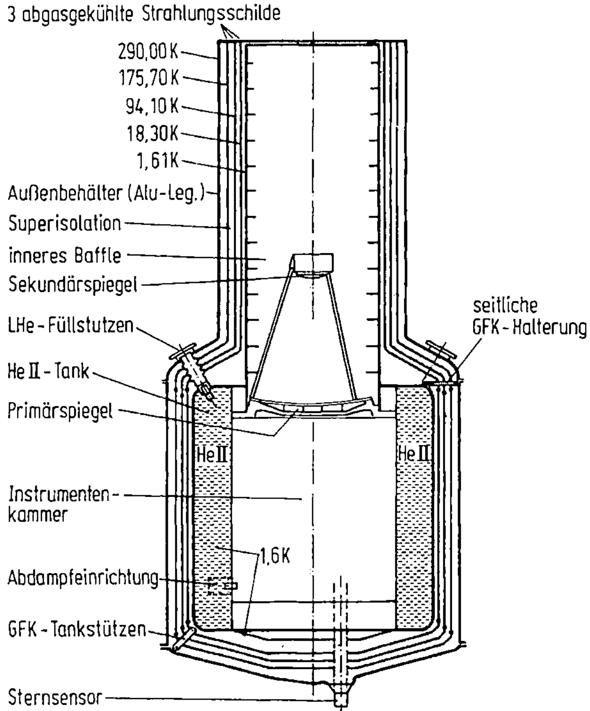

Abb. 10.27. Auf 1,6 K gekühltes Infrarot-Teleskop für Beobachtungen im Weltraum
(German Infrared Laboratory, GIRL) nach [10.27].

Das vor dem Start eingefüllte Helium muß während der gesamten Betriebszeit kontinuierlich abgepumpt werden. Als Pumpe kann wegen des in der Höhe herrschenden Außendruckes $p < 10^{-6}$ Pa der Weltraum dienen. Der Massenstrom des bei
1,6 K verdampfenden Helium muß der thermischen Belastung durch die jeweiligen
Experimente angepaßt werden. Da im schwerelosen Zustand während des Fluges
keine definierte Phasengrenze Flüssigkeit/Dampf existiert, kann flüssiges Helium
an die Pumpenöffnung gelangen. Daher benötigt man einen Phasentrenner, der die
Flüssigkeit zurückhält und den Dampf hindurchläßt; hierfür gibt es zwei Möglichkeiten: den porösen Stopfen (Superfilter) und den in seiner Länge variablen Ringspalt.

Die Phasentrennung beruht nach Abschn. 9.7.3 auf der Wirkung des Fontänendruk-
kes im He II für den Fall, daß Druck und Temperatur an der Austrittsseite des
Stopfens bzw. Ringspaltes niedriger sind als im He II-Bad. Die prinzipielle Brauch-
barkeit des porösen Stopfens als Phasenseparator wurde durch eine Reihe von Arbeiten, darunter auch Flugexperimente, nachgewiesen [10.28; 10.139 – 10.141].
Der poröse Stopfen hat bezüglich der Regelung des Massenstromes $\dot{m}$ den Nachteil,
daß $\dot{m}$ bei gegebenem T nur durch den Druck p_i an der Austrittsseite geregelt werden kann und der Regelbereich $0 < p_i < 7,6\,\mathrm{mbar}$ bei 1,6 K sehr begrenzt ist. Daher hat Klipping als aktiven Phasenseparator den in der Länge variablen Ringspalt
vorgeschlagen [10.142]. Die Abb. 10.28 zeigt den Massenstrom $\dot{m}$, der einen Ringspalt von 5 mm Durchmesser, 9 µm Breite und 2,3 bis 12 mm Länge bei verschiedenen Badtemperaturen T_B und $p_i \ll p_B$ durchsetzt. Wie theoretisch zu erwarten,
ist der Massenstrom $\dot{m}$ proportional zur Dichte $\rho_n(T_i)$ der normalen He II-Kompo-
nente und zur Druckdifferenz $\Delta p = p_B - p_i$ sowie umgekehrt proportional zur Länge
L des Spaltes. Die gewünschten Regeleigenschaften sind schon bei relativ kleinen
Hüben erzielbar.

Bei der praktischen Ausführung des aktiven Phasentrenners wird der Hub des Stif-
tes im Ringspalt durch ein Tauchspulsystem bewirkt, das in Abhängigkeit von der
Temperatur des He II-Vorrates gesteuert wird [10.143]. Das verdampfende Helium

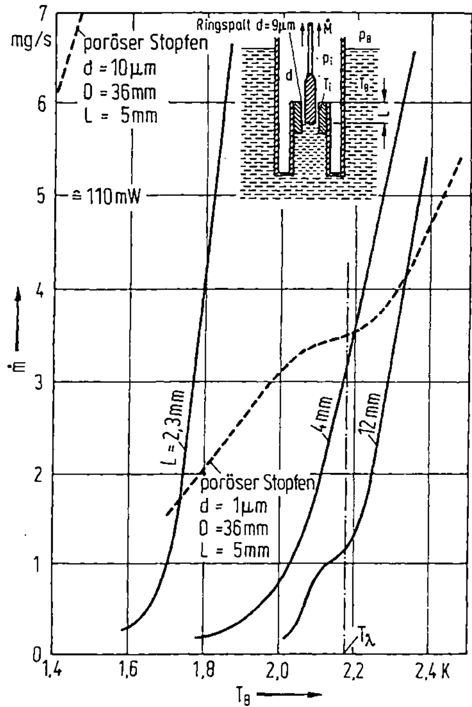

Abb. 10.28. Durchflußcharakteristiken eines Ringspalt-Phasenseparators für Helium II, nach [10.142]. Zum Vergleich,
die Charakteristiken zweier poröser
Stopfen.

wird zunächst durch einen Wärmetauscher im He II-Tank geleitet, wobei es dem He-Vorrat Energie entzieht ($1\,\mathrm{mg\,s}^{-1} \hat{=} 22\,\mathrm{mW}$) und dessen Temperatur senkt; anschließend gelangt es über die Kühlkanäle der Strahlungsschilde in den Weltraum.

Die Oberfläche des He II-Tanks stellt zugleich eine wirksame Pumpe zur Aufrechterhaltung des Vakuums für die thermische Isolation dar. Mit abnehmendem He II-Vorrat wird der Zufluß zum Phasenseparator in zunehmendem Maße durch Filmfluß erfolgen. Da die Dicke des He II-Films vom Gravitationspotential abhängt, wird der Stofftransport beim Flugexperiment verschieden sein von dem auf der Erde. Die weiteren Experimente werden auch hinsichtlich des Verhaltens von superfluidem Helium im schwerelosen Zustand zu interessanten Ergebnissen führen.

10.5.2 Kalibrieren von Vakuummetern und Massenspektrometern nach der dynamischen Expansionsmethode

Bei dieser Methode ist der Druck p in der Eichkammer nach (2.17) durch $p = Q/S$ (für $T = T_n = 293\,\mathrm{K}$) bestimmt. Das Saugvermögen S wird realisiert: Entweder durch eine nichtabgeschirmte Kryofläche A in der Wand einer kugelförmigen Eichkammer (Abb.2.1) oder durch eine Blendenöffnung A (Abb.10.29), hinter der sich eine Kryopumpe befindet, deren Saugvermögen groß gegen den Leitwert C der Blende ist. In beiden Fällen ist das wirksame Saugvermögen mit guter Näherung $S = A\bar{v}/4$. Diese Methoden werden in den Arbeiten [10.144 - 10.146] angewandt.

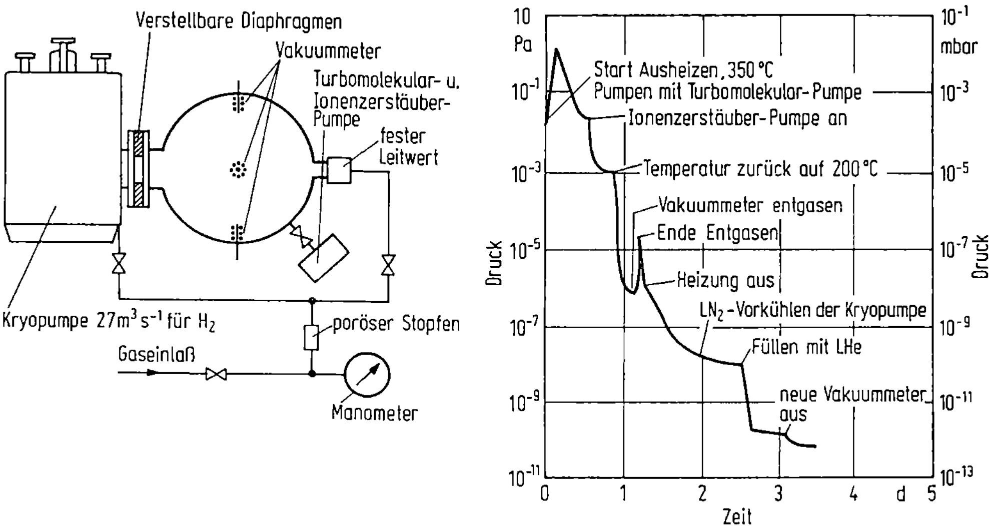

Abb.10.29. Kalibrieren von Ionisationsvakuummetern und Massenspektrometern nach der Expansionsmethode unter Verwendung der Bad-Kryopumpe nach Abb.9.2. Nach Laurent et al. [10.146].

In der Anordnung von Laurent et al. [10.146] nach Abb.10.29 wird eine Bad-Kryopumpe nach Abb.9.2 verwendet, und Q durch den Druckabfall an einem porösen
Stopfen (Si-karbid) gemessen. Nach dem Ausheizen der Anordnung werden die Tur-
bomolekular- und die Ionenzerstäuberpumpe von der Eichkammer getrennt. Mit
dieser beim CERN praktizierten Methode sind Eichungen routinemäßig bis 10^{-10}Pa
herab möglich.

10.5.3 Grenzflächenphänomene, Oberflächenanalyse

Review-Artikel über einzelne Themen aus dem weiten Gebiet der Grenzflächenphäno-
mene liegen in [10.12; 10.87; 10.147 - 10.150] vor und über verschiedene Methoden der Oberflächenanalyse in [10.151 - 10.158]. Zur Untersuchung dieser Vorgänge benötigt man bekanntlich UHV-Anlagen. Hinsichtlich der Pumpen ist die Situation ähnlich wie bei den Teilchenbeschleunigern: Da das erforderliche Saugvermögen im allgemeinen relativ gering ist, wählt man vorzugsweise Turbomolekular-
und Ionenzerstäuberpumpen, und Kryopumpen nur dann, wenn ein extrem niedriger
Druck oder an einer bestimmten Stelle ein hohes Saugvermögen benötigt wird. Mit
Kryopumpen versehene Anlagen wurden auf den folgenden Gebieten angewendet:
- Adhäsion, Friktion und Abrieb im UHV [10.9; 10.12];
- Feldelektronen- und Feldionenemission, wobei auch das Immersionspumpen, d.h.
  das Eintauchen des Rohres in ein LHe- oder ein LH_2-Bad angewandt wird (Abschn.
  10.5.11) [10.159 - 10.163];
- ionen- und elektronen-induzierte Desorption adsorbierter [10.164; 10.165] und
  kondensierter Teilchen [10.166];
- Sputtering, Trapping und andere Wechselwirkungen leichter Ionen mit Festkörper-
  oberflächen [10.167];
- Laserstrahl-Diagnose fester Targets im Vakuum [10.168];
- Oberflächenanalyse mittels XPS (x-ray photoelectron spectroscopy) SIMS (sec-
  ondary ion mass spectroscopy) und ESCA (electron spectroscopy for chemical
  analysis) [10.169];
- Oberflächenanalyse durch RHEED (reflexion high energy electron diffraction)
  und AES (Auger electron spectroscopy), etwa bei der Herstellung supraleitender Nb-Ti-Filme durch Ionenstrahl-Sputtering [10.170]; und schließlich
- Kondensation, Kryosorption, Kryotrapping und Kryogetterung, wovon in den Kapiteln 3 bis 7 die Rede war.

10.5.4 Erzeugung extrem tiefer Temperaturen

Um den Druck über einem ^{3}He-Bad und damit dessen Temperatur zu senken, verwenden Mate et al. [10.171] eine Sorptions-Kryopumpe. - Für einen ^{3}He/^{4}He-
Entmischer-Refrigerator entwickelten Tambovtsev et al. [10.172] eine kontinuier-

lich arbeitende Sorptions-Kryopumpe. Dabei arbeitet von zwei mit Aktivkohle gefüllten Moduln jeweils einer als Pumpe, während der andere regeneriert wird.

10.5.5 Isotopen-Technik

Um radioaktives Tritium mit Sicherheit zu handhaben, benutzen Seitz et al. [10.173]
eine Sorptions-Kryopumpe mit losem Adsorbens (Aktivkohle) von 4,2 K. - Der ver-
lustlose Transfer von seltenen Isotopen (^{18}O, ^{15}N, ^{36}Ar etc.) gelingt nach Strang
et al. [10.174] mit einer Anordnung, bei der die Innenwand eines Rohres als Kryopumpe wirkt.

10.5.6 Chemische Verfahrenstechnik

Auf diesem Gebiet wird vielfach ein hohes Saugvermögen bei Drücken bis in den
Übergangsbereich herauf gefordert. Boissin et al. [8.18] entwickelten hierfür Refrigerator-Kryopumpen, wie beispielsweise die Pumpe CMS 500, Typ L'Air Liquide,
mit $S = 17\,m^3s^{-1} = 6 \cdot 10^4\,m^3h^{-1}$ bei 1 Pa. Diese Pumpe ist mit zwei Moduln ausgestattet, die in wechselnder Folge, jeweils bis zum Erreichen der maximalen Kondensatdicke (Abschn. 8.7), durch einen Philips A 20-Kryogenerator auf 20 K gekühlt werden. Diese Kryopumpen können in ökonomischer Hinsicht durchaus mit
den sonst verwendeten Booster- oder Rootspumpen konkurrieren, haben diesen gegenüber jedoch die folgenden Vorteile:
- Unempfindlichkeit gegenüber Staubpartikeln, so daß auf die das Saugvermögen
  drosselnden Filter verzichtet werden kann;
- Unempfindlichkeit gegenüber korrosiven Dämpfen bei geeignet gewählten Materialien.

Boissin et al. [10.175] entwickelten auch eine LN_2-Bad-Kryopumpe in Form einer
Kühlfalle, die als Schutz rotierender Pumpen vor korrosiven Dämpfen wie etwa HCl
oder SO_2 eingesetzt wird.

Das Verhalten einer Kondensations-Kryopumpe bei Drücken bis 1 bar herauf haben
Sorokovoj et al. [10.176] diskutiert.

10.5.7 Gefriertrocknung

Die Grundlagen des Gefriertrocknens von Pharmazeutika, Nahrungsmitteln, biolo-
gischen Objekten und elektronenmikroskopischen Präparaten sind in [10.177 -
10.180] erörtert. Kryopumpen verwendet man in allen Fällen, in denen die Rückströmung von Pumpenöl zu vermeiden ist [10.126]. Das Evakuieren im Kontinuumbereich kann durch eine Sorptions-Kryopumpe nach Abb.5.3 erfolgen [10.128], und
das weitere Evakuieren durch eine Kondensations-Kryopumpe. Zusätzlich werden

LN_2-gekühlte Kondensatoren in Form von Platten, Rippenrohren oder Fallen angewandt, um den Wasserdampf zu kondensieren. Man rechnet mit einer H_2O-Abgabe
des auf $-40\,°C$ gefrorenen Materials von etwa $1\,gs^{-1}$ pro m^2 Materialoberfläche.

10.5.8 Tieftemperaturversionen der Turbomolekular- und der Ionenzerstäuberpumpe

Es gibt Experimente, bei denen es wünschenswert ist, diese Pumpen - in einer entsprechend modifizierten Ausführung - bei tiefer Temperatur zu betreiben. Wird eine Turbomolekularpumpe von 300 auf 77 K abgekühlt, so wachsen nach Flécher
[10.181] wegen der verminderten Rückdiffusionsgeschwindigkeit das Saugvermögen
um etwa den Faktor 2 und - als wichtigster Vorteil - das maximale Kompressions-
verhältnis für H_2 um zwei bis vier Größenordnungen. - Flécher et al. [10.182]
untersuchten das Verhalten einer Ionenzerstäuberpumpe im Temperaturbereich 300
bis 1,8 K: Die magnetische Induktion des permanenten Magneten steigt zwischen
300 und 77 K um 30 % und bleibt dann konstant; das Saugvermögen für Helium
steigt bis 77 K um etwa den gleichen Prozentsatz und nimmt dann wieder geringfügig ab. Da Helium nur durch Implantation gepumpt wird, ist die Zunahme von S
bei fallendem T durch die Abnahme der Diffusionsgeschwindigkeit im Festkörper
zu erklären.

10.5.9 Kryo-Energietechnik

Die Fortschritte der Kryotechnik und der Technik der Supraleiter ermöglichen nicht
nur auf den Gebieten der Elektronik, Meß- und Hochfrequenztechnik sondern auch
auf dem starkstromtechnischen Sektor technisch bessere und wirtschaftlichere Lösungen als herkömmliche Methoden. Die elektrotechnischen Anwendungen, die zusammen mit einigen anderen neuen Technologien, wie etwa der LH_2-Technik, zu
einer künftigen Kryo-Energietechnik zählen, umfassen die Gebiete [10.183; 10.184]:
- Elektrische Energieerzeugung: MHD-Generator mit supraleitenden Magneten,
  Turbogenerator mit supraleitender Ankerwicklung, Fusionsgenerator mit supra-
  leitenden Magneten;
- Energiespeicherung mit supraleitenden Magneten;
- Antriebstechnik: Motoren mit supraleitender Feldwicklung, elektromagnetisches
  Schwebesystem mit supraleitenden Magneten (Schwebebahn);
- Energieübertragung durch supraleitende Kabel [10.185; 10.186].

In allen Fällen bedarf es eines Vakuums zur thermischen Isolierung. Da tiefsiedende Kältemittel in situ verfügbar sind, ist es naheliegend, Kryopumpen einzusetzen
- und dies um so mehr, als deren Leistungsbedarf ($\lesssim 0,1\,kW$ pro $1\,m^3s^{-1}$ Saugvermögen) klein gegen die sonst in der Anlage umgesetzte Leistung ist. Gewisse

Aspekte der Vakuumprobleme sind in den Arbeiten [10.186 - 10.188] diskutiert. Insbesondere muß die Superisolierung optimal bemessen werden, und zwar hinsichtlich Wahl des Materials (Ausheizbarkeit, Gasabgaberate), Verwendung abgasgekühlter Strahlungsschilde, Anzahl der Lagen und Evakuierbarkeit (Perforation, Kanäle). Ferner sind vakuumtechnische Sicherheitseinrichtungen für den Fall von Undichtigkeiten und schlagartiger Belüftung der Anlage vorzusehen, und ebenso Möglichkeiten der Rekuperation des Heliums.

10.5.10 Vakuum-Metallurgie

Lazarev et al. [10.113] beschreiben eine Anlage zur Wärmebehandlung und zum tiegellosen Zonenschmelzen der hochschmelzenden Metalle Nb, Mo, und Zr. Die Anlage ist mit einer 10 kW-Elektronenstrahlkanone ausgestattet und wird durch ein "all cryogenic"-Pumpsystem (Abb.10.8, System IV) evakuiert. Da bei diesen Anwendungen dem Pumpen von Wasserstoff besondere Bedeutung zukommt, wurden Kondensations- und Adsorptions-Bad-Kryopumpen von etwa $10\,m^3s^{-1}$ Saugvermögen für H_2 und etwa 10^{-8} Pa Enddruck bezüglich ihres Betriebsverhaltens miteinander verglichen. Am besten bewährte sich eine bei 2,3 K betriebene Kondensationspumpe.

10.5.11 Erzeugung extrem niedriger Drücke

In dynamischen Vakuumsystemen, wie sie im allgemeinen verwendet werden, ist der Enddruck nach (8.2) durch das Gleichgewicht zwischen den Gasströmen, die infolge der Gasgabe aller Oberflächen in das System eintreten, und dem von der Pumpe geförderten Gasstrom gegeben. Wird nun eine hinreichend dichte Vakuumkammer in ein LHe-Bad eingetaucht, dann nimmt die Gasabgabe der Wände auf unmeßbar kleine Werte ab, während die Wandfläche als Kryopumpe wirkt. In einem solchen statischen Vakuumsystem, wie es z.B. bei Gomer [10.159; 10.160] in abgeschmolzenen Feldemissions- und Feldionisationsröhren aus Pyrex vorlag und wie es auch zur thermischen Isolation von Kammern für extrem tiefe Temperaturen verwendet wird, können nach Immersion in das LHe-Bad extrem niedrige Drücke erzeugt werden.

Thompson et al. [10.162] haben diese Immersionsmethode auf das Vakuumsystem nach Abb.10.30a angewandt. Die mit Metalldichtungen (Au und Conflat Cu) versehene Kammer von etwa 30 dm^3 enthält: Ein Quadrupol-Massenspektrometer; kryogene Motoren zum Bewegen von Proben und Absperrschiebern; einen rotierenden Probenhalter, der bis zu 400 K ausheizbar oder durch Kontakt mit einem Heliumbad auf 1 bis 4,2 K kühlbar ist. In der Kammer können dünne Schichten erzeugt und Kristalle gespalten werden. Wie Abb.10.30b zeigt, wird schon bei der Wandtemperatur von 30 K die Nachweisgrenze des Druckes von 10^{-12} Pa unterschritten. Die erzeugten Vakua mit weniger als 1 Atom/cm^3 werden für Langzeitexperimente auf den Gebieten: dünne Schichten, Supraleitung, Tunneleffekte, Oberflächendiffusion und Annealing angewandt.

In diesem Zusammenhang muß auf eine interessante Überlegung von Hobson [10.189] hingewiesen werden, der durch Extrapolation gemessener Adsorptionsisothermen zeigte, daß durch Immersion eines 0,5 dm^3-Pyrex-Gefäßes in LHe ein praktisch vollkommenes Vakuum von 10^{-31} Pa entsteht, das mit keiner anderen Vakuummethode erreicht werden könnte.

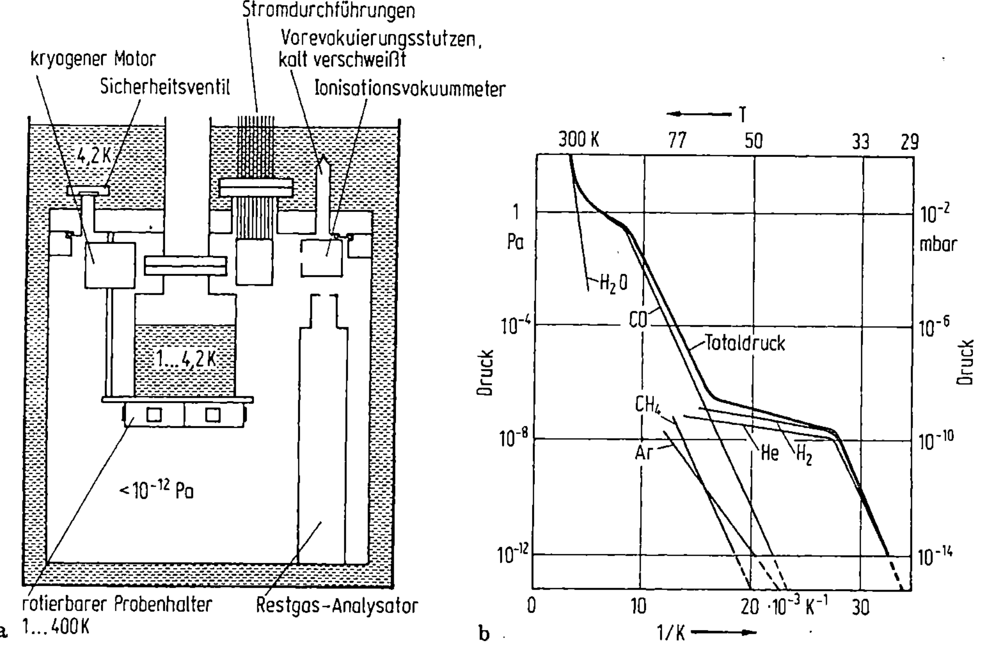

Abb. 10.30. Vakuumsystem zur Erzeugung extrem niedriger Drücke durch Immersion in ein LHe-Bad; nach Thompson und Hanrahan [10.162]. a) Schema der Vakuumkammer, b) Total- und Partialdruck als Funktion der Wandtemperatur.

Tabellenanhang:

Umrechnung von Einheiten, physikalische Eigenschaften von
Kältemitteln, Gasabgabe verschiedener Materialien im
Vakuum, Thermometrie und Wärmeübertragung

Tabelle A.1. Umrechnung von Druckeinheiten

	Pascal Pa	Millibar mbar	Torr	Standard-Atmosphäre atm
$1\,Pa = 1\,N\,m^{-2}$	1	10^{-2}	$7,50062 \cdot 10^{-3}$	$9,86923 \cdot 10^{-6}$
1 mbar	10^{2}	1	$0,750062$	$9,86923 \cdot 10^{-4}$
1 Torr	$133,322$	$1,33322$	1	$1,31579 \cdot 10^{-3}$
1 atm	101325	$1013,25$	760	1

Tabelle A.2. Umrechnung von Einheiten des Gasstromes

	$Pa\,m^3 s^{-1}$ bei $20^{\circ}C$	$mbar\,l\,s^{-1}$ bei $20^{\circ}C$	$Torr\,l\,s^{-1}$ bei $20^{\circ}C$	$atm\,cm^3 s^{-1}$ bei $20^{\circ}C$	$mol\,s^{-1}$	$Teilchen\,s^{-1}$
$1\,Pa\,m^3 s^{-1}$ bei $20^{\circ}C$	1	10	$7,50062$	$9,86923$	$4,1028 \cdot 10^{-4}$	$2,4709 \cdot 10^{20}$
$1\,mbar\,l\,s^{-1}$ bei $20^{\circ}C$	$0,1$	1	$0,750062$	$0,986923$	$4,1028 \cdot 10^{-5}$	$2,4709 \cdot 10^{19}$
$1\,Torr\,l\,s^{-1}$ bei $20^{\circ}C$	$0,133322$	$1,33322$	1	$1,31579$	$5,4699 \cdot 10^{-5}$	$3,2943 \cdot 10^{19}$
$1\,atm\,cm^3 s^{-1}$ bei $20^{\circ}C$	$0,101325$	$1,01325$	$0,76$	1	$4,1572 \cdot 10^{-5}$	$2,5036 \cdot 10^{19}$
$1\,mol\,s^{-1}$	$2,4374 \cdot 10^{3}$	$2,4374 \cdot 10^{4}$	$1,8282 \cdot 10^{4}$	$2,4055 \cdot 10^{4}$	1	$6,0225 \cdot 10^{23}$
$1\,Teilchen\,s^{-1}$	$4,0471 \cdot 10^{-21}$	$4,0471 \cdot 10^{-20}$	$3,0356 \cdot 10^{-20}$	$3,9942 \cdot 10^{-20}$	$1,6604 \cdot 10^{-24}$	1

Anmerkung: Die Einheiten der <u>Gasmenge</u> ergeben sich aus denen des Gasstromes durch Fortlassen der Zeiteinheit, z.B. $Pa\,m^3$ bei $20^{\circ}C$ etc.

Tabelle A.3. Eigenschaften der Kältemittel der Kryotechnik [A.1 – A.4]

Kältemittel			^{3}He	^{4}He	e-H$_2$	n-H$_2$	e-D$_2$	n-D$_2$	Ne	N$_2$	Luft	CO	Ar	O$_2$	CH$_4$	Kr
Mol-Masse	M	kg/kmol	3,0160	4,0026	2,0159	2,0159	4,0282	4,0282	20,183	28,013	28,96	28,000	39,948	31,999	16,043	83,80
Siedetemperatur bei 1,01325 bar	T_s	K	3,190	4,222	20,27	20,397	23,64	23,67	27,102	77,348	78,8 fl. 81,8 dpf	81,67	87,26	90,188	111,67	119,74
Kritischer Punkt																
Temperatur	T_c	K	3,33	5,22	32,98	33,24	38,26	38,35	44,39	125,98	132,5	132,91	150,68	154,78	190,7	209,7
Druck	p_c	bar	1,16	2,30	12,93	12,98	16,49	16,65	27,21	33,93	37,69	34,99	48,63	50,80	46,40	54,83
$RT_c v_c/Mp_c$	z_c	–	3,308	3,262	3,304	3,179	3,200	3,202	3,250	3,426	3,528	3,397	3,424	3,008	2,942	3,448
T_s/T_c		–	0,96	0,81	0,61	0,61	0,62	0,62	0,61	0,62	0,60 fl. 0,62 dpf	0,62	0,58	0,59	0,52	0,57
Tripelpunkt																
Temperatur	T_t	K		λ-Punkt 2,173	13,80	13,956	18,69	18,73	24,559	63,148		68,09	83,82	54,361	90,67	115,94
Druck	p_t	mbar		50,52	70,4	72,0	171,3	171,5	433,0	126,1	–	153,7	687,5	1,52	116,7	731,9
Dichte																
Gas, 273 K, 1 bar	ρ_N	kg/m^3	0,13272	0,17614	0,08868	0,08868	0,1773	0,1773	0,8881	1,2342	1,2759	1,2337	1,7606	1,4101	0,7089	3,696
Kritischer Punkt	ρ_c	kg/m^3	41,8	69,5	31,4	30,1	66,9	67,4	483,5	311	350	301	530,8	380	138,1	908,5
Dampf bei T_s	ρ''	kg/m^3	27,3	17,2	13,4	13,3			9,46	4,59	4,485	4,445	5,72	4,44	1,825	8,33
Flüssigkeit bei T_s	ρ'	kg/m^3	58,9	124,8	70,8	70,8	166	166	1204	804,2	873,9	793	1399	1140	424	2411
Fest bei T_t	ρ_t	kg/m^3			87					946			1622			
Am Nullpunkt T=0, p=0	ρ_0	kg/m^3		146	88,4				1442	1137			1707	1568		3186
Vol. Gas 273 K, 1 bar aus 1 m^3 Flüssigkeit	ρ'/ρ_N	m^3/m^3	444	709	798	798	937	937	1356	652	685	643	795	808	598	653
Latente Wärme																
Verdampfung bei T_s	l_v	kJ/kg	15,87 (bei 1,65 K)	20,91	446,5	448,3	303,6	304,4	87,20	199,1	205,2	215,9	163,2	213,1	510,3	107,7
Schmelzen bei T_t	l_f	kJ/kg		5,22 (103 bar)	58,04	58,04	48,91	48,91	16,60	25,73		29,86	29,44	13,88	58,72	19,52
Verdampf.-Entropie	Ml_v/T_s	kJ/kmol K	14,9	19,9	44,4	44,4	51,6	51,6	64,6	72,0	74,0	74,0	74,6	74,5	73,5	75,2
Spezifische Wärmekapazität																
Gas, 273 K, 1 bar	c_p	kJ/kgK	6,89	5,233		14,21		7,25	1,030	1,042	1,006	1,042	0,521	0,918	2,235	0,248
Dampf bei T_s	c_p	kJ/kgK	6,89	5,23	10,31	10,31	5,18	5,16	1,030	1,039	1,002	1,036	0,521	0,909	1,870	0,248
Flüssigkeit bei T_s	c_p	kJ/kgK		4,410	9,30	9,28	6,50	6,12	1,84	2,03	1,96	2,21	1,05	1,70	3,42	0,538
Fest bei T_t	c_p	kJ/kgK			2,90	3,03	2,96	2,88	1,302	1,691			0,833	1,444		0,428
Debye-Temperatur	Θ_D	K		29 (T≈0,7 K)			89 (T<13 K)	89 (T<12 K)	64 (T<12 K)	68 (T≈20 K)			80 (T≈10 K)	90,9 (T≈15 K)		63 (T≈10 K)
c_p/c_v, 1 bar, 300 K	$\varkappa$	–	1,66	1,660	1,405	1,405	1,40	1,40	1,668	1,401	1,4017	1,401	1,670	1,396	1,30	1,685
Enthalpie des Dampfes	$h_{300}-h_{T_s}$	kJ/kg		1541,8		3509,5			283,46	233,8	223,2	228,8	111,3	193,2	403,5	
Minimale Verflüssigungsarbeit	e_L	kJ/kg		6819		12019			1376	766	738	756	480	638	1109	
Dielektrizitätskonstante																
Gas, 273 K, 1 bar	$\varepsilon-1$	10^{-4}		0,728		2,64			1,274	5,87	5,89	6,1	5,5	5,30		7,6
Dampf bei T_s	$\varepsilon-1$	10^{-3}		6,18	3,87				1,29	2,08			1,75	1,56		
Flüssigkeit bei T_s	ε	–		1,0492	1,225				1,188	1,4318			1,52	1,4837	1,68	
Fest bei T_t	ε	–			1,248					1,5140				1,594		

Tabelle A.3. (Fortsetzung)

Kältemittel			³He	⁴He	o-H₂	n-H₂	o-D₂	n-D₂	Ne	N₂	Luft	CO	Ar	O₂	CH₄	Kr
Oberflächenspannung bei T_s	·	$10^{-3}J/m^2$	0,0088	0,093		1,91			4,8	8,8		9,4	10,9	13,6	14,0	
Viskosität																
Gas, 273 K, 1 bar	·	$10^7 kg/ms$	161	185,5		84		118,9	296,2	166,3	171	165,5	209,8	191,9	93,3	233
Gas bei T_c, 1 bar	·	$10^{-7} kg/ms$		13,2		17,5		26,8	74,8	86,2	92	88,0	123,1	115,0	74,5	182,0
Dampf bei T_s	·	$10^{-7} kg/ms$	12,1	13,0		11		17	46	55	55	54,3	73	70	44,5	
Flüssigkeit T_s	·	$10^{-7} kg/ms$	19	35	133	124		297	1240	1650	1700	1700	2760	1900	980	1600
Wärmeleitfähigkeit																
Gas, 273 K, 1 bar	·	$10^{-3} W/mK$		143	175	168		131	46,1	24,0	24,1	23,1	16,4	24,5	30,3	8,78
Gas bei T_c, 1 bar	·	$10^{-3} W/mK$		10,9	25,0	25,0				12,6	12,2	11,7	10,1	14,0	19,0	
Dampf bei T_s	·	$10^{-3} W/mK$	13	9,0	15,8	15,8				7,5	7,6	7,1	6,5	8,1	9,0	
Flüssigkeit bei T_s	·	$10^{-3} W/mK$	17	27,2	119	119	134	134	113	139,8	142	140	125	148	193	
Kältemittel			³He	⁴He	o-H₂	n-H₂	o-D₂	n-D₂	Ne	N₂	Luft	CO	Ar	O₂	CH₄	Kr

(T_c kritische Temperatur, T_s normale Siedetemperatur bei $p = 1\,atm = 760\,Torr = 1,01325\,bar$, T_t Tripelpunktstemperatur, z_c kritischer Realfaktor)

Tabelle A.4a. Fixpunkttemperaturen T_{68} gemäß der Internationalen Praktischen Temperaturskala IPTS 68 sowie das Widerstandsverhältnis $R(T_{68})/R(273,15\,K)$ eines Platin-Widerstandsthermometers, das der IPTS 68 entsprechend konstruiert ist [9.87]

Fixpunkt	$T_{68}(K)$	$R(T_{68})/R(273,15\,K)$
1 Tripelp. $e\text{-}H_2$	13,81	0,001 412 06
2 $e\text{-}H_2$, 333,306 mbar	17,042	0,002 534 44
3 Siedep. $e\text{-}H_2$[a]	20,28	0,004 485 17
4 Siedep. Ne	27,102	0,012 212 72
5 Tripelp. O_2	54,361	0,091 972 52
6 Tripelp. Ar	83,798	0,216 057 05
7 Siedep. O_2	90,188	0,243 799 09
Eispunkt	273,15	1
Tripelp. H_2O	273,16	
8 Siedep. H_2O	373,15	1.392 596 68

[a] : Alle Siedepunkte bei 1,01325 bar = 101325 Pa

Tabelle A.4b. Fixpunkttemperaturen T_{76} gemäß der Provisorischen Temperatur-Skala EPT-76 [9.169]

Fixpunkt	$T_{76}(K)$
Übergangstemperatur von Cadmium	0,519
Übergangstemperatur von Zink	0,851
Übergangstemperatur von Aluminium	1,1796
Übergangstemperatur von Indium	3,4145
Siedepunkt von ^{4}He[a]	4,2221
Übergangstemperatur von Blei	7,1999
Tripelpunkt von $e\text{-}H_2$	13,8044
$e\text{-}H_2$, 333,306 mbar	17,0373
Siedepunkt von $e\text{-}H_2$	20,2734
Tripelpunkt von Ne	24,5591
Siedepunkt von Ne	27,102

[a] : Alle Siedepunkte bei 1,01325 bar = 101325 Pa

Tabelle A.5. Dampfdruck von Helium-3 (^{3}He) [9.89]

T	0	1	2	3	4	5	6	7	8	9
K					p, mbar					
0,3	0,00250	0,00351	0,00484	0,00656	0,00875	0,01149	0,01490	0,01907	0,02414	0,03023
0,4	0,03748	0,04606	0,05611	0,06781	0,08135	0,09691	0,11469	0,13489	0,15775	0,18346
0,5	0,21228	0,24443	0,28016	0,31972	0,36337	0,41135	0,46395	0,52143	0,58407	0,65214
0,6	0,72593	0,80572	0,89180	0,98446	1,08399	1,19070	1,30487	1,42680	1,55681	1,69518
0,7	1,84221	1,99823	2,16352	2,33838	2,52314	2,71809	2,92353	3,13977	3,36712	3,60588
0,8	3,85635	4,11885	4,39366	4,68110	4,98147	5,29506	5,62219	5,96314	6,31822	6,68773
0,9	7,07196	7,47122	7,88579	8,31597	8,76206	9,22435	9,70312	10,19868	10,71130	11,24129
1,0	11,78891	12,35447	12,93826	13,54054	14,16162	14,80176	15,46126	16,14039	16,83943	17,55866
1,1	18,29832	19,05877	19,84023	20,64300	21,46733	22,31351	23,18181	24,07249	24,98583	25,92210
1,2	26,88161	27,86455	28,87122	29,90189	30,95682	32,03629	33,14055	34,26986	35,42450	36,60473
1,3	37,81085	39,04302	40,30156	41,58673	42,89879	44,23798	45,60458	46,99883	48,42099	49,87133
1,4	51,35001	52,85745	54,39382	55,95938	57,55438	59,17908	60,83371	62,51854	64,23382	65,97980
1,5	67,75680	69,56492	71,40449	73,27576	75,17896	77,11436	79,08220	81,08271	83,11616	85,18279
1,6	87,28293	89,41665	91,58428	93,78607	96,02226	98,29309	100,59881	102,93966	105,31588	107,72772
1,7	110,17528	112,65908	115,17921	117,73592	120,32946	122,96005	125,62795	128,33338	131,07659	133,85782
1,8	136,67742	139,53541	142,43213	145,36782	148,34272	151,35706	154,41109	157,50504	160,63914	163,81363
1,9	167,02858	170,28458	173,58167	176,92010	180,30010	183,72191	187,18577	190,69189	194,24053	197,83192
2,0	201,46644	205,14403	208,86508	212,62981	216,43846	220,29127	224,18847	228,13028	232,11696	236,14872
2.1	240,22599	244,34865	248,51711	252,73160	256,99236	261,29962	265,65361	270,05457	274,50273	278,99834
2,2	283,54138	288,13259	292,77194	297,45968	302,19605	306,98128	311,81561	316,69927	321,63251	326,61557
2,3	331,64889	336,73230	341,86626	347,05099	352,28673	357,57375	362,91226	368,30252	373,74478	379,23927
2,4	384,78648	390,38621	396,03891	401,74484	407,50425	413,31740	419,18452	425,10588	431,08172	437,11231
2,5	443,19758	449,33843	455,53481	461,78697	468,09516	474,45967	480,88074	487,35864	493,89365	500,48603
2,6	507,13634	513,84430	520,61045	527,43508	534,31846	541,26087	548,26260	555,32392	562,44513	559,62652
2,7	576,86799	584,17062	591,53431	598,95937	606,44609	613,99478	621,60575	629,27930	637,01575	644,81542
2,8	652,67896	660,60605	668,59732	676,65311	684,77375	692,95957	701,21092	709,52813	717,91156	726,36156
2,9	734,87884	743,46306	752,11492	760,83480	769,62307	778,48010	787,40627	796,40196	805,46757	814,60350
3,0	823,80965	833,08743	842,43674	851,85799	861,35162	870,91804	880,55770	890,27100	900,05842	909,92041
3,1	919,85784	929,87034	939,95880	950,12369	960,36549	970,68469	981,08179	991,55727	1002,11167	1012,74551
3,2	1023,45975	1034,25406	1045,12939	1056,08632	1067,12538	1078,24716	1089,45221	1100,74112	1112,11450	1123,57294
3,3	1135,11643	1146,74685	1158,46420	1170,26911	–	–	–	–	–	–

Tabelle A.6. Dampfdruck von Helium-4 (^{4}He) [A.5]

T	0	1	2	3	4	5	6	7	8	9
K						p, mbar				
0,5	0,00002	0,00003	0,00004	0,00006	0,00008	0,00010	0,00013	0,00018	0,00023	0,00029
0,6	0,00037	0,00048	0,00060	0,00075	0,00093	0,00115	0,00141	0,00172	0,00209	0,00253
0,7	0,00304	0,00364	0,00433	0,00514	0,00607	0,00715	0,00838	0,00978	0,01138	0,01320
0,8	0,01526	0,01758	0,02019	0,02313	0,02641	0,03008	0,03416	0,03870	0,04373	0,04929
0,9	0,05543	0,06220	0,06964	0,07780	0,08674	0,09651	0,10717	0,11878	0,13141	0,14513
1,0	0,16000	0,17609	0,19349	0,21226	0,23250	0,25428	0,27770	0,30284	0,32979	0,35866
1,1	0,38954	0,42254	0,45776	0,49530	0,53530	0,57785	0,62308	0,67110	0,72205	0,77605
1,2	0,83324	0,89374	0,95769	1,02524	1,09653	1,17170	1,25090	1,33429	1,42203	1,51426
1,3	1,61115	1,71287	1,81957	1,93144	2,04864	2,17134	2,29973	2,43398	2,57427	2,72080
1,4	2,87373	3,03328	3,19962	3,37295	3,55347	3,74137	3,93686	4,14013	4,35138	4,57083
1,5	4,79870	5,03516	5,28044	5,53475	5,79831	6,07133	6,35403	6,64662	6,94932	7,26236
1,6	7,58596	7,92032	8,26568	8,62227	8,99030	9,37000	9,76159	10,16530	10,58136	11,00999
1,7	11,45139	11,90583	12,37352	12,85468	13,34953	13,85829	14,38118	14,91842	15,47023	16,03683
1,8	16,61845	17,21525	17,82747	18,45531	19,09897	19,75864	20,43453	21,12682	21,83569	22,56132
1,9	23,30385	24,06352	24,84045	25,63480	26,44671	27,27632	28,12376	28,98915	29,87260	30,77421
2,0	31,69411	32,63230	33,58889	34,56394	35,55747	36,56953	37,60013	38,64926	39,71691	40,80304
2,1	41,90766	43,03060	44,17181	45,33121	46,50866	47,70401	48,91710	50,14774	51,39681	52,66565
2,2	53,95448	55,26377	56,59378	57,94481	59,31716	60,71113	62,12700	63,56505	65,02554	66,50875
2,3	68,01499	69,54438	71,09724	72,67380	74,27429	75,89896	77,54801	79,22167	80,92016	82,64369
2,4	84,39255	86,16679	87,96669	89,79245	91,64427	93,52235	95,42688	97,35805	99,31606	101,30109
2,5	103,31323	105,35288	107,42011	109,51512	111,63809	113,78921	115,96865	118,17660	120,41325	122,67879
2,6	124,97348	127,29733	129,65061	132,03351	134,44621	136,88890	139,36176	141,86497	144,39873	146,96322
2,7	149,55843	152,18499	154,84280	157,53208	160,25303	163,00585	165,79071	168,60780	171,45733	174,33947
2,8	177,25455	180,20252	183,18368	186,19824	189,24638	192,32829	195,44418	198,59423	201,77864	204,99761
2,9	208,25146	211,54013	214,86394	218,22308	221,61776	225,04817	228,51451	232,01696	235,55573	239,13102
3,0	242,74282	246,39172	250,07772	253,80103	257,56183	261,36031	265,19669	269,07113	272,98386	276,93505

Tabelle A.6. (Fortsetzung)

T \ K	0	1	2	3	4	5	6	7	8	9
	p, mbar									
3,1	280,92508	284,95380	289,02158	293,12861	297,27507	301,46117	305,68710	309,95304	314,25920	318,60575
3.2	322,99309	327,42104	331,88996	336,40005	340,95150	345,54450	350,17924	354,85589	359,57466	364,33573
3,3	369,13904	373,98529	378,87440	383,80657	388,78197	393,80081	398,86325	403,96949	409,11971	414,31410
3,4	419,55307	424,83636	430,16438	435,53731	440,95533	446,41862	451,92738	457,48178	463,08200	468,72824
3,5	474,42038	480,15920	485,94459	491,77672	497,65579	503,58198	509,55547	515,57643	521,64507	527,76156
3,6	533,92634	540,13911	546,40028	552,71004	559,06859	565,47611	571,93278	578,43878	584,99431	591,59956
3,7	598,25499	604,96025	611,71579	618,52180	625,37848	632,28601	639,24459	646,25440	653,31564	660,42851
3,8	667,59282	674,80954	682,07846	689,39980	696,77375	704,20050	711,68026	719,21321	726,79957	734,43955
3,9	742,13366	749,88148	757,68352	765,54000	773,45111	781,41707	789,43808	797,51435	805,64610	813,83354
4,0	822,07724	830,37672	838,73254	847,14492	855,61407	864,14022	872,72359	881,36437	890,06283	898,81918
4,1	907,63317	916,50599	925,43737	934,42756	943,47679	952,58529	961,75329	970,98101	980,26871	989,61663
4,2	999,02540	1008,49448	1018,02450	1027,61571	1037,26834	1046,98265	1056,75889	1066,59728	1076,49809	1086,46159
4,3	1096,48747	1106,57709	1116,73015	1126,94690	1137,22762	1147,57255	1157,98195	1168,45609	1178,99523	1189,59964
4,4	1200,27004	1211,00582	1221,80766	1232,67585	1243,61066	1254,61236	1265,68122	1276,81750	1288,02150	1299,29349
4,5	1310,63423	1322,04306	1333,52072	1345,06749	1356,68366	1368,36951	1380,12532	1391,95135	1403,84794	1415,81534
4,6	1427,85321	1439,96314	1452,14476	1464,39836	1476,72424	1489,12268	1501,59399	1514,13842	1526,75631	1539,44795
4,7	1552,21416	1565,05419	1577,96885	1590,95844	1604,02326	1617,16361	1630,37978	1643,67205	1657,04076	1670,48619
4,8	1684,00821	1697,60901	1711,28643	1725,04177	1738,87534	1752,78744	1766,77836	1780,84838	1794,99784	1809,22703
4,9	1823,53548	1837,92504	1852,39522	1866,94633	1881,57868	1896,29254	1911,08823	1925,96601	1940,92623	1955,96916
5,0	1971,09573	1986,30500	2001,59787	2016,97464	2032,43560	2047,98103	2063,61124	2079,32649	2095,12710	2111,01334
5,1	2126,98466	2143,04306	2159,18796	2175,41964	2191,73839	2208,14447	2224,63818	2241,21976	2257,88953	2274,64774
5,2	2291,49539	2308,43134	2325,45655	–	–	–	–	–	–	–

Tabelle A.7. Dampfdruck von e-Wasserstoff [A.6]

T	,0	,1	,2	,3	,4	,5	,6	,7	,8	,9
K						p, mbar				
14	78,422	82,977	87,733	92,696	97,871	103,265	108,883	114,732	120,818	127,147
15	133,725	140,559	147,654	155,018	162,657	170,577	178,786	187,288	196,092	205,204
16	214,630	224,378	234,455	244,866	255,620	266,723	278,181	290,003	302,195	314,765
17	327,718	341,064	354,808	368,958	383,522	398,506	413,919	429,766	446,056	462,797
18	479,994	497,657	515,793	534,408	553,511	573,109	593,210	613,820	634,949	656,604
19	678,791	701,519	724,796	748,629	773,027	797,996	823,544	849,680	876,411	903,745
20	931,690	960,253	989,443	1019,267	1049,734	1080,851	1112,626	1145,067	1178,182	1211,979
21	1246,466	1281,651	1317,542	1354,147	1391,474	1429,531	1468,326	1507,867	1548,163	1589,221
22	1631,050	1673,657	1717,051	1761,240	1806,232	1852,036	1898,658	1946,109	1994,395	2043,525
23	2093,508	–	–	–	–	–	–	–	–	–

Tabelle A.8. Dampfdruck von n-Wasserstoff [A.6]

T	,0	,1	,2	,3	,4	,5	,6	,7	,8	,9
K						p, mbar				
14	73,843	78,180	82,712	87,443	92,380	97,528	102,893	108,481	114,299	120,352
15	126,647	133,190	139,987	147,044	154,368	161,965	169,842	178,006	186,462	195,218
16	204,280	213,655	223,350	233,372	243,726	254,422	265,464	276,861	288,619	300,745
17	313,246	326,131	339,404	353,075	367,150	381,636	396,540	411,871	427,635	443,839
18	460,491	477,599	495,170	513,210	531,729	550,733	570,230	590,227	610,732	631,753
19	653,296	675,371	697,984	721,143	744,856	769,131	793,975	819,396	845,401	872,000
20	899,198	927,005	955,427	984,473	1014,151	1044,469	1075,434	1107,054	1139,337	1172,292
21	1205,925	1240,246	1275,261	1310,979	1347,408	1384,556	1422,431	1461,041	1500,393	1540,497
22	1581,359	1622,989	1665,394	1708,582	1752,561	1797,339	1842,925	1889,327	1936,553	1984,610
23	2033,508	2083,253	2133,856	2185,322	2237,662	2290,883	2344,993	2400,000	2455,913	2512,741

Tabelle A.9. Dampfdruck von Neon [A.6]

T	,0	,1	,2	,3	,4	,5	,6	,7	,8	,9
K					p, mbar					
24	–	–	–	–	–	–	440,223	456,660	473,565	490,949
25	508,819	527,184	546,054	565,437	585,342	605,779	626,757	648,284	670,370	693,025
26	716,257	740,076	764,492	789,513	815,150	841,411	868,307	895,847	924,041	952,898
27	982,428	1012,641	1043,547	1075,155	1107,476	1140,519	1174,294	1208,811	1244,080	1280,111
28	1316,915	1354,501	1392,879	1432,060	1472,054	1512,871	1554,520	1597,013	1640,360	1684,571
29	1729,656	1775,625	1822,490	1870,260	1918,946	1968,559	2019,108	2070,604	2123,059	2176,482
30	2230,884	2286,275	2342,667	2400,070	2458,494	2517,951	2578,451	2640,005	2702,623	2766,317

Tabelle A.10. Dampfdruck von Stickstoff [9.87]

T	,0	,1	,2	,3	,4	,5	,6	,7	,8	,9
K					p, mbar					
63	–	–	126,421	128,761	131,135	133,545	135,990	138,472	140,990	143,544
64	146,136	148,766	151,433	154,139	156,883	159,667	162,491	165,354	168,258	171,203
65	174,189	177,216	180,286	183,398	186,553	189,751	192,993	196,280	199,611	202,987
66	206,408	209,876	213,390	216,950	220,558	224,214	227,917	231,670	235,471	239,322
67	243,223	247,174	251,176	255,230	259,335	263,493	267,703	271,967	276,284	280,655
68	285,081	289,563	294,099	298,692	303,342	308,048	312,812	317,634	322,514	327,454
69	332,453	337,512	342,632	347,812	353,054	358,358	363,725	369,155	374,648	380,205
70	385,827	391,514	397,266	403,085	408,970	414,923	420,943	427,031	433,188	439,415
71	445,711	452,077	458,515	465,024	471,605	478,258	484,984	491,784	498,658	505,607
72	512,631	519,731	526,907	534,160	541,490	548,899	556,386	563,952	571,598	579,324
73	587,131	595,019	602,989	611,042	619,178	627,397	635,701	644,089	652,563	661,123
74	669,769	678,503	687,324	696,234	705,232	714,320	723,498	732,766	742,126	751,578
75	761,122	770,759	780,490	790,315	800,234	810,250	820,361	830,569	840,874	851,277
76	861,778	872,378	883,078	893,879	904,780	915,783	926,888	938,095	949,406	960,821
77	972,341	983,966	995,697	1007,534	1019,478	1031,530	1043,690	1055,960	1068,339	1080,828
78	1093,428	1106,139	1118,963	1131,900	1144,950	1158,114	1171,393	1184,787	1198,297	1211,924
79	1225,668	1239,530	1253,510	1267,610	1281,830	1296,170	1310,632	1325,215	1339,921	1354,750
80	1369,702	1384,779	1399,982	1415,310	1430,764	1446,346	1462,055	1477,893	1493,860	1509,957
81	1526,184	1542,542	1559,032	1575,655	1592,411	1609,300	1626,324	1643,483	1660,778	1678,209
82	1695,777	1713,484	1731,329	1749,313	1767,437	1785,701	1804,107	1822,655	1841,346	1860,179
83	1879,157	1898,280	1917,548	1936,962	1956,522	1976,231	1996,087	2016,093	2036,248	2056,553
84	2077,009	–	–	–	–	–	–	–	–	–

Tabelle A.11. Dampfdruck von Sauerstoff [A.6]

T	,0	,1	,2	,3	,4	,5	,6	,7	,8	,9
K					p, mbar					
54	-	-	-	-	1,484	1,531	1,580	1,630	1,681	1,734
55	1,789	1,845	1,902	1,961	2,021	2,083	2,147	2,213	2,280	2,349
56	2,419	2,492	2,567	2,643	2,721	2,802	2,884	2,969	3,055	3,144
57	3,235	3,329	3,424	3,522	3,623	3,726	3,831	3,939	4,050	4,163
58	4,279	4,398	4,520	4,644	4,772	4,902	5,036	5,172	5,312	5,455
59	5,602	5,752	5,905	6,062	6,222	6,386	6,553	6,725	6,900	7,079
60	7,262	7,449	7,640	7,836	8,036	8,240	8,448	8,661	8,878	9,101
61	9,328	9,559	9,796	10,037	10,284	10,536	10,793	11,055	11,323	11,597
62	11,875	12,160	12,450	12,747	13,049	13,357	13,672	13,992	14,320	14,653
63	14,993	15,340	15,694	16,054	16,422	16,796	17,178	17,567	17,964	18,368
64	18,780	19,199	19,627	20,062	20,506	20,958	21,418	21,886	22,364	22,850
65	23,345	23,849	24,362	24,884	25,416	25,957	26,508	27,069	27,639	28,220
66	28,811	29,412	30,024	30,647	31,280	31,924	32,579	33,246	33,923	34,613
67	35,314	36,027	36,752	37,489	38,238	39,000	39,774	40,561	41,362	42,175
68	43,001	43,841	44,695	45,563	46,444	47,340	48,250	49,174	50,113	51,067
69	52,036	53,020	54,020	55,035	56,066	57,113	58,176	59,256	60,352	61,464
70	62,594	63,741	64,905	66,087	67,286	68,503	69,739	70,993	72,265	73,556
71	74,866	76,195	77,544	78,912	80,300	81,709	83,137	84,586	86,055	87,546
72	89,057	90,590	92,145	93,722	95,320	96,941	98,584	100,250	101,940	103,652
73	105,388	107,147	108,931	110,739	112,571	114,428	116,310	118,217	120,149	122,108
74	124,092	126,102	128,139	130,203	132,294	134,412	136,557	138,731	140,932	143,162
75	145,420	147,707	150,023	152,369	154,744	157,150	159,585	162,051	164,548	167,076
76	169,636	172,227	174,850	177,505	180,193	182,913	185,667	188,454	191,275	194,129
77	197,018	199,942	202,901	205,894	208,924	211,989	215,090	218,228	221,402	224,613
78	227,862	231,149	234,473	237,836	241,237	244,678	248,157	251,676	255,236	258,835
79	262,475	266,156	269,878	273,641	277,447	281,295	285,185	289,118	293,095	297,115
80	301,179	305,287	209,439	313,637	317,880	322,169	326,504	330,885	335,312	339,787
81	344,309	348,879	353,497	358,164	362,879	367,643	372,457	377,321	382,235	387,200
82	392,216	397,283	402,402	407,574	412,797	418,074	423,403	428,787	434,224	439,716
83	445,262	450,864	456,521	462,234	468,003	473,829	479,712	485,652	491,650	497,707
84	503,822	509,996	516,229	522,523	528,876	535,290	541,765	548,302	554,900	561,560
85	568,283	575,069	581,919	588,832	595,809	602,852	609,959	617,131	624,370	631,674
86	639,046	646,484	653,990	661,564	669,207	676,918	684,698	692,548	700,468	708,459
87	716,520	724,653	732,857	741,134	749,483	757,905	766,401	774,971	783,615	792,334
88	801,128	809,997	818,943	827,965	837,065	846,241	855,496	864,829	874,240	883,731
89	893,302	902,952	912,683	922,495	932,388	942,364	952,421	962,562	972,785	983,093
90	993,484	1003,960	1014,521	1025,168	1035,901	1046,720	1057,626	1068,619	1079,700	1090,870
91	1102,128	1113,476	1124,913	1136,440	1148,058	1159,767	1171,568	1183,460	1195,446	1207,524
92	1219,695	1231,961	1244,321	1256,776	1269,326	1281,972	1294,714	1307,554	1320,490	1333,524
93	1346,657	1359,888	1373,218	1386,648	1400,179	1413,810	1427,542	1441,376	1455,312	1469,350
94	1483,492	-	-	-	-	-	-	-	-	-

Tabelle A.12. Dampfdruck von Argon [A.7]

T	,0	,1	,2	,3	,4	,5	,6	,7	,8	,9
K					p, mbar					
83	–	–	–	–	–	–	–	–	689,165	697,146
84	705,198	713,322	721,519	729,789	738,132	746,549	755,040	763,606	772,246	780,963
85	789,755	798,623	807,569	816,591	825,692	834,870	844,128	853,464	862,880	872,375
86	881,951	891,608	901,347	911,167	921,069	931,054	941,122	951,274	961,510	971,830
87	982,235	992,726	1003,302	1013,965	1024,715	1035,552	1046,477	1057,490	1068,592	1079,782
88	1091,063	1102,433	1113,894	1125,446	1137,090	1148,825	1160,653	1172,574	1184,589	1196,697
89	1208,899	1221,197	1233,589	1246,078	1258,662	1271,344	1284,122	1296,999	1309,973	1323,046
90	1336,219	1349,491	1362,863	1376,335	1389,909	1403,584	1417,362	1431,242	1445,225	1459,311
91	1473,502	1487,797	1502,197	1516,703	1531,314	1546,033	1560,858	1575,790	1590,831	1605,980
92	1621,238	1636,605	1652,083	1667,671	1683,370	1699,180	1715,103	1731,138	1747,285	1763,547
93	1779,922	1796,412	1813,017	1829,737	1846,573	1863,526	1880,596	1897,784	1915,089	1932,513
94	1950,056	1967,719	1985,501	2003,405	2021,429	2039,575	2057,843	2076,234	2094,748	2113,386

lle A.13. Wärmeleitungsintegrale [8.2]. Hinweise zur Anwendung, s. Gl.(8.5)

$\int_{4}^{T} \lambda dT$ in $kW\,m^{-1}$ (Rostfreier Stahl, Aluminium, Kupfer, Messing, Monel) — $\int_{4}^{T} \lambda dT$ in $W\,m^{-1}$ (Kunststoffe, Glas)

Rostfreier Stahl	Aluminium kalt verformt		Kupfer getempert				Messing	Monel gezogen	Kunststoffe			Glas
Mittel der Typen 303, 304 316, 347 18/8	kommerziell 99%	99,99%	Elektrolyt 99,95%	OFHC 99,95%	extrem rein 99,999%	Phos. desox. 99%			Teflon PTFE	Nylon	Plexiglas (Perspex)	Mittel von Pyrex, Quarz- und Borosilikatglas
0,00063	0,138	7,35	0,80	0,61	16,6	0,0176	0,0053	0,00123	0,113	0,0321	0,118	0,211
0,00293	0,607	28,0	3,32	2,52	63,6	0,0785	0,0229	0,00629	0,44	0,148	0,359	0,681
0,0163	2,76	90,7	14,0	11,0	179	0,395	0,112	0,0364	1,64	0,823	1,01	2,0
0,0824	9,62	153	40,6	33,8	270	1,64	0,476	0,173	5,08	3,85	3,30	5,86
0,198	17,0	174	58,7	49,6	296	3,55	1,04	0,388	9,36	8,59	6,83	11,5
0,317	22,0	182	68,6	58,6	307	5,39	1,62	0,592	13,0	13,1	10,1	17,5
0,349	23,2	184	70,7	60,6	309	5,89	1,77	0,647	13,9	14,2	11,0	19,4
0,528	28,4	190	80,2	70,0	318	8,58	2,65	0,940	18,7	20,4	15,5	29,2
0,726	33,0	196	89,1	78,8	327	11,5	3,65	1,26	23,7	26,9	20,0	40,8
0,939	37,6	201	97,6	87,4	336	14,6	4,78	1,59	28,7	33,6	24,7	54,2
1,17	42,0	206	106	95,6	344	18,0	6,03	1,95	33,8	40,5	29,4	69,4
1,41	46,4	211	114	104	352	21,5	7,38	2,32	39,0	47,5	34,2	85,8
1,66	50,8	216	122	112	360	25,3	8,83	2,71	44,2	54,5	39,0	103
2,34	61,8	227	142	132	380	35,3	12,8	3,73	57,2	72,0	51,0	150
3,06	72,8	239	162	152	400	46,1	17,2	4,80	70,2	89,5	63,0	199

Tabelle A.14. Emissionsgrade e von Werkstoffen [1.11; 1.12; A.8; A.9]. Temperatur des Strahlers: 273 bis 373 K. Zwischen normalen und hemisphärischen Werten von e ist nicht unterschieden

Werkstoff	Temperatur der Oberfläche in K		
	300	80	4
Aluminium			
getempert, elektrolyt. poliert	0,03	0,018	0,011
rauh	0,08	0,03	
mit Oxidschicht 0,25 µm	0,06		
1 µm	0,30		
7 µm	0,75		
mit Lackschicht 0,5 µm	0,05		
2 µm	0,30		
8 µm	0,57		
Kupfer			
mechanisch poliert	0,03	0,019	0,015
elektrolyt. poliert		0,015	0,006
schwarz oxidiert	0,78		
Stahl und Eisen			
Stahl 316, poliert auf 5 µm (rms)		0,045	
poliert auf 2 µm (rms)		0,027	
Stahl 302 und 18/8, poliert	0,08 – 0,15	0,048 – 0,061	
Gußeisen, poliert	0,21		
Eisen, verrostet	0,85		
Silber			
poliert	0,020	0,008	0,04
auf verkupfertem oder vernickeltem rostfreiem Stahl		0,07	
oxidiert		0,036	
Gold			
Folie 40 µm dick	0,02	0,01	
12 µm auf Kupfer	0,04	0,025	
5 µm auf Stahl 304		0,025	
12 µm auf Glas oder Plexiglas		0,016	
0,25 µm auf Glas oder Plexiglas		0,063	
metallisierte Mylarfolien (Metalldicke > 0,1 µm)			
Aluminium		0,023	
Gold		0,018	
Silber		0,012	
Kupfer		0,014	

Tabelle A.15. Gasabgaberate Q_g/A verschiedener Materialien in $Pa\,m^3 m^{-2} s^{-1}$ bei 293 K ($= 10^{-3}$ mbar dm^{3}cm^{-2}s^{-1})

Material	Nicht ausgeheizte Proben Q_g/A in $Pa\,m^3 m^{-2} s^{-1}$ nach t =				Vorbehandlung	Lit.	Während t Studen bei T°C im Vakuum ausgeheizte Proben Q_g/A $Pa\,m^3 m^{-2} s^{-1}$	T °C	t h	Lit.
	1 h	4 h	10 h	40 h						
Rostfreier Stahl	3.10^{-6}	1.10^{-6}	3.10^{-7}	1.10^{-7}	entfettet	[2.73]	6.10^{-9}	150	24	[2.73]
	4.10^{-6}	7.10^{-7}	2.10^{-7}	5.10^{-8}	Standard-Reinigung[a]	[2.73]	6.10^{-9}	300	25	[2.82]
							3.10^{-9}	360	45	[2.82]
							5.10^{-11}	400	20	[2.99]
							2.10^{-11}	1000	3[b]	[2.82]
								360	25	
Inconel 625	$9,10^{-5}$		6.10^{-6}			[2.100]	7.10^{-10}	500	50	[2.100]
Aluminium	1.10^{-5}	4.10^{-6}	1.10^{-6}	4.10^{-7}	entfettet	[2.66]	3.10^{-11}	400	16	[2.98]
	3.10^{-3}	8.10^{-4}	1.10^{-4}	4.10^{-6}	anod. oxyd. 100 μm	[2.66]	4.10^{-11}	400	20	[2.99]
Araldit (Ciba)	5.10^{-4}	3.10^{-4}	2.10^{-4}	7.10^{-5}		[2.70]	1.10^{-7}	100	3	[2.86]
Nylon				3.10^{-5}		[2.86]	5.10^{-8}	120	24	[2.86]
Teflon (Dupont)	6.10^{-4}	3.10^{-4}	1.10^{-4}			[2.70]	4.10^{-6}	100	50	[2.97]
Vespel (Polyimid)	2.10^{-4}	8.10^{-5}	5.10^{-5}			[2.95]	4.10^{-8}	300	12	[2.95]
Viton A				1.10^{-4}		[2.86]	3.10^{-6}	200	24	[2.86]
Superisolationsfolien			$10^{-6}\ldots10^{-7}$			[2.96]				
Pyrex			$10^{-5}\ldots10^{-6}$			[2.34]	$< 1.10^{-11}$	450	4	[2.34]

[a] Varian Standard-Reinigung [2.73]: 1. Entfetten mit Trichloräthylen-Dampfbad, 2. Reinigen mit Oakite, 3. Spülen mit heißem Wasser, 4. Bad aus 33% HNO_3, 33% HF und 34% H_2O bei Raumtemperatur, 5. Spülen mit H_2O, trocknen und hermetisch verschließen.

[b] Ausgeheizt im Vakuumofen bei 1000 °C und 3.10^{-4} Pa, dann in der UHV-Apparatur bei 360 °C.

Literaturverzeichnis

1.1   Tait, P.G.; Dewar, J.: Proc. Roy. Soc. (Edinburgh) 8 (1874) 348, 628

1.2   Dewar, J.: Collected Papers. Cambridge: Univ. Press 1927

1.3   Grassmann, P.: Kältetechnik 2 (1950) 183

1.4   Chuan, R.L.: Univ. South Calif., Eng. Center Rep. 56-201 (1957)

1.5   Bailey, B.M.; Chuan, R.L.: Trans. Nat. Vac. Symp. 5 (1958) 262

1.6   Lasarev, B.G.; Borovik, Je.S.; Fedorova, M.F.; Zin, N.M.: Ukr. Phys. J. (1957) 176

1.7   Gifford, W.E.; McMahon, H.O.: Adv. Cryog. Eng. 5 (1960) 354

1.8   Prast, G.: Philips Tech. Rev. 26 (1965) 1

1.9   Scott, R.B.: Cryogenic engineering. Van Nostrand 1967

1.10   Barron, R.: Cryogenic systems. McGraw-Hill 1966

1.11   Kropschot, R.H.; Birmingham, B.W.; Mann, D.B.: Technology of liquid Helium, NBS Monograph 111, 1968

1.12   Frey, H.; Haefer, R.A.: Tieftemperatur-Technologie. Düsseldorf: VDI-Verlag, 1981

1.13   Klipping, G.: Cryogenics 13 (1973) 197

1.14   Dushman, S.: Scientific foundations of vacuum technique. New York: Wiley 1962

1.14a Power, B.D.: High vacuum pumping equipment. London: Chapman & Hall 1966

1.15   Redhead, P.A.; Hobson, J.P.; Kornelsen, E.V.: The physical basis of ultrahigh vacuum. London: Chapman & Hall 1968

1.16   Roth, A.: Vacuum technology. Amsterdam: North-Holland 1976

1.17   Wutz, M.: Theorie und Praxis der Vakuumtechnik. Braunschweig: Vieweg 1979

1.18   Santeler, D.J.; Jones, D.W.; Holkeboer, D.H.; Pagano, F.: Vacuum technology and space simulation. NASA SP 105 (1966)

1.19   Moore, R.W. jr.: Trans. Nat. Vac. Symp. 8 (1961) 426

1.20   Haefer, R.A.: Festschrift Max Auwärter, 1978, p. 139 – Vacuum 30 (1980) 19 und 193

1.21   Gareis, P.J.; Hagenbach, G.F.: Ind. Eng. Chem. 57 (1965) 27

1.22   Holland, L.: Brit. J. Appl. Phys. 16 (1965) 1053

1.23   Kidnay, A.J.; Hiza, M.J.: Cryogenics 10 (1970) 271

1.24 Haefer, R.A.: Le Vide 25 (1970) 65

1.25 Bailey, C.A.: Advanced cryogenics. London, New York: Plenum Press 1971,
p. 317

1.26 Davey, G., in [1.25] p. 339

1.27 Hobson, J.P.: J. Vac. Sci. Technol. 10 (1973) 73

1.28 Barron, R.F.: Adv. Cryog. Eng. 20 (1975) 402

1.29 Thibault, J.J.: Proc. 3rd Int. Cryog. Eng. Conf. (1970) 25

1.30 Haefer, R.A.: J. Phys. E (im Druck)

2.1 Chapman, S.; Cowling, T.G.: The mathematical theory of non-uniform gases.
Cambridge: Univ. Press 1970

2.2 Hirschfelder, J.O.; Curtiss, C.F.; Bird, R.B.: Molecular theory of gases
and liquids. New York: Wiley 1967

2.3 Hurlbut, F.C.: Molecular scattering at solid surfaces, Estermann, I. (ed.).
New York: Academic Press 1959

2.4 Nocilla, S.: Rarefied gas dynamics, Proc. 3rd Int. Symp., A. Laurmann, J.
(ed.), Vol. 1. New York: Academic Press 1963

2.5 Brown, R.F.; Trayer, D.M.; Busby, M.R.: J. Vac. Sci. Technol. 7 (1970)
241

2.6 Knudsen, M.: Ann. Phys. 31 (1910) 205, 633. – The kinetic theory of gases.
New York: Wiley 1934

2.7 Edmonds, T.; Hobson, J.P.: J. Vac. Sci. Technol. 2 (1965) 182

2.8 Liang, S.C.: J. Phys. Chem. 57 (1953) 910 – J. Appl. Phys. 22 (1951) 148 –
J. Phys. Chem. 56 (1952) 660 – Can. J. Chem. 33 (1955) 279

2.9 Summers, R.L.: NASA Rep. TND 5285 (1969)

2.10 Brombacher, W.G.: NBS Techn. Note 298 (1967)

2.11 Young, J.R.: J. Vac. Sci. Technol. 10 (1973) 212

2.12 Moesta, H.; Renn, R.: Vak. Techn. 6 (1957) 35

2.13 Reich, G.: Z. Angew. Phys. 9 (1957) 23

2.14 Bennewitz, H.G.; Dohmann, H.D.: Vak. Tech. 14 (1965) 8

2.15 Kleber, P.: Diss. Univ. Tübingen 1974 – DFVLR Forschungsber. DLR FB
73-90 – Vacuum 25 (1975) 191

2.16 ISO-R-1608, 1st ed. 1970

2.17 Buhl, R.; Trendelenburg, E.: Vacuum 15 (1965) 231 – Proc. 3rd Int. Vac.
Congr., Vol. II/1 (1965) 221

2.18 Steckelmacher, W.: Vacuum 15 (1965) 249

2.19 Bates, B.L.; Laurenson, L.; Steckelmacher, W.: Vacuum 16 (1966) 597

2.20 Buhl, R.: Vacuum 16 (1966) 589

2.21 Dayton, B.B.; Stickney, W.W.: Trans. Nat. Vac. Symp. 10 (1963) 105

2.22 Haefer, R.A.: Vak. Techn. 16 (1967) 149, 185, 210

2.23 Haefer, R.A.: Sulzer Tech. Rev., Res. No. 8 (1970) 1-15

2.24 Levenson, L.L.; Milleron, N.; Davis, D.H.: Trans. Nat. Vac. Symp. 7
(1960) 372

2.25 Clausing, P.: Ann. Phys. 12 (1932) 961 - Versl. Afd. Nat. Kon. Akad. Wet.,
      Amsterdam 35 (1926) 1023

2.26 Davis, D.H.: J. Appl. Phys. 31 (1960) 1169

2.27 de Marcus, W.C.: The problem of Knudsen flow, Parts I - VI, US AEC Rep.
      K 1302, AD 12457 (1956)

2.28 Berman, A.S.: J. Appl. Phys. 36 (1965) 3356

2.29 Berman, A.S.: J. Appl. Phys. 40 (1969) 4991

2.30 Levenson, L.L.; Milleron, N.; Davis, D.H.: Le Vide 103 (1963) 42

2.31 Pinson, J.D.; Peck, A.W.: Trans. Nat. Vac. Symp. 9 (1962) 406

2.32 Delafosse, J.; Mongodin, G.: Les calculs de la technique du vide. Le Vide 92
      (1961) 3-108

2.33 Loevinger, R., in: Guthrie, A.; Wakerling, R.K. (eds.), Vacuum equipment
      and techniques. New York: McGraw-Hill 1949

2.34 Holland, L.; Steckelmacher, W.; Yarwood, J.: Vacuum manual. London:
      Spon. 1974, p. 38-43

2.35 Benvenuti, C.; Blechschmidt, D.; Passardi, G.: Le Vide, Suppl. 169 (1974)
      117

2.36 Garwin, E.L. in: R. Vance (ed.), Cryogenic technology. New York: Wiley
      1963, p. 332

2.37 Clausing, P.: Z. Phys. 66 (1930) 471

2.38 Reynolds, T.; Richley, E.A.: Flux patterns resulting from free molecular
      flow. NASA TN D (1964)

2.39 Chubb, J.N.: Proc. 4th Int. Vac. Congr. (1968) 433

2.40 Harries, W.: Z. Angew. Phys. 3 (1951) 296

2.41 Oatley, C.W.: Brit. J. Appl. Phys. 8 (1957) 15, 495

2.42 Steckelmacher, W.: Brit. J. Appl. Phys. 8 (1957) 494

2.43 Steckelmacher, W.; Turner, D.: J. Sci. Instrum. 43 (1966) 893

2.44 Füstöss, L.; Toth, G.: J. Vac. Sci. Technol. 9 (1972) 1214

2.45 Füstöss, L.: Vacuum 22 (1972) 111

2.46 Ballance, I.O.: Proc. 3rd Int. Vac. Congr. (1965) 85

2.47 Haefer, R.A.: Vacuum 30 (1980) 217

2.48 Pisani, C.: Proc. 4th Int. Vac. Congr. (1968) 439

2.49 Wu, Y.: Rarefied gas dynamics. New York: Academic Press 1961, p. 141
      - J. Chem. Phys. 48 (1968) 889 u. 52 (1970) 1494

2.50 Steckelmacher, W.: Vacuum 16 (1966) 561 - Proc. 6th Int. Vac. Congr.
      (1974) 117

2.51 Haefer, R.A.: Proc. Int. Cryog. Eng. Conf. 3 (1970) 374

2.52a Wu, Y.: Proc. 2nd Int. Symp. rarefied gas dynamics 1960

2.52b Haefer, R.A.: Cryogenics 11 (1971) 210

2.53 Haefer, R.A.: Proc. Int. Cryog. Eng. Conf. 4 (1972) 314

2.54 Haefer, R.A.; Kleber, P.: Le Vide 31 (1976) 19

2.55 Haefer, R.A.; Kleber, P.: Proc. 4th Int. Vac. Congr. (1968) 237

2.56 Haefer, R.A.: Unveröffentlicht, Kastenstruktur

2.57 Hands, B.A.: Cryogenics 13 (1973) 699 - Vacuum 26 (1976) 11

2.58 Oswatitsch, K.: Gasdynamik. Wien: Springer 1952

2.59 Sauer, R.: Einführung in die theoretische Gasdynamik. Berlin, Göttingen,
     Heidelberg: Springer 1951

2.60 Bland, M.E.: Le Vide, Suppl. 169 (1974) 131

2.61 Dawson, J.P.; Haygood, J.D.: Cryogenics 5 (1965) 57

2.62 Wutz, M.: Proc. 3rd Int. Vac. Congr. 2 (1965) 79 - Vak. Techn. 14 (1965)
     126

263 Hobson, J.P.: Trans. Nat. Vac. Symp. 8 (1961) 26

2.64 Kraus, Th.: Vak. Techn. 8 (1959) 39

2.65 Dayton, B.B.: Trans. Nat. Vac. Symp. 8 (1961) 42 - 7 (1960) 101

2.66 Schram, A.: Le Vide 103 (1963) 55

2.67 Lewin, G.: Fundamentals of vacuum science and technology. New York:
     McGraw-Hill 1965

2.68 Fischer, E.; Zankel, K.: CERN-ISR-VA 73-52 (1973)

2.69 Horikoshi, G.; Satoh, K.; Mizuno, H.: Proc. 6th Int. Vac. Congr. (1974)
     205

2.70 Diels, K.; Jaeckel, R.: Leybold Vakuum-Taschenbuch, 2. Aufl. Berlin, Göt-
     tingen, Heidelberg: Springer 1962

2.71 Jaeckel, R.: Trans. Nat. Vac. Symp. 8 (1961) 17

2.72 Schittko, F.J.: Vak. Techn. 12 (1963) 294

2.73 Strausser, Y.E.: Review of outgassing results. Techn. Rep. VR-51, Varian
     (1967)

2.74 Norton, F.J.: Trans. Nat. Vac. Symp. 8 (1961) 8 - J. Appl. Phys. 28 (1957)
     34

2.75 Perkins, W.G.: J. Vac. Sci. Technol. 10 (1973) 543

2.76 Henry, R.P.: Cours de science et de technique du vide. Soc. Française du
     Vide, Paris 1974

2.77 Flecken, F.A.; Nöller, H.G.: Trans. Nat. Vac. Symp. 8 (1961) 58

2.78 Crank, J.; Park, G.S.: Diffusion in polymers. London: Academic Press 1968

2.79 Barrer, R.M.: Diffusion in and through solids. Cambridge: Univ. Press 1951

2.80 Crank, J.: The mathematics of diffusion. Oxford: Univ. Press 1956

2.81 Lewin, G.: J. Vac. Sci. Technol. 6 (1969) 420

2.82 Calder, R.; Lewin, G.: Brit. J. Appl. Phys. 18 (1967) 1459

2.83 Phillips, J.R.; Dodge, R.F.: Am. Inst. Chem. Eng. 14 (1968) 392

2.84 Barton, R.S.: Atomic Energy Res. Establ. AERE Z/M 210 (1958), M. 599
     (1960)

2.85 Urey, W.D.: J. Am. Chem. Soc. 54 (1932) 3887

2.86 Barton, R.S.; Govier, R.P.: J. Vac. Sci. Technol. 2 (1965) 113 - Proc.
     4th Int. Vac. Congr. (1968) 775

2.87 Strausser, Y.E.: Proc. 4th Int. Vac. Congr. (1968) 469

2.88 Messer, G.; Treitz, N.: Proc. 7th Int. Vac. Congr. (1977) 223

2.89 Holland, L.: Vacuum deposition of thin films. London: Chapman & Hall 1974

2.90 Farnsworth, H.E.: J. Appl. Phys. 29 (1958) 1150

2.91 Hagstrum, H.D.; D'Amico, C.: J. Appl. Phys. 31 (1960) 715

2.92   Benninghoven, A.: Z. Phys. 230 (1970) 403

2.93   Benninghoven, A.; Loebach, E.: Rev. Sci. Instrum. 24 (1971) 49

2.94   Jones, A.W.; Jones, E.; Williams, E.M.: Vacuum 23 (1973) 227

2.95   Hait, P.W.: Tech. Rep. Varian VR 42 (1967) - Vacuum 17 (1967) 547

2.96   Kutzner, K.; Wietzke, I.: Vak. Tech. 21 (1972) 267

2.97   Singleton, J.H.: Trans. Nat. Vac. Symp. 10 (1963) 267

2.98   Power, B.D.: High vacuum pumping equipment. London: Chapman & Hall 1966

2.99   Moraw, G.R.; Dobrozemsky, R.: Proc. 6th Int. Vac. Congr. (1974) 261

2.100 Yoshikawa, H.; Gomay, Y.; Sugiyama, Y.; Mizuno, M.; Komiya, S.; Tazima, T.: Proc. Int. Vac. Congr. 7 (1977) 367

2.101 Nuvolone, R.: Proc. 7th Int. Vac. Congr. (1977) 219

2.102 Denhoy, B.S.; Batzer, T.H.; Call, W.R.: Proc. Symp. Eng. Problems of Fusion Research 7 (1977) 1045

2.103 Steckelmacher, W.; Henning, H.: Vacuum 29 (1979) 31

2.104 Steckelmacher, W.: Vacuum 28 (1978) 269

2.105 Halama, H.J.; Harrera, J.C.: J. Vac. Sci. Technol. 13 (1976) 463

2.106 Davey, G.: Vacuum 26 (1976) 17

2.107 Santeler, D.J.: Trans. AVS Vac. Symp. 6 (1959) 129

2.108 Nuvolone, R.: Le Vide 33 (1978) 171

2.109 Dushman, S.: Gen. Electric Rev. 23 (1920) 493

2.110 Akiyama, Y.; Nakayama, K.; Saito, M.: Vacuum 21 (1971) 167

2.111 Hobson, J.P.: J. Vac. Sci. Technol. 16 (1979) 84

2.112 Haefer, R.A.: Vacuum 30 (1980) 193

3.1   Lennard-Jones, J.E.: Proc. R. Soc. London A 163 (1937) 127

3.2   McCarrol, B.; Ehrlich, G.: J. Chem. Phys. 38 (1963) 523; in: Rutner et al., (eds.), Condensation and evaporation of solids. New York: Gordon and Breack 1964

3.3   Hirth, I.P.; Pound, G.M.: Progress in materials science, condensation and evaporation. 11 (1963) Pergamon Press

3.4   Rutner, E.: J. Vacuum Sci. Technol. 4 (1967) 368

3.5   Klipping, G.; Mascher, W.: Vak. Tech. 11 (1962) 81; Z. Angew. Phys. 16 (1963) 471

3.6   Mascher, W.: Diss. TU Berlin 1967

3.7   Bächler, W.; Klipping, G.; Mascher, W.: Trans. Nat. Vac. Symp. 9 (1962) 216

3.8   Bachner, D.; Koelzer, W.; Müller, D.: Forschungsberichte des Landes Nordrhein-Westfalen, Nr. 1643, 1966. Köln, Oplanden: Westdeutscher Verlag

3.9   Chubb, J.N.: 3rd Int. Vac. Congr. (1965) II/1, p. 97

3.10   Chubb, J.N.; Pollard, I.E.: Vacuum 15 (1965) 491

3.11   Thibault, J.J.; Roussel, J.; Nanoboff, A.: Proc. 1st Int. Cryog. Eng. Congr. (1966) 20

3.12   Foner, S.N.; Mauer, F.A.; Bolz, L.H.: J. Chem. Phys. 31 (1959) 546

3.13   Göhre, H.: 2. Europ. Symp. Vak. (1963) 112

3.14   Holland, L.; Priestland, C.: 3rd Int. Vac. Congr. (1965) II, 141

3.15   Baker, M.A.; Holland, L.: J. Vac. Sci. Technol. 6 (1969) 951

3.16   Levenson, L.L.: Nuovo Cimento, Suppl. 5 (1967) 321. - J. Vac. Sci. Technol. 8 (1971) 629

3.17   Bryson III, C.E.; Cazcarra, V.; Chouarain, M.; Levenson, L.L.: J. Vac. Sci. Technol. 9 (1972) 557

3.18   Bryson III, C.E.; Cazcarra, V.; Levenson, L.L.: J. Vac. Sci. Technol. 10 (1973) 310

3.19   Bryson III, C.E.; Cazcarra, V.; Levenson, L.L.: J. Vac. Sci. Technol. 11 (1974) 411

3.20   Brown, R.F.; Heald, J.R.: Adv. Cryog. Eng. 13 (1968) 243

3.20a   Brown, R.F.; Caldwell, R.L.; Busby, M.R.: Appl. Phys. Lett. 14 (1969) 219

3.20b   Arnold, F.; Busby, M.R.; Dawbarn, R.: AEDC-TR-70-172 (1970)

3.20c   Busby, M.R.; Haygood, J.D.; Link, C.H.: AEDC-Tr-70-131 (1970)

3.21   Bentley, P.D.; Hands, B.A.: Proc. Int. Vac. Congr. 7 (1977) 73

3.22   Chubb, J.N.; Gowland, L.; Pollard, I.E.: 5th Symp. Fusion Technology, Oyford 1968. Brit. J. Appl. Phys. D 1 (1968) 361

3.23   Benvenuti, C.; Calder, R.S.: Phys. Lett. 25 A (1971) 291

3.24   Benvenuti, C.: J. Vac. Sci. Technol. 11 (1974) 591

3.25   Benvenuti, C.; Calder, R.S.; Passardi, G.: J. Vac. Sci. Technol. 13 (1976) 1172

3.26   Lee, T.J.; Gowland, L.; Reddish, V.C.: Nature Phys. Sci. 231 (1971) 193

3.27   Lee, T.J.: J. Vac. Sci. Technol. 9 (1972) 257 - Proc. ICEC 3 (1970) 388

3.28   Honig, R.E.; Hook, H.O.: RCA Review 21 (1960) 360-368

3.29   Landolt-Börnstein: Zahlenwerte und Funktionen, 6. Aufl. Band 2, Teil 2a. Berlin, Göttingen, Heidelberg: Springer 1960

3.30   Grilly, E.R.: Cryogenics 2 (1962) 226

3.31   Borovik, E.S.; Grishin, S.F.; Grishina, E.Ya.: Zhur. Tekhn. Fiz. 30 (1960) 506

3.32   Buffham, B.A.; Henault, P.B.; Flinn, R.A.: Vac. Symp. Trans. 9 (1962) 205

3.33   Moody, T.L.: AEDC-Tr-66-231 (1967)

3.34   Brown, R.F.; Wang, E.S.J.: ARO, July 1964

3.35   Hengevoss, J.: Trans. 3rd Int. Vac. Congr. (1965) 51

3.36   Wang, E.S.J.; Collins, J.A.; Haygood, J.D.: Adv. Cryog. Eng. 7 (1961) 44

3.37   Sänger, G.: DFVLR-Bericht DLRFB 64-17 (1964) 320

3.38   Dawson, I.P.; Haygood, I.D.; Collins, I.A. jr.: Adv. Cryog. Eng. 9 (1963) 443

3.39   Arnold, F.; Busby, M.R.; Dawbarn, R.: Entropie Nr. 42 (1971) 84

3.40   Nocilla, S.: Entropie Nr. 49 (1973) 37

3.41 Mayer, H., in: Schneider, H.G.; Ruth, V. (eds.), Adv. in endotaxy and epitaxy. Leipzig: 1971, p. 63

3.42 Niedermayer, R.: In [3.41], p. 21

3.43 Chopra, K.L.: Thin film phenomena, New York: McGraw-Hill 1969

3.44 Kossel, W.: Nachr. Ges. Wiss. Göttingen, Math. phys. Kl. 135 (1927)

3.45 Stranski, I.N.: Z. Phys. Chem. 136 (1928) 259

3.46 Knacke, O.; Stranski, I.N.: Erg. exakt. Naturwiss. 26 (1952) 383

3.47 Frenkel, I.: Z. f. Physik (USSR) 9 (1945) 392

3.48 Eyring, H.; Gladstone, S.; Laidler, K.I.: The theory of rate processes. New York: McGraw-Hill 1941, p. 211

3.49 Roussel, J.; Thibault, J.J.; Nanoboff, A.: Le Vide Nr. 118 (1965) 249

3.50 Eder, F.X.: Vak. Tech. 21 (1972) 76

3.51 Armand, G.: Surf. Sci. 9 (1968) 145

3.52 Goodman, F.O.: Progr. Surf. Sci. 5, Part 3 (1974)

3.53 Volmer, M.: Kinetik der Phasenbildung. Dresden, Leipzig 1939, S. 80

3.54 Frank, F.C.: Disc. Faraday Soc. 5 (1948) 48

3.55 Burton, W.K.; Cabrera, N.; Frank, F.C.: Philos. Trans. R. Soc. (London) A 243 (1951) 299

3.56 Heyer, H.: Angew. Chem. 78 (1966) 130

3.57 Haefer, R.A.: Unveröffentlicht

3.58 Yuferov, V.B.; Bulatova, R.F.; Kobzev, P.M.; Kosan, VS.: Sov. Phys.-Tech. Phys. 13 (1968) 238

3.59 Stranski, I.N.; Kaischew, R.: Z. Phys. Chem. B 26 (1934) 100, 317

3.60 Pound, G.M.; Karge, H., in: Niedermayer, R.; Mayer, H. (eds.). Basic problems in thin film physics, 1966, p. 19

3.61 Hemstreet, R.A.; Hamilton, I.R.: J. Chem. Phys. 34 (1961) 948

3.62 Dallügge, W.: Diss. TU Berlin 1971

3.63 Manzhelii, V.G.; Tolkatschow, A.M.; Woitowitsch, E.E.: Phys. Stat. Sol. 13 (1966) 351

3.64 Landolt-Börnstein: Zahlenwerte und Funktionen, 6. Aufl., Band 4, Teil 4. Berlin, Heidelberg, New York: Springer 1967

3.65 Gmelin: Handb. d. Anorg. Chemie, 8. Aufl., 1970

3.66 Caren, R.P.; Gilcrest, A.S.; Zierman, C.A.: Adv. Cryog. Eng. 9 (1964) 457

3.67 Rotgers, K.W.: NASA CR-553 (1966)

3.68 Schulze, W.; Kolb, D.M.; Klipping, G.: Proc. ICEC 5 (1974) 268

3.69 Rosenberg, H.M.: Low temperature solid state physics, Oxford: Clarendon Press 1963, p. 43ff

3.70 White, G.K.; Woods, S.B.: Phil. Mag. 3 (1958) 785

3.71 Daney, D.E.: Cryogenics 11 (1971) 290

3.72 Ratcliffe, E.H.: Phil. Mag. 7 (1962) 1197

3.73 Hill, R.W.; Schneidmesser, B.: Z. Phys. Chem., NF 16 (1958) 257

3.74 Wilks, I.: Nuovo Cimento, Suppl. X, 9 (1958) 84

3.75 Roder, H.M.: Cryogenics 2 (1962) 302

3.76 Pitman, D.; Zuckerman, B.: J. Appl. Phys. 38 (1967) 2698

3.77 Moore, B.C.: Trans. Vac. Symp. 9 (1962) 212

3.78 Cunningham, T.M.; Young, R.L.: Adv. Cryog. Eng. 8 (1962) 85

3.79 Merriam, R.L.; Viscanta, R.: Adv. Cryog. Eng. 14 (1969) 240

3.80 Ockman, N.: Adv. Phys. 1 (1958) 199

3.81 Osberb, W.E.; Hornig, D.F.: J. Chem. Phys. 20 (1952) 1345

3.82 Dahlke, W.Z.: Z. Phys. 102 (1936) 360

3.83 Smith, H.B.; Irey, R.K.: Adv. Cryog. Eng. 15 (1970) 463

3.84 Dawson, J.P.; McCullough, M.; Wood, B.E.; Birkebak, R.: ARO Rept.
     No. AEDC-TR-65-94 (1965)

3.85 Eisenstadt, M.M.: J. Vac. Sci. Technol. 7 (1970) 479

3.86 Gammon, R.B.: Vacuum 22 (1972) 579

3.87 Erents, K.; McCracken, G.M.: Vacuum 21 (1971) 257

3.88 Smith, A.M.; Tempelmeyer, K.E.; Muller, P.R.; Wood, B.E.: AIAA J. 7
     (1969) 2274

3.89 Thanh, N.V.; Levenson, L.L.: J. Vac. Sci. Technol. 14 (1977) 471

4.1 Keesom, W.H.; Schmidt, G.: K. Akad. Wetschappen 36 (1933) 832

4.2 Keesom, W.H.; Schoeers, J.: Physica 8 (1941) 1032

4.3 Brackmann, R.T.; Fite, W.L.: J. Chem. Phys. 34 (1961) 1572

4.4 Hunt, A.L.; Taylor, C.E.; Omohundro, J.E.: Univ. Calif. Lawrence Radia-
     tion Lab. Rep. UCRL 6679 (1961) – Adv. Cryog. Eng. 8 (1963) 100

4.5 Müller, E.: Cryogenics 6 (1966) 242

4.6 Dawbarn, R.: Arnold Eng. Dev. Center TR 67-125 (1967)

4.7 Hengevoss, J.: J. Vac. Sci. Technol. 6 (1969) 58

4.8 Busol, F.E.; Yuferov, V.B.: Sov. Phys. Tech. Phys. 11 (1966) 125

4.9 Yuferov, V.B.; Busol. F.E.: Sov. Phys. Tech. Phys. 11 (1967) 1518

4.10 Yuferov, V.B.; Kovalenko, V.A.; Kobzev, P.M.: Sov. Phys. Tech. Phys.
     12 (1968) 1265

4.11 Yuferov, V.B.; Kobzev, P.M.: Sov. Phys. 14 (1969) 427

4.12 Yuferov, V.B.; Kobzev, P.M.: Sov. Phys. Tech. Phys. 14 (1970) 1261

4.13 Dawbarn, R.; Haygood, J.D.: Arnold Eng. Dev. Center Tr 66-204 (1967)
     – Tr 68-90 (1968)

4.14 Tempelmeyer, K.E.: Arnold Eng. Dev. Center Tr 70-123 (1970)

4.15 Tempelmeyer, K.E.; Dawbarn, R.; Young, R.L.: J. Vac. Sci. Technol. 8
     (1971) 575

4.16 Tempelmeyer, K.E.: J. Vac. Sci. Technol. 8 (1971) 612

4.17 Tempelmeyer, K.E.: Cryogenics 11 (1971) 120

4.18 Tölle, V.: Diss. TU Berlin 1971

4.19 Schulze, W.: Diss. TU Berlin 1971

4.20 Dressler, M.: Diss. TU Berlin 1969

4.21 Smith, J.D.: NASA TMX 2104 (1970)

4.22 Boissin, J.C.; Thibault, J.J.; Richardt, H.: Le Vide, Suppl. 157 (1972) 103

4.23 Brunauer, S.: The adsorption of gases and vapors. Princeton 1945

4.24 de Boer, J.H.: The dynamical character of adsorption. Oxford 1953

4.25 Wyckoff, R.W.G.: Crystal structures. New York 1963

4.26 Kapulla, H.; Gläser, W.: Phys. Lett. 31 A (1970) 158

4.27 Stranski, I.N.; Kaischew, R.: Z. phys. Chem. B 26 (1934) 114

4.28 Lichtenthaler, R.N.; Schäfer, K.: Ber. Bunsenges. 73 (1969) 42

4.29 Polanyi, M.: Verh. Dtsch. Physik. Ges. 16 (1914) 1012

4.30 Berenyi, L.: Z. Phys. Chem. 94 (1920) 628

4.31 Berenyi, L.: Z. Phys. Chem. 105 (1923) 55

4.32 Adamson, A.W.: Physical chemistry of surfaces. New York: Interscience Publ. 1960

4.33 Ross, S.; Olivier, J.P.: On physical adsorption. New York: Interscience Publ. 1964

4.34 Ross, M.; Steel, W.A.: J. Chem. Phys. 35 (1961) 850, 863, 871

4.35 Bering, B.P.; Dubinin, M.M.; Serpinski, V.V.: J. Coll. Interface Sci. 21 (1966) 378 - Z. Chem. 9 (1969) 13

4.36 Bering, B.P.; Serpinski, V.V.: Dokl. Akad. Nauk USSR 148 (1963) 158

4.37 Drain, L.E.; Morrison, J.A.: Trans. Faraday Soc. 48 (1952) 840

4.38 Dubinin, M.M.; Raduskkevick, L.V.: Proc. Acad. Sci. USSR 55 (1947) 327

4.39 Kaganer, M.G.: Proc. Acad. Sci. USSR, Phys. Chem. Sect. 116 (1957) 603

4.40 Kaganer, M.G.: Dokl. Acad. Nauk USSR 138 (1961) 419

4.41 Hobson, J.P.: J. Phys. Chem. 73 (1969) 2720

4.42 Granville, A.; Hall, P.G.: Trans. Faraday Soc. 63 (1967) 701

4.43 Emmett, P.H.; Brunauer, S.: J. Am. Chem. Soc. 59 (1937) 1553

4.44 Haefer, R.A.: In Vorbereitung

4.45 Endow, N.; Pasternak, R.A.: J. Vac. Sci. Technol. 3 (1966) 196

4.46 Dawbarn, R.: Sci. Tech. Aerospace Rep. 5(21) 3896, N67-36165 (1967)

4.47 Bewilogua, L.; Jäckel, M.; Kattner, C.; Kluge, B.: Monatsber. Dtsch. Akad. Wiss. 11 (1969) 837

4.48 Hobson, J.P.: The solid-gas interface. Flood, E.A. (ed.). New York: Dekker 1967

4.49 Becker, K.; Klipping, G.; Schönherr, W.D.; Schulze, W.; Tölle, K.: Proc. Int. Cryog. Eng. Conf. 4 (1972) 319, 323

4.50 Yuferov, V.B.: Sov. Phys. Tech. Phys. 20 (1975) 378

4.51 Arakava, I.; Kobayashi, M.; Tuzi, Y.: J. Vac. Sci. Technol. 16 (1979) 738

5.1 Hobson, J.P.; Chapman, R.: In: Ricca, F. (ed.) Adsorption-desorption phenomena. London, New York: Academic Press 1972

5.2 Hobson, J.P.; Williams, R.B.: J. Vac. Sci. Technol. 6 (1969) 965

5.3 Danilova, N.P.; Shalnikov, A.I.: Pribory Tech. Experim. 6 (1967) 199

5.4a Meier, W.M.; Uytterhoeven, J.B.: Molecular sieves. Adv. in Chem. Series 121, Wasington D.C. (1973)

5.4b Breck, D.W.: Zeolite molecular sieves. New York, London: Wiley 1974

5.5   Helmstreet, R.A.; Robb, Q.G.; Pitlor, J.R.; Potts, L.D.; Ruttenbur, D.M.: Tech. Doc. Rept. AEDC-TDR-64-100 (1964)

5.6   Gareis, P.J.; Pitlor, J.R.: AEDC-TDR 65-18 (1965)

5.7   Hobson, J.P.: J. Vac. Sci. Technol. 10 (1973) 73

5.8   Gareis, P.J.; Stern, S.A.: Cryog. Eng. News 26 (1967) October - Proc. Int. Inst. Refrig., Boulder (1966) 249

5.9   Stern, S.A.; Mullhaupt, J.T.; Hemstreet, R.A.; DiPaolo, F.S.: J. Vac. Sci. Technol. 2 (1965) 165

5.10 Stern, S.A.; Hemstreet, R.A.; Ruttenbur, D.M.: J. Vac. Sci. Technol. 3 (1966) 99

5.11 Stern, S.A.; DiPaolo, F.S.: J. Vac. Sci. Technol. 4 (1967) 347

5.12 Turner, F.T.; Feinleib, M.: Trans. Nat. Vac. Symp. 8 (1962) 300

5.13 Grenier, G.E.; Stern, S.A.: J. Vac. Sci. Technol. 3 (1966) 334

5.14 Stern, S.A.; DiPaolo, F.S.: J. Vac. Sci. Technol. 6 (1969) 941

5.15 Kaganer, M.G.: Sov. J. Phys. Chem. 36 (1962) 950

5.16 Manes, M.; Grant, R.J.: Trans. Vac. Symp. 10 (1963) 122

5.17 Kienel, G.: Beitrag BW 1612 zu "Vakuumtechnik", VDI-Bildungswerk, Düsseldorf 1970

5.18 Cheng, D.; Simson, J.P.: Adv. Cryog. Eng. 10 (1965) 292 - Instrum. Control Syst. (1966) September, 115

5.19 Thibault, J.J.; Couillaud, J.P.: Le Vide, Suppl. 143 (1969) 184

5.20 Sands, A.; Dick, S.M.: Vacuum 16 (1966) 691

5.21 Bauer, S.H.; Jeffers, P.: J. Phys. Chem. 69 (1965) 3317

5.22 Visser, J.; Symersky, B.; Geraets, A.J.M.: Vacuum 27 (1977) 175

5.23 Gareis, P.J.; Hagenbach, G.F.: Ind. Eng. Chemistry 57 (1965) 27

5.24 Schimpke, B.; Schügerl, K.: Chem. Ing. Tech. 40 (1968) 207

5.25 Southerlan, R.E.: AEDC-TR 65-49 (1965)

5.26 Halama, H.J.; Aggus, J.R.: J. Vac. Sci. Technol. 11 (1974) 333; 12 (1975) 532

5.27 Watson, J.S.; Fisher, P.W.: Proc. 7th Int. Vac. Congr. (1977) 363

5.28 Dobrozemsky, R.; Moraw, G.: Vacuum 21 (1971) 587

5.29 Nair, C.V.G.; Vijendran, P.: Vacuum 27 (1977) 549; 21 (1971) 159

5.30 Nair, C.V.G.; Vijendran, P.: Proc. 6th Int. Vac. Congr. (1974) 93

5.31 Dobrozemsky, R.; Moraw, G.: Proc. 6th Int. Vac. Congr. (1974) 97

6.1   Schmidlin, F.W.; Heflinger, L.O.; Garwin, E.L.: Trans. Nat. Vac. Symp. 9 (1962) 197

6.2   Haygood, J.J.: J. Phys. Chem. 67 (1963) 2065

6.3   Garvin, E.L.: Adv. Cryog. Eng. 8 (1963) 40

6.4   Hemstreet, R.A.; Webster, D.J.; Ruttenbur, D.M.; Wirth, W.J.; Hamilton, J.R.: Nasa Doc. N 63-16, 547 (1963) - AEDC-TDR 63-127 (1963)

6.5   Hengevoss, J.; Trendelenburg, E.A.: Z. Naturf. 17a (1962) 935; 18a (1963) 481

6.6   Hengevoss, J.: II. Europ. Symp. Vakuum (1963) 105

6.7   Hengevoss, J.: Vacuum 17 (1967) 495

6.8   Ghormley, J.A.: J. Chem. Phys. 46 (1967) 1321

6.9   Haefer, R.A.: In Vorbereitung

6.10 Degras, F.A.: Nuovo Cimento, Suppl. 1 (1963) 663; II. Europ. Symp. Vakuum (1963) 95

6.11 Schimpke, B.; Schügerl, K.: Chem. Ing. Tech. 40 (1968) 392

6.12 Chuan, R.L.: Univ. South Calif., Eng. Center Rep. 56-101 (1960)

6.13 Hengevoss, J.; Trendelenburg, E.A.: Trans. Nat. Vac. Symp. 10 (1963) 101

6.14 Yuferov, V.B.; Busol. F.I.: Sov. Phys. Tech. Phys. 13 (1969) 1137

6.15 Wandelburg, K.: Diss. TU Berlin 1970

6.16 Schönherr, W.D.: Diss. TU Berlin 1970

6.17 Chou, T.S.; Halama, H.J.: Proc. 7th Int. Vac. Congr. (1977) 65

7.1   Bond, G.C.: Catalysis by metals. New York: Academic Press 1962, p. 66

7.2   Jackson, A.G.; Haas, T.W.: J. Vac. Sci. Technol. 4 (1967) 42

7.3   Sweetman, D.R.: Nucl. Instrum. Methods 13 (1962) 317

7.4   Clausing, R.E.: Trans AVS Vac. Symp. 8 (1962) 345

7.5   Simonov, V.A. et al.: Fusion Nucleaire, Suppl. 1 (1962) 325

7.6   Prévot, F.; Sledziewsky, Z.: Le Vide 113 (1964) 342

7.7   Prévot, F.; Sledziewsky, Z.: Le Vide 133 (1968) 14

7.8   Prévot, F.; Sledziewsky, Z.; Roquessalme, R.: Le Vide 145 (1970) 1

7.9   Prévot, F.; Sledziewsky, Z.; Aubry, B.; Delafosse, J.: Le Vide 153 (1971) 91

7.10 Holland, L.; Laurenson, L.; Allen, P.G.W.: Trans. AVS Vac. Symp. 8 (1962) 208

7.11 Elsworth, L.; Holland, L.; Laurenson, L.: Vacuum 15 (1965) 337

7.12 Singleton, J.H.: J. Vac. Sci. Technol. 8 (1971) 275

7.13 McCracken, G.M.; Maple, J.H.C.: Brit. J. Appl. Phys. 18 (1967) 919

7.14 Hunt, A.L.; Damm, C.C.; Popp, E.C.: Adv. Cryog. Eng. 8 (1963) 110

7.15 Della Porta, P.; Giorigi, T.: Vacuum 16 (1966) 379

7.16 McCracken, G.M.; Pashley, N.A.: J. Vac. Sci. Technol. 3 (1966) 96

7.17 Lawson, R.W.; Woodward, J.W.: Vacuum 17 (1967) 205

7.18 Harra, D.J.; Hayward, W.H.: Nuovo Cimento, Suppl. 5 (1967) 56

7.19 Yerkes, J.W.; Walker, W.W.; Hayward, W.H.; Woodbury, R.: Proc. Inst. Environ. Sci. (1967) 183

7.20 Kuznetsov, M.V.; Nasarov, A.S.; Ivanovski, G.F.: J. Vac. Sci. Techn. 6 (1969) 34

7.21 Harra, D.J.; Snouse, T.W.: J. Vac. Sci. Technol. 9 (1972) 552

7.22 Thibault, J.J.; Roussel, J.; Carle, J.; Daudin, B.: Le Vide, Suppl. 143 (1969) 207

7.23 Omelka, L.V.: J. Vac. Sci. Technol. 7 (1970) 257

7.24 Smith, H.R. jr.: J. Vac. Sci. Technol. 8 (1971) 286

7.25 Olmstead, R.D.; Wolf, R.A.: Proc. Inst. Environ. Sci. (1965) 201

7.26 McGinnis, C.D.: Proc. Inst. Environ. Sci. (1966) 147

7.27 Robertson, D.D.: Proc. 4th Int. Vac. Congr. (1968) 373

7.28 Boissin, J.C.; Daudin, B.; Le Vide, Suppl. 143 (1969) 11

7.29 Varian-Firmendruckschrift 2276 A

7.30 Okano, T.; Iimura, K.; Tominaga, G.: Proc. 7th Int. Vac. Congr. (1977) 81

7.31 Prévot, F.; Sledziewsky, Z.: J. Vac. Sci. Technol. 9 (1972) 49

7.32 Harra, D.J.: J. Vac. Sci. Technol. 13 (1976) 471

8.1 Benvenuti, C.; Decroux, J.C.: Proc. 7th Int. Vac. Congr. (1977) 85

8.2 Stewart, R.B.; Johnson, V.J.: WADD-Tech. Rep. 60-56 Part IV (1961)

8.3 Carlslaw, H.S.; Jaeger, J.C.: Conduction of heat in solids. Oxford 1968

8.4 Tsao, C.K.: Cryogenics 14 (1974) 271

8.5 McFee, R.: Rev. Sci. Instrum. 30 (1959) 98

8.6 Stekly, Z.J.J.: J. Appl. Phys. 37 (1966) 324

8.7 Lock, J.M.: Cryogenics 9 (1969) 438

8.8 Odenov, S.V.: Cryogenics 13 (1973) 543

8.9 Rauh, M.: Die optimalen Dimensionen elektrischer Zuleitungen für Tieftem-
     peraturanlagen. Diss. Nr. 4656, ETH Zürich 1971

8.10 Corruccini, R.J.: Adv. Cryog. Eng. 3 (1957) 353

8.11 Haefer, R.A.: Deutscher Kälteverein, Jahrestagung 1975, p. 87

8.12 Thibault, J.J.; Boissin, J.C.; Carle, J.: Le Vide, Suppl. 169 (1974) 139

8.13 Winkler, O.: Private Mitteilung

8.14 Brentari, E.G.; Giarratano, P.J.; Smith, R.V.: Boiling heat transfer for
     O_2, N_2, H_2, He. NBS-TN 317 (1965)

8.15 Arp, V. et al.: Helium heat transfer NBS-Rep. 10753 (1972)

8.16 Haefer, R.A.: Wärmeübergang an tiefsiedende Kältemittel, in Kryotechnik,
     VDI-Bildungswerk Düsseldorf 1977

8.17 Eder, F.X.; Hengevoss, J.; Wössner, H.: Proc. 4th Int. Vac. Congr.
     (1968) 409

8.18 Boissin, J.G.; Rapinat, M.; Thibault, J.J.; Didier, P.: Le Vide, Suppl. 143
     (1969) 141

8.19 Wössner, H.: Vak. Tech. 21 (1972) 101

8.20 Hengevoss, J.; Wössner, H.: Le Vide, Suppl. 143 (1969) 65

8.21 Frost, W.: Heat transfer at low temperatures. New York, London: Plenum
     Press 1955

8.22 Brown, R.F.; Powell, H.M.; Trayer, D.M.: Proc. 6th Rarafied Gas Dynam-
     ics Symp. (1968) 1187

8.23 Klett, D.E.; Irey, R.K.: Adv. Cryog. Eng. 14 (1969) 217

8.24 Cochran, M.E.; Irey, R.K.: Adv. Cryog. Eng. 17 (1972) 456

9.1   Hengevoss, J.; Wössner, H.: Proc. 3rd Int. Cryog. Eng. Conf. (1970) 399

9.2a Kienel, G.; Wutz, M.: Vak. Tech. 15 (1966) 40

9.2b Schäfer, G.; Schinkmann, M.: Vak. Tech. 22 (1973) 10

9.3   Forth, H.J.; Hofmann, A.; Schäfer, G.; Schäfer, P.; Schinkmann, M.:
      Vak. Tech. 21 (1972) 81

9.4   Thibault, J.J.; Carle, J.; Daudin, B.: Le Vide, Suppl. 143 (1969) 177

9.5   Thibault, J.J.: Proc. Int. Cryog. Eng. Conf. 3 (1970) 25

9.6   Benvenuti, C.: Le Vide 168 (1973) 235

9.7   Benvenuti, C.: Proc. 7th Int. Vac. Congr. (1977) 1

9.8   Frank, R.; Forth, H.J.; Lentges, G.; Venus, G.; Jensen, K.; Klipping,
      G.: 6. ICEC (1976) 119

9.9   Halama, H.J.; Lam, C.K.; Bamberger, J.A.: J. Vac. Sci. Technol 14
      (1977) 1201

9.10 Powers, R.J.; Chambers, R.M.: J. Vac. Sci. Technol. 8 (1971) 319

9.11 Farrow, H.M.: Res. Dev. (1973) June, 63

9.12 Klipping, G.: Kältetechnik 13 (1961) 250

9.13 Klipping, G.; Vetterkind, D.; Walentowitz, G.: Cryogenics 5 (1965) 76

9.14 Klipping, G.; Ruppert, U.; Walter, H.: Proc. Int. Cryog. Eng. Conf. 4
      (1972) 358

9.15 Klipping, G.; Schönherr, W.D.; Schulze, W.: Cryogenics 10 (1970) 501

9.16 Klipping, G.: Chem. Ing. Tech. 36 (1964) 430

9.17 Eder, F.X.: Elektrotech. Z. A89 (1968) 304

9.18 Eder, F.X.; Wössner, H.: In: Auswärter, M., Ergebnisse der Hochvakuum-
      technik und der Physik dünner Schichten II. Stuttgart 1971, S. 348

9.19 Crawford, A.H.: Cryogenics 11 (1970) 28-37, 429

9.20 McMahon, H.O.: Cryogenics 1 (1961) 65

9.21 McMahon, H.O.; Gifford, W.E.: Problems of low temperature physics and
      thermodynamics, Vol. 2. New York: Pergamon Press 1960, pp. 15-27

9.22 Gifford, W.E.: Adv. Cryog. Eng. 11 (1966) 152

9.23 Gifford, W.E.: Cryogenics 10 (1970) 23

9.24 Grassmann, P.: Kältetechnik 19 (1967) 158

9.25 Daunt, J.G.: Hdb. d. Physik, Bd. 14. Berlin, Göttingen, Heidelberg: Sprin-
      ger 1956, S. 87-89

9.26 Gifford, W.E.; Hoffmann, T.E.: Adv. Cryog. Eng. 6 (1961) 82

9.27 Gifford, W.E.; Withjack, E.M.: Adv. Cryog. Eng. 14 (1969) 361

9.28 Longworth, R.C.: Adv. Cryog. Eng. 16 (1971) 195

9.29 Turner, F.T.; Hogan, W.H.: J. Vac. Sci. Technol. 3 (1966) 252

9.30 Winkler, O.; Wössner, H.; Ruhe, J.: Le Vide, Suppl. 169 (1974) 190

9.31 Winkler, O.: Vak. Tech. 26 (1977) 67

9.32 Balzers AG, Liechtenstein: Firmendruckschrift

9.33 Rubeau, P.; Der Nigohossian, G.; Avenel, O.: Le Vide, Suppl. 143 (1969) 27

9.34 Forth, H.J.; Frank, R.; Lentges, G.: 6. ICEC (1976) 132

9.35 Rüthlein, H.; Forth, H.J.: 7th Int. Vac. Congr. (1977) 77

9.36 Forth, H.J.; Frank, R.: 7th Int. Vac. Congr. (1977) 61

9.37 Longworth, R.C.: Adv. Cryog. Eng. 23 (1978) 658

9.38 Denison, D.R.: Proc. 7th Int. Vac. Congr. (1977) 69

9.39 Walker, G.: Stirling cycle machines. Oxford: Univ. Press 1973

9.40 Köhler, J.W.L.; Jonkers, C.O.: Philips Tech. Rev. 11 (1954) 305; 12 (1954) 345

9.41 Köhler, J.W.L.: Prog. Cryog. 2 (1960) 43

9.42 Prast, G.: Cryogenics 4 (1963) 156 – Adv. Cryog. Eng. 10 (1964) 273

9.43 Prast, G.; Haarhuis, G.J.: Kältetechnik 16 (1964) 232

9.44 Haarhuis, G.J.: Le Vide 171 (1974) 351

9.45 Frei, H.: Vak. Tech. 18 (1969) 127

9.46 Bewilogua, L.; Knöner, R.: Cryogenics 2 (1961) 46

9.47 Bewilogua, L.; Knöner, R.; Kappler, G.: Cryogenics 6 (1966) 34

9.48 Muhlenhaupt, R.C.; Strobridge, T.R.: NBS Tech. Note 366 (1968)

9.49 Aberle, J.L.; Westbrock, A.J.: Adv. Cryog. Eng. 8 (1963) 190

9.50 Ruhemann, M.: Cryogenics 1 (1961) 193

9.51 Ergenc, S.; Giger, U.; Trepp, C.: Kältetechnik 16 (1964) 296

9.52 Pagani, P.; Giger, U.: Proc. 2nd Int. Cryog. Eng. Conf. (1968) 39

9.53 Giger, U.; Pagani, P.; Trepp, C.: Cryogenics 11 (1971) 451

9.54 John, J.E.A.; Hardgroove, W.F.: Adv. Cryog. Eng. 12 (1967) 157

9.55 Hardgroove, W.F.: AIChE Symp. Series 68 No. 125 (1972) 31

9.56 Muhlenhaupt, R.C.; Strobridge, T.R.: NBS Tech. Note 354 (1967)

9.57 Rietdijk, J.A.: Int. Inst. Refrig., Annexe 1966-5 (1966) 241 – Philips Tech. Rev. 28 (1967) 175

9.58 Johnson, R.W.; Collins, S.C.; Smith, J.L.: Adv. Cryog. Eng. 16 (1971) 171

9.59 Patzelt, A.; Stephan, A.: Linde Ber. Tech. Wiss. 34 (1973) 3

9.60 Kneuer, R.; Petersen, K.; Stephan, A.: Proc. Int. Cryog. Eng. Conf. 4 (1972) 71

9.61 Doll, R.; Eder, F.X.: Adv. Cryog. Eng. 9 (1964) 561 – Kältetechnik 16 (1964) 5

9.62 Haarhuis, G.J.: Philips Tech. Rev. 29 (1968) 202

9.63 Eber, N.; Quack, H.; Schmid, C.: Adv. Cryog. Eng. 1977, paper CD 4

9.64 Quack, H.: Adv. Cryog. Eng. 1977, paper CD 6

9.65 Haisma, J.; Roozendal, K.: Inst. Inst. Refrig., Commission 1 (1967) 111

9.66 Mark, H.; Sommers, R.D.: Adv. Cryog. Eng. 8 (1963) 93

9.67 Bas, E.B.: Vak. Tech. 14 (1965) 66

9.68 Haefer, R.A.: Le Vide 199 (1965) 355

9.69 Collins, S.C.; Streeter, M.H.: Proc. 1st Int. Cryog. Eng. Conf. (1966) 215

9.70 Sellmaier, A.; Glatthaar, R.; Kliem, E.: Proc. 3rd Int. Cryog. Eng. Conf. (1970) 310

9.71 Ratliff, G.; St. Lorant, S.I.: Adv. Cryog. Eng. 16 (1971) 154

9.72 Baldus, W.: Adv. Cryog. Eng. 16 (1971) 163

9.73 Dean, J.W.; Jensen, J.E.: Adv. Cryog. Eng. 21 (1976) 197

9.74 Giarratano, P.J.; Arp, V.D.; Smith, R.V.: Cryogenics 11 (1971) 385

9.75 Collins, S.C.; Cannaday, R.L.: Expansion machines for low temperature processes. Oxford: Univ. Press 1958

9.76 Collins, S.C.: Adv. Cryog. Eng. 11 (1966) 11

9.77 Sixsmith, H., in: Bailey, C.A., Advanced cryogenics. London, New York: Plenum Press 1971

9.78 Ergenc, S.; Trepp, C.: Sulzer Tech. Rev. Nr. 4 (1966) 210

9.79 Zürcher, A.; Meier, H.: Sulzer Tech. Rev. 49 (1967) 1

9.80 Müller, H.J.: Linde Ber. Tech. Wiss., Nr. 29 (1971)

9.81 Hausen, H.: Wärmeübertragung im Gegenstrom, Geichstrom und Kreuzstrom, 2. Aufl. Berlin, Heidelberg, New York: Springer 1976

9.82 Jakob, M.: Heat transfer. New York and London, Vol. I: 1949; Vol. II: 1957

9.83 Heinze, Ch., Linde Ber. Tech. Wiss. 19 (1965) 3

9.84 Keesom, W.H.: Helium. Amsterdam: Elsevier 1942, x 2.26

9.85 Rubin, L.G.: Cryogenics 10 (1970) 14

9.86 Barber, C.R.: Temperature, Vol. III/1. Brickwedde, F.G. (ed.), New York: Reinhold 1962, p. 103

9.87 Barber, C.R.: Metrologia 5 (1969) 35

9.88 Brickwedde, F.G.; van Dijk, H.; Durieux, M.; Clement, J.R.; Logan, J.K.: J. Nat. Bur. Stand. 64 A (1960) 1-17

9.89 Sydoriak, S.G.; Roberts, T.R.; Sherman, R.H.: J. Nat. Bur. Stand. 68 A (1964) 559-565

9.90 Muijlwijk, R.: Physica 43 (1969) 419

9.91 Neuringer, L.J.; Perlman, A.J.; Rubin, L.G.; Shapiro, Y.: Rev. Sci. Instrum. 42 (1971) 9

9.92 Rusby, R.L.: Temperature, Vol. 4/2. New York: Reinhold 1972, p. 865

9.93 Clement, J.R.; Quinnell, E.H.: Rev. Sci. Instrum. 23 (1952) 213

9.94 Neuringer, L.J.; Shapiro, Y.; Rev. Sci. Instrum. 40 (1969) 1314

9.95 Sample, H.H.; Neuringer, L.J.: Rev. Sci. Instrum. 45 (1974) 64, 1389

9.96 Rosenbaum, R.L.: Rev. Sci. Instrum. 41 (1970) 37

9.97 Wolfendale, P.C.F.: J. Sci. Instrum. 2 (1969) 659

9.98 Sachse, H.B.: Semiconducting temperature sensors and their applications, New York, London: Wiley 1975

9.99 Schlosser, W.F.; Munnings, R.H.: Rev. Sci. Instrum. 40 (1969) 1359

9.100 Swartz, D.L.; Swartz, J.M.: Cryog. Tech. 5 (1969) 250 - Cryogenics 14 (1974) 67

9.101 Lawless, W.N. et al.: Rev. Sci. Instrum. 42 (1971) 561, 567, 571

9.102 Koeppe, W.: Kältetechnik 22 (1970) 14

9.103 Sparks, L.L.; Poewell, R.L.: Meas. Data 1 (1967) 82

9.104 Berman, R.; Brock, J.C.F.; Huntley, D.J.: Cryogenics 4 (1964) 233

9.105 Kutzner, K.: Cryogenics 8 (1968) 325

9.106 Klipping, G.; Schmidt, F.: Kältetechnik 17 (1965) 382

9.107 Landolt-Börnstein: Zahlenwerte und Funktionen, 6. Aufl., Band 2, Teil 1. Berlin, Heidelberg, New York: Springer 1971, S. 24-33

9.108 Roberts, T.R.; Sydoriak, S.G.: Phys. Rev. 102 (1956) 304

9.109 Gonano, R.; Adams, E.D.: Rev. Sci. Instrum. 41 (1970) 716

9.110 Walter, H.: Konstruktionselemente der Kryotechnik, VDI-Lehrgang Kryotechnik, Düsseldorf 1972

9.111 Hust, J.G.: Rev. Sci. Instrum. 41 (1970) 622

9.112 Kopp, J.; Slack, G.A.: Cryogenics 11 (1971) 22

9.113 Eder, F.X.: Moderne Meßmethoden der Physik, Thermodynamik, Berlin 1956 (Neuauflage im Druck)

9.114 Haselden, G.G.: Cryogenic fundamentals. New York: Academic Press 1971

9.115 Hoare, F.E.; Jackson, L.C.; Kurti, N.: Experimental cryophysics. London: Butterworths 1965, p. 155

9.116 Glaser, P.E.; Black, I.A.; Lindstrom, R.S.; Ruccia, F.E.; Wechsler, A.E.: Thermal insulation systems. NASA SP-5027 (1967)

9.117 Kaganer, M.G.: Thermal insulation in cryogenic engineering. Jerusalem 1969

9.118 Little, A.D.: Liquid propellant losses during space flight. NASA CR-53336 (1964)

9.119 Hnilicka, M.P.: Adv. Cryog. Eng. 5 (1959) 199

9.120 Daunt, J.C.; Johnston, H.L.: Rev. Sci. Instrum. 20 (1949) 122

9.121 Klipping, G.; Walter, H.: Kältetechnik 14 (1962) 212

9.122 Roth, A.: Vacuum sealing techniques. Pergamon Press 1966

9.123 Fraser, D.B.: Rev. Sci. Instrum. 3 (1962) 762

9.124 Aeroquip Corporation, Los Angeles, Calif. USA: Firmendruckschrift

9.125 Trouvay et Cauvin, 75882 Paris, Cedex 18: Firmendruckschrift

9.126 Ateliers Braun et Fils, 72460 Frontenex, France: Firmendruckschrift

9.127 Cefilac, 42029 St. Etienne, France: Firmendruckschrift

9.128 Wheeler, W.R.; Carlson, M.: Trans. Vac. Symp. 8 (1961) 1309

9.129 Wheeler, W.R.: Proc. Int. Vac. Congr. 7 (1977) 251

9.130 Balzers, A.G.: Firmendruckschrift

9.131 TEC Seal Corporation, Wilmington, California 90745: Firmendruckschrift

9.132 Spembly Technical Products, Sittingbourne, Kent, UK: Firmendruckschrift

9.133 Barunke, R.D.: Linde Ber. Tech. Wiss. Nr. 19 (1965) 24

9.134 Bauer, H.: Proc. 2nd Int. Cryog. Eng. Conf. (1968) 102

9.135 Sixsmith, H.; Giarratano, P.J.: Rev. Sci. Instrum. 41 (1970) 1570

9.136 Sherwood, J.E.: Rev. Sci. Instrum. 23 (1952) 446

9.137 Purser, K.H.; Richards, J.R.: J. Sci. Instrum. 36 (1959) 335

9.138 Thiele, K.: Kältetechnik 14 (1962) 288

9.139 Bardin, J.; Ropke, A.: Cryogenics 12 (1972) 58

9.140 Klipping, G.: Vak. Tech. 10 (1961) 1

9.141 Elsner, A.; Hildebrandt, G.; Klipping, G.: Kältetechnik 18 (1966) 233,
267; Int. Institute Refrigeration, Suppl. Bull. IIR, 1966-5, p. 143

9.142 Elsner, A.: Diss. FU Berlin 1969

9.143 Elsner, A.; Hildebrandt, G.; Klipping, G.: Dechema Monographien 58
(1968) 9

9.144 Elsner, A.; Klipping, G.: Adv. Cryog. Eng. 14 (1968) 416

9.145 Jacobs, R.B.: Adv. Cryog. Eng. 8 (1963) 529

9.146 Wexler, A.; Corak, W.S.: Cunningham, G.T.: Rev. Sci. Instrum. 21
(1950) 259

9.147 van Gundy, D.A.; Mullen, L.O.; Jacobs, R.B.: Adv. Cryog. Eng. 4
(1958) 326

9.148 Jacobs, R.B.: Adv. Cryog. Eng. 2 (1956) 303

9.149 Martin, K.B.; Jacobs, R.B.; Hardy, R.J.: Adv. Cryog. Eng. 2 (1956)
295

9.150 Grassmann, P.: Allg. Wärmetechnik 9 (1960) 79 - VDI (ed.), Energie
und Exergie. Düsseldorf: VDI-Verlag 1965

9.151 Strobridge, T.R.: IEEE Trans. Nucl. Sci. 16 (1969) 1104

9.152 Kurti, N.: The cost of refrigeration. Royal Society/CERN European Study
Conf., Genève 1968

9.153 Sellmaier, A.: Kältetechnik 22 (1970) 193

9.154 Santeler, D.: Int. Sci. Technol. No. 1 (1963) 46

9.155 Krafft, G.; Zahn, G.: Cryogenics 18 (1978) 112

9.156 Irie, F.; Klipping, G.; Lüders, K.; Takeo, M.; Matsushita, T.; Ruppert,
U.: Adv. Cryog. Eng. 22 (1977) paper CC-2

9.157 de Rijke, J.R.: J. Vac. Sci. Technol. 15 (1978) 765

9.158 Schäfer, G.: Vacuum 28 (1978) 399

9.159 Edeskuty, F.J.; Williamson, K.D. jr.: Adv. Cryog. Eng. 17 (1972) 56

9.160 Irie, F.; Matshushita, T.; Takeo, M.; Klipping, G.; Lüders, K.; Ruppert, U.: Adv. Cryog. Eng. 23 (1978) 326

9.161 Pundak, N.; Geyari, C.; BEN-Zvi, I.: Vacuum 26 (1976) 197

9.162 Sanchez, H.; Posada, E.; Panequa, J.; Jaramillo, I.; Fritsch, G.:
Vacuum 27 (1977) 163

9.163 Geyari, C.; Pundak, N.: Vacuum 21 (1971) 413

9.164 Snowman, J.W.: Vacuum 21 (1971) 27

9.165 Welsh, K.M.; Flegal, Ch.: Industrial Research/Development (1978)
March, p. 83

9.166 Bühler, S.: Cryogenics 19 (1979) 149

9.167 Engel, J.; Klipping, G.; Walter, H.: Proc. ICEC 6 (1976) 66

9.168 Graham, W.G.; Ruby, L.: J. Vac. Sci. Technol. 16 (1979) 927

9.169 Besley, L.M.: Metrologia 15 (1979) 57

10.1   COSPAR Working Group IV: Cira 1965, Cospar International Reference
Atmosphere 1965. Amsterdam: North-Holland

10.2   Glasstone, S.: Sourcebook on the space sciences, van Nostrand 1965

10.3   Haefer, R.A.: Le Vide 146 (1970) 65

10.4   Lorenz, A.: Vak. Techn. 20 (1971) 171

10.5   Ullmann, O.: Raumfahrtforschung 2 (1967) 87

10.6   Boeckel, J.H. et al.: Test philosophy and resultant record. NASA TN D-5812, 1970

10.7   Haefer, R.A.: Vacuum 22 (1972) 303

10.8   Everton, J.G.: Trans. Nat. Vac. Symp. 9 (1962) 227

10.9   Johnson, R.L.; Buckley, D.H.: The Inst. of Mech. Engineers Conf. on Lubrication and Wear. London 1967

10.10   Yerkes, I.W.: Vacuum system design. Lecture presented at the 1966 Special Summer Program at George Washington-University, Washington DC

10.11   Young, K.G.; Gamble, M.I.: Proc. Inst. Env. Sciences (1964) 577

10.12   Buckley, D.H.: Proc. 6th Int. Vac. Congr. (1974) 297

10.13   Finke, R.C.; Holmes, A.D.; Keller, T.A.: Space environment facility for electric propulsion. NASA TND-2774, 1965

10.14   Au, G.F.: Elektrische Antriebe von Raumfahrzeugen. Karlsruhe 1968

10.15   Chybulski, R.J.; Richeley, E.A.; Keller, T.A.: Proc. 8th Nat. Vac. Symp. (1961) 1279

10.16   Moore, B.C.: J. Vac. Sci. Technol. 9 (1972) 1090

10.17   Haefer, R.A.; Kleber, P.: Proc. 3rd Int. Cryog. Eng. Conf. (1970) 381

10.18   Haefer, R.A.: Vacuum 21 (1971) 269

10.19   Kleber, P.: Proc. 7th Int. Vac. Congr. (1977) 333

10.20   Joo, F.: Proc. 7th Int. Vac. Congr. (1977) 337

10.21   Hamacher, H.: Proc. 7th Int. Vac. Congr. (1977) 207

10.22   Melfi, L.T. jr.; Outlaw, R.A.; Hueser, J.E.; Brock, F.J.: J. Vac. Sci. Technol. 13 (1976) 698

10.23   Merrill, R.P.; Madix, R.J.: J. Vac. Sci. Technol. 14 (1977) 1282

10.24   Hobson, J.P.; Kornelsen, E.V.: Int. Vac. Congr. 7 (1977) 2663

10.25   Mark, H.: J. Vac. Sci. Technol. 14 (1977) 1243

10.26   Moore, B.C.: J. Vac. Sci. Technol. 16 (1979) 946

10.27   Lemke, D.; Klipping, G.; Römisch, N.: Adv. Cryog. Eng. 23 (1978) 629

10.28   Denner, H.D.; Klipping, I.; Menzel, J.; Klipping, G.; Ruppert, U.: Adv. Cryog. Eng. 22 (1977) paper CC-7 – Cryogenics 18 (1978) 166

10.29   Klein, G.: DFVLR-Mitteilung 68-30 (1968)

10.30   Schütz, H.A.; Classen, E.H.: Vak. Tech. 16 (1967) 233

10.31   Haefer, R.A.: Simulation der Kälte des Weltraumes. VIII. Lehrgang für Raumfahrttechnik, Dettmering, W. (Hrsg.), Aachen 1970

10.32   Mercer, S.: Cryogenics 8 (1968) 68

10.33   Sellmaier, A.; Bissinger, B.; Schiller, H.: Proc. 2nd Int. Cryog. Eng. Conf. (1968) 288

10.34   Barunke, R.D.: Linde Ber. Tech. Wiss. Nr. 19 (1965) 24

10.35   Prudhomme, M.: La recherche spatiale, Mai 1970, 1-14

10.36   Bissinger, B.; Bonnet, G.; Delafosse, J.; Sellmaier, A.: Le Vide, Suppl. 143 (1969) 199

10.37 Clayden, W.A.; Reynolds, R.B.: Vacuum 13 (1963) 461

10.38 NASA-MSC: Space environment test division. MSC 1236-71 (1971)

10.39 Roberts, W.: NASA TMX-1268 (1966)

10.40 Sänger, G.: Analysis of the residual gas during thermal heat balance tests of spacecrafts. ESTEC-Report (1971)

10.41 Sänger, G.; Franz, A.K.: ESRO SP-95, June 1973

10.42 Jepsen, R.L.: Proc. 4th Int. Vac. Congr. (1968) 317

10.43 Andrew, D.: Proc. 4th Int. Vac. Congr. (1968) 325

10.44 Barnes, C.B.; Pinson, I.: Proc. 4th Int. Vac. Congr. (1968) 219

10.45 Stephens, J.B.: NASA Tech. Rep. 32-901 (1966), Jet Proppulsion Lab.

10.46 Sänger, G.: Private Mitteilung

10.47 Nesseldreher, W.: Vak. Tech. 20 (1971) 201

10.48 Frank, R.; Usselmann, E.: Vak. Tech. 25 (1976) 48

10.49 Frank, R.; Usselmann, E.: Vak. Tech. 25 (1976) 141 – Proc. 7th Int. Vac. Congr. (1977) 49

10.50 Fischer, E.: Proc. 6th Int. Vac. Congr. (1974) 199

10.51 Fischer, E.: J. Vac. Sci. Technol. 9 (1972) 1203

10.52 Fischer, E.: CERN-Report 1052 (1972)

10.53 Bernardini, M.; Malter, L.: J. Vac. Sci. Technol. 2 (1965) 130

10.54 Pingel, H.: Proc. 4th Int. Vac. Congr. (1968) 251

10.55 Falland, Ch. et al.: Proc. 6th Int. Vac. Congr. (1974) 209

10.56 Benvenuti, C.; Calder, R.S.: Le Vide, Suppl. 157 (1972) 29

10.57 Benvenuti, C.; Blechschmidt, D.: Proc. 6th Int. Vac. Congr. (1974) 77

10.58 Halliday, B.S.: Proc. 6th Int. Vac. Congr. (1974) 195 – Vacuum 28 (1978) 405

10.59 Flesch, G.; Henriot, C.; Rommel, G.: Le Vide 30 (1975) 182

10.60 Garvin, E.L.: Proc. 6th Int. Vac. Congr. (1974) 183

10.61 Flécher, P.: J. Vac. Sci. Technol. 9 (1972) 42

10.62 Bartenev, V.; Kuznetsov, A.; Morozov, B.; Nikitin, V.; Pilipenko, Y.; Popov, V.; Zolin, L.; Carrigan, R.; Klen, J.; Malamud, E.; Strauss, B.; Sutter, D.; Yamada, R.; Cool, R.; Olsen, S.; Goulianos, K.; Chiang, I.H.; Gross, D.; Melissinos, A.: Adv. Cryog. Eng. 18 (1973) 460

10.63 Halama, H.J.; Aggus, J.R.: J. Vac. Sci. Technol. 12 (1975) 532

10.64 Bieger, W.; Forth, H.J.; Tuczek, H.: Vak. Tech. 19 (1972) 12

10.65 Grasenick, F.; Haefer, R.A.: Monatshefte f. Chemie 83 (1952) 1069

10.66 Hörl, E.M.: Proc. Int. Congr. Electron Microscopy 8 (1974) Vol. I, 170

10.67 Stöhr, P.L.; Huebener, R.P.: Cryogenics 19 (1979) 472

10.68 Boersch, H.; Bostanjoglo, O.; Niedrig, H.: Z. Phys. 180 (1964) 407

10.69 Boersch, H.: Mikroskopie 21 (1966) 122-141

10.70 Offermann, D.; Trinks, H.: Rev. Sci. Instrum. 42 (1971) 1836

10.71 Stursberg, K.; Krahn, W.; Karnatschke, W.: DFVLR Tech. Rep. I-PL-F-71-02 (1971)

10.72   Offermann, D.; Tatarczyk, H.: Rev. Sci. Instrum. 44 (1973) 1569

10.73   Offermann, D.; Scholz, T.G.: Rev. Sci. Instrum. 44 (1973) 1573

10.74   Hardt, A.; Martin, S.; Meissburger, J.; Retz, R.; Wimmer, J.: Vacuum 28 (1978) 483

10.75   Hörl, E.M.; Semerad, E.: Vakuum Konferencia, Györ, Oktober 1979

10.76   Hands, B.A.; Davey, G.: Proc. 7th Int. Vac. Congr. (1977) 53

10.77   Hands, B.A.; Bentley, P.D.: Vacuum 27 (1977) 53

10.78   Boato, G.; Cantini, P.; Mattera, L.: Proc. 2nd Int. Conf. Solid Surfaces (1974) 553

10.79   Mills, R.G. (ed.): A fusion power plant. Princeton Plasma Physics Laboratory (1974)

10.80   Glasstone, S.; Lovberg, R.H.: Controlled thermonuclear reactions. Van Nostrand 1960

10.81   Rose, D.J.; Clark, M. jr.: Plasmas and controlled fusion. Cambridge, Mass.: MIT-Press 1965

10.82   Behrisch, R.; Kadomtsev, B.B.: 5th Int. Conf. Plasma Physics and Controlled Fusion, Tokyo 1975, Paper IAEA-CN-33/S2

10.83   Scherzer, B.M.U.: ORNL-TR 2727 (1972)

10.84   Kaminsky, M.: Proc. 7th Symp. Fusion Technology, Grenoble (1972) 273

10.85   Heiland, W.: J. Vac. Sci. Technol. 14 (1977) 576

10.86   Rossing, T.D.; Das, S.K.; Kaminsky, M.: J. Vac. Sci. Technol. 14 (1977) 550

10.87   McCracken, G.M.: Proc. 6th Int. Vac. Congr. (1974) 269

10.88   Sone, K.; Saidoh, M.; Abe, T.; Yamada, R.; Obara, K.; Ohtsuka, H.; Murakami, Y.: Proc. 7th Int. Vac. Congr. (1977) 375

10.89   Spitzer, L.: Nature 181 (1958) 221

10.90   Paul, J.M.M.: Report CLM/P473 Culham 1976

10.91   Prévot, F.: Proc. 6th Int. Vac. Congr. (1974) 225

10.92   Lawson, J.D.: Proc. Phys. Soc. (London) B 70 (1957) 6

10.93   Chou, T.S.; Halama, H.J.: J. Vac. Sci. Technol. 16 (1979) 81

10.94   Sledziewski, Z.; Huguet, M.; Rebut, P.H.; Torossian, A.: Proc. 6th Int. Vac. Congr. (1974) 217

10.95   Pustoveit, Y.M.: Proc. 6th Int. Vac. Congr. (1974) 233

10.96   Commission of the European Communities, EUR-JET-R7, Brussels, 1975

10.97   Rappé, H.G.: Proc. Symp. Eng. Problems of Fusion Research 7 (1977) 1015

10.98   Klipping, G.; Frank, R.; Forth, H.J.; Jensen, K.; Venus, G.: Proc. Int. Cryog. Eng. Conf. 6 (1976) 128

10.99   Boissin, J.C.; Thibault, J.J.: Proc. Int. Cryog. Eng. Conf. 6 (1976) 136

10.100 Quack, H.: Institut Int. Froid, Commission A 1-2, Paper 16 C, Zürich (1978) 129

10.101 Pittenger, L.C.: Adv. Cryog. Eng. 23 (1978) 648

10.102 Abel, B.D.: J. Vac. Sci. Technol. 15 (1978) 726

10.103 Cullingford, H.S.; Beal, J.W.: J. Vac. Sci. Technol. 14 (1977) 567

10.104 Dillow, C.F.; Palacios, J.: J. Vac. Sci. Technol. 16 (1979) 731

10.105 Pittenger, L.C.: J. Vac. Sci. Technol. 14 (1977) 575

10.106 Druj, O.S.; Lesuyakov, G.G.; Skibenko, E.I.; Sorokovoj, L.G.; Kholod, Yu.V.; Yuferov, V.B.: Proc. 7th Int. Vac. Congr. (1977) A-2691

10.107 Obert, W.: Vacuum 28 (1978) 485

10.108 Heinz, W.: Proc. Int. Cryog. Eng. Conf. 6 (1976) 49

10.109 Chou, T.S.; Halama, H.J.: Proc. Symp. Eng. Problems of Fusion Research 7 (1977) 1790

10.110 Grilly, E.R.: J. Am. Chem. Soc. 73 (1951) 843

10.111 Fisher, P.W.; Watson, J.S.: Proc. Symp. Eng. Problems of Fusion Research 7 (1977) 1816

10.112 Fisher, P.W.; Watson, J.S.: J. Vac. Sci. Technol. 15 (1978) 741

10.113 Lazarev, B.G.; Makarov, V.I.; Sankov, A.A.: Cryogenics 19 (1979) 499

10.114 Schwenterly, S.W.: Proc. Symp. Eng. Problems of Fusion Research 7 (1977) 1793

10.115 Holland, L.: Thin film electronics. London: Chapman & Hall 1965

10.116 Chapman, B.N.; Anderson, J.C. (eds.): Science and technology of surface coating. New York: Academic press 1974

10.117 Mattox, D.M.: Proc. 6th Int. Vac. Congr. (1974) 443

10.118 Schiller, S.; Heisig, U.; Goedicke, H.: Proc. 7th Int. Vac. Congr. (1977) 1545

10.119 Bunshah, R.F.: Proc. 7th Int. Vac. Congr. (1977) 1553

10.120 Townsend, P.D.; Kelly, J.C.; Hartley, N.E.W.: Ion implantation, sputtering and their applications. Academic Press 1976

10.121 Mayer, J.W.; Eriksson, L.: Ion implantation in semiconductors. Academic Press 1976

10.122 Dearnaley, G.: Proc. 7th Int. Vac. Congr. (1977) 1405

10.123 Hatzakis, M.; Broers, A.N.: Electron, ion and laser beam technology. Thornley, R.F.M. (ed.). San Francisco Press 1971, p. 337

10.124 Broers, A.N.: J. Vac. Sci. Technol. 8 (1971) S 50

10.125 Chang, T.H.P.; Wallman, B.A.: IEEE Trans. Electron Devices, Vol. ED-19, No. 5 (1972) 629

10.126 Barron, R.F.: Adv. Cryog. Eng. 20 (1975) 402

10.127 Rettinghaus, G.: Balzers High Vac. Rep. VKH 1 (1974)

10.128 Wheeler, W.: J. Vac. Sci. Technol. 11 (1974) 332

10.129 Hengevoss, J.; Reisinger, H.; Wössner, H.: J. Vac. Sci. Technol. 7 (1970) 251

10.130 Barber, G.F.: J. Vac. Sci. Technol. 8 (1971) 310

10.131 Cardinne, P.; Manhes, B.; Moreus, M.: Le Vide, Suppl. 157 (1972) 111

10.132 Mongodin, G.; Piacentini, V.R.; Sajnacki, W.: J. Vac. Sci. Technol. 11 (1974) 340

10.133 Freller, H.: Proc. 7th Int. Vac. Congr. (1977) 2019

10.134 Becker, G.E.: J. Vac. Sci. Technol. 14 (1977) 640

10.135 Ritter, E.: Private Mitteilung

10.136 Kienel, G.; Frey, H.: Vak. Tech. 26 (1977) 48

10.137 Visser, J.; Scheer, J.J.: J. Vac. Sci. Technol. 16 (1979) 734

10.138 Dennison, R.W.; Gray, G.R.: J. Vac. Sci. Technol. 16 (1979) 728

10.139 Urban, E.W.; Katz, L.; Karr, G.R.: Proc. Low Temp. 14 (1975) 37

10.140 Urbach, A.R.; Herring, R.N.: Proc. ICEC 6 (1976) 154

10.141 Mason, P.; Collins, D.; Petrac, D.; Yang, L.; Edescuty, F.: Proc. ICEC 6 (1976) 272

10.142 Denner, H.D.; Klipping, I.; Menzel, J.; Klipping, G.; Lüders, K.; Ruppert, U.: Adv. Cryog. Eng. 23 (1978)

10.143 Denner, H.D.; Klipping, I.; Menzel, J.; Klipping, G.; Lüders, K.; Ruppert, U.: Verh. Dtsch. Phys. Ges. 1 (1979) 402

10.144 Davis, W.D.: J. Vac. Sci. Technol. 5 (1968) 23

10.145 Messer, G.: Proc. 7th Int. Vac. Congr. (1977) 153 – Physik. Blätter 33 (1977) 343

10.146 Laurent, J.M.; Benvenuti, C.; Scalambrin, F.: Proc. 7th Int. Vac. Congr. (1977) 113

10.147 Hobson, J.P.: Proc. 6th Int. Vac. Congr. (1974) 317

10.148 Block, J.H.: Proc. 7th Int. Vac. Congr. (1977) 755

10.149 Bonzel, H.P.: Proc. 7th Int. Vac. Congr. (1977) 691

10.150 Shrednik, V.N.: Proc. 7th Int. Vac. Congr. (1977) 2455

10.151 Benninghoven, A.: Proc. 7th Int. Vac. Congr. (1977) 723

10.152 Jagodzinski, H.: Proc. 7th Int. Vac. Congr. (1977) 2391

10.153 Taglaner, E.; Heiland, W.: Proc. 7th Int. Vac. Congr. (1977) 2495

10.154 Saris, F.W.; van der Veen, J.F.: Proc. 7th Int. Vac. Congr. (1977) 2503

10.155 Morabito, J.M.: Proc. 7th Int. Vac. Congr. (1977) 2267

10.156 Werner, H.W.: Proc. 7th Int. Vac. Congr. (1977) 2135

10.157 Komiya, S.; Narasuwa, T.: Proc. 7th Int. Vac. Congr. (1977) 2603

10.158 Mark, P.: Proc. 7th Int. Vac. Congr. (1977) 533

10.159 Gomer, R.: Vacuum 22 (1972) 521

10.160 Gomer, R.: Field emission and ionization. Harward Press 1961

10.161 Speicher, C.A.: J. Sci. Instrum. 44 (1967) 167

10.162 Thompson, H.; Hanrahan, S.: J. Vac. Sci. Technol. 14 (1977) 643

10.163 Landolt, M.; Campagna, M.; Chazalviel, J.N.; Yafet, Y.; Wilkens, B.: J. Vac. Sci. Technol. 14 (1977) 468

10.164 Edwards, D. jr.; Halama, H.; Aggus, J.: Proc. 7th Int. Vac. Congr. (1977) 215

10.165 Edwards, D. jr.: J. Vac. Sci. Technol. 15 (1978) 1586

10.166 Hilleret, N.; Calder, R.: Proc. 7th Int. Vac. Congr. (1977) 227

10.167 Nurasawa, T.; Tsukakoshi, O.; Satake, T.; Mizino, M.; Ohtsuka, H.; Sone, K.; Komija, S.: Proc. 7th Int. Vac. Congr. (1977) 371

10.168 Glaros, S.S.; Mayo, S.E.; Campbell, D.; Holeman, D.: J. Vac. Sci. Technol. 16 (1979) 674

10.169 Winograd, N.; Shepard, A.; Hewitt, R.; Baitinger, W.: Proc. 7th Int. Vac. Congr. (1977) 2217

10.170 Gautherin, G.; Schwebel, C.; Weissmantel, Chr.: Proc. 7th Int. Vac. Congr. (1977) 1579

10.171 Mate, C.F.; Harris-Lowe, R.; Davis, W.L.; Daunt, J.G.: Rev. Sci. Instrum. 36 (1965) 369

10.172 Tambovtsev, T.; Gonin, N.; Kozlovskii, L.: Proc. 7th Int. Vac. Congr. (1977) A 2671

10.173 Seitz, T.P.; Woods, R.; Wallis, M.; Henkel, R.L.: Nucl. Instrum. Methods 93 (1971) 125

10.174 Strang, R.M.; Ritter, R.C.: Nucl. Instrum. Methods 93 (1971) 221

10.175 Boissin, J.C.; Thibault, J.J.: Le Vide 153 (1971) 101

10.176 Sorikovoj, L.G.; Skibenko, E.I.; Kolod, Yu.V.; Yuferov, V.B.: Proc. 7th Int. Vac. Congr. (1977) A 2675

10.177 Fidler, J.C., in: Smith, A.U. (ed.), Current trends in cryobiology. New York: Plenum Press 1970

10.178 Kumar, R.; King, C.J.: Am. Inst. Chem. Eng. 125 (1972) 1

10.179 Greif, D.: Am. Inst. Chem. Eng. 125 (1972) 7

10.180 Robards, A.W.; Cooper, M.H.: Vacuum 21 (1971) 465

10.181 Flécher, P.: Proc. 7th Int. Vac. Congr. (1977) 25

10.182 Flécher, P.; Vinçon, R.: Vak. Tech. 20 (1971) 135

10.183 Bogner, G.: Superconducting machines and devices, large systems applications. Nato Adv. Study Inst. Ser. 1 (1974) and 21 (1977). New York, London: Plenum Press

10.184 Hammel, E.F.: Int. Cryog. Eng. Conf. 5 (1974) 11-16

10.185 Klaudy, P.: Elektrotechnik und Maschinenbau 89 (1972) 93

10.186 Bogner, G.; Penczynski, P.: Cryogenics 16 (1976) 355

10.187 Fox, M.: Vacuum 20 (1970) 97

10.188 Klipping, G.: Proc. 6th Int. Vac. Congr. (1974) 81

10.189 Hobson, J.P.: Trans. 8th Vac. Symp. (1961) 146

10.190 Dietrich, I.; Knapek, E.; Weyl, R.; Zerbst, H.: Cryogenics 15 (1975) 691

A.1   Johnson, V.J.: Properties of materials at low temperatures. New York: Pergamon Press 1961

A.2   Landolt-Börnstein: Zahlenwerte und Funktionen, 6. Aufl. Berlin, Göttingen, Heidelberg: Springer insbes. die Bände II/1, II/3, II/5a, IV/2 und IV/4a

A.3   Din, F.: Thermodynamic functions of gases. London: Butterworths 1956

A.4   Haefer, R.A.: Die Kältemittel der Kryotechnik, im Lehrgangshandbuch Kryotechnik, VDI-Bildungswerk, Düsseldorf 1977

A.5   McCarty, R.D.: J. Phys. Chem. Ref. Data 2 (1973) 923

A.6   Preston-Thomas, H.: Metrologia 12 (1976) 7

A.7   Wagner, W.: Cryogenics 13 (1973) 470

A.8   Fulk, M.M.; Reynolds, M.M., in: Gray, D.E., Americain institute of physics handbook. New York: McGraw-Hill 1963

A.9   Ziegler, W.T.; Chung, H.: Adv. Cryog. Eng. 2 (1960) 273

Sachverzeichnis